먹고 사는 것의
생물학

먹고 사는 것의 생물학

1판 1쇄 펴냄 2016년 12월 1일
1판 3쇄 펴냄 2019년 5월 15일

지은이 김홍표

주간 김현숙 | **편집** 변효현, 김주희
디자인 이현정, 전미혜
영업 백국현, 정강석 | **관리** 오유나

펴낸곳 궁리출판 | **펴낸이** 이갑수

등록 1999년 3월 29일 제300-2004-162호
주소 10881 경기도 파주시 회동길 325-12
전화 031-955-9818 | **팩스** 031-955-9848
홈페이지 www.kungree.com
전자우편 kungree@kungree.com
페이스북 /kungreepress | **트위터** @kungreepress

ISBN 978-89-5820-429-9 93470

값 23,000원

먹고 사는 것의 생물학

입에서 항문까지, 소화기관으로 읽는
20억 년 생명 진화 이야기

김홍표 지음

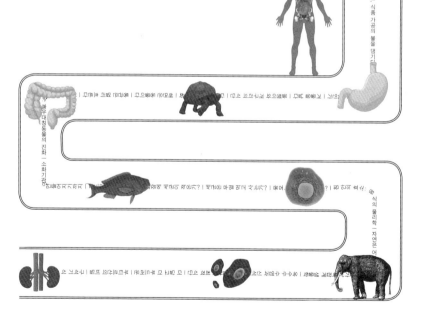

궁리
KungRee

영국 런던 대학 생화학자, 닉 레인이 쓴 『생명의 도약: 진화의 10대 발명』을 읽다 보면 본디 그는 '소화기관의 진화에 대해 쓰고 싶었다'는 말이 나온다. 곰곰이 생각해보면 소화기관의 진화에 대해서는 정말로 쓸 게 없겠다는 느낌이 앞선다. 왜냐하면 소화기관은 생명을 유지하는 너무 기본적인 장소이기 때문이다. 그렇기에 그것은 당연히 진화해야 했고 생명이 태양으로부터 도달한 에너지를 활용하는 가장 기본적이고 익숙한 형태로 자리 잡았다. 소화기관은 그것이 단순한 형태이든 복잡한 것이든 외부의 에너지를 수급하는 역할을 담당한다.

생명은 태양에서 도달한 남아도는 에너지를 어찌할 수 없어서 탄생한 우주적 필연이다.[1] 그러므로 지구로부터 태양이 멀어지는 약 50억

---

1 · 인간이라는 존재가 지구의 역사에서 필연적이라는 의미는 아니다. 굳이 말을 한다면 에너지를 보다 효과적으로 순환시키는 어떤 지적인 생명체가 탄생했다는 의미에 가깝다. 그러나 지금 그 지적인 생명체는 목적 없이 앞으로만 달리는 당랑처럼 수레바퀴 앞에 맞서고 있다.

년 후이면 지구상에 생명체가 존재하지 않을 것이라고 예상할 수 있지만 우주 전체로 규모를 확대해서 본다면 어딘가 에너지가 넘치는 곳에 생명체가 있으리라고 볼 수도 있는 것이다. 한번 생명체가 만들어진 후에는 다른 생명체를 먹이 삼아 생존하고 종족을 번식시키는 생명체가 탄생할 가능성이 높아진다. 그것의 가장 뚜렷한 형태가 동물이고 그들은 종속 영양 생명체라고 불린다. 따라서 종속 영양체는 다른 생명체의 존재를 자신의 기반으로 할 수밖에 없다. 다른 생명체를 분해하고 거기서 영양소를 추출해내는 특정한 장소, 즉 소화기관이 필요하게 된다. 동물은 눈에 보이지만[2] 그렇게 크기를 키우기 위해서는 농축된 에너지가 필요하다. 움직일 때도 마찬가지다. 그 모든 에너지는 소화기관을 통해서만 공급된다. 그게 다다.

음식물 안에 농축된 에너지를 얻어내는 방법의 개선 혹은 참신성이 궁극적으로 38개에 달하는 동물문의 진화를 이끌어냈다. 피터 워드의 『진화의 키, 산소 농도』에 따르면 캄브리아기 이전에 동물은 세 문[phyla]에[3] 불과했다. 산소의 농도가 증가하면서 동물의 외형, 즉 외부 기관이 다양하게 분기했고 세 종의 동물문은 38개로 대폭 늘어났다. 그러나 소화기관은 그 즈음에 거의 완성 단계에 있었고 그 뒤로는 실상 변하지 않았다. 물론 위가 커지고 소장 융모가 흡수 표면적을 키웠다든가 하는 혁신이 없었던 것은 아니지만 그 기본 설계는 본질적으로 변한 것이 없다. 그렇지만 소화는 세포가 하나일 때부터 이미 시작되었다. 이들도 먹을 것을 외부에서 취해야 했기 때문이다. 하나의 세포가 여러 개의 세포가 되고 그 세포의 기능이 분화해가는 과정에서 소위 세균을 포획

---

2 · 눈에 보이지 않은 생물의 총 무게는 눈에 보이는 것보다 많다. 바다와 지구 내부의 것을 다 합쳐 세균은 나무를 제치고 가장 큰 생물량을 갖는 생명체로 부상했다. 아니 늘 그래왔다.
3 · 본문에서 설명하겠지만 해면동물문, 자포동물문, 유즐동물문이다.

　　　　　　　　　　　　　　　　　　　먹고 사는 것의 생물학

하는 형태의 빈 공간이 나타나고 그 공간이 정교화되면서 원강^{archenteron} 소화관이 나타났다. 그렇기에 최초의 소화는 단세포가 취한 전략, 즉 세포 내 소화가 먼저다. 세포 내 소화가 가진 큰 문제는 하나의 세포보다 더 큰 먹잇감을 먹을 수 없다는 것이다. 이 말은 두 가지 의미를 담고 있는데, 하나는 에너지의 양이 제한적일 것이라는 것이고 다른 하나는 그 에너지를 오래 보관할 수 없다는 점이다. 소화관의 진화가 생존에 필수적이라면 그 소화기관은 앞에서 얘기한 두 가지 문제를 해결해야 한다. 보다 많은 에너지를 얻기 위해서는 물리적으로 좀 더 큰 소화관이 필요했을 것이고 그것은 세포 하나의 크기를 넘어서는 먹잇감의 존재가 선행되어야 한다는 말이 된다. 이제 세포 밖 소화는 다세포 생명체가 주변에 존재하게 되면서 보다 정교하고 치밀한 생존 경쟁의 장으로 변했다.

수십억 년에 걸쳐 단련되고 정교해진 소화기관은 그것의 최종적인 형태, 즉 입이 있고 항문이 있는 통관$^{through\ gut}$으로 자리 잡았다. 통관이라는 해부학적 관점에서 보면 벌레는 인간과 다를 게 없다. 그러나 통관을 가진 생명체가 지구상에 등장한 것은 생명체 진화 역사에서 최근의 일이다. 우리가 벌레와의 차별성을 억지로 우기기라도 할작시면 포유동물은 위도 있고 소장에 융모도 있다는 식의 억지를 부려야 할 판이다.

이 책은 이런 소화기관의 배후 혹은 주변에 있는 이야기를 풀어 나가려고 한다. 그러다 보니 음식물의 정체성, 다시 말하면 우리가 먹는 영양소의 레퍼토리가 무엇인가 하는 얘기도 등장하게 되었다. 예를 들자면, 왜 우리는 모유를 진화시켰을까 하는 질문에도 답을 하려고 했다. 간략히 말하자면 신생아들이 형제나 혹은 성인과 먹을 것을 가지고 다투지 않으려는 전략의 일환으로 모유가 발명되었고 그것은 갈락토오스와 포도당의 결합인 젖당의 형태로 오늘날에 이르고 있다. 개체 내부에서 이런 영양소 경쟁은 탈바꿈을 하는 곤충에서도 발견된다. 누에나방의 경우 견사를 녹여낸 번데기가 나방이 되면 이 성체는 번식하는 일 말고는 아무것도 하지 않는다. 먹지 않는다는 말이다. 그렇지만 누에가 되기 위해 애벌레는 끊임없이 뽕잎을 먹어대야 한다.

최근 들어 인간의 소화기관에서 우리와 함께 사는 식구들의 존재감이 두드러지고 있다. 그래서 수적으로 인간 세포의 10배가 넘고 유전체의 측면에서 인간 유전체의 100배가 넘는 장내 세균에 대해서도 잠깐 언급하고 넘어갈 것이다. 그와 함께 구강 세균에 대해서도 조금 알아보겠다. 강산을 가지고 있는 위에는 세균이 살기가 힘들겠지만 왜 대장에 그토록 많은 세균이 사는지도 잠깐 살펴보려고 한다. 이들 세균이 동물들과 함께한 지는 무척 오래되었다. 아니 인간을 비롯한 진핵세포의 탄생 자체가 세균 덕택이다. 그게 사실이라면 다세포 생명체의 진화 과정에서도 세균이 결정적인 역할을 했을 것이다. 스탠퍼드 대학의 니콜 킹 Nicole King 박사가 이런 종류의 연구를 지금도 진행하고 있다. 바로 그런 세균과 다세포 생명체 공존의 현장이 우리 장내에서 피부 곳곳에 이르기까지 고스란히 살아 숨 쉰다. 동물과 세균의 합체형인 새로운 개념의 생명체는 자신과 다른 장내 세균을 가진 생명체와는 서로 교미할 수도 없다. 이런 사정으로 이제 종을 구분할 때 세균의 족보가 중요해질 수 있는 것이다. 또 세균은 소화기관의 발생에도 영향을 미친다고 한다. 그러나 이에 대한 연구는 이제 막 시작 단계인 것처럼 보인다.

소화기관의 발생은 삼배엽성을 가진 배아에서부터 시작된다. 우리가 외배엽, 내배엽, 중배엽이라고 칭하는 것들이다. 이들 중 중배엽은

먹고 사는 것의 생물학

내배엽에서 분화된 것이 거의 확실시되고 있다. 이 말은 삼배엽성 생명체 이전에 이배엽성이 먼저 등장했음을 시사한다. 이들 세 배엽들은 서로 '앞에서 끌어주고 뒤에서 밀며' 하나의 생명체를 완성한다. 이 과정은 마치 흙을 빚는 것과 같은 삼차원적 시각을 가지고 이해해야 하지만 그리 쉬운 일은 아니다. 발생 단계를 훑어보면서 특히 소화기관의 형성 과정을 살펴보겠다. 무엇이든지 마찬가지지만 마지막 끝맺음이 제일 어렵다. 마룻바닥을 손수 깔아본 사람들은 이 말이 무슨 말인지 쉽게 이해할 수 있을 것이다. 벽과 마주한 곳을 정연하게 마무리하는 일이 어렵기 때문에 우리는 거기에다 무엇을 잇대서 그 부위의 흠절을 막으려고 노력한다. 이런 작업을 영어로는 '피니싱finishing'이라고 하는데, 방에 들어가 기둥 모서리나 천정 모서리를 보면 알 수 있다. 동물에서는 외배엽과 내배엽이 만나는 부위인 구개(입)와 항문 부분에서 '피니싱'이 일어난다. 이 부위에는 중배엽이 들어오지 못하기 때문이다. 소화기관은 입 부위인 앞창자와 뒤창자가 자라나와 중간창자 부위에서 완결된다. 발생 초기에 난황낭은 중간창자와 연결되고 나중에 외배엽이 몸통을 마무리하면 탯줄과 연결되는 수순을 따르기 때문이다. 앞창자에서 유래하는 부속 소화기관들은 폐, 갑상선, 흉선 등이 있고 중간창자 부위에서 유래하는 것들은 대표적으로 간, 담낭, 췌장이 있다. 이들 부속기관들의 발생 과정도 조금 훑어보겠다. 물론 발생 초기에 중배엽이 머리 쪽으로 뻗어 나와 심장이 되는 것도 매우 중요한 과정이다. 심장 혈관계는 태아가 완성되기 한참 전인(인간의 경우 발생 후 4주 정도가 지난 다음) 발생 초기부터 박동을 시작한다.

이렇게 빚어진 소화기관은 동물의 역사 기간 내내 풍요롭기보다는 궁핍한 시절을 감내해왔다. 이 얘기는 동물 생태계 전체를 보아야 그

내면을 어렴풋이나마 짐작할 수 있는 것이다. 캄브리아기 이후 지구 대기 조성을 보면, 산소의 농도가 올라가던 시기에는 이산화탄소의 농도가 줄어들었다. 온실 가스의 대표 격인 이산화탄소의 농도가 줄면 지구의 온도가 내려갈 것이라고 예상할 수 있다. 동시에 식물이 광합성에 사용할 재료도 줄어든다. 이때를 틈타 이산화탄소를 잘 잡아둘 수 있는 식물들이 지구상에 등장했다. 바로 C_4 식물이라 불리는 것들이다. 옥수수나 선인장, 갈대 등이 여기에 속한다. 이들은 지구의 모양을 크게 바꾸어놓았다. 초지가 생겨나고 인간의 조상이 숲을 떠나 두 발로 걷게 되었다. 화본과 C_4 식물을 식량으로 하는 초식동물도 진화해나갔다. 초식동물은 위를 크게 확대하거나 혹은 대장을 확장하면서 최대한의 영양소를 뽑아내려고 하였다. 이들 초식동물을 사냥하는 육식동물은 대체로 대장이 짧다. 단백질이나 지방은 거의 대부분 소장에서 흡수가 끝나지만 식물에 들어 있는 질긴 섬유를 직접 먹을 일이 없기 때문이다. 조악한 식물 섬유에서 영양분을 뽑아내는 것은 앞에서 얘기한 대장에 상주하는 세균들의 몫이고 그 양은 인간이 섭취한 영양소의 약 10~15퍼센트에 이른다. 짧은 사슬 지방산이 그 내용물의 주된 형태이다.

인간 사회 전부가 그렇지는 않겠지만 인류는 역사상 처음으로 잉여 식량과 '늘' 대면하고 있다. 기생충을 논외로 하면 아마 동물계에서 처음 있는 일일 것이다. 그러므로 이제 우리는 한 번도 겪어보지 못한 상황에서 어쩔 줄 몰라 하는, 완고하기 그지없는 유전자들을 지켜보고 있다. 기생충은 거추장스럽고 쓸모없는 조직이나 기관을 모두 없애버리는 축소 지향적 생존 전략을 선택했지만 인간은 하릴없이 살이 찌고 있다. 물론 그 전에 인류는 두 발로 걸으며 자유로워진 두 팔과 이를 둘러싼 근육을 효과적으로 사용하면서, 백병전이 아닌 상태에서 동물을 사

먹고 사는 것의 생물학

냥할 수 있는 최신 '던지기' 기술을 습득했다. 더 이상 쓸 일이 없는 이러한 근육들은 요즈음 일군의 인간군 사이에서 야구를 하는 데 사용된다. 두뇌의 크기를 키우는 일은 몇 가지 환경의 변화와 유전자 변화를 동반하면서 한편으로 턱과 정수리를 잇는 근육을 약화시켰다. 좀 느슨해진 두개골은 큰 뇌를 감당할 수 있게 되었지만 덩달아 이빨은 훨씬 약해졌다. 인류가 불에 익힌 음식을 먹기 시작했기에 가능했던 일이다.

이 책은 이런 내용들이 주를 이룰 것이다. 물질의 들고 나는 것을 담당하는 세포막의 기원에 대해서도 써보려고 하다가 너무 분량이 커질 것 같아서 다음 기회로 넘기려고 한다. 다세포 동물 진화의 원인 중 하나인 독성물질에 대한 가설은 스테로이드 호르몬이나 비타민 A와 관련이 있다. 그러므로 장황하게 콜레스테롤이나 세포막의 기원을 살피는 대신 발생에 관여하는 비타민 A의 역할을 간단히 살펴볼 작정이다.

늘 그렇지만 논문이나 과학 저술은 동료 과학자들의 '시간과 노력'을 먹고 산다. 내가 실험한 내용은 그야말로 빙산의 일각에 불과하다. 뒤에 참고문헌을 싣겠지만 많은 부분은 동료 과학자들에게 빚진 바 크다는 점을 밝힌다.

교정하면서 읽다 보니 역시 발생 부분은 이해하기 쉽지 않아 보였다. 그래서 그림을 집어넣어 설명하려 했고 가능하면 그림 설명도 자세히 썼다. 그림을 그리면서 거기에 등장하는 다양한 동물들이 인간을 비추는 거울과 같다는 생각이 자주 들었다.

어렵지 않게 쓰려고 했지만 걱정이 앞선다. 박상륭 선생의 말처럼 "누가 이런 따위의 책을 읽자고 주머니를 털겠는가." 하는 생각은 책을 쓸 때마다 든다.

차례

01

멀고 먼

이 글을 쓰는 지금 텔레비전에서는 한창 드라마 〈응답하라 1988〉이 인기몰이 중이다. 그리운 과거는 고통스러운 현재를 몽환적으로 어루만지는 마취제이기도 한 모양이다. 어쨌거나 나는 그보다 10년 전 얘기로부터 시작을 하려고 한다. 당시 서울의 남쪽 끝인 봉천동에서 북쪽 끝인 갈현동을 가는 방법은 내게는 두 가지 말고는 없었다. 걷거나 서울을 관통해서 달리는 150번 버스를 타는 것이다. 당시에는 환승이란 개념이 없었기 때문에 버스를 갈아타게 되면 회수권을 한 장 더 내야 했다. 나중에 토큰이라는 엽전 비슷한 것이 나오기도 했지만 1978년에는 회수권을 썼던 것으로 기억된다.

봉천 사거리 봉천시장 건너편에서 버스를 타면 봉천극장을 지나 고개를 가파르게 넘어가고 이제 버스는 오른편으로 숭전대학교(지금의 숭실대학교)를 스치며 상도동을 지나간다. 장승백이에 접어들며 우회전이다. 다시 한 번 우회전하면 노량진이고 사육신묘를 지나 제1한강

교로 접어든다. 한강을 지나면 바로 용산이다. 당시에는 용산역의 대각선 맞은편에 용산 시외버스터미널이 있었더랬다. 잠시 후 남영동을 지나면 서울역이다. 대우빌딩을 끼고 돌면 남대문, 시청이고 곧장 지나면 광화문이다. 거기서 좌회전을 해서 바로 사직터널을 가면 좀 시간을 앞당길 수 있으련만 버스는 광화문에서 유턴한 다음 우회전해서 서울고등학교 앞을 지나 서대문 네거리에서 다시 우회전을 한다. 이제 얼추 다 왔다. 왼편으로 독립문을 바라보며 무악재를 지나면 뒤편 오른쪽으로 서울여상 건물이 우뚝하다. 홍제동, 홍은동을 지나면 바로 녹번동이다. 녹번동 삼거리에서 직진하면 불광동을 지나 연신내를 넘어가면서 바로 서울 지경을 벗어난 진관동이다. 그러나 150번 버스는 녹번동에서 좌회전을 한 다음 응암동을 거쳐 북가좌동 종점을 향해 갈 것이다.

나는 보통 광화문에서 버스를 갈아타고 연신내에서 내리거나 아니면 갈현동까지 가는 버스를 탔다. 어떤 버스가 먼저 오느냐에 따라 다른 결정을 해야 하는 것이다. 이렇게 장황하게 얘기를 시작했지만 사실은 집에서 봉천시장까지 한 15분을 걸어야 버스를 탈 수 있었고 연신내에서 내리면 다시 20여 분을 더 걸어야 했다. 이것이 당시 중학교 3학년이었던 내가 학교를 가는 길이었다. 이 모든 시간을 다 합하면 2시간 정도가 걸린다. 그러므로 8시까지 등교를 하려면 최소한 6시에는 집을 나서야 한다. 조금 더 빨리 집을 나서면 광화문까지 앉아 갈 기회가 늘어난다. 앉은 이가 가방을 들어주던 미풍양속을 모르는 바는 아니었지만 1978년 당시 내가 집을 나선 시간은 아침 5시에서 5시 반 사이였다.

작고 부끄럼 많은 자식에게 들킬 새라 우리 어머니는 조심스럽게 내가 버스 타는 곳까지 몰래 따라오곤 했었다고 한다. 이렇게 말을 하는 이유는 내가 그 사실을 최근에야 알았기 때문이다. 어찌되었든 한 어머니와 한 아들은 새벽 밤길을 걸으며 일 년 내내 서울의 남과 북을 통학

먹고 사는 것의 생물학

했었다.

소화기관을 얘기하다 보면 보통 입에서 항문까지 멀고 먼 길을 다룬다. 이 여정에 필수적이지 않은 장소가 어디 있으랴만 전철역으로 소화 과정을 비유하는 사람들도 있다. 가령 집에서 봉천시장 버스 정류장까지는 걷는 길, 즉 내가 속도를 조절할 수 있는 과정이다. 신체로 다시 말하면 입에서 씹어서 꿀떡 하는 짧은 단계이다. 버스를 타면 그다음부터는 운전사가 전권을 가진다. 운전사가 하는 일은 "제2의 뇌"라고 불리기도 하는 소화기관 신경계 담당이다. 물론 소화효소니, 소화액 등도 요소요소에 투입되어야 한다. 버스를 내려 걷는 단계는 항문 괄약근을 여는 마지막 과정이다. 역시 내 의지가 반영되는 곳이다. 물론 경험적으로 다 알고 있겠지만 항문 괄약근도 어느 정도 한계를 갖는다. 이런 얘기는 뒤에 다시 등장할 것이다. 조금은 생리학적인 전문 용어를 곁들일 것이다.

우리는 무엇을 먹는가?

집을 떠나기 전 어머니는 아침을 챙겨주신다. 밥을 먹는 동안 어머니는 도시락을 가방에 넣고 계실 것이다. 김칫국물이 묻어 얼룩진 책은 당시 학생들 거의 누구나 가지고 있었으니까 도시락 반찬의 핵심이 김치인 것은 두말할 나위가 없다. 그리고 멸치 조린 것, 김치의 변형체들인 깻잎, 밥 위에 얹은 계란 프라이 등도 단골 메뉴다. 간혹 계란을 두른 소시지도 있기는 했다. 그러나 장조림은 글쎄, 보기 드문 반찬이었다.

기억을 더듬어 우리가 먹는 식재료, 특히 가공하지 않은 우리의 식재료가 무엇인가를 알아보려면 개인의 호불호에 따른 한계가 분명 있을 것이다. 자료를 찾기도 그리 쉽지 않았다. 식물의 진화를 다루는 책을 보면 현재 지구상에 있는 식물의 종은 25만 종에 이른다고 한다. 잠시 인터넷을 뒤지니까 그 수가 38만 종이라고 그러기도 한다. 아마 30만 종 언저리라고 보는 것이 타당할 것이다. 이 중 우리가 먹을 수 있는 식물은 얼마나 될까?

한국을 벗어나 생각하기 어려울 테니 범위를 국내로 국한해보자. 한반도에 자생하는 식물은 총 3,137종이라고 한다. 일본 분류학자의 자료에서 나온 수치처럼 보인다. 그러나 조선총독부가 식민지 건설을 시작하기 이전부터 이미 한국의 식물 조사는 진행되고 있었을 것이다. 그전에 나온『임원경제지』에서도 재미있는 정보를 얻을 수 있다. 조선 후기의 실학자 서유구가 지은 100권이 넘는 책이다. 여기에는 구황식물에 대한 언급이 나온다. 춘궁기를 지날 때 굶어 죽지 않도록 파거나 뜯어 먹을 수 있는 식물의 수는 260여 종이다. 무도 한때는 구황작물이었다고 한다. 조선 중기를 지나며 이들의 재배를 장려해서 지금에 이르렀다는 말도 나온다. 도토리, 상수리 열매도 대표적인 구황작물이다. 묵을 쒀 먹을 수 있기 때문이다. 도토리에서 독소를 제거하는 과정이 복잡하고 매우 힘들기 때문에 최초로 묵을 쒀 먹었던 사람들에 관한 궁금증은 매우 커지고 있다. 그러나 이런 것 저런 것 포함해서 한국에 자생하는 식물 중 대략 850종은 먹을 수 있다고는 하지만 주로 먹는 식물은 200여 종이다. 전 세계적으로 파악하면 약 900종의 식물을 먹을 수 있다. 전체 식물 종을 30만으로 본다면 극히 낮은 비율인 셈이다.

지금은 도시락을 싸지 않고 학교 급식이 대세이기 때문에 교육청 홈페이지에서도 자료를 얻을 수 있다. 그러나 가공하지 않은 원재료만을 따지면 얼추 앞에서 얘기한 정도일 것이다. 물론 거기에는 청소년기의 성장에 필요한 영양소에 대한 언급도 많다. 여기에 해산물, 축산물 혹

먹고 사는 것의 생물학

은 유제품까지 따지면 종류는 훨씬 늘어난다. 그러나 우리가 실제로 야생에서 잡은 식재료 동물의 수는 그리 많지 않다. 종류를 줄이는 대신 규모가 커진 사육, 양식이 우리 식재료의 주를 이룬다.

이렇게 가짓수를 따지면 내 도시락 반찬이 초라해 보일지도 모르겠다. 그러나 우리 입으로 들어가는 음식물의 종류를 획기적으로 줄이는 방법이 한 가지 있다. 바로 주 영양소로 이들을 치환하는 것이다. 물론 비타민이니 무기 염류니 하는 것도 중요하기는 하다. 그렇지만 소화기관과 관련해서 우리가 살펴볼 것은 단연 세 가지이다. 바로 탄수화물, 단백질 그리고 지방이다.

영양소 삼두 정치

탄수화물-포도당

이렇게 세 가지만을 두고도 할 말은 무척이나 많다. 그렇지만 우리는 천체물리학과 지구화학 얘기를 먼저 시작해야 한다. 애초 모든 생명체의 가장 기본적인 식재료인 포도당이 어디에서 왔는지를 알아야 하기 때문이다. 그러나 불행히도 우리는 그 답을 모른다. 몇 가지 가설이 있고 짐작할 수 없는 것은 아니겠지만 확실한 것은 없다는 말이다.

그럼 우리가 아는 데서부터 시작하자. 식물은 태양빛을 이용해서 물을 쪼개고 거기에서 추출한 에너지를 가지고 이산화탄소를 고정한다. 우리가 광합성이라고 이르는 과정이다. 탄소가 하나인 이산화탄소는 여섯 개가 합쳐져야 비로소 포도당으로 전환된다. 그러나 식물은 이 포도당을 창고에 저장해서 보관한다. 오래 보관해서 싹이 나온 감자 한 알을 생각해보자. 감자는 식물 입장에서 보면 다음 세대를 이어갈 수정란인 셈이다. 그러므로 식물은 자신의 후손에게 전달해줄 유전자를 위해 포도당을 저장했다고 볼 수 있다.

이런 맥락에서 보면 감자나 복숭아나 하등 다를 바가 없다. 그들은 자신들의 번식을 위해 동물에게 일종의 보상을 제공하는 것이다. 여기에는 동물과 식물 사이의 공진화 혹은 생태학이 맞물려 있지만 여기서는 그냥 직관적으로 넘어가도록 하자. 감자 알맹이 하나에서 우리가 포도당을 직접 볼 수는 없다. 대신 포도당의 중합체는 볼 수 있다. 감자를 갈아서 채에 받친 전분이 바로 그런 것이다. 문제는 수십만 개의 포도당이 화학적으로 결합되어 있는 전분을 낱개의 포도당으로 깨주어야만 우리가 그것을 영양소로 이용할 수 있다는 점이다.

식물의 화학에는 동물의 화학이 맞대응한다. 그 화학을 주로 우리는 효소학이라고 부른다. 소화는 우리가 단세포였을 때 했던 일을 반복하는 과정이다. 다시 말하면 복잡한 것을 가장 단순한 형태로 깨주어야만 에너지로 사용할 수 있다. 탄수화물을 화학적으로 표현하면 $(CH_2O)_n$이다. 괄호 안을 자세히 보면 우리가 잘 알고 있는 물질이 한 가지 들어 있다. 바로 물이다. 탄소가 수화된 물질이라는 의미를 담아 탄수화물이라는 말이 탄생했다. 동일한 맥락에서 포도당은 $C_6H_{12}O_6$이다. 그러나 재미있게도 과당도 포도당과 동일한 화학식을 쓴다. 구성 성분은 같다는 말이다. 다만 구조가 조금 틀리다. 이런 식으로 우리는 포도당의 사촌들을 한데 뭉쳐 육탄당이라고 부른다. 탄소를 여섯 개 가졌다는 의미이다. 여섯 개의 탄소가 있으면 화학식은 모두 $C_6H_{12}O_6$이다. 그러면 짐작이 가지 않는가? 오탄당은 $C_5H_{10}O_5$이다. 이런 식으로 단당류는 삼탄당에서 구탄당까지 있다. 그러나 생물학적으로 중요한 것은 오탄당과 육탄당이다. 무슨 이유인지는 잘 모르지만 오탄당은 우리 유전자인 DNA 혹은 RNA를 구성하는 당이 되었다.

이런 단당류가 두 개이면 이당류라고 부른다. 삼당류나 사당류는 흔

먹고 사는 것의 생물학

치 않다. 당이 두 개가 화학적으로 결합할 때는 물이 한 분자 빠져 나온다. 따라서 화학식이 $C_{12}H_{22}O_{11}$이라고 생각된다. 거꾸로 이들 이당류를 두 개의 단당류로 분해할 때에는 물을 한 분자 집어넣어야 한다. 그래서 물을 더하는 반응이라는 의미를 담아 가수분해라고 부른다. 따라서 한편으로 소화는 가수분해 과정이라 말할 수 있다.

우리 주변에서 가장 흔한 이당류는 설탕이다. 설탕은 포도당과 과일 속에 많이 함유된 과당fructose이 결합한 물질이다. 설탕은 달다. 밥도 달다. 포도당이 달다는 말이다. 갓 태어나 인간이 먹는 모유에도 이당류가 포함되어 있다. 젖당이라고 부른다. 여기에는 포도당과 갈락토오스라고 부르는 당이 결합되어 있다. 식혜를 담글 때 쓰는 엿기름에는 엿당이 포함되어 있다. 포도당이 두 개 결합한 것이다. 이런 당들은 우리에게 익숙한 것들이고 그것은 세포에게도 마찬가지다.

단백질-아미노산

뒤에서 다시 얘기하겠지만 전분을 깨는 데 사용되는 효소는 아밀라아제이다. 침에서도 나오고 위에서도 나온다. 단백질을 깨는 효소는 여럿이지만 특별한 경우가 아니라면 그냥 단백질 분해효소라고 부르겠다. 정의상 효소는 모두 단백질이다. 하는 일에서 대충 짐작이 들지만 이들은 우리 신체 안에서 몸소 일을 하는 노동자들이다. 동물의 운동을 담당하는 근육세포에는 단백질 복합체가 많이 들어 있다. 스테이크를 잘라 먹을 때 우리는 단백질 덩어리를 먹는 셈이 된다. 그 단백질 덩어리도 씹는 행위와 함께 소화액의 도움을 받아 낱개의 단위로 분해된다. 그 낱개 단위를 아미노산이라고 부른다. 숙취에 좋다는 콩나물 성분인 아스파라긴산도 아미노산 중의 하나이다. 생명체가 일상적으로 사용하는 아미노산은 대략 스무 개다. 그러므로 우리가 고기를 먹었다는 말은 바로 이 단백질을 스무 개의 아미노산으로 분해한다는 뜻이다. 낱개로 분리된 아미노산은 연료로 사용되기도 하겠지만 세포가 필요로 하는 단백질을 만들어내는 재료로 사용된다. 단백질이라는 집의 빌딩 블록이 아미노산인 것이다. 그러나 어떤 집을 지어야 하는가 하는 결정은 유전자들의 몫이다. 어쨌든 어떤 청사진이 주어지면 벽돌을 쌓아가야 한다. 이런 아미노산 복합체를 펩티드라고 한다. 하나의 펩티드가 단백질이 될 수도 있지만 여러 개의 펩티드가 복잡하게 꼬이고 변형되면서 제 기능을 다하는 세포 노동자가 된다.

분해한다는 점에서는 감자의 전분이나 스테이크나 연어의 단백질할 것 없이 다를 것이 없다. 낱개로 분해해야만 이들 영양소는 세포 안으로 들어갈 수 있다. 왜냐하면 소화기관의 벽을 구성하고 있는 것이 세포이기 때문이다. 따라서 세포가 이들 영양분을 받아들이는 통로를 가지고 있을 것이라고 추론하는 것은 정당하다. 그 대표적인 것이 포도당 운반 단백질이다. 아미노산도 운반 단백질이 있다. 이들 아미노산 운반 단백질들은 약물도 함께 운반하는 것으로 알려져 있다.

지방-지방산

고기를 먹을 때는 단백질도 있겠지만 지방도 함께 먹는다. 우리가 마블링이라고 부르는 소고기 표면에 대리석 무늬처럼 생긴 부위에는 지방이 많이 포함되어 있다. 자유롭게 풀을 뜯어 먹게 하는 호주의 소는 지방의 함량이 적은 편이다. 곡물을 먹이고 운동량이 적은 소에 비해 그렇다는 말이다. 그래서 호주 시드니에서 먹는 스테이크는 우리 입맛에 다소 질긴 편이다. 이 말은 다소 생각해볼 여지가 있다. 혹시 여기에 우리의 입맛이 사육하는 고기에 적응했다는 뜻도 포함되는 것일까? 1978년에 내가 고기를 먹었던 적은 손가락으로 셀 수 있을 정도였다.

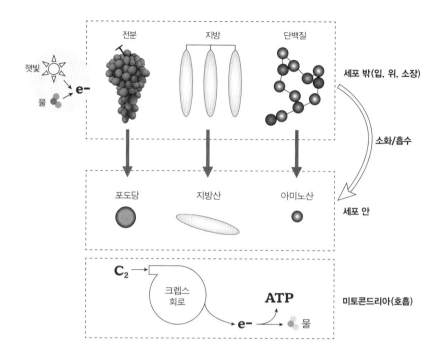

그림 1. 영양소의 소화와 흡수

생명체의 소화는 건물 파괴공학과 마찬가지다. 건물을 낱개의 벽돌로 분해하여 재활용한다는 의미에서 소화는 훨씬 부드러운 파괴 과정이다. 식물이나 동물에 농축된 형태로 들어 있는 영양소는 낱개의 빌딩 블록 단위로 나뉘어야만 우리 인간이 에너지 통화로 사용할 수 있다. 전분은 포도당의 중합체이고 지방은 글리세롤에 지방산 세 개가 삼지창 모습으로 붙어 있다. 단백질은 아미노산의 중합체이다. 소화를 마치고 혈액 안으로 들어온 포도당, 지방산 및 아미노산은 크렙스 회로를 거쳐 에너지 통화인 ATP로 전환된다.

자주는 아니었지만 그 전에 시골에 살 때는 키우던 돼지고기를 먹었다. 먹는 횟수가 적으면 고기는 어떤 경우에도 맛있는 음식임에 틀림없다. 그러나 공장에서 사육하는 가축들이 전적으로 우리의 식단을 지배하는 현재, 이 부분은 공장제 가공식품에 대한 인류의 적응이라는 매우 미묘한 문제와 본질적으로 맞닿아 있다.

세포 안에서 지질이 사용되는 곳은 많지만 주요한 장소는 막이다. 세포를 둘러싼 막도 그렇고 핵을 둘러싼 막도 그렇다. 문제는 이들 막이 수용성 액체와 맞닿아 있다는 점이다. 따라서 막은 두 층으로 되어 있다. 지질 성분이 화학적으로 물과 친하지 않기 때문이다. 그러므로 물과 친한 머리 부분이 밖으로 향하고 그렇지 않은 꼬리 부분은 안으로 들어와 두 층을 이루면 이 문제가 해결된다. 세포 안으로 물에 녹지 않는 지질 성분을 들이려면 분해한 뒤 물에 녹는 뭔가로 싸야 된다. 보통 음식물에 저장되어 있는 지방은 글리세롤과 결합된 형태이다. 글리세롤은 삼지창 비슷한 구조이며 그 창 하나에 각각 한 분자의 지방산 성분이 결합되어 있다. 각 지방산 성분은 사실 탄소 두 개짜리가 줄줄이 소시지처럼 연결된 것이다. 그렇기 때문에 개별 지방산은 거의 대부분 짝수 개의 탄소를 갖는다. 세포 안에서 지방산은 기본 단위인 탄소 두 개(C_2)가 연속해서 잘려나가면서 에너지원으로 사용된다(그림 1). 그렇지만 세포 안으로 들어가는 것은 탄수화물이나 단백질과 다르다. 이들 지방산이 물에 잘 녹지 않기 때문에 별도의 운반 과정이 필요한 까닭이다.

물에 녹지 않는 지방산을 물에 녹는 조그만 구체에 담아 혈관 대신 림프관을 따라 간으로 운반한다. 간에서는 이들 지방산을 다시 운반 물질에 담아 혈관을 따라 각각의 세포로 전달한다. 우리가 좋은 콜레스테롤이니 나쁜 콜레스테롤이니 얘기할 때 이들 물질의 역할이 지방을 운반하는 일이다.

지질은 영어로 리피드라고 말한다. 그래서 지질을 분해해서 지방산을 만드는 효소는 리파아제이다. 또 지방산의 길이에 따라서 이들이 분해되는 장소도 제각각이다. 세포 내부의 소기관인 미토콘드리아와 퍼록시좀이지만 자세한 얘기는 하지 않겠다. 내가 쓴 『산소와 그 경쟁자들』이라는 책을 보면 이들 지방산을 깨서 에너지를 얻는 과정도 탄수화물이나 단백질과 마찬가지로 최종적으로는 단 하나의 통로를 이용한다. 우리가 생물시간에 달달 외운 구연산 회로라는 것이 그것이지만 그것은 문자 그대로 회로이기 때문에 연료가 보급되는 한 쉼 없이 계속될 수 있다.

물에서 다시 물로

앞에서 우리는 태양빛을 이용해 물에서 전자를 뽑아내고 이것을 다시 이산화탄소에 집어넣은 것이 포도당이라고 말했다. 구연산 회로가 돌면서 일어나는 일은 물에서 확보한 전자를 다시 뽑아내는 것이다. 에르빈 슈뢰딩거는 『생명이란 무엇인가』에서 결국 생명은 전자의 움직임이 아니겠느냐고 말했다. 나도 그 말이 옳다고 생각한다. 그래서 세포 내 소화의 마지막 단계는 전자전달계를 통해 완료가 되고 최종 산물은 우리가 잘 아는 ATP이다. 절대량은 아니지만 우리가 하루에 만들어내는 ATP의 총량은 45킬로그램 정도이다. 놀라운가? 그러나 단위가 틀리지 않았다. 킬로그램이다. 좀 정확히 말하면 ADP에 하나의 인산을 붙여 만들어지는 ATP의 총량을 무게로 환산하면 그 정도 양이 된다는 것이다. 엄청난 양이고 우리가 삶의 무게를 말할 때 그 무게의 절반 이상은 ATP의 몫으로 돌려야 할 것도 같다. 그러나 여기에서 놓치지 말아야 할 전자전달계의 최종 산물이 하나 더 있다. 그것은 바로 물이다. 물에서 시작된 전자는 다시 물로 돌아간다. 바로 그 중간에 광합성이 있고 소화가 있고 전자전달계가 있다. 생명은 물에서 시작해서 물로 돌아간다. 다시 말하면 전자는 돌고 도는 것이다. 그렇기에 물에 빠져 허우적거릴 때에는 산소가 몸속으로 들어오지 못하기 때문에 물을 만들지 못해서 어려움을 겪게 되는 것이다. 아이러니가 아닐 수 없다.

불의 발견, 식품 가공의 불을 댕기다!

우리의 식단은 탄수화물과 지방 및 단백질의 혼합물이다. 알래스카 이누이트인들이[4] 주로 먹었던 바다표범, 고래 등 해양동물의 주영양소는 단백질과 지방이다. 그러나 이들의 식단에 탄수화물 혹은 식물은 매우 드물었다. 과거 식품의 가공은 주로 상하지 않게 음식물을 보관한다는 의미가 컸을 것이다. 염장이나 훈제 및 발효가 여기에 해당한다. 마트에 가보면 엄청난 양의 가공식품을 만날 수 있다. 원형을 그대로 유지하고 있는 것은 멸치밖에 없을 정도이다. 인류의 식단이 앞에서 얘기한 세 가지 영양소의 혼합물이라면 가공식품이라고 해서 그리 큰 문제가 될 것처럼 보이지는 않는다. 가공식품이라고 해도 골고루 먹는다면 영양소의 불균형을 해소할 수 있을 것이기에 그렇다. 그러나 여기에는 두 가지 함정이 도사리고 있다. 하나는 인간이 만든 화학물질이나 방부제가 식품의 가공 과정에 편입된다는 것이다. 얼마 전에 텔레비전 공중파에서 이들 물질 몇 가지는 발암제로 판명된 바 있다. 그러나 이런 점은 매우 광범위한 과학적 근거를 바탕으로 해야 한다. 판단하기 어렵다는 말이다. 게다가 정치 경제적 이해관계가 얽혀 있는 경우는 더욱 그러하다.

인류의 건강과 관련해서는 아마 두 번째 사항이 더욱 중요한 의미를 띨 것이다. 바로 가공 과정이 인간의 소화기관이 해야 할 일을 대체하기 때문이다. 불을 다루는 역사는 꽤 오래되었다고 한다. 그렇기에 화

---

4 · 한때 인터넷에서는 이들 추운 극지방에 사는 알래스카인들에게 냉장고를 파는 방법에 관한 얘기가 돈 적이 있었다. 그것은 '음식을 얼지 않게 해준다'는 것이었는데, 아주 그럴싸한 말처럼 들렸다. 식생활과 관련해서 냉장고는 매우 중요한 의미를 갖는다. 음식물 보관 기간을 늘리고 장거리 수송을 가능하게 할 수 있었기 때문이다. 그러나 냉장고 안에서도 식품은 상하고 세균이 침범한다.

식^{火食}에 대해서 인류는 적응을 했을 것이다. 그러나 불과 함께 잘게 가루를 낸 음식물의 비중이 커지면서 그 안에 포함된 영양소가 과도하게 우리의 소화기관으로 들어온다는 점도 틀린 말이 아니다.

씹는 일이 매우 쉬워졌다. 그래서 위아래 이빨의 교합에 문제가 불거졌다. 한편 쉽게 분해된 탄수화물이 구강 세균의 먹을거리가 되면서 충치와 잇몸병의 빈도가 늘었다. 거칠게 씹어 넘긴 음식물을 죽처럼 반죽하는 위도 할 일이 줄었을 것이다. 음식물의 가공 과정은 이제 돌이킬 수 없는 추세가 된 듯 보인다. 그래서 천문학적 시간이 지나면 인류의 소화기관의 크기는 더 줄어들 가능성이 있다. 앞으로 살펴보겠지만 소화기관은 매우 역동적이고 유지하는 데 비싼 기관이다. 소용이 적은 비싼 기관이라면 없애는 것이 합리적이지 않겠는가? 그러나 더 이상 확대해서 상상하지는 말자. 앞으로 전개될 장에서는 탄수화물, 단백질 및 지방의 복합체를 낱개의 단위로 나누는 일이 단세포 시절부터 있어왔다는 얘기가 등장할 것이다. 물론 그 전에 스스로 영양소를 만드는 개체와 그것을 잡아먹고 사는 생명체가 분기해야만 할 것이다. 전자는 독립 영양체, 후자는 종속 영양체라고 부른다. 이미 단세포 시절에 이런 분화가 일어났다. 다세포 생명체는 결국 소화 과정의 역할 분담 이상을 넘어서지 못한다. 그 시기는 캄브리아기 이전인 10억 년 전 즈음에야 시작되었다. 슬슬 실마리를 풀어가보자.

굶기와 폭식 사이에서:
소화기관의 역동성

　찬찬히 생각해보면 인간이 인간다워진 것은 음식물을 먹는 데 쓰는 시간을 획기적으로 줄였기 때문이라는 느낌을 지울 수 없다. 논문을 읽다가 잠시 바람을 쐬러 나와서 커피 한 잔을 들이키는 동안 이런 생각을 한다면 '별놈의 생각을 다 하고 사네.' 하고 지청구를 들을지도 모를 일이지만 어쨌든 그렇다. 우리 인간과 가장 가깝다고 하는 침팬지는 하루 6시간을 씹는 데 소모한다고 한다. 그리고 어두워지면 잠도 자야 하니까 다른 할 일이 그리 많지 않을 듯하다. 침팬지는 평균적으로 9.7시간을 잔다. 그렇지만 물론 12시간을 넘게 자는 고양이보다는 덜 잔다.[5]

---

[5] · 고양이를 피해 다녀야 하는 쥐도 대략 12시간을 잔다. 그렇지만 낮에 잔다. 인터넷을 뒤져보면 잠을 많이 자는 동물 10선을 소개하는 곳이 있다. 세세한 부분은 조금씩 다르지만 단연 1등은 코알라다. 하루 평균 22시간을 잔다. 그 외에도 알마딜로, 개미핥기, 나무늘보, 비단뱀들은 18시간 이상을 자는 데 쓴다. 인간은 평균 8시간이지만 나이가 들면 점차 줄어서 노인들은 5.5시간을 잔다고 한다. 그에 필적하는 것들은 풀을 뜯는 염소, 소, 코끼리 등이며 4~5시간을 잔다. 양은 3.8시간, 당나귀는 2.9시간 그리고 기린이 평균 1.9시간으로 가장 적게 잔다. 먹는 시간이 길어서 잠을 적게 자는지

침팬지는 깨어 있는 시간의 약 45퍼센트를 음식을 구하고 먹는 데 사용한다. 한 끼의 식사에 대략 30분이라는 시간을 할당한다면 성인 인간은 하루 약 10퍼센트의 시간을 먹는 데 쓰는 셈이다.[6] 국내에 『요리 본능』이라는 책으로 소개된 리처드 랭엄이 2011년 미국 과학원보에 제출한 논문은 이를 좀 더 구체화하고 있다. 논문의 제목은 "사람속 진화 과정에서 식사 시간 변화 속도의 계통적 연구"이다. 결론적으로 말하면 직립보행을 하게 되는 것과 식사 시간이 줄어든 것은 서로 상관관계가 있다는 것이다. 다양한 비인간 영장류는 체중이 늘면 식사 시간이 그에 비례하여 늘어난다. 일정한 기울기를 갖는 직선 그래프를 얻을 수 있다는 말인데 평균 체중을 따져 그 그래프를 따라가면 인간의 식사 시간은 총 활동 시간의 48퍼센트 정도가 되어야 한다. 랭엄에 따르면 놀랍게도 인간은 4.7퍼센트에 해당하는 시간을 식사에 할당한다. 물론 우리에게 익숙한 네안데르탈인도 식사 시간이 짧다. 약 7퍼센트이다. 약 190만 년 전에 진화한 것으로 알려진 호모 에렉투스는 6.1퍼센트의 시간을 먹는 데 사용했다. 몇 가지 원인을 제시하지만 랭엄과 동료의 결론은 요리할 때 불을 사용하게 된 것이 이런 진화적 격변의 근저에 있다고 말한다. 물론 도구를 이용해 사냥을 하게 된 것이나(339만 년 전) 정교한 석기를 사용하는 것(290만 년 전), 다시 말해 식단의 구성이 육식으로 전환된 것도 한 이유가 될 것이다. 칼로리가 높은 음식물을 구할 수 있

아니면 포식자를 피해야 하기 때문인지 분명하지는 않지만 두 가지 다일 가능성이 크다. 잠은 본성이지만 환경의 영향을 많이 받는다. 『잠들면 안 돼, 거기 뱀이 있어』라는 책을 보면 피다한 부족민들은 띄엄띄엄 잠을 잔다.
6· 10퍼센트라는 물리적 시간은 계속 마음에 걸린다. 요리를 담당하는 주부의 물리적 시간을 고려하지 않았을 뿐만 아니라 음식물을 사기 위해 주야로 일을 하는 사람들의 모습이 뇌리에서 사라지지 않기 때문이다. 또 영국 지질학회라고 하는 모임이 소위 잉여의 시간을 가진 부르주아에 의해 시작되었다는 사실도 솔직히 말하면 맘이 개운치 않다.

먹고 사는 것의 생물학

그림 2. 화식

하루를 마치고 화롯가에서 고기를 구워 먹거나 음식을 조리해 먹게 되면서 인류는 고농축 영양소의 효율적 흡수라는 새로운 전기를 맞게 되었다. 한편 저작능력을 포함하는 소화기관의 성능은 불을 사용하기 이전에 비해 훨씬 떨어졌다. 인류가 화식을 시작한 시기는 대략 100만 년 전으로 추정한다.

었을 것이기 때문이다. 이에 상대적으로 거친 식물에 의존하는 비율이 줄어들었다. 따라서 식물을 오래도록 씹는 데 필요한 어금니의 크기도 줄어들었다. 마찬가지로 턱의 힘도 줄어야 했을 것이다.

식사하는 데 시간을 줄이게 되었다는 것은 몇 가지 생각해볼 만한 가치가 있다. 우선 음식물을 소화하기 쉬워졌다는 것이다. 이는 인류가 불을 사용하고 화식을 하게 된 사건을 얘기하고 있는 것에 다름 아니다. 이와 함께 영양분의 질이 향상되었다는 것도 생각해볼 수 있다. 대나무 잎을 먹는 것과 고구마를 먹는 것은 분명히 다를 것이기 때문이다. 또 사냥과 채집의 효율이 눈에 띄게 향상되었다는 뜻도 포함될 것이다. 그 이면에는 또 직립보행을 하면서 자유로워진 팔과 어깨 근육을 써서 던지기 사냥을 하게 된 사실을 지적할 수 있을 것이다. 한편 뇌의 크기가 커지면서 인간은 협동 작업을 통해 거대 포유류를 사냥하고 일부 음식물을 저장할 수 있는[7] 가공 기술도 발달시켰다. 먹는 시간에도 인간 진화의 굵직굵직한 사건이 송두리째 숨어 있는 것이다. 어쨌든 먹는 일은 지구가 생긴 이래 그 어떤 생명체에서도 결코 좌시할 수 없는 첫 번째 과업이었을 것이다. 먹는 데에서 자유롭다는 말은 그런 의미에서 매우 최근에야 거론되기 시작한 화두가 되었을 것이지만 그것도 매우 괴이쩍기 그지없는 직립보행 하는 한 종의 생명체에 국한된 사건이다. 그러므로 우리는 우리의 소화기관이 어떻게 생겨났는지 한 번쯤 생각해볼 일이다.

최근에 나는 왜 소장에서 탄수화물이 이당류까지 분해되고(물론 단당류도 있겠지만) 이들을 융모까지 운반하여 거기서 단당류로 나눈 다음 혈관으로 들여보내는지가 궁금해졌다. 아직도 그 이유는 확실하지 않지만 그런 시스템이 정착되었다면 틀림없이 그것은 생명체의 적응도를 높였을 것이다. 물론 상식 수준에서 생각했을 때 열악하고 경쟁이 자심한 주변 환경에서 일단 입안으로 들어온 음식물은 할 수 있는 '최대한 단물'을 빨아 먹는 것이 중요했을 것이라고 짐작은 한다.[8] 그렇다면 그런 사건은 언제 어떤 생명체에서부터 시작했을까? 그것이 소화기관의 진화와 어떤 관계가 있을까? 이런 질문들이 머리를 맴돈다.

소화기관의 진화사를 살펴보기 위해서는 발생학을 좀 알아야 한다. 발생학은 골치 아프기 짝이 없는 분야이다. 하긴 혹자는 면역학이 그렇다고도 말한다. 르네상스적인 관심과 공부가 있어야만 어찌 흉내라도 내볼 것인데, 내가 선택한 방법은 유튜브에 들어가서 발생 과정을 열심히 들여다보는 것이었다. 현란하기 그지없다. 몸길이가 약 1밀리미터

---

7 · 훈제, 염장 발효 같은 것이다.
8 · 뒤에 다시 등장하지만 자신의 똥을 먹는 일은 동물계에서 흔하게 관찰된다. '최대한 단물'을 빨아먹지 못했다면 똥은 여전히 훌륭한 음식이 된다.

　　　　　　　　　　　　먹고 사는 것의 생물학

인 예쁜 꼬마선충은 작지만 신경계, 근육, 생식기관 등 있을 것은 대충 다 있고 또 투명해서 몸통을 들여다볼 수 있기 때문에 실험동물 모델로 선호하는 생명체다. 현미경 하나면 발생 과정에서 등장하는 모든 세포를 다 들여다볼 수 있다. 알에서 부화한 꼬마선충의 유충은 세포가 모두 556개이고 0.3밀리미터 정도의 크기지만 성체가 되면 959개의 세포에다 몇 개의 성세포를 더 갖추게 된다. 그게 전부 다. 556개의 세포로 이루어진 유충이 되는 과정에서 정확히 131개의 세포가 스스로 죽는다. 이런 모든 과정과 세포의 발생학적 계보가 낱낱이 아주 잘 알려져 있다. 얼마 되지 않는 세포를 가지고 인두도 있고 소장, 대장, 근육도 다 가지고 있다.

오랜 시간 동안 촬영한 영상을 빨리 돌리면 불과 수 분 안에 꼬마선충의 발생을 다 볼 수 있다. 홍해가 갈라지는 것 같은 역동적인 과정, 그리고 잔잔히 스며드는 피아노 선율처럼 조용하게 진행되는 과정이 파노라마처럼 진행된다. 문제는 그 과정에 관여하는 세포와 유전자를 눈여겨봐야 하고 그것이 해면에서부터 해파리, 다음에 척삭동물에 이르는 동안 어떻게 변화하는지 대강이라도 알아야 소위 소화기관에 대한 땜질이라도 했다고 말할 수 있을 것이다. 구체적인 과정을 살펴보기 전에 우선 소화기관이 얼마나 역동적인 기관인지 잠시 살펴보도록 하자.

사는 것은 버티는 것인가?

뱀이나 개구리, 새나 그밖에 야생에서 살고 있는 생명체들에게서 쉽게 관찰할 수 있듯이 소화기관의 체계는 에너지 수요에 걸맞게 또 한편으로 환경이나 먹이 혹은 포식자에 적응하여 가변성과 탄력성을 가지고 있어야 한다. 그렇지만 그것은 야생을 사는 동물들에만 국한된 것만은 아니다. 우리 인간도 오랫동안 먹지 않으면 위나 소장이 위축된다. 그러다가 음식물을 발견하게 되면 급하게 입으로 집어넣는다. 만약 뱀이라면 자신의 몸뚱어리와 맞먹는 음식도 즉시 게걸스럽게 집어넣어야 한다. 사실 뱀은 기아와 축제 사이를 왔다 갔다 하는 동물이다. 그들의 위장관도 그에 맞추어 적응을 거듭해왔다. 꼭 뱀만 그런 것도 아니다.

음식물 구하는 데 롤러코스터를 타듯 굶기와 폭식하기를 밥 먹듯이 하는 동물들이 적지 않다. 대표적인 것은 먼 길을 떠나야 하는 철새들이다. 아무것도 먹지 않고 수천 킬로미터를 날아야 하는 운명은 고달플 것이다. 임시로 기착하는 곳에서 그들은 다시 허기진 배를 채워야 한다. 문제는 그들이 떠나온 지역의 식단과 같지 않다는 점이다. 그러나 이런 모든 걱정은 적든 많든 먹을 게 있고 깨어 있을 때의 문제다. 여러 달 동안 동면하는 곰이나 다람쥐 등은 아무것도 입에 넣지 않고 그야말로 버틴다. 용어에서 바로 유추할 수 있는 것이지만 동면冬眠은 겨울잠으로 통역된다. 추우니까 잠을 잔다는 것 같지만 정확히 말하면 먹을 것이 없어서 잔다는 말이 훨씬 이치에 맞을 것이다.

잠을 자면서 동물들이 할 수 없는 것 중 한 가지는 먹는 일이다. 사막에 비가 내리지 않으면 먹을 것이 부족해진다. 따라서 사막에 사는 개구리는 땅을 파고 들어가 습한 기운을 피부 전체로 받아들이며 잠을 잔다. 여름잠을 자는 것이다. 이런 경우는 동면에 대비하여 하면夏眠한다는 말을 사용한다. 그렇지만 동면이든 하면이든 깨어나면 바로 먹어야 하고 소화기관은 준비된 채로 새 음식을 맞아야 한다.

어떻게 그런 일이 가능할까? 오래 먹지 않아 위축된 채로도 자신의 몸뚱어리만 한 음식물을 집어넣는 뱀의 소화기관은 아무런 문제가 없을까? 한 열흘 단식을 하고 난 인간은 멀건 죽으로부터 식단을 개시한 후(보식이라고 한다) 소화기관을 달래고 나서야 밥과 같은 된 음식을 소

　　　　　　　　　　　　　　먹고 사는 것의 생물학

화시킬 수 있다. 그렇지 않으면 탈이 나게 마련이다. 교과서에서는 사뭇 정적인 소화기관에 대해 기술하고 있지만 실제 소화기관은 매우 역동적이다. 이들 기관은 에너지의 수요와 공급이 변화함에 따라 자신을 끊임없이 적응시킨다. 예상할 수 있듯이 이런 적응은 극한 상황에서 매우 급진적으로 일어난다.

『총, 균, 쇠』로 유명한 재레드 다이아몬드는 1998년 캘리포니아 대학에서 생리학을 연구하던 당시 뱀의 섭식 행동에 관해 관심이 많았다. 동료인 앨라배마 대학의 스테펀 세코Stephen Secor와 함께 그는 비단뱀이 아무것도 먹지 않는 몇 달 동안 이들 뱀의 위와 장이 위축된다는 사실을 밝혀냈다. 생텍쥐페리의 소설 『어린 왕자』에 나오는 모자 그림이 기억나는가? 뱀은 자신의 입을 통과할 수 있는 먹잇감만을 먹을 수 있다. 턱을 최대로 벌려야 한다는 말이다. 일단 집어넣어야 소화가 되었든 뭐든 할 수 있을 것이다. 그러나 입을 통해 음식을 집어넣자마자 뱀의 소화기관 기능은 최대치로 올라간다. 세코와 다이아몬드는 최초의 음식이 소화기관에 도달하면, 특히 단백질 혹은 아미노산이 소화기관 내벽을 극적으로 팽창하도록 한다는 것을 발견했다. 장의 크기는 두 배로 커졌으며 효율적인 소화를 위한 표면적이 엄청나게 증가했다. 소화기관의 내벽은 손가락 모양의 세포 집단인 융모villi가 융단처럼 깔려 있고 그 안에는 미세 융모를 가진 세포들이 빼곡히 들어차 있다. 세코는 음식물이 보충되는 동안 비단뱀 소화관 내벽에 새로운 세포가 만들어진다고 보았다. 몰려드는 행락객을 수용할 콘도를 새로 짓는 것에 버금가는 일이다. 그러나 설계를 새롭게 하는 것은 시간이 소요되는 일이다. 그것 말고도 고려할 것이 더 있다. 위가 빠르게 활성화되고 위산을 만드는 일도 에너지가 꽤 들어간다. 그러므로 신체의 어딘가에 자원과 에

너지가 저장되어 있지 않고서는 결코 녹록한 일이 아니다.[9]

독일 뮌헨 대학의 마티아스 스타크[J. Matthias Starck]와 크리스티안 위머[Christian Wimmer]는 소화기관 내벽에 새로운 세포가 만들어지는 대신 융모 아래를 흐르는 혈액의 흐름이 증가한다는 발견을 2005년《실험 생물학 저널》에 보고했다. 음식을 먹자마자 바로 이런 일이 일어난다는 것이다. 쭈그러들었던 풍선에 다시 바람이 채워지듯 융모의 표면적이 커진다. 그에 따르면 혈관이 확장되는 데는 그리 많은 에너지가 필요하지 않다. 따라서 저장된 지방의 양이 많지 않아도 즉시 소화가 시작될 수 있다. 소화가 개시되면 이젠 흡수된 영양소가 소화에 필요한 에너지를 공급하게 된다. 매우 정교한 측정 기계를 이용해서 내벽을 따라 혈압을 측정한 결과 음식물 섭취를 시작한 뱀의 물질 대사 속도가 빨라지고 장이 커지면서 혈압은 세 배나 증가했다. 장의 크기가 증가한 것의 약 반 정도는 혈압이 올라간 것으로 설명할 수 있다고 스타크와 위머는 말했다. 나머지 반은 음식물에서 흡수된 지방 때문이고 그것이 장의 내벽을 부풀렸다고 보았다.

소화하는 동안 소화기관에 혈액의 흐름이 증가하는 것은 보편적인 현상이다. 뛸 때 근육에 혈류량이 증가하는 것과 마찬가지 이유이다. 이 점에서도 뱀은 극단적인 양상을 나타냈다. 소화할 때 인간의 소화기관을 흐르는 혈액의 양은 약 50퍼센트 증가하는 데 그치지만 뱀은 10배나 증가했다. 그 정도면 심장에 부담이 갈 수도 있을 것이다. 마치 100미터를 뛰는 단거리 선수가 최대로 힘을 뽑으려 할 때 심장이 움직이는 것과 다르지 않을 것이다. 재미있는 것은 비단뱀이 며칠 동안 소

---

9 · 소화기관의 능력은 내온성 혹은 변온성으로 표현되는 물질 대사와 관련이 깊다. 비단뱀이 삼킨 먹이를 먹고 소화하는 시간이 길 것이라는 말이다. 게다가 뱀은 많이 먹을 필요도 없다. 신체 내부에서 열을 만들어내야 할 필요가 없기 때문이다.

먹고 사는 것의 생물학

화기관 주변의 혈액 양을 일정하게 유지할 수 있다는 사실이다. 그래서 소화기관에 있는 근육이 지치지 않고 먹이가 된 피식자의 피부와 뼈 그리고 모든 것을 소화할 수 있게 된다. 상황이 이렇다면 심장의 크기가 커지는 것도 무리는 아닐 것이다. 먹이를 먹기 시작한 뱀의 심장은 이틀 후 약 40퍼센트가 커졌다. 마라톤 선수들이 부러워할 만한 뱀의 역동성이다. 운동선수인 인간의 심장도 커지기는 한다. 그러나 그러기 위해서는 몇 년이라는 시간이 필요하다.

음식을 먹기는 했지만 또 다음의 축제까지 버티기 위해 뱀은 에너지 창고를 채워 넣어야 한다. 물질 대사 면에서 이 점은 잠을 자지는 않지만 동면하는 것과 다를 바가 없다. 남아도는 영양소를 지방의 형태로 저장해야 하는 것이다. 비단뱀의 위가 먹이를 소화하는 데 걸리는 시간은 대략 4~6일이다. 그러고는 소강상태에 접어들지만 소장이나 대장은 여전히 전면 가동 상태로 몇 주를 더 간다. 흡수를 완벽하게 해치우기 위해서이고 다음 식사를 준비하기 위해서이기도 하다. 늘 사용하지는 않는 세포일지라도 음식이 당도하면 즉시 풀가동할 수 있게 준비가 되어 있어야 뱀들은 살아남을 수 있다고 전문가들은 얘기한다.

야생을 실험실로 삼은 현장 생물학자들의 수는 점점 줄어들고 있다. 달팽이 연구에 자신의 연구 경력 40년을 바쳤다는 과학자들의 얘기를 들으면 절로 고개가 숙여진다. 논문을 내기도 힘들고 근육을 움직여 야생 실험실을 움직여야 하기 때문이다. 한국에서 동면 실험을 하기는 무척이나 힘들다. 얼마 전 한국 다람쥐 계통 연구를 한 과학자에게 전화한 적이 있었는데 그는 차나 경운기에 치어 죽은 다람쥐를 한두 마리씩 구해서 실험했다고 내게 말했다. 먹을 것이 적거나 물 혹은 기온이 떨어져서 극한의 상황에 놓인 동물들의 소화기관은 어떤 변화를 겪을까? 굶주린 쥐나 다람쥐 같은 동물들 말이다. 신체의 단백질을 깨서 에너지를 충

그림 3. 초록띠굴개구리

특정 동물들이 겨울날이나 여름날 긴 잠을 자는 것은 무엇 때문일까? 극심한 추위나 더위를 피하기 위해서? 그런 목적도 크지만, 먹이가 부족한 상황에서 에너지 소모를 피하려는 불가피한 선택으로도 볼 수 있다.

당할 정도의 절망적인 상황에 처해도 이들 동물의 장은 새로운 세포를 만든다. 소장의 내벽을 스스로 정비하고 다음 먹이가 도달하기를 애타게 기다리는 것이다. 먹이를 취하는 간격이 긴 많은 동물들도 이와 비슷한 전략을 발전시켰다. 가장 극단적인 예는 아마도 추위나 극심한 더위를 피하기 위해 동면하거나 하면하는 동물들에서 찾을 수 있을 것이다. 소화기관의 설계를 손보는 대신 아예 잠을 자는 것이다.

호주의 퀸즐랜드 대학의 리베카 크램프Rebecca L. Cramp와 크레이그 프랭클린Craig E. Franklin 연구진은 초록띠굴개구리green-striped burrowing frogs를 유심히 지켜보았다. 이들 개구리들은 건조하고 더운 여름 10개월을 하면한다. 땅속 깊이 들어가 아무것도 먹지 않은 채 무작정 견딘다. 그러나 우기가 시작되어 비가 내리면 잽싸게 나와서 다시 하면하기 위한 모든 준비를 마쳐야 한다. 다시 말하면, 배를 채우고 교미를 끝내야 한다. 우기는 그리 오래 가지 않는다. 그 안에 뱃속에 지방을 쌓아야 하고 짝짓기를 마친다. 그야말로 번갯불에 콩 구워 먹을 정도의 시간밖에 안 된다. 그러고는 다시 진흙 구덩이로 들어간다. 3개월이 채 지나지 않아 그들의 소화기관의 무게는 최대 약 70퍼센트까지 줄어든다. 나머지 하면하는 동안 그 무게는 10퍼센트가 더 줄어서 말 그대로 피골이 상접할 지경에 이른다. 개구리 소장의 미세 융모도 홀쭉하게 오므라든다.

위장관계의 위축은 이들 개구리의 에너지 소모를 최소화하는 전략이다. 그러나 하면하는 이들 개구리의 위장관은 여전히 영양소를 흡수할 수 있다. 이렇게 준비된 상태로 소화기관을 유지하는 것은 에너지를

먹고 사는 것의 생물학

소모하는 일이기는 하지만 어쩔 수 없는 선택이다. 사실 이런 비용은 투자에 가깝다. 리베카 연구팀은 하면에서 나온 개구리가 하면하지 않은 개구리보다 40퍼센트 이상 효율적으로 영양소를 흡수하는 것을 발견했다. 소화 능력을 유지한 채로 짧은 우기를 최대한 현명하게 넘겨야 하는 어쩔 수 없는 조처를 취하는 셈이다.

동면하는 열세줄땅다람쥐도 소화기관의 능력을 어느 정도 유지하고 있다. 잠을 자는 동안 이들의 위장관은 위축되고 내벽이 줄어든다. 굶는 동안 세포의 예정사도 여전히 진행된다. 그렇지만 조직의 손상은 최소한으로 유지된다. 세포의 생존을 촉진하고 세포 죽음을 줄이는 유전자들이 동시에 활성화되기 때문이다. 이런 현상은 사실상 놀라운 것이다. 햄스터를 이용해 나도 동면 실험을 해본 적이 있지만 이들이 줄기차게 잠만 자는 것은 아니다. 잠결에 일어나 화장실을 다녀오듯 이들도 자다 깨기를 규칙적으로 반복한다. 동면하거나 그렇지 않은 두 집단의 동물 두개골을 열고 뇌에 상처를 입힌 후 이들 조직이 회복되는 정도를 관찰한 실험이 시행된 적이 있다. 결과는 놀랍게도 동면을 하고 있는 집단에서 회복이 훨씬 빨랐다. 아니 손상을 덜 입는 듯 보였다. 그러나 잠을 자면서도 동물들이 어떻게 손상을 적게 입는지 그 이유는 잘 모른다. 이쪽은 장기 이식을 하는 사람들이 사족을 못 쓰는 분야이다. 신체에서 떼어낸 조직은 마치 동면하는 상태를 방불케 하기 때문이다.

어쨌든 죽지 않고 남아 있는 세포들은 소장의 미세 융모를 건강하게 유지해나간다. 간혹 다람쥐의 미세 융모가 더 빽빽해지기도 한다. 미세 융모에 존재하는 운반 단백질과 소화효소의 양도 평상시와 다름없이 유지된다. 동면 상태에서 벗어난 잠깐 동안에 그들은 소화관 내에 남아 있는 영양소를 흠뻑 빨아들인다. 동면에서 갓 깨어난 다람쥐가 음식물의 공급이 적은 봄날에도 새끼를 낳을 수 있다는 점을 보면 이러한 소화기관의 적응은 이들 유기체의 생존에 적합한 이점을 부여하는 것이 분명해 보인다.

겨울을 날다

먼 거리를 날아 잠시나마 새로운 정착지에서 살아야 하는 철새들은 겨울잠을 자는 동물들과는 달리 잠을 자지 않는다. 잠을 청하지 못하는 집단인 것이다. '먹지 않고 잠을 자지 않으면서 어떻게 계속 날 수 있는 가?'라는 물음에 초미의 관심을 보이는 집단은 흥미롭게도 군인들이다. 집중력을 잃지 않고 적지에 들어가 임무를 수행할 수 있게 '훈련이 가능한가?' 하는 문제는 군사 분야의 중요한 논의 거리일 것이다. 『24/7 잠의 종말』이란 책을 보면 이런 주제에 사회학자들도 관심이 많다. 24시간 잠을 자지 않으면서 굴러가는 사회를 해석해야 하기 때문이리라. 그러나 여기서는 소화기관에만 국한해서 얘기를 이어가보자.

동면처럼 장거리 이동도 소화기관을 새롭게 정비하도록 하는 중요한 조건이다. 철새들은 많은 양의 에너지를 비행 자체에 소모하지만 한편으로 여행의 중간에서 만나는 새로운 음식물에 대한 소화도 끄떡없이 해내야 한다. 먹잇감의 질이 철마다 달라질 뿐 아니라 에너지의 소모량도 달라질 것이기에 환경에 따라 소화기관의 크기를 조절해야 하는 까닭이다. 붉은가슴도요는 북극에서 북서 캐나다와 그린란드 사이를 오가는 철새다. 이들의 소화기관은 서로 다른 음식물에 적응했다. 붉은가슴도요가 주로 먹는 음식은 두 가지 유형이 있다. 새우나 게, 거미와 같은 다소 부드러운 것이 한 가지이고 조금 딱딱한 조가비, 늪말조개, 쌍각조개 같은 것이 다른 한 가지이다. 부드러운 음식물에서 딱

먹고 사는 것의 생물학

그림 4. 긴부리참도요

먼 거리를 이동하는 철새들은 이동 경로의 먹이 상태에 따라 소화기관을 탄력적으로 운영한다. 먹잇감이 풍부한 지역을 여행하는 긴부리참도요는 비행 도중에 소화기관의 크기를 늘린다.

딱한 음식으로 변화가 일어나면, 위 밖에서 딱딱한 조개껍질을 깰 수 있는 근육을 가진 도요새의 모래주머니(똥집)[10] 크기가 빠른 속도로 커진다. 몇 년간 연어를 먹이로 키운 도요새의 식단을 늪말조개로 바꾸자 3주가 지나지 않아 모래주머니의 무게가 4.9그램이 증가했다. 같은 기간 동안 이들 새의 체중이(약 130그램 내외였다) 7.3그램 증가한 것에 비하면 특정 기관인 모래주머니의 무게 증가가 전체 체중 증가분의 67퍼센트를 넘는다. 이들 소화기관의 가변성은 놀라울 정도이다.

초음파를 이용해서 도요새가 나는 동안 소화기관에서 어떤 일이 일어났는지 실험을 하기도 했다. 일차 비행을 끝내고 중간 기착지에 도착했을 때 그들의 소화기관은 상당히 줄어들었다. 장의 무게를 줄이는 것이 비행에 소모되는 에너지를 줄이는 효과를 낳는 것이다. 잠시 머무르는 동안 도요새의 소화기관은 다시 생기를 찾았고 일시적이지만 음

---

10 · 닭은 입에서 위까지 가는 동안 인간에게 없는 두 가지 소화기관이 더 있다. 입에 더 가까운 쪽에 있는 얇은 주머니에는 낱알 같은 모이가 많이 들어 있다. 그래서 모이주머니라고 한다. 우리 입과 혀 같은 역할을 한다. 그 아래에는 우리가 식용으로 하는 근육질 똥집이 들어 있다. 이 똥집을 모래주머니라고도 한다. 앞으로는 모래주머니라고 쓰겠다.

식과 영양분을 충분히 소화시킬 수 있었다. 이 동안 지방질을 보충하는 것이다. 이 과정이 성공적으로 이루어져야만 비행을 마칠 수 있을 뿐 아니라 이들 종의 생존도 보장된다.

새들이 얼마나 자주 그들의 먹잇감을 취하느냐도 중요하겠지만 음식을 소화하는 소화기관의 능력과 어떤 음식을 선택하느냐가(음식의 소비 속도) 더욱 중요한 요소이다. 바로 이런 조건들이 모래주머니의 크기를 결정하는 데 영향을 끼친다. 이 기관의 크기가 쉽게 커질수록 먹이 선택의 폭이 늘어난다. 음식물의 종류와 질이 소화기관의 유형과 밀접한 관련을 맺고 있는 것이다. 조개류는 소화하기 쉽지 않지만 영양가치가 큰 반면 먹기 쉬운 게는 그렇지 않다. 따라서 충분한 양의 에너지를 보충하기 위해서는 모래주머니가 빨리 커져야 한다. 모래주머니가 큰 도요새는 껍데기가 두꺼운 먹이도 서슴지 않고 금방 원기를 회복한다. 그러나 그렇지 않은 새들은 먹잇감을 구하는 데 시간과 공을 많이 들여야 한다. 그만큼 에너지를 더 소모해야 하는 것이다. 소화기관의 능력이 먹이의 종류, 다시 말하면 중간 기착지가 어디인지도 결정하게 된다. 모래주머니를 키우는 데 에너지를 충당할 수 있다면 그들이 마지막 목적지에 도달했을 때 교미의 가능성도 커진다. 즉 생존과 번식에 유익한 형질에는 투자할 만한 가치가 있는 것이다.

소화기관을 빠르게 키우는 붉은가슴도요와는 달리 아예 큰 소화기관을 가지고 이동하는 철새들도 있다. 긴부리참도요^western sandpiper^라고 하는 것들이다. 이들도 성공적으로 적응해서 잘 살고 있는 것을 보면 여기에도 뭔가 비밀이 숨어 있을 것이다. 이들은 중앙아메리카에서 알래스카를 여행한다. 북극에서 역시 좀 덜 추운 장소로 여행하는 것보다 중앙아메리카에서 미국 본토를 거슬러 올라가는 길에는 초록색 기운도 살아 있을 터이고 여기저기 호수에 먹잇감도 충분한 여정이 될 것이다. 긴부리참도요는 비행하는 도중에 오히려 장의 크기를 늘린다. 붉은 가슴도요는 여정이 고되다. 한 달이 다 되는 바닷길 여정에 쉴 곳이 거의 하나밖에 없다. 긴부리참도요는 고속도로 여기저기 산재하는 음식점을 다 쉬어갈 수 있는 조건을 갖추고 있으니까 두 종류의 새는 비행전략, 즉 소화기관의 특성이 달라질 수밖에 없다.

뱀이나 새나 개구리 등은 극한의 상황을 견디기 위해 소화기관을 매우 탄력적으로 운영한다. 인간은 주변을 변화시킴으로써 외부 환경의 변화를 희석시키고 있다. 동물의 전략에서 우리가 뭔가 배울 수 있는 것은 없을까? 먹이의 공급이 단속적으로 일어나는 상황이 줄어들면서 인간이나 고등 포유류가 소화기관의 역동성을 많이 상실해버린 것은 아닐까?

올챙이와 개구리의 식단

올챙이는 물에서만 살지만 개구리는 자주 물을 떠난다. 그러므로 이들은 호흡하는 방식이 서로 다르다. 올챙이에서 개구리로 탈바꿈을 하는 이유는 여러 가지가 있겠지만 대체로 먹고 사는 것과 관련된다. 유생과 성체가 사는 장소를 달리하거나 식단을 변화시키면서 서로 경쟁을 피하는 것이 이들 집단의 생존에 도움이 될 수 있다는 말이다. 여기에는 기생충의 생활사를 교란시킬 수 있다는 얘기도 끼어든다. 유생과 성체가 마치 각기 다른 생명체처럼 살아간다면 기생 생명체의 입장에서는 또 한 단계의 숙주가 늘어나는 셈이 될 것이기 때문이다. 나중에 동물의 생활사에서 시기에 따라 다른 전략을 취하는 곤충들 얘기를 잠시 언급하게 될 것이다. 그러나 여기서는 소화기관의 역동성을 좀 더 살펴보자.

노스캐롤라이나 주립대학 연구진은 육식동물의 소화기관 진화와 기관organ 발달의 보편적인 규칙에 관한 정보를 줄 수 있는 연구를 수행했다. 그들이 사용한 것은 두 종류의 개구리였다. 실험동물로서 개구리는 발생학 연구에 자주 사용된다. 동면에서 미처 깨어나지 못한 개구리들은 연구자들의 삽질 아래에서 기지개를 켠다. 이들이 낳은 알이 주된 실험재료로 사용된다. 과학자들이 사용한 두 종류의 개구리들이 공통 선조로부터 분기해 나간 것은 약 1억 1000만 년 전이다. 오랜 세월을 지나는 동안 이들 두 개구리들의 먹거리가 달라졌다. 다른 올챙이들과 마찬가지로 아프리카발톱개구리Xenopus laevis의 유생 올챙이는 채식주의자들이고 조류algae를 먹는다. 성체가 될 때까지 길지만 단순한 소화기관 때문에 이들 올챙이들은 벌레나 단백질 식단에 접근할 수 없다. 소화기관이 길다는 말은 효율성이 떨어진다는 증거이다. 반면 버젯개구리Lepidobatrachus laevis는 매우 공격적인 종이며 육식동물이다. 이들은 올챙이 적부터 육식을 한다. 심지어 자기들끼리 골육상쟁을 벌이기도 한다.

내스콘-요더Nascone-Yoder는 버젯개구리의 올챙이가 짧고 복잡한 소화기관을 가지고 있어서 발생 단계의 초기부터 단백질을 소화시킬 수 있다고 말했다. 이들은 아프리카발톱개구리 배아에 다양한 물질을 노출시키면서 여러 가지 유전자의 활성을 억제하거나 활성화시킬 수 있었다. 이들의 실험 목적은 혹시 어떤 물질이 아프리카발톱개구리 올챙이의 소화기계에 영향을 끼쳐 버젯개구리 올챙이와 같이 육식성 소화기관으로 변화시킬 수 있는지를 알아보는 것이었다. 결과는 놀라웠다. 무려 다섯 가지 종류의 물질이[11] 아프리카발톱개구리 올챙이가 버젯 올

---

11 · 레티노산 수용체와 그 신호전달에 관여할 수 있는 합성 화합물이다. 레티노산은 체내에서 비타민 A로 전환되며 토마토와 같은 가지과 식물에 풍부하게 함유되어 있다.

먹고 사는 것의 생물학

챙이와 흡사해 보이는 소화기관을 가지도록 하는 것 같았다. 반대로 버젯개구리의 올챙이가 아프리카발톱개구리 유생과 같은 소화기관을 발생시킬 수 있는지도 알아보았다. 그런 물질도 발견했다. 사실 이런 물질들은 자연계에서 이용 가능한 것들이다. 그러므로 실험실이 아닌 야생에서 이들의 생태지위에 대한 면밀한 조사가 있어야 할 것이지만 최소한 이 결과는 두 가지 의미를 갖는다. 생활사의 특정 시기에 발생 과정을 수정할 수 있다는 것이 첫 번째이다. 마치 꼬리 잘린 도마뱀이 다시 꼬리를 재생하는 것과 같은 탄력성을 보인다는 점이다. 둘째는 인간 활동의 결과물, 특히 빠른 속도로 축적되는 환경폐기물이 동물의 소화기관에도 영향을 미칠 수 있다는 점이다. 어쨌거나 이들은 변형된 올챙이의 소화기관이 기능적으로 서로 다른 종류의 음식물에 대해 적응할 수 있는지 조사하고 있다. 이 연구 결과는 2013년《진화와 발생》이라는 잡지에 실렸다. 다시 말하지만 소화기관은 매우 역동적이다. 조류, 파충류, 양서류를 살펴보았으니 이제 물고기들도 잠깐 훑고 지나가자.

탕가니카 호수의 시클리드

식단의 변화는 음식물을 포획하거나 처리하는 새로운 방식을 수용할 수 있는 동물의 형태적 변화를 초래한다. 그러므로 턱의 모양은 이빨과 함께 전통적으로 과학자들의 오랜 관심사였다. 물고기를 먹는 육식동물piscivores, 무척추동물을 먹는 식물이나 동물invertivores, 조류를 먹는 동물algivores과 같은 구분은 너무 피상적이어서 사실 계절적 변화나 장기적인 환경적 변화를 반영하기에는 부족한 점이 많다. 그래서 일군의 연구자들은 질소 동위 원소를 사용해서 동물의 식단을 파악하기도 한다. 또 이들 동물의 계통수를 추적하기 위해 미토콘드리아 DNA를 사용한 연구 결과 영양소의 농축도와[12] 장의 길이는 반비례한다는 것이 밝혀졌다. 당연한 것 아니냐고 곤댓짓할 수는 있지만 그러나 당연해 보이는 것을 실험적으로 증명하는 것은 의외로 어려운 일일 수 있다.

비늘을 먹는 것과 물고기를 먹는 것은 질소와 탄소의 비율이 비슷할 수 있지만 비늘을 먹어봐야 얼마나 요깃거리가 되겠는가 생각하면 물고기를 덥석 삼키는 동물의 장이 더 짧을 것이라고 예상할 수 있다. 이런 규칙을 따른다면 시클리드라는 물고기의 소화기관도 그들이 먹는 음식물에 따라 결정된다고 얘기할 수 있을 것이다. 과연 그럴까? 시클리드는 빠른 진화를 증명하는 대표적인 야생 실험동물이며 진화 발생 생물학자들이 선호하는 생명체들이다. 생태지위에 따라 비교적 빠른 시간 안에 지느러미나 몸통의 모양을 바꿀 수 있기 때문이다. 그렇다면 소화기관은 어떨까?

탕가니카는 콩고와 탄자니아 국경에 위치한 거대 호수이다. 호수의 넓이로 보면 벨기에보다 크고 대만보다 조금 작다. 이 호수가 생긴 것은 약 900만~1200만 년 전이다. 호수가 생긴 뒤 종 분화를 거듭해서 여기에는 200종이 넘는 시클리드가 살고 있다. 호수가 넓기 때문에 시클리드가 차지하는 생태지위와 지느러미의 모양을 연구한 논문도 본 적이 있다. 즉 호수의 생태계가 매우 다양하고 극적이기 때문에 탕가니카는 이 호수와 근접한 말라위 호수에 비해서도 종의 다양성이 매우 풍부하다. 그림 5에서 확인할 수 있듯 시클리드 물고기가 섭취하는 질소의 양이 늘어날수록 장의 길이가 짧아졌다. 반대로 탄소의 비율이 높으면(호수에서 식물성 조류의 섭취가 늘어난 경우) 장의 길이가 늘어났다. 두

---

[12] · 영양소의 질이 좋다는 말이다. 삶은 고기와 익지 않은 고기 중 소화 효율이 좋은 것은 굳이 답이 필요 없는 질문이다.

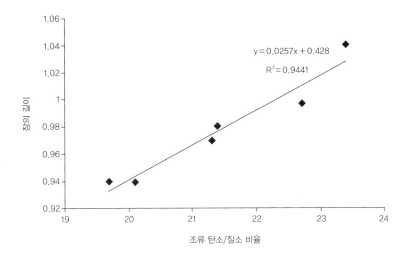

그림 5. 시클리드의 장의 길이

먹거리가 농밀한 에너지를 가지고 있을수록 소화기관의 길이는 짧아진다. 질소는 단백질의 섭취를 반영하고 있다고 보면 된다. 육식을 하는 시클리드라면 질소의 함량이 탄소에 비해 적을 것이라 예상할 수 있고 장의 길이도 짧을 것이다. 이는 실험적으로 증명이 되었다.

값의 관계는 거의 직선성을 보였기 때문에 먹거리와 장의 길이에 관한 매우 설득력 있는 상호 관계를 제시하고 있다(그림 5). 또 탄소와 질소의 비율이 비슷한 경우, 앞에서 예로 든 비늘을 먹거나 물고기를 잡아먹는 두 시클리드의 예라고 할 수 있다. 여기서는 직선의 아래쪽, 장이 짧은 것이 육식을 하는 어류라고 예상할 수 있고 그 예상은 빗나가지 않았다.

무엇이 너를 먹는가?

포식자도 먹잇감의 소화기관에 영향을 끼친다. 누가 나를 잡아먹으려고 하는 마당에 편히 먹고 음풍농월하기 쉽지 않다는 말이다. 일반적으로 영양소의 질이 같을 때, 긴 소화기관을 가지고 있으면 보다 많은 음식을 흡수할 수 있고 소화의 효율성이 높아진다. 그렇지만 너무 큰 배를 가지고 있으면 포식자에게조차도 좋을 일은 없다. 먹이를 쫓아 빨리 뛰어야 할 때 손해일 것이기 때문이다. 그러므로 소화기관의 효율성과 소화기관의 크기 사이에는 어떤 종류의 타협점이 존재할 것이라고 생각할 수 있다.

어떤 생명체의 소화기관 크기가 그들의 천적이 있고 없음에 따라 어떻게 달라지는지를 알아보는 실험이 실제로 수행된 적이 있다. 피츠버그 대학의 릭 렐리아[Rick Relyea]와 그의 학생들이 주인공이다. 이들이 사용한 실험 재료는 숲개구리의 새끼인 올챙이들이었다. 커다란 수조를 여러 개 준비하고 서로 다른 조건을 부여하면서 이들은 올챙이의 행동과 소화기관의 변화를 살펴보았다. 수조 안은 자연 상태에서 올챙이가 사는 환경과 거의 비슷하게 유지되었다.

우선 군집의 크기와 먹이 경쟁의 효과를 알아보기 위해 수조 안에 20마리에서 160마리의 올챙이를 탱크에 집어넣었다. 이들 수조에는 포식약탈자가 존재하기도 하고 아니기도 했다. 포식자는 미성숙한 잠자리, 바로 물속에 사는 잠자리 유충이었다. 이들은 수조 안 케이지에 감금된 상태로 있었기 때문에 올챙이들은 안전했지만 잠자리 유충이 뿜어내는 위험 신호 물질은 수조 안을 가득 채우고 있는 셈이었다. 첫 번째 실험은 한 달가량 지속되었다. 릭은 각각의 탱크에서 열 마리씩 올챙이를 끄집어내서 몸무게를 잰 다음 소화기관의 크기를 측정했다. 《생태학 통신》이라는 저널에 발표한 바에 따르면 음식물을 둘러싼 경쟁이 클수록 올챙이의 소화기관은 길어졌다. 수조 안에 160마리의 올챙이가 들어 있는 조건이 여기에 해당한다. 복잡하고 먹을 것이 한정된 조건에서 운이 좋아 음식물을 발견한 개체들은 최대한 많은 에너지를 추출해 내려고 하였을 것이다. 소화의 효율성을 높이는 가장 직접적인 방식은 곧 소화기관의 길이를 늘이는 일이다. 음식물이 소화기관을 이동하는 시간이 길수록 영양소를 흡수할 기회가 늘어나기 때문이다.

그러나 잠자리 유충 케이지와 함께하던 올챙이들의 소화기관은 변화가 없거나 오히려 줄어들었다. 공포감을 유발하는 화학물질이 올챙이들에게 위험 신호로 작용한 결과이다. 소화기관의 길이를 손보는 대신 이들은 꼬리의 길이를 늘였다. 도망가기 쉬운 형질이 선택된 것이다. 올챙이는 소화기관에 자신의 한정된 자원을 할당하는 대신 꼬리에는 투자를 아끼지 않았다. 충분히 이해가 가는 대목이다. 소화기관이 짧으면 소화의 효율은 떨어질 게 뻔하다. 그렇지만 잠자리 유충이 있던 곳의 올챙이들은 신속한 이동을 담보로 하는 타협안을 찾아냈다. 동물들은 소화기관의 길이를 조절하는 매우 세밀한 기제를 갖춘 것이 틀림없다.

여기서 중요한 점은 이런 모든 일이 한 세대 안에서 일어났다는 것이다. 소화기관의 역동성은 환경의 변화에 따른 유전자의 적응이 당대에서도[13] 일어날 수 있음을 의미한다. 그것도 포식자의 위험, 혹은 집단 내 종 간의 경쟁이 서로 상반된 결과를 초래할 수 있다.

인간의 소화기관

진화적인 시간은 인간의 감각을 무덤덤하게 하는 크기를 갖고 있지만 인간도 이런 시간의 틀 안에서 위장관의 크기를 변화시켜왔다. 유전적으로 침팬지는 인간과 가장 가까운 대형 유인원이다. 물론 보노보도

---

13 · 이런 식의 유전자 행동은 '후성유전학epigenetics'이 다루는 분야이다. 라마르크의 용불용설이 진화학으로 들어오는 자리이며 전쟁 통에 태어난 아이가 살이 찌기 쉽다는 말의 근거이다.

그리 멀지는 않다. 인간과 침팬지의 공통 조상에서 이들 두 계열이 분기되어 나간 후 두 생명체의 소장과 대장의 길이가 점차 달라졌다. 이제 침팬지와 같은 대형 유인원이 먹는 음식과 인간이 먹는 음식을 살펴보고 그 차이를 살펴보도록 하자.

침팬지는 순전히 초식동물로 알려졌지만 이들이 사냥한다는 사실은 1960년대 제인 구달에 의해 밝혀졌다.[14] 이들은 중간 크기의 포유동물, 그중에서도 붉은콜로부스 원숭이를 주로 사냥한다. 연구 결과에 따르면 이들은 매우 다양한 포유동물을 무리지어 사냥한다. 그렇기는 하지만 이들이 육식을 통해 얻는 영양소는 전체의 3퍼센트 정도밖에 되지 않는다. 주로 과일, 견과류, 씨, 꽃, 이파리 등 식물을 통해서 배를 채우고 벌레도 있는 대로 잡아먹는다.

침팬지는 분류학상 인간과 가장 가깝기 때문에 이들이 사냥하는 행동은 초기 인류의 진화에 중요한 단서를 제공할 것으로 간주된다. 침팬지가 무리를 지어 사냥을 하고 그 주체가 주로 수컷이라는 사실도 잘 알려져 있지만 내가 보기에 더욱 중요한 점은 이들의 사냥 행위가 한정된 시기에 국한된다는 것이다. 주변에 먹을 만한 음식물이 줄어드는 건기인 8~9월에 사냥이 집중적으로 수행된다. 지역에 따라 조금 다르기는 하지만 그 비율은 40~60퍼센트에 이른다. 따라서 사냥은 애초 굶주림을 모면하기 위한 불가피한 행위로 시작되었을 가능성이 높다. 탄자니아 곰베 국립공원에 살고 있는 침팬지들의 행위가 초기 인류의 그것으로 바로 대치될 수는 없겠지만 그랬을 개연성은 충분해 보인다.[15]

---

14 · 제인 구달 박사가 논문을 써서 서방세계에 그런 사실을 알렸다는 말로 이해해야 할 것이다. 아프리카 원주민들은 설사 침팬지가 콜로부스 원숭이를 사냥한다는 사실을 알고 있었다 해도 1960년대에 그것을 논문으로 발표하지는 않았을 것이기 때문이다.

15 · 침팬지도 배가 아프면 자기가 살고 있는 지역을 벗어나 특정 식물을 뜯어 먹는다. 아스필라 Aspilla의 이파리가 바로 그런 예인데, 복통을 줄이고 장내 기생충을 제거하기 위해 침팬지는 이 식

表 1. 전체 소화기관에서 각 부위가 차지하는 비율(부피)

	위	소장	맹장	대장
침팬지	26	14	7	53
오랑우탄	17	26	3	54
고릴라	20	23	5	52
인간	17	67	0	17

표 1을 보면 인간은 다른 대형 유인원과 비교하여 대장과 소장의 비율이 엄청나게 다르다. 침팬지, 오랑우탄, 고릴라 모두 대장의 크기가 소장에 비해 훨씬 크다. 이는 인간이 이들 대형 유인원에서 분기해 나간 수백만 년 사이에 일어난 진화적 격변이다. 고릴라는 좀 더 채식을 하는 동물로 알려져 있지만 소장과 대장의 비율은 침팬지와 그리 큰 차이가 없다.

이런 수치는 지금까지 죽 얘기해온 소화기관의 역동성을 고려한다면 환경이나 시기에 따라 다소 변동이 있을 수 있겠지만 그 점을 감안한다 해도 인간의 소장은 대장에 비해 매우 길이가 길다. 나중에 살펴보겠지만 이는 육식과 채식 같은 식단의 차이에서만 비롯되지 않는다. 이 현상은 아마도 환경에서 영양분을 최대로 뽑아낼 수 있는 음식물 조리법의 변화를 동반하지 않고서는 결코 일어날 수 없는 일이었다.

물의 거친 잎을 먹는다. 동물이나 곤충이 평소 자신이 먹는 식단이 아닌 것을 먹는 행동을 자세히 살펴보면 의학적으로 뭔가 의미 있는 화합물을 찾을 수도 있다. 이를 동물생약학zoopharmacognosy이라고 부른다. 동물생약학은 '자연에서 배우자'를 모토로 하는 생체모방의학과도 맥락이 닿는다.

소화기관의 일반적 특성

종마다 서로 차이가 있기 때문에 척추동물의 소화기관은 직관적으로 머리창자, 앞창자, 중간창자, 뒤창자와 부속기관으로 분류한다. 머리창자는 씹는 입과 삼키는 인두부위, 앞창자는 식도에서 위, 중간창자는 소장과 대장의 앞부분, 뒤창자는 대장의 나머지 부분을 가리킨다. 따라서 머리창자와 중간창자는 음식물을 잘게 쪼개는 일을 담당하고 중간창자는 쪼개진 음식물의 소화를 담당한다. 육식동물의 소화기관은 가장 짧고 단순하다. 단백질의 소화가 탄수화물이나 섬유소 식단보다 쉽다는 뜻이다. 잡식동물은 중간 정도이고 초식동물, 즉 섬유질이나 소화하기 어려운 다당류를 주 식단으로 하는 초식동물은 보다 정교하고 효과적인 소화기 구조를 갖추고 있다. 음식물을 깨고, 오래 머무르게 하면서 반추동물의 위 혹은 대장에 사는 상주 세균에 의한 발효를 마쳐야 하기 때문이다. 이런 목적으로 크기가 커진 부위는 종에 따라 조금씩 다르지만 앞창자, 중간창자, 그리고 뒤창자이다. 아래 표를 보자.

표 2. 앞창자의 발달

	위	소장	맹장	대장
말	8.5	30.2	19.8	45
소	70.8	18.5	2.8	7.9
염소	66.9	20.4	2.3	10.4
돼지	29.2	33.5	5.6	31.7
개	62.3	23.2	1.4	13.1

말이나 소, 염소는 초식동물이지만 앞창자 혹은 뒤창자의 부피가 현

먹고 사는 것의 생물학

격하게 다르다. 소와 염소는 위의 부피가 엄청나게 커서 그게 다 소화기관이라고 해도 무방할 정도이다. 다시 말해 이들은 앞창자를 발달시켰다. 대신 말은 뒤창자인 대장을 키웠다. 인간은 이도 저도 아니게 소장의 부피를 엄청나게 키웠다. 소화도 그렇지만 영양소를 흡수하는 데 총력을 기울이겠다는 뜻이다. 리처드 랭엄은 이런 식의 변화가 불의 사용과 관련이 있다고 생각한다. 간략하게 소화기관의 여러 부위를 살펴보자.

머리창자

입에 가까운 머리창자는 음식물을 조달하고 물리적으로 부수는 역할을 한다. 발생 과정 중 아가미궁[16]에서 발원한, 관절로 이루어진 턱은 무악동물을 제외한 모든 척추동물에서 발견된다. 입술, 혀, 이빨 혹은 부리는[17] 음식물을 포착한다. 이와 부리는 음식물을 자르거나 찢거나 부수거나 간다. 삼킨 음식물은 조류^{bird}의 구강, 양서류, 파충류, 포유류의 다세포 분비샘에서 점액을 분비하는 세포에 의해 미끌미끌하게 덧씌워진다. 침이다. 머리창자는 다양한 수렴진화의 흔적을 보인다. 수렴진화란 발생학적 기원은 다르지만 동일한 기능을 하는 기관을 이르는 말이다. 박쥐의 날개와 잠자리 날개가 그런 예이다. 대부분의 육식동물, 예컨대 상어, 악어, 매, 호랑이는 이빨이나 부리를 사용해서 먹잇감을 잡고 자르고 찢는다. 그렇지만 돌묵상어나 고래상어, 철갑상어나 양서류 유생, 홍학류 등은 미식성^{microphagous} 여과장치를 가지고 있어서 작

---

16 · 우리의 턱과 귀뼈, 안면신경, 인두, 후두가 생기는 부위이다. 모든 척추동물에서 발견되기 때문에 척추나 좌우대칭의 형질처럼 매우 보편적이고 중심적인 발생기관이다.

17 · 조류는 이가 없다. 이에다 투자할 재원을 알을 감싸는 껍질을 만드는 데 썼을지도 모른다고 『자연은 왜 이런 선택을 했을까』의 저자 라이히홀프는 말한다.

은 해양 무척추동물을 잡아먹는다. 개미나 흰개미[termite]를 먹는 다섯 목의 포유동물은 긴 혀를 가졌지만 턱은 매우 약하다. 많은 수의 초식동물은 이와 부리를 사용해서 식물을 잘게 부수지만 조류와 초식성 어류 중 일부는 모래주머니와 위가 이 용도로 사용된다. 모양새는 제각각이지만 머리창자는 인간의 입과 이, 턱에 해당한다.

앞창자

앞창자의 앞쪽 부위인 식도는 음식물을 위로 전달한다. 이 부위는 투과성이 매우 적다. 음식물이 중간에 딴 곳으로 새나가면 안 되기 때문이다. 대부분의 조류에서는 모래주머니가 여기에 포함되며 음식물을 저장하는 역할을 한다. 위는 저장소이며 척추동물의 소화가 시작되는 장소다. 그러나 무악동물이나 어류, 양서류 유생에는 위가 없고 대신 보관하는 장소인 소낭[crop]과 효소에 의한 소화가 일어나는 선위[proventriculus]가 분리되어 있다. 선위에 해당하는 부위가 조류에서는 모래주머니인 셈이다. 앞창자의 여러 부위는 영양소를 분해하는 소화효소 및 염산을 분비한다. 결국 앞창자는 물리적이고 화학적인 방법을 동원하여 음식물을 잘게 부수는 '믹서' 역할을 담당한다.

중간창자

중간창자는 모든 척추동물 소화의 핵심 부위라고 할 수 있으며 영양소의 흡수가 일어나는 곳이다. 한 층의 상피세포가 나란히 안쪽 내강을 채우고 있다. 여기에는 서로 다른 종류의 세포들이 소화와 흡수, 전해질의 분비 또는 호르몬을 만들고 분비하는 역할을 담당한다. 이들 내강의 흡수 세포는 미세 융모가 빼곡히 차 있어서 표면적을 최대한 증가시킨다. 흡수 세포는 좀 더 큰 규모에서도 구부러지고 접혀서 표면적을

먹고 사는 것의 생물학

넓힌다. 도룡뇽과 조류, 포유류는 융모라 불리는 손가락 모양의 구조물이 표면적을 극대화한다. 융모의 기저부에는 리버쿤^{Lieberkuhn} 음와가 자리 잡고 있다. 여기에는 내분비세포와 줄기세포가 있어서 소화와 흡수를 담당하는 세포의 '화수분'[18] 원천이 된다.

음와는 몇 종류의 물고기, 도룡뇽, 일부 포유류와 조류에서 발견된다. 소화관 내강은 흡수 표면을 늘리기 위해 최선을 다했겠지만 같은 체중을 가진 동물을 비교해볼 때 그 크기는 어류, 양서류, 파충류 간에 큰 차이가 없다. 그러나 융모를 가진 포유류는 표면적이 더 크고 미세 융모까지 갖춘 포유류는 이들에 비해 표면적이 훨씬 더 넓다. 전부는 아니겠지만 소화의 효율은 결국 중간창자의 표면적에 의해 결정된다. 인간을 예로 들면 우리의 바깥쪽 피부는 표면적이 1.7제곱미터라고 한다. 반 평 정도이다. 그렇지만 중간창자인 소장의 표면적은 그것의 스무 배에 해당하는 30~40제곱미터이다. 여담이지만 인간의 피부에서 떨어져 나오는 각질의 양은 1.5그램 정도라고 한다. 장의 안쪽 공간을 구성하는 세포도 피부 못지않게 세포가 만들어지고 떨어져 나가기 때문에 두 세포의 수명이 비슷하다고 가정하면 소장에서 떨어져 나가는 세포의 양은 하루 30그램 정도가 될 것이다. 사고 실험에 의해 나온 결과이기는 하지만 채식주의자들은 한번 생각해볼 일이다. 떨어져 나온 장 상피세포가 소장에서 전부 소화되기 때문이다. 이 책을 쓰는 동안 내가 직접 실험한 결과에 따르면 소장 분비물에서 탈락한 세포 흔적을 전혀 발견할 수 없다. 직접적인 증거는 아니라고 해도 우리는 우리 살

---

18 · 화수분은 '아무리 써도 없어지지 않는'이라는 뜻이다. 중국 진시황 때 만든 거대한 물동이라는 뜻의 한자어인 하수분河水盆이 변한 말이다. 여기서는 줄기세포가 계속 분열하면서 융모를 구성하는 세포를 재생한다는 의미로 사용했다. 죽어 떨어져 나간 세포는 '때'처럼 공기 중으로 날아가지 않고 단백질처럼 소화된다. 진정한 자기 소화autophagy이다.

을 먹고 소화한다고 볼 수 있다.

뒤창자

뒤창자는 말 그대로 배설기관과 가장 가까운 부위를 지칭한다. 대다수 어류, 양서류 유생의 뒤창자는 짧고 중간창자와 구조적으로나 기능적으로 쉽사리 구분되지 않는다. 그러나 대부분 포유동물, 조류, 파충류, 성체 양서류의 중간창자와 뒤창자는 판막이나 조임근으로 나뉘어져 있다. 이들은 서로 직경이 다르기 때문에 소장, 대장으로 불리기도 한다. 뒤창자도 중간창자처럼 한 층의 상피세포로 이루어져 있다. 여기에 음와 그리고 분비를 담당하는 세포, 흡수를 담당하는 세포들이 존재하지만 융모는 없다. 몇 종류의 어류와 파충류, 다수의 포유류의 소장과 대장 이음매 부분에는 맹장이 있다. 표 2를 보면 여러 포유류 중 말의 맹장이 도드라진다. 조류에는 이 맹장이 쌍으로 있다. 물고기와 양서류 유생, 포유류의 뒤창자는 항문이라는 출구가 있다. 그러나 성체 양서류, 파충류, 조류, 몇 종의 포유류 동물은 총배설강이라는 구조가 있고 여기에는 비뇨 생식기관이 함께 존재한다. 생식이 어쨌든 배설 과정이라는 해부학적 증거이다.

뒤창자는 척추동물이 수중에서 육상으로 진출하는 과도기에 손을 많이 본 것 같다. 민물어류는 혈액을 사구체에서 여과하면서 다량의 물을 배설한다. 그러나 대부분의 무기 이온은 콩팥의 세뇨관에서 재흡수된다. 바닷물고기는 고장액 환경에 적응했다. 이들은 고농도의 나트륨과 염소 이온을 사구체 대신 아가미를 통해 배설한다. 배설용 소금샘salt glands을 가지고 있는 경우도 있다. '악어의 눈물'은 이 소금샘에서 나온다. 그렇지만 육상동물은 전해질과 물을 보존하기 위해 상당히 긴 공간이 필요하다. 성체 양서류, 파충류, 조류는 총배설강으로 오줌을 배

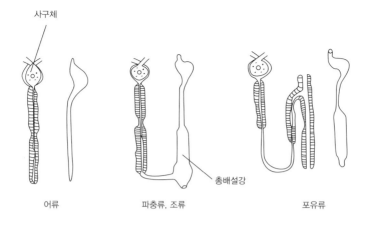

사구체

총배설강

어류   파충류, 조류   포유류

그림 6. 총배설강

어류는 오줌과 대변이 나가는 통로가 분리되어 있다. 그러나 파충류와 조류는 요산이 다시 대장 부위로 역류된다. 따라서 대변에서 소화액이 머무르는 시간이 늘어나는 효과가 있다. 포유류는 총배설강이 둘로 나뉘어 소변과 대변이 나가는 통로가 달라진다.

설하지만 그 배설물은 뒤창자 쪽으로 역류된다(그림 6). 이를 위해서는 일반적으로 장의 연동운동 방향과 반대쪽으로 뒤창자의 근육이 움직여야만 한다. 이 움직임은 오줌뿐만이 아니라 소화를 마치지 않은 음식물의 정체 시간을 늘리는 효과가 있다. 이런 방식으로 무기 염류의 재흡수율을 높이고 장내 세균의 숫자도 늘린다. 한편 장내 세균은 요산[uric acid]을[19] 대사시켜서 질소를 보존한다. 쉽게 말하면 총배설강을 갖는 동물은 똥오줌을 구분하지 못한다. 하지만 대부분의 포유동물은 비뇨기

---

19 · 인간은 단백질 대사 질소 노폐물로 요소를 배설한다. 그러나 조류와 파충류는 요산을 배설한다. 요산은 요소보다 두 배의 질소를 포함하고 있기 때문에 동일한 양의 질소폐기물을 처리하는 데 드는 물의 양이 절반이다. 요산을 쓸 수밖에 없었던 이유는 파충류가 진화했던 시기가 매우 건조했기 때문이다. 동일한 이유로 그들은 수정란을 껍질로 쌀 수밖에 없었다. 파충류는 조류의 조상이다. 파충류에서 포유류로 이어진 동물 계통은 요소를 질소폐기물로 사용했음에 틀림없다. 질소의 운반 물질도 중요하지만 육상동물은 물을 절약하기 위해서 강한 여과능력을 갖는 사구체를 진화시켰다. 강한 여과능력은 높은 혈압을 감당할 혈관 근육계의 효율, 다시 말하면 정온성 덕분에 가능했다.

관과 소화기관이 따로 발생하며 태어나기 전에 서로 다른 출구를 갖는다. 그러나 두 기관의 거리가 그리 멀지는 않다. 6장의 그림 25를 참고하자. 포유동물의 콩팥은 보다 효과적으로 물과 전해질의 흡수를 수행할 수 있다. 육상의 건조한 환경에 사는 동물은 뒤창자가 길어지는 경향을 보인다. 여기서도 물을 최대한 흡수하기 위해서이다. 대장의 길이가 콩팥의 기능과 밀접한 관련이 있다는 비교생물학 결과도 이 말을 뒷받침한다. 또한 뒤창자는 대부분의 파충류와 조류, 포유동물에서 미생물에 의한 발효가 진행되는 곳이다.

구강 분비샘, 간, 췌장, 담관계

음식물을 씹고 소화하는 과정에 다량의 물이 소모된다. 인간의 경우 대략 10리터이다. 혈액의 양이 5리터라는 점을 감안하면 그 양은 엄청나게 많다. 그야말로 강이 흐르는 격이다. 이 물 안에는 여러 가지 분비샘에서 기원하는 소화효소와 소화보조 화합물이 있으며 소화의 화학을 담당한다. 양서류, 파충류, 조류, 포유류는 모두 구강 분비샘을 갖는다. 조류와 포유류에서는 이들을 침샘이라고 부른다. 이 분비샘은 음식을 삼키기 좋게 점액을 분비하지만 종에 따라 다른 기능을 하기도 한다. 개구리, 두꺼비, 딱따구리, 개미핥기는 점착성이 좋은 물질을 분비해서 둥지를 짓거나 먹잇감을 포획하는 데 분비액을 사용한다. 양서류, 파충류, 조류 및 포유류는 아밀라아제와 같은 소화효소를 분비하지만 어떤 종은 독이나 독을 퍼뜨리는 물질을 분비하기도 한다. 타액은 중탄산과 인산 완충액을 함유하고 있기 때문에 초식동물 앞창자에서 만들어진 미생물 발효 산물을 중화시키는 역할을 한다.

뒤에 살펴보겠지만 췌장과 간은 배아 발생 단계 중인 중간창자에서 유래한다. 무악어류와 몇 경골어류에서 췌장 조직은 중간창자를 따라 분포하지만 다른 척추동물에서 췌장은 치밀한 조직이다. 이들 기관에서 분비하는 효소는 탄수화물과 지방, 단백질의 소화를 돕고 소화 중인 음식물을 중화시키는 역할도 한다. 간에서 분비되는 담즙산은 지방을 유화시켜서 췌장에서 나온 효소에 의한 소화를 돕는다. 계면활성제인 담즙산과 필수영양소인 비타민 D는 콜레스테롤을 변형시킨 생체물질이다. 성호르몬을 만들 때도 콜레스테롤을 쓴다. 콜레스테롤 나쁘다고 욕하면 안 된다. 필요할 때 원활하게 분비될 수 있도록 담즙은 담낭에 저장되지만 일부 어류와 포유동물에서는 직접 중간창자로 계속해서 분비된다.[20]

소화기관의 운동

소화액 및 효소들과 섞인 음식물은 소화기관을 따라 한 방향으로 움직인다. 이 움직임은 소화관을 둘러싼 근육의 운동에서 비롯된다. 물고기 일부와 양서류, 파충류에서 음식물이 식도를 따라 내려갈 때에는 상피세포 표면에 있는 섬모의 도움을 받는다. 발생 부분을 서술할 때 다시 등장하겠지만 섬모는 세포 자신이 움직일 때 혹은 세포 표면의 물질을 움직일 때 사용되는 세포 소기관이다. 이런 몇 가지 예외를 논외로 하면 죽 비슷한 소화유미즙은 거의 전적으로 근육의 운동에 의해 만들어진다. 식도나 소화기관의 외벽은 두 개의 근육층으로 둘러싸여 있다. 안쪽은 환상 구조이고 바깥쪽은 소화관 길이 축을 따라 길게 이어진다. 이들 환상 근육층은 특정 부위에서 판막이나 조임근을 형성하기도 한

---

20 · 마우스는 담낭이 간에 붙어 있지만 랫은 담낭이 없다. 대신 가느다란 관이 하나 간에서 나와 십이지장에 연결되어 있다. 이 관의 양쪽 끝을 묶고 가운데를 잘라버리면 간에서 만들어진 담즙산이 간에 고이게 되면서 간세포가 손상을 받는다. 시간이 지나면 간은 점차 커지고 딱딱해지는데 바로 이것이 대표적인 간섬유화 질병 모델이다. 마우스는 꼬리를 제외하고 몸길이가 10센티미터 내외이다. 랫은 더 커서 역시 꼬리를 빼고 성인의 손 길이 정도이다.

다. 일부 어류, 혹은 조류의 모래주머니나 그와 구조가 유사한 위가 그렇다. 장축을 따라 형성된 근육층은 식도나 모래주머니 혹은 뒤창자에서 가늘고 불완전하지만 어떤 포유동물의 위와 뒤창자에서는 밀집된 띠 형태를 이루고 있다.

물고기 식도의 근육은 골격근이다. 그렇지만 양서류, 파충류, 조류의 식도와 소화기관 전체는 평활근으로 이루어져 있다. 운동을 담당하는 근육은 세포의 생김과 작동 방식에 따라 골격근과 평활근으로 나뉜다. 골격근은 우리가 뛸 때 움직이는 근육을 연상하면 된다. 우리 의지가 관철되는 부위이다. 다시 말하면 맘만 먹으면 게을러질 수 있다는 것이다. 그러나 평활근은 자율신경계가 관여하기 때문에 내가 소화를 멈추겠다고 해도 그렇게 되지 않는다. 씹지 않을 수는 있지만 위의 움직임을 조절할 수는 없다. 세포가 사용하는 에너지까지 따지면 훨씬 복잡해지기는 하지만 평활근은 보다 느리게 움직이고 수동적으로 뒤틀릴 때가 많다. 음식물이나 소화유미즙은 소화기관을 따라 점차적으로 움직이는 연동운동의 영향을 받지만 장소에 따라 조임근이나 판막 혹은 역 연동운동에 의해 한 자리에 머물러 있기도 한다. 이들 운동 중에서 맨 앞, 맨 뒤에서 일어나는 일, 즉 먹고 씹고 삼키거나 최종적으로 밖으로 보낼 때 이들 운동은 의식적으로 조절할 수 있다. 그러나 그 중간 과정은 신경계나 내분비계의 조절을 받는 순전히 자발적인 과정이다. 앞에서 언급한 '제2의 뇌'가 관장하는 영역이다.

소화혈관계 내강

이런 소화기관은 어떻게 생겨났을까? 소화기관은 생명체의 일부분이지만 엄밀하게 말하면 몸통 밖에 있다. 단순하게 말하면 인간은 찐빵

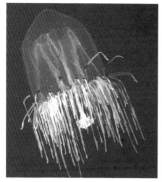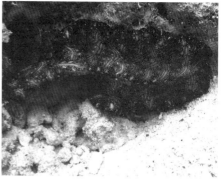

그림 7. 해파리와 납작벌레

자포동물인 해파리(왼쪽, *Scrippsia pacifica*)와 편형동물인 납작벌레(오른쪽, *Pseudobiceros bedfordi*)는 배설기관과 중추신경계가 따로 없다. 신체기관이 단순한 이들은 하나의 통로를 입이자 항문으로 사용한다.

이 아니라 가운데 구멍이 뚫린 도넛에 가깝다. 그렇다면 도넛의 구멍에 해당하는 부위가 소화기관이라는 말이 된다. 소화기관은 외부에서 음식물을 받아들여 영양소를 취하는 특별한 기능을 가진 기관으로, 무수히 많은 세포로 구성된 생명체를 전제로 하는 것이다. 다세포성의 진화는 3장에서 자세히 살펴보도록 하고 여기서는 소화기관 얘기를 좀 더 해보자.

다세포 생물의 진화와 함께 세포의 특화가 일어났다. 생식을 담당하는 성세포와 먹고 숨쉬고 도망치는 등 다양한 기능을 수행하는 체세포로 크게 구분하기도 한다. 세포의 직능이 세분화한 것이다. 자포동물 Cnidaria을 떠올려보자. 자포동물은 산호나 해파리, 말미잘이 포함된 문phyla이며 예전에는 흔히 강장동물로 불렸다. 요새 뉴스를 보면 해파리에 물렸다, 혹은 해파리 경보가 해제되었다는 소식이 이따금씩 들린다. 을왕리 해수욕장에서 해파리에 물린 어린아이가 숨지는 사고까지 발생한 것을 보면 놀랄 만도 하다. 아닌 게 아니라 국립수산과학원에 따르면 맹독성으로 분류되는 해파리가 한국 연안에 두 종류가 있다.

자포동물은 이배엽성 방사대칭동물이다. 우리가 말하는 내배엽, 중배엽, 외배엽이 아직 생겨나지 않은 것이다. 신체의 구성이 비교적 단순한 이들은 중추신경계와 배설기관이 따로 없으며 소화계와 순환계도 분리되어 있지 않다.

방사상 대칭인 이들은 주머니 비슷한 내강이 있다. 그 부위가 소화기관인 셈이다. 그래서 강장동물이라 불린다. 이 부분에는 두 층의 세포가 분포하고 있는데 그들 사이에 젤리 비슷한 층이 끼어들어 있다. 바로 이곳에서 세포 밖 소화가 일어난다. 이 내강의 또 다른 특징은 외부로 연결되는 통로가 하나뿐이라는 점이다. 들어오는 곳이 곧 나가는 곳이다. 이 통로에는 촉수^{tentacle}가 빼곡히 차 있고 독성물질이 들어 있어서 먹잇감을 포획하는 역할을 담당한다. 촉수에는 쐐기세포^{cnidoblast}라는 특수한 세포가 있으며 이들은 자포^{nematocyst}라 불리는, 쏘는 물질을 만들어낸다. 자포동물의 바깥쪽은 외배엽에서 기원한 외부 상피층^{epidermis}, 안쪽에는 내배엽에서 기원한 내장층^{gastrodermis}이 존재한다. 이들 두 층 사이에 원시중배엽층인 중교^{mesoglea}가 있어서 아교처럼 접착제 역할을 한다. 이들 자포동물은 거의 예외 없이 바다에 살지만 히드라는 민물에서도 산다. 좀 무시무시하게 들리지만 자포동물은 모두 육식동물이다. 인간도 거침없이 공격한다. 먹으려고 그러는 것은 아니겠지만.

하나의 통로가 입과 항문의 역할을 전담하는 이런 종류의 소화내강을 소화혈관 내강이라고 부른다. 이름에서 짐작할 수 있겠지만 이들 기관은 음식물을 소화하고 영양소를 몸 전체로 배달하는 역할을 한다. 따라서 짐작하건대 여기에는 혈관계의 원시적 형태가 꿈틀거리고 있을 것이다. 자포동물 외에도 편형동물문^{Platyhelminthes}이 이런 특징적인 내강을 지니고 있다. 편형동물은 기생성을 띤 것이 전체의 약 반 정도인 6,000종이나 되지만 자포동물과 비교되는 것을 싫어할지도 모른다. 이

들은 삼배엽성이기 때문이다.[21]

음식물이 이들 내강으로 들어오면 소화효소가 분비되면서 세포 밖 소화가 시작된다. 그러나 주로 단백질을 공격하는 자포동물의 소화는 완벽하지 않아서 개별 아미노산으로 쪼개지 못한다. 그렇지만 내강의 표면을 수놓고 있는 세포들이 잘게 쪼개진 물질을 잡아서 세포 안으로 들여놓는다(식세포작용[phagocytosis]). 소화는 세포 안에서 이렇게 완결된다. 액포가 나서서 아미노산으로 최종 분해를 마쳐야만 비로소 이들을 에너지로 사용할 수 있기 때문이다. 이렇게 놓고 보면 자포동물의 소화는 세포 밖과 안이 공동으로 일을 해야 하는, 두 가지 형태의 소화가 동시에 진행되는 생명체이다. 소화되지 않은 것도 있을 것이다. 이들은 다시 세포 밖으로 나가 입을 통해 배설된다. 입이나 항문이나 구분이 없는 것이니까 이 순간은 항문이라 해도 무방하겠지만.

순전히 단세포 생명체가 취하는 세포 내 소화만으로는 생명체가 다룰 수 있는 먹잇감의 크기가 제한될 수밖에 없을 것이다. 따라서 다세포 생명체의 가장 단순한 형태로 세포 밖 소화를 발달시킨 자포동물은 진화적 이득을 취할 수 있었을 게다. 다른 조건이 똑같다면 사실 세포 밖 소화는 좀 더 큰 먹잇감, 즉 보다 많은 에너지를 획득하는 기제가 될 수 있다. 동물의 세계에서 세포 밖 소화는 예외적인 현상이라기보다는 일종의 법칙 같은 것이다. 세포 밖 소화는 다세포 생명체의 특권이자 끊임없이 에너지를 찾아 다녀야 하는 고난의 시작이다.

방사상 대칭인 자포동물과는 달리 편형동물은 좌우대칭형 생명체이

---

21 · 멸치도 오징어와 비교되는 것을 싫어한다. 뼈대가 있기 때문이라고 한다. 배설기관이 없다고 식물을 좋아하지 않던 과학자도 있었다. 비타민 연구로 노벨상을 받았던 영국의 프레더릭 홉킨스가 그런 생각을 했었다. 삼배엽성은 5장에서 설명한다.

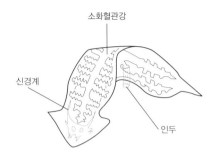

소화혈관강

신경계

인두

그림 8. 편형동물의 소화혈관강

편형동물은 소화기관과 혈관이 아직 분리되지 않았다. 피부를 통해 산소를 공급받아도 충분할 만큼 피부의 층이 얇다. 소화관 주변으로 신경계가 두 줄로 지나간다. 빛을 감지하는 기관eyespot이 있다. 배 쪽 부분의 인두는 이 기관이 음식물을 삼키는 기능으로부터 출발했음을 암시한다. 그러나 여기서 떠오르는 생각은 분배의 문제다. 몸통 전체에 고르게 영양소를 분배하기 위해서는 첫째 영양소가 물에 잘 녹아야 한다는 것이다. 둘째는 소화내강에서 몸통이 방사상 혹은 대칭형이어야 할 것이라는 점이고 마지막은 펌프와 같은 기제가 필요할 수 있겠다는 생각도 든다. 아직 가설로도 만나본 적은 없지만 심장이 생겨나게 된 것은 바로 영양소의 균등 분배가 아닐까 의구심이 생긴다.

다. 이들은 뚜렷이 구분되는 앞과 뒤의 끝을 가지고 있다(그림 8). 등과 배도 뚜렷하게 구분이 된다. 또 신체는 세 층의 조직으로 구성되어 있다. 많은 종류의 편형동물은 기생성을 갖고 있지만 전부 다 그렇지는 않다. 플라나리아는 독립 생명체이다. 소설가 전상국 씨가 자주 언급을 해서 국내에서도 낯설지 않은 생명체이다. 플라나리아는 전상국 씨의 표현을 빌리면 "아무리 잘게 잘라놔도 그 잘라놓은 수만큼 다시 자라나는" 성질을 가지고 있다. 줄기세포를 연구하는 사람들이 혹할 성질이다. 그러나 여기서는 전형성능totipotency(조직의 일부가 다시 성체가 될 수 있는 능력)을 논하는 자리가 아니기 때문에 그냥 넘어가도록 하자. 이들 플라나리아는 자포동물보다 복잡한 소화기관을 가지고 있다. 가지가 많이 쳐져 있기 때문이다. 이 말은 소화내강의 표면적을 넓혀서 흡수의 효율을 높일 수 있다는 의미이다. 생명체의 크기, 특히 부피가 커지면 충분한 크기의 소화 표면을 갖는 것이 필수적이다. 많은 생명체가 이런 전략을 선택했다. 따라서 소화기관은 한정된 공간에 표면적을 극대화

먹고 사는 것의 생물학

하는 밀집된 형태를 취하게 된다. 적당한 예가 아닐 수 없겠지만 식물의 뿌리나 잎맥, 폐의 구조도 마찬가지다.

자포동물이나 편형동물보다 복잡한 생명체들은 완전 소화기관을 가지고 있다. 바로 두 개의 구멍을 가지는 것들이다. 짐작하겠지만 바로 입과 항문이다. 음식물이 들어오는 부위가 소화되지 않은 음식물과 섞일 가능성이 줄어드는 것이다. 이제 두 개의 입구를 가진 관은 다양한 기능을 가진 부위로 특화된다. 각각의 공간이나 방은 독립적인 기능을 하게 된다. 굳이 말하자면 큰 먹잇감을 물리적으로 분쇄하는 곳, 임시로 저장하는 곳, 효소를 이용한 소화 공간, 소화된 것을 흡수하는 장소, 물을 재흡수하는 부위,[22] 노폐물을 저장해두었다가 배설하는 곳 등이다. 우리가 매일 하고 있는 일을 상상하면 바로 그게 그것이다. 이런 의미에서 음식물을 저장하는 것이 가장 중요한 (인간의) 위의 기능이라는 말도 충분히 이해가 된다. 이들 소화기관이 보다 효율적이라는 데는 이의가 없다. 동물들은 진화해 나가면서 종 분화를 거듭하고 이들은 각기 영양소의 소화와 흡수를 극대화하는 방향으로[23] 그들의 소화기관을

---

22 · 비교생물학 데이터에 따르면 동물 대장의 길이는 신장의 기능과 밀접한 관련이 있다. 아마도 두 기관이 물의 재흡수와 관련된다는 의미를 함축하고 있는 것으로 보인다.

23 · 새로운 자원이나 서식지를 사용하는 능력의 진화는 동물계의 다양성의 증가에 중요한 역할을 했다. 예를 들어, 성게강class Echinoidea의 세 목은 중생대 초기에 들어서면서 다양성이 엄청나게 증가했다. 성게상목superorder Echinacea은 더욱 다양한 먹이를 섭취할 수 있는 더 강한 턱을 진화시켰지만, 어텔로스도마타상목superorder Atclostomata의 염통성게류와 악구하문infraphylum Gnathostomata의 연잎성게류는 모래 속을 파고들어 갈 수 있어서 그곳에서 미세한 입자형태의 유기 침전물을 먹고 산다. 이렇게 서식지와 먹이의 확장을 가능하게 하는 핵심 적응에는 납작한 체형과 미세입자를 포획해 입안에 넣을 수 있도록 하는 매우 다양한 관족이 포함된다. 현생누대를 통틀어 나타나는 해양동물 다양성 증가에 관한 역사 상당수는 연잎성게류의 예처럼 새로운 생태지위의 확보로 설명될 수 있다. 새로운 서식지와 섭식 습성으로의 변화는 개구리류, 뱀류, 조류 등과 같은 사지 척추동물류 대부분의 다양화를 설명한다.

각색해 나갔다. 완전 소화기관은 동물 진화사의 매우 중요한 사건이다. 주변에서 흔히 보는 동물이나 인간이 가지고 있는 소화기관은 입에서 항문에 이르는 하나의 관이다. 그런 의미에서 우리는 그것을 통관^{through} ^{gut}이라고도 부른다. 이제 생명의 역사에서 통관이 가지는 의미를 간단히 살펴보자.

통관과 브라큐어리

동물이 작든 크든 통관은 그들의 몸을 관통하고 있으면서 외부에서 받아들인 음식물을 소화하고 흡수하는 기능을 하고 있다. 이런 특성은 동물의 또 다른 분류군인 산호나 해면에서는 관찰되지 않는다. 또 이들은 좌우대칭동물도 아니다. 해면은 아예 대칭성을 가지지 않지만 산호나 말미잘, 혹은 해파리는 방사대칭형이다. 방사대칭형은 원을 생각하면 무방할 것이다. 원의 중심을 지나는 직선을 중심으로 이들 동물은 대칭인 몸체를 가지고 있다. 그렇다면 통관을 갖는 것이 동물의 몸통 형성에서 매우 중요한 혁신이라고 생각하는 것은 크게 무리가 없어 보인다.

진화생물학은 그 정수에 있어서 시간의 과학이라 할 수 있다. 다른 말로 하면 역사가 될 텐데 그것도 지질학적 시간에 걸쳐 있는 역사이다. 이 지수함수적인 시간을 산술적인 인간의 감각으로 감지하기 어렵기 때문에 우리는 간혹 그 크기의 거대함을 놓치곤 한다. 우리가 관심을 가지는 진화적인 전이는 시간의 깊이에 묻히기 십상이지만 그렇다고 화석의 증거가 요소요소에 존재하는 것도 아니다. 전이의 중간 단계에 있는 소위 잃어버린 고리들도 엄청나게 많다. 따라서 진화적 전이의 중간체를 구성하는 것, 가령 이 경우라면 모든 좌우대칭형 동물의 선조

먹고 사는 것의 생물학

격에 해당하는 원시좌우대칭동물^{urbilaterian}은 현존하는 생명체로부터 추론할 수밖에 없게 된다. 비교 분자발생학은 이런 면에서 매우 유용한 학문이다. 형태학적으로 발생 단계를 비교할 수 있을 뿐 아니라 그 단계를 지탱해가는 유전자에 대한 정보를 동시에 제공하기 때문이다. 특히 유전체에 바탕을 둔 비교 분자발생학은 소화기관의 진화를 거슬러 올라갈 때 강력한 무기가 될 수 있다. 이런 접근 방식은 상사기관[24]과 같은 형태에 속아서 잘못을 범할 가능성을 상당 부분 줄여줄 수 있다. 소화기 발생에 관여하는 몇 가지 유전자들은 여러 문의 동물계에서 유전적으로 잘 보존되어 있다.

그중 대표적인 것이 브라큐어리^{brachyury}라고 불리는 유전자이다. 이 유전자는 모든 좌우대칭형 동물에서 발견되며 앞에서 언급한 방사대칭형 자포동물에도 존재한다. 자포동물에 이미 좌우대칭 형질이 잠재되어 있던 것이었다. 보통 유전자의 이름은 그 유전자의 돌연변이가 일어났을 때 표현형을 지칭하는 경우가 많다. 예컨대, 아이리스^{eyeless} 유전자는 눈의 발생에 관여한다. 이 유전자가 없는 경우 초파리의 눈이 생기지 않기 때문이다. 이 경우도 예외는 아니어서 브라큐어리 유전자 돌연변이를 가진 마우스의 꼬리와 천골 부위가 특히 영향을 받는 것으로 알려졌다. 이 사실이 알려진 것은 1927년이니까 역사는 꽤 오래되었다. 브라큐어리 유전자 두 벌이 다 없으면 살아서 자궁을 열고 나오지 못한다. 이들은 중배엽 형성에 문제가 있었고 신경삭 분화도 일어나지 않았기 때문이다. 브라큐어리는 그리스어로 '짧은'을 뜻하는 brakhus와 '꼬

---

24 · 상동기관은 발생의 기원이 같은 기관이다. 상사기관은 비록 그 기원은 다르지만 환경에 적응하는 과정에서 유사한 형태를 보이는 기관이다. 박쥐의 날개와 우리의 손은 상동기관이다. 그러나 피부에서 유래한 나비의 날개와 앞다리가 변한 새의 날개는 상사기관이다. 상사기관으로 귀결되는 진화 방식을 우리는 수렴진화라고 말한다.

리'를 뜻하는 oura가 합쳐진 말이다. 브라큐어리 유전자가 해독된 단백질은 전사 인자이다. 다른 종류의 유전자를 켜고 끌 수 있는 능력을 가진 단백질인 것이다. 생명체가 가진 유전자 꾸러미를 유전체라고 한다. 나는 유전체를 요리책이라고 비유하길 좋아한다. 요리책의 일부 내용을 복사해서(RNA에 해당한다) 주방 벽에 걸어놓고 만든 요리가 단백질에 해당한다. 이후 연구가 진행되면서 브라큐어리가 앞창자 혹은 뒤창자에도 존재한다는 사실이 밝혀졌다. 더 자세히 얘기하지는 않겠지만 브라큐어리 유전자와 단백질의 발현 양상을 비교 분자생물학적 시각으로 분석한 과학자들이 내린 결론은 좌우대칭형 동물이 처음 진화했을 때 이미 이들이 통관을 가지고 있었다는 것이었다. 이런 원시적인 형태로부터 현재 우리가 관찰하는 소화기관의 형태들이 진화해온 것이다. 이렇게 결론을 내리면 원시좌우대칭동물은 통관을 가지고 출발했으나 여러 환경과 생태지위를 차지하고 적응하느라 다양한 변이 형태가 파생된 것이라는 추론이 가능해진다.

무체강동물

소화기관 발생에 관해 많은 정보를 줄 수 있는 동물군은 아마도 무체강^{Acoel} 동물군일 것이다. 작고 벌레처럼 생긴 이 생명체는 바다, 특히 모래 알갱이 속에서 살아간다. 이들은 통관이 없고 처음부터 편형동물로 뭉뚱그려 분류되었다. 그러나 분자생물학적 지표에 따른 계통을 추적하다 보니 이들 무체강동물군이 좌우대칭형 동물의 초기 단계보다 앞선다는 결과가 발표되었다. 2008년 《네이처》에 그 내용이 소개되었다. 이들을 자세히 살펴보면 좌우대칭형 동물군의 공통 선조에 대한 단서를 얻을 수 있을 것이었다. 연구자들은 무체강동물의 소화기관에서 발현되는 유전자의 양상을 조사했는데, 브라큐어리 유전자와 앞창자에서 발현되는 것으로 알려진 유전자들이 장차 입이 될 부근에서 나타났다. 무체강동물의 입과 다른 동물의 입과의 유사성이 있다는 것이 이 논문의 결론이다. 따라서 이들 동물이 원시좌우대칭동물의 흔적을 지니고 있다는 생각을 확고하게 굳혀주었다. 또 뒤창자에 존재하는 것으로 알려진 몇 유전자도 무체강동물에서 발현되었다. 물론 몸통 뒤쪽에서다. 그렇지만 이 동물은 항문을 가지고 있지 않다. 대신에 그 부분은 생식기가 열려 있는 장소였다. 항문과 통관이 함께 진화하는 동안 생식 기관이 함께 선택되었을 수도 있다는 암시를 준다. 이 부분은 항문이 성적으로 민감한 기관이 될 수 있다는 의미를 함축한다는 점에서 매우 흥미로운 결과이다.[25]

요즈음 비교발생학은 그 발생을 추동하는 유전자 발현 양상에 많이 의존한다. 개체 발생이 계통 발생을 거듭한다는 에른스트 헤켈의 말이 이 순간에 떠오른다. 특히 배아 발생 단계에서는 더욱 그렇다. 진화적 과거를 맨눈으로 볼 수는 없다. 다만 우리는 지금 좀 더 많은 정보를 모아야 한다. 바다 속을 유유히 떠다니는 생명체 몇 종류를 가지고 숲을 보았노라 호언할 수는 없겠지만 아직도 연구는 진행형이다. 문제는 연구자의 수가 그리 많지 않다는 점이다.

동물의 형태와 배아발생학을 살펴보면 동물의 초기 진화에 대한 몇 가지 공통적 특성이 드러난다. 동정세포라는 특수한 세포로 이루어진 코아노블라스타이아이choanoblastaea는 모든 동물의 선조라고 할 수 있다. 해면의 할아버지뻘이라고 할 수 있는 코아노블라스타이아이는 과거의

---

25 · 소화기 신경계를 다룬 『제2의 뇌』에 이런 내용이 얼핏 나와 있다. 생식기관과 항문이 발생학적으로 서로 기원이 다르지 않다는 내용이었다.

먼 바다를 잠식한 생명체였다. 다세포성의 진화는 결국 세포 간 노동 분화의 시작이라고 할 수 있을 것이다. 가장 단순한 형태의 노동 분업은 먹는 세포와 그렇지 않은 세포(성세포) 사이에서 일어났다. 다음에는 극성^{polarity}이 나타나기 시작했다. 극성의 생물학적 의미는 있어야 할 장소에 그것이 있다는 것이다. 위가 있어야 할 자리에 위가 있고 상피세포의 위아래 면은 각기 그 기능이 다르다. 있어야 할 장소에 있는 단백질 복합체가 서로 다른 기능을 담당하기 때문이다. 그것이 극성이다.

먹고 사는 것의 생물학

03

다세포 생물의 진화

지금껏 우리가 얘기해왔던 소화기관은 여러 개의 세포로 구성된다. 그러므로 당연히 다세포 생명체를 전제로 하는 이야기가 될 것이다. 그러나 다세포는 단세포가 없었다면 결코 존재할 수 없었다. 우리 세포 안에 혹은 조직 안에 그들의 존재가 살아 숨 쉰다.[26]

다세포 생명체라는 말이 갖는 의미는 세포가 많다는 것이다. 『산소와 그 경쟁자들』[27]에서도 잠깐 예를 든 적이 있지만 이들 생명체는 최소한 두 가지 이상의 다른 기능을 갖는 세포군으로 이루어져 있다. 하나는 유전 정보를 전달하는 성세포이고 다른 하나는 유전 정보가 후대

---

26 · 우리 인간의 세포 안에 '살이 숨 쉬는' 세균은 미토콘드리아라고도 불린다. 식물에는 미토콘드리아와 엽록체가 세균 출신이다. 흥미롭게도 말라리아 열원충은 미토콘드리아도 있고 퇴화된 엽록체도 가지고 있다.

27 · 2013년에 내가 쓴 책이다. 미토콘드리아와 엽록체의 주요한 전자 전달계에는 네잎클로버와 비슷하게 생긴 헴 분자가 끼어들어서 여러 가지 일을 한다. 산소를 운반하는 헴은 헤모글로빈에로 끼어들어간다. 이들 물질의 주변에서 일어날 수 있는 과학적 사실을 기술했다.

에게 안전하게 전달될 수 있도록 최선을 다하지만 자신의 유전자는 직접 전달하지 못하는 체세포들이다. 상황이 좋을 때는 단세포로 존재하다가 그렇지 못할 때 다세포로 전환되는 녹조류 볼복스(단세포로 존재할 때는 클라미도모나스라고 부른다)가 그 좋은 예이다. 세포들이 결집되면 기능의 특화가 일어난다. 심처에 보관된 세포는 먹이를 찾거나 하는 일을 하지 않는다. 그렇지만 외부로 향한 세포 집단은 섬모나 편모를 움직이면서 먹이를 찾거나 포식자로부터 몸을 피한다. 볼복스 세포 집단에서 노동의 분화가 일어난 것이다. 닉 레인의 『산소』를 보면 다세포 생명체 진화의 배후에 대기 중 산소 농도의 증가라는 현상이 있었다고 한다. 산소로부터 날아드는 독성을 '고통 분담'할 수 있었다는 것이다. 그러나 그 전에 진핵세포가 등장했고 더 이상 산소를 두려워하지 않게 되었다면 다른 설명도 가능할 것이다. 앞에서 잠깐 언급했던 포식작용을 다시 살펴보면서 진핵세포를 짚고 넘어가자.

진핵세포는 원핵세포와 대비되는 생물학 용어이다. 뭔가 핵하고 관련 있는 것처럼 보인다. 맞다. 핵은 유전 정보인 DNA를 보관하고 있는 장소이다. 좀 더 정확히 말하면 핵이 세포 안의 나머지 부분과 담을 두고 격리되어 있다는 의미에서 진짜 핵을 가진 세포, 즉 진핵세포라는 말이 등장했다. 원핵세포는 유전 정보를 가지고 있지만 핵이라고 할 만한 장소는 없다. 이 정도가 교과서에서 다루고 있는 내용이다. 그러나 여기서도 크기를 얘기하지 않으면 그야말로 수박 겉핥기로 전혀 단맛을 느낄 수 없다.

진핵세포는 원핵세포에 비해 약 1만~10만 배 크다. 진핵세포가 원핵세포를 집어삼킬 수 있다는 말이다. 진핵세포가 포식작용을 통해 원핵세포를 삼켰다고 말할 때 우리는 바로 이 크기를 실감하고 있는 셈이다. 진핵세포의 크기를 유지하고 살림살이를 꾸려나가기 위해 에너지

먹고 사는 것의 생물학

가 필요하고 그 에너지는 포식작용을 통해 진핵세포에 편입된 원핵세포, 즉 미토콘드리아 머슴의 신세를 진다. 진핵세포 안에서 산소를 소비해서 에너지를 만드는 장소는 다름 아닌 미토콘드리아이다. 이 책의 말미에서 잠깐 닉 레인과 빌 마틴이 제시한 미토콘드리아의 에너지학을 다루게 될 것이지만 이번 장에서 장황하게 산소를 언급하는 대신 소화기관과 관련해서 다세포 생명체의 탄생을 간략하게 살펴보려고 한다. 그러나 이런 사건의 배후에 있는 자세한 분자기전을 살펴보는 것은 되도록 피하려고 한다. 우선 다세포화 과정을 실험적으로 보여준 예를 간단히 살펴보자.

효모도 뭉친다

다세포화는 지구상에 살고 있는 생명체 모두에게 획기적인 사건이었다. 유기체의 크기도 키웠지만 이들 다세포화는 새로운 구조를 형성함으로써 생물학적 복잡성을 더해주었다. 다시 말해 이들 다세포 생명체는 구성 세포들 간의 협동에 의해 매우 정교한 기능을 수행할 수 있게 되었다. 그렇지만 특정 세포가 사라져버리거나 일부 개별 세포들이 과도하게 자라난다면 다세포 생명체는 더 이상 공조체계를 유지하지 못하거나 일부 세포가 암세포로 전환되기도 한다. 따라서 다세포 생명체는 서로 협조하면서 견제하는 기제들을 발달시켜왔을 것이라고 상상할 수 있다. 이들 다세포성의 기원과 그것의 유지는 여전히 진화적인 의문점으로 남아 있다. 다세포를 구성하는 개별 세포가 무리에서 벗어나 자신만의 생식전략을 취하려고 한다면 전체로서의 다세포들은 어떻게 그 상황을 수습할 수 있을까?[28]

도대체 다세포성 생명체로의 전이는 어떻게 가능했을까? 아마도 최초의 다세포 생명체는 그 체계가 정착되기까지 단세포 생명체 집단 사이에서 여러 번 모색되었을 것이다. 그리고 그 시기는 아주 오래전 일이다. 자연사에서 유명한 캄브리아기 대폭발 이전 어느 때였겠지만 학자에 따라 7억~10억 년 전쯤에 일어난 사건으로 보고 있다. 한편 최초의 전이 형태를 가진 생명체는 멸종되었을 것이기 때문에 다른 정보를 통해 그 실체를 조립해야 한다. 그렇지만 다세포화의 몇 가지 중요한 과정이 알려졌다. 최초의 과정은 아마도 단세포들이 집단을 형성하는 유전자형을 개발하게 된 것이라고 생각한다. 애초 왜 그런 유전적 형질이 필요했는가는 잘 모르지만 세균들도 자신들끼리 무리를 지어 막biofilm을 형성한다. 쿼럼 센싱quorum sensing이라고 불리는 이들 세균막은 해군을 갔다 온 사람들은 잘 알 것이다. 뱃전에 달라붙은 세균막을 박박 문질러 보았을 것이기 때문이다. 샤워실에 낀 검은 때도 세균들의 집합체이다. 우리들 치아에도 세균들이 막을 이루어 산다. 필요하다면 세균도 언제든 무리를 이룬다. 한편 분열이 끝난 후 모세포와 딸세포가 붙어 있는 경우도 잘 알려져 있다. 다음은 이런 단순한 형태의 세포 덩어리가 자유로운 생활을 하는 개별 세포들 사이에서 선택되어야 한다는 것이다. 만약 덩어리 안에 있는 세포들이 유전적으로 동일하다면 갈등은 덜하겠지만 그렇지 않은 경우라면 뭔가 다른 대책이 있어야 한다. 이 문제가 해결된 연후에야 세포의 기능 분화가 일어날 수 있다. 그렇지 않다면 특정한 세포가 집단의 전체적인 적응도를 떨어뜨릴 것이기 때문이다.

---

28 · 세포 자살의 개념이 이 질문에서부터 등장한다. 세균도 스스로 목숨을 버린다. 이와 동시에 무작위 단백질 분해효소인 카스파제caspase 유전자가 생겨나기 시작했다. 이는 아마도 파지와 죽지 않으려는 세균과의 군비 경쟁에서 비롯된 것 같다. 바다에 사는 세균의 20퍼센트는 바이러스에 감염되어 죽는다. 그러나 세균이 스스로 죽으면 바이러스도 꼼짝없이 죽는다. 생물학에서 이들이 자행하는 활극을 세포 자살apoptosis이라고 부른다.

어떤 환경이 이들 다세포성의 진화를 이끌었을까? 알래스카 케나이 반도 대학의 보라스 그룹은 작은 세포 입을[29] 가진 섬모충류^{ciliates}가 포식자로 주변 생태계를 위협했기 때문이라고 본다. 이런 외부 압력에 의해 조류^{algae}인 클로렐라가 여덟 개의 세포로 집단을 이루는 것이 가능했다고 그들은 보고했다. 집단을 이루어 크기를 키우고 세포끼리 대사적으로 협동하면 포식자에 맞서 생존하기에 더 유리했을 것이라는 견해도 있다. 그러나 세포의 집단이 어떻게 다세포 생명체로 진화되었는가에 대한 계통적인 연구는 아직 드문 실정이다.

2013년 초반에 미국 과학원 회보에는 포도주를 만들 때 사용하는 진핵세포인 효모가 어떤 선택압을 통과해서 세포의 기능 분화가 일어나는지를 확인한 논문이 발표되었다. 실험에서 연구자들이 사용한 환경적 변이는 중력이었다. 생물학 분야에서 중력은 쉽게 무시되는 분야이다. 하지만 지구를 떠나 살 생각이 있다면 중력 생물학을 열심히 공부해야 한다. 중력의 영향을 받지만 또 다른 물리력인 기압도 생명체를 빚는 데 중요한 역할을 했을 것이다. 초기 지구의 기압이 지금보다 훨씬 높았다는 증거가 속속 등장하기 때문이다. 다세포 생명체의 탄생 이면에 기압의 변화가 있을지도 모른다. 이러한 물리적인 힘이 생물학에 어떻게 구현되었는지는 나중에 다시 쓸 기회가 있을 것이다.

어쨌든 시험관 내에서 효모 덩어리 집단은 쉽게 아래로 내려앉기 때문에 이들의 유전형을 연구하기도 쉬웠다. 중력이 생물학에 빈번히 관여하는 물리적인 힘은 아니지만 실험실에서 추적하기 쉽기 때문에 이런 실험 모델이 선택되었다고 연구자들은 말했다. 새로운 배지로 옮기기 전에 그들은 효모균을 45분간 가만히 놔두었다. 효모 덩어리가 자

---

29 · 단세포이기는 하지만 제법 기관과 비슷한 이러저런 구조물 비슷한 것을 가지고 있다.

연적으로 아래로 가라앉기를 기다리는 것이다. 한편 세포를 배양하면서 그 일을 매일 반복했다. 60회 반복한 뒤 세포를 관찰한 결과 이들 효모는 둥그런 눈뭉치처럼 보였다. 여기서 세포 집단만 따로 골라내는 것은 일종의 인공 교배와 같은 것이라고 볼 수 있다. 다만 다른 점이 있다면 선택의 기간이 길었다는[30] 점이다. 60일 동안 대개의 세포는 건강했지만 세포 자살^{apoptosis}하는 것들도 등장했다. 죽어가는 세포는 다세포 덩어리가 커지는 데 제동을 걸었지만 같은 수의 세포 집단에서 번식체^{propagules}의 숫자를 크게 늘렸다. 게다가 마치 생식세포와 체세포가 분화하는 듯한 양상도 일어났다.[31] 위 실험의 결론은 세포 덩어리가 선택되는 과정에서 다세포성 형질이 진화되고 세포의 분화가 일어나는 것이었다. 인위적이기는 하지만 실험적으로 다세포화는 언제든 실현 가능한 일이다.

세포 자살은 현존하는 원생 생명체의 유지와 발생에 매우 핵심적인 형질이다. 이런 현상은 단세포 생명체인 효모에서도 쉽게 발견되며 아마도 진핵세포의 단세포 조상에서도 적용되었을 것이다. 매일 선택을 하는 동안 효모의 세포 자살은 매우 빠르게 진화했다. 다세포 생명체의 적응도를 높이기 위해서는 세포 자살이라는 기제가 반드시 필요하다. 죽어가는 세포들은 생식을 하지 않는 체세포처럼 자신의 유전자를 후손에게 물려주지 못한다. 이들 효모 실험 집단에서 자살하는 세포의 수는 전체의 2퍼센트 정도였다.

볼복스에서 보듯이 다세포성이 출현하기 위해서는 뭔가 대단한 유

---

30 · 하루 한 번씩 효모 집단을 선별했으니 총 60세대에 걸쳐 선택이 일어난 것이다. 다윈 시대의 육종가들은 비둘기에 대해 이렇게 말했다고 한다. "날개는 3년, 머리와 부리는 6년이면 원하는 대로 만들어 드립니다."

31 · 유전자를 전달하는 성세포는 영원하지만 나머지 체세포는 반드시 죽음을 맞는다. 다세포화는 생명체의 '죽음'이라는 문제와 운명적으로 결부되어 있다.

전적 복잡성을 필요로 하지 않는다. 생명의 역사에서 다세포성은 유전적으로 관련이 없는 여러 계통의 생명체 집단에서 여러 번 반복해서 나타났다.[32] 효모에서 보듯 다세포성의 확립은 예상했던 것보다 그리 어려운 일은 아니었을 수도 있다.

다세포 생명체가 본격적으로 생겨나기 이전에도 우발적으로 다세포 생명체가 존재했을 가능성은 매우 높다. 그렇다면 왜 다세포 생명체가 탄생하기까지 그토록 오랜 시간이 걸렸을까? 다시 말해 본격적인 다세포화를 가로막은 환경적 압력은 무엇이었을까? 결론만 말하자면 다세포화는 산소가 등장하기를 기다렸다는 것이다. 산소는 세포와 세포가 서로 결합하는 콜라겐과 같은 단백질이 형성되는 데 결정적인 요소이다. 산소가 등장하면서 콜라겐, 라미닌, 리그닌[33]과 같은 구조 단백질이 발달하고 그것들은 지금 우리가 보는 것과 같은 생명체의 다양성을 추동했다. 세포 안에서 만들어지지만 세포 밖에서 일을 하는 콜라겐의 양은 인간 단백질 총량의 20퍼센트를 차지한다. 엄청나게 많은 양이다. 이 단백질은 세포가 편히 누울 수 있는 침대와 같은 역할을 한다. 여기에 덧붙여 세포-세포 간 접착제 단백질도 이미 준비되어 있었다. 계통적으

---

32 · 복잡성을 단순히 여러 개의 세포가 합쳐진 것이라고 정의한다면 그것은 생물계에서 최소한 스물다섯 번 진화되었다. 그러나 좀 더 엄격한 잣대를 들이대서, 다세포성이라고 하는 것이 세포-세포 연결, 그들 사이의 의사소통, 협동성을 의미하는 것이라면 그것은 세균에서 세 번, 동물계에서는 한 번, 그리고 곰팡이 계통에서 세 번, 조류bird에서 여섯 번 각각 진화했다. 그 이면에 숨겨진 질문 하나는 이런 것이다. 다세포성을 가로막거나 혹은 추동하는 힘은 어디에서 비롯되는 것일까? 적응적 진화, 느슨한 선택, 혹은 유전자가 작동하는 방식과 결부되어 불가피하게 움직이는 일반 물리 법칙일까?

33 · 단백질은 아니지만 리그닌은 셀룰로오스와 함께 식물의 뼈대를 이룬다. 리그닌을 만들기 위해서는 산소가 절대적으로 필요하다. 최신 발명품인 리그닌을 소화할 수 있는 세균은 아직도 그리 많지 않다. 따라서 리그닌은 식물이 탄소를 저장하는 형태로 자리 잡았다. 탄소가 산소를 붙잡아 이산화탄소가 되지 않은 것이 석탄이고 석유이다. 진화 역사에서 리그닌은 두 가지 의미를 갖는다. 탄소가 저장되는 동안 산소를 사용하지 않아 대기 중 산소의 농도가 올라갔다는 점과 현재 인류가 과거 사용하지 못했던 산소를 이산화탄소로 되돌리고 있다는 냉엄한 현실이다.

로 보면 다세포 생명체의 접착제^{cadherin} 단백질은 해면을 구성하는 동정세포에 기원을 두고 있다. 그러나 최근 연구에 따르면 다당류를 분해하는 세균에서 진핵세포 접착제의 흔적을 발견할 수 있다. 뒤에서도 살펴보겠지만 세균은 항상 우리 가까이에 있다.

소화기관의 관점에서 보면 다세포 생명체의 출현은 먹이의 소비를 최대한 효과적으로 수행한다는 점에서 더욱 주목할 만하다. 세포의 분화와 함께 먹이에서 영양소를 효율적으로 추출하는 여러 기능들이 생겨났을 것이기 때문이다. 시간이 흐르면서 코끼리와 같은 거대한 몸집을 40~50년씩 지탱할 에너지의 사용이 가능해졌다. 여기에는 두 가지 전제가 있다. 지구 전체로 보면 다양한 집단의 생명체들이 가용할 만한 에너지가 존재해야 한다는 말이고 그 에너지의 순환을 빠르게 할 수 있는 생명체들이 출현해야 한다는 말이다. 다시 말하면 소화기관의 진화는 필연적인 사건이다.

효모가 뭉쳐서 다세포 생명체가 될 수는 있겠지만 효모가 다세포 생명체로 진화하지는 않았다. 해면의 조상뻘쯤 되는 어떤 생명체가 다세포 생명체의 시작이라고 말하지만 이들은 왜 서로 뭉쳐서 살아야 했을까?

외독소와 다세포 동물의 진화

외독소는 특별히 외부에서 유래했다는 의미를 담고 있는 독성 화합물이다. 대규모 수준에서 유전자의 복제가 일어난 것도 다세포화에 기여했을 수 있지만 결정적인 요소가 되지는 못한 것 같다. 『산소와 그 경쟁자들』에서 살펴본 것처럼 녹조류 클라미도모나스의 단세포 형태와 그들의 다세포 형태인 볼복스 유전체는 사실 그 차이가 별로 크지 않기

먹고 사는 것의 생물학

때문이다. 또 다른 한 이유는 유전체의 크기와 생명체의 복잡성은 대체로 상관성이 커 보이지 않기 때문이다. 비록 40~60퍼센트 정도의 유전체가 분할spliced 접합할[34] 수 있다고 하지만 인간 유전체의 크기는 기껏해야 길이가 1밀리미터인 꼬마선충의 두 배를 넘지 못한다. 일부 과학자들은 인트론의 복잡성이 다세포화를 가능하게 했다고도 주장한다. 다 어려운 얘기들이지만 길게 설명하지 않겠다. 다만 다세포가 되는 과정에서 유전체의 역할은 요긴하지 않았다고만 기억하자.

한때 강력한 독성물질이었던 산소에 대응하여 미토콘드리아를 가진 진핵세포가 등장한 것처럼 다세포 동물이 등장할 당시 독소가 중요한 역할을 했을 것이라는 가설이 등장했다. 원시 척삭류나 초기 척추동물인 창고기hagfish나 칠성장어lamprey에서 다섯 종류의 스테로이드 계열 화합물에 대한 수용체와 이들을 합성하고 분해하는 효소들이 진화했기 때문이다. 성호르몬(에스트로겐, 프로게스테론, 테스토스테론)이나 부신호르몬(알도스테론, 코티솔)은 매우 다양한 생리활성을 갖는다. 호르몬이 생식이나 생명체의 분화 및 항상성의 유지에 필요하다는 말은 생물학이나 내분비학에서 늘 하는 얘기들이다. 이들을 감지하는 수용체는 핵 수용체라는 별명을 공통적으로 갖는다. 에스트로겐 수용체가 대표적인 핵 수용체이다. 리간드인 에스트로겐이 핵 수용체에 결합하면 리간드-수용체가 하나로 뭉쳐 핵으로 들어가 유전자의 발현을 개시한다. 일반적

---

34 · 인트론 얘기까지 하면 좀 더 복잡해지지만 진핵세포는 mRNA를 잘라 붙여서 여러 개의 조합을 만들어낼 수 있다. 항체를 만드는 유전자들에서 이런 현상이 잘 드러난다. 비유를 통해 유전자 전사와 번역 얘기를 해보자. DNA는 일종의 요리책이다. 짬뽕을 요리하기 위해 짬뽕 조리법이 적힌 부분을 복사한(전사) 종이는 RNA이다. 이제 RNA를 식탁으로 가져와 짬뽕을 만들면(번역) 된다. 문제는 우리의 통념과 달리 RNA를 복사하는 데 시간이 많이 걸린다는 데 있다. 복사본에 광고란이 많아서 요리에 필요한 부분만을 가위질하고 붙여넣기를 여러 번 해야 하기 때문이다. 반면 짬뽕은 후딱 만든다. 그래서 복사실과 조리실을 구분할 필요가 생겼다. 비유를 계속하면 핵은 복사실이고 단백질 짬뽕을 요리하는 소포체는 조리실이다.

인 수용체들과 달리 이들 단백질은 세포막에 분포하지 않고[35] 세포질에 분포한다. 그러다가 스테로이드 리간드가 세포 안으로 들어오면 이들과 결합하여 핵으로 간 다음에 거기서 유전자의 발현에 관여한다는 것이 정설이다. 이들 수용체의 특징 중 하나는 리간드가 지방질이라는 점이다. 리간드가 쉽사리 세포막을 통과할 수 있기 때문에 수용체 단백질들이 굳이 세포막에 자리 잡을 필요가 없다고 과학자들은 생각한다. 그렇기 때문에 세포막에서 일어날 수 있는 신호전달 과정이 생략된 채 바로 유전자의 발현에 사용될 수 있는 것이다. 이들 수용체 단백질은 리간드가 결합하는 부위, 그리고 DNA와 결합하는 부위가 따로 떨어져 있다. 이런 구조적 성질을 바탕으로 호르몬 수용체를 찾아내기도 한다. 핵 수용체는 스테로이드뿐만 아니라 레티노이드, 흉선 호르몬, 담즙산, 혹은 비타민 D를 리간드로 갖고 있지만 아직 리간드가 밝혀지지 않은 것들도 있다. 따라서 핵 수용체는 발생, 물질 대사, 칼슘 대사 등 신체 과정 전부에 관여하는 매우 중요한 단백질 집단이다.

말했다시피 이들 핵 수용체는 리간드와 DNA에 결합하는 부위가 서로 다르다. DNA와 결합하는 부위는 특징적으로 네 분자의 시스테인 아미노산을 포함하고 이 부위가 잘 보존되어 있기 때문에 미지의 유전체에서 핵 수용체를 찾을 때 단서가 되기도 한다. 이런 방식으로 확인한 결과 인간은 48개, 복어는 68개, 그리고 초파리는 21개의 핵 수용체가 있을 것으로 추정되었다. 같은 방식으로 효모의 유전자를 검사한 결

---

35 · 내가 박사학위를 받은 후 처음으로 실험한 것이 에스트로겐 수용체에 관한 것이었다. 이 수용체의 일부는 혈관 내피세포의 세포막에 분포하고 있었고 외부에서 에스트로겐이 도착하자 핵으로 들어가는 대신 신호전달 체계를 가동시켜 혈관을 확장시키는 역할을 하는 일산화질소를 만들어냈다. 핵 수용체는 일반적으로 세포 안에 들어 있다고 알려져 있지만 세포막에 들어 앉아 외부에서 들어오는 신호를 처리하는 역할도 한다. 이런 방식을 '유전자와 관계없는'이라는 뜻을 담아 non-genomic 작용이라고 부른다.

먹고 사는 것의 생물학

과 핵 수용체는 발견되지 않았다. 놀랍게도 애기장대라는 식물에는 핵 수용체를 발현하는 유전자가 없었다. 핵 수용체가 효모에서 인위적으로 발현될 수 있고 식물의 생리에도 영향을 미칠 수 있기 때문에 섣부른 단정은 이르겠지만 현재까지 핵 수용체는 다세포 동물에서만 발견된다. 결과론적으로 보면 이들 유전자가 다세포 동물의 발달 및 진화에 영향을 끼쳤을 가능성도 배제할 수는 없다. 암의 발생과 관련해서이긴 하지만 1995년 이탈리아 연구진들은 에스트로겐과 같은 호르몬이 세포 접착 단백질의 발현을 증가시킨다고 보고했다. 핵 수용체 유전자의 역할을 살펴보는 것은 흥미로운 주제일 것이 틀림없겠지만 여기까지만 얘기하고 멈출까 한다. 대신 유전자가 전사된 전령 RNA의 조각들과 다세포 생명체의 등장에 관해 최근 밝혀진 결과를 간략히 소개한다.

마이크로RNA

선구동물이건 후구동물이건 조직을 가진 동물의 핵심 마이크로 RNA는 잘 보존되어 있다. 무슨 말인지 차근차근 설명해보자. 선구니 후구니 하는 동물 분류학의 용어는 발생 과정의 차이에서 비롯된다. 모든 동물은 예외 없이 정자와 난자가 결합한 한 개의 수정란 세포에서 발생을 시작한다. 세포가 분열을 몇 번 반복하면 세포의 수가 늘어나고 어느 한쪽에서 움푹 파인 공간이 발생한다. 이를 통틀어 포배^{blastula}라고 하는데, 파인 부분이 접혀서 생긴 원구^{blastopore}가 배아의 안쪽으로 들어가면서 내배엽 조직층을 이루고 이들이 나중에 소화기관으로 분화한다(그림 9). 1908년에 오스트리아의 생물학자인 칼 그로벤^{Karl Grobben}은 배아 발생 과정에서 두 개의 열린 공간이 생긴다고 얘기했다. 물론 입과 항문을 말하고 있는 것이다. 그는 이 원구가 나중에 입이 되느냐 아

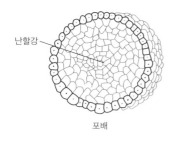
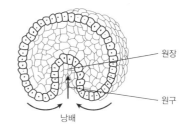

난할강

포배

원장

원구

낭배

그림 9. 포배기와 낭배기

배아의 가운데 부위를 자른 면이다. 100개 이상의 세포로 이루어진 포배는 내부가 비어 있다. 장차 소화관이 될 내배엽이 함입되면서 낭배기로 접어든다. 함입된 부위는 원장이고 그 입구는 원구라고 한다. 이 원구가 입이 되면 선구동물, 항문이 되면 후구동물이다.

니면 항문이 되느냐에 따라 동물계를 나눌 수 있다고 보았으며 전자의 것은 선구先口동물, 후자는 후구後口동물이라고 이름을 붙였다. 따라서 모든 좌우대칭형 동물은 선구동물과 후구동물로 구분할 수 있다. 인간을 포함하는 후구동물은 그 수가 그리 많지 않아서 척삭동물Chordata 외에 불가사리, 성게 등 극피동물이 여기에 포함된다. 소화관 발생의 측면에서는 불가사리나 인간이나 다를 바 없다는 뜻이다. 반면 선구동물에는 연체동물Mollusca, 편형동물Platyhelminthes, 환형동물Annelida, 그리고 절지동물Arthropoda이 포함된다. 선구동물은 후구동물에 비하면 거대 군단을 이끌고 있다.

마이크로 RNA는 요즘 생물학의 매우 역동적인 분야 중 하나이다. 국내에서는 김빛내리 박사가 활발하게 연구하는 것으로 잘 알려져 있지만 그 진화적 역사에 대해서는 의외로 관심이 적다. 얼마 전에 이 분야의 세미나를 들은 적이 있었다. 나는 매우 '유치한' 질문을 던졌다. "세포의 내부에서 마이크로 RNA와 비슷한 역할을 하는 기제가 많은데도 굳이 이런 시스템이 진화해온 까닭은 무엇일까요?" 물론 답을 기대한 것은 아니었지만 발표자는 무척이나 곤혹스러워했다. 마이크로 RNA

먹고 사는 것의 생물학

는 말 그대로 RNA의 한 종류이다. 유전자가 복사되면서 만들어진 RNA가 잘게 잘려 약 22개 정도의 짧은 조각으로 나뉜다. 이들 RNA의 가공 과정은 초미의 관심사이기는 하지만 여기서는 이들 마이크로 RNA가 일하는 장소가 핵이 아니고 세포질이라는 점만 말해두자. 세포질에 있는 단백질 제조공장에서 자신과 상보적인 염기를 가지고 있는 RNA의 특정 부위에 붙어서 단백질이 만들어지는 것을 방해하는 것이 그들이 하는 일이다. 그렇다면 힘들여 RNA를 만들고 그것이 단백질로 전환되는 것을 막는 별도의 훼방꾼 RNA가 동물 진화 과정에 꼭 필요했는지가 그들의 존재 이유가 된다.

션 캐럴의 『이보디보, 생명의 블랙박스를 열다』를 보면 툴킷^{toolkit}이라는 말이 등장한다. 이는 유전자의 전사를 정교하게 조절하여 세포의 운명을 결정하는 스위치 역할을 하는 것들이다. 호메오박스라는 유전자군들이 이런 이름을 얻었는데 좌우대칭형 동물의 발생에 매우 중요한 역할을 했던 것으로 알려졌다. 예를 들면 척추동물에서는 Pax-6이고 초파리에서는 아이리스^{eyeless}라 불리는 유전자는 각각의 동물에서 눈 발생을 조절한다. 재미있는 것은 초파리의 아이리스 유전자를 쥐의 배아에 이식시켜도 쥐의 눈이 정상적으로 발생한다는 사실이다. 다시 말하면 이들 유전자는 발생 과정에서 그 기능이 잘 보존되어 있다는 것이다. 툴킷 유전자에서 툴킷은 우리말로 '연장통'에 가깝다. 책상을 만들든 의자를 만들든 못을 박는 망치는 동일한 것이다. 내가 가진 연장통과 전문가가 쓰는 연장통은 규모와 정밀도에서 차이가 날 수밖에 없다. 초파리의 연장통은 인간의 툴킷과 차이가 있지만 같은 유전자가 눈을 발생시키는 과정에 참여한다. 이와 비슷한 일이 마이크로 RNA에서도 발견되었다. 예를 들어보자. '감각없는^{Senseless}' 유전자가 암호화하는 단백질은 초파리의 감각기관 형성에 관여하는 전사인자이다. 감각기관의 전구세포에서 발현되는 마이크로 RNA miR-9는 '감각없는' RNA에 결합하여 이 단백질의 발현을 낮춘다. 그러나 인공적으로 이 마이크로 RNA를 없애버리면 초파리의 감각기관의 숫자가 엄청나게 늘어난다. 이런 실험 결과에서 우리가 알 수 있는 사실은 툴킷과 동등한 무게로 마이크로 RNA가 동물의 발생 과정에서 중요한 역할을 한다는 점이다.

툴킷은 동물 진화 과정에서 잘 보존되어왔지만(물론 규모가 커지기는 했다), 마이크로 RNA는 동물 계통수 분기 과정에서 끊임없이 새롭게 축적되어왔다(표 3). 대칭성을 띠지 못한 해면동물에서는 8종의 마이크로 RNA가 발견된다. 그러나 인간을 포함하는 진정후생동물^Eumetazoa의 조상은 1개의 마이크로 RNA를 가지고 있다. 따라서 과학자들은 동물계통에서 마이크로 RNA가 최소한 두 번 진화한 것으로 보고 있다. 그러나 방사대칭인 자포동물은 1종의 마이크로 RNA를 더 개발해서 2개를 가지고 있다. 초기 포유류는 177개의 마이크로 RNA를 가진다. 설치류는 여기에 16개의 새로운 마이크로 RNA를 얻었지만 영장류는 84개를 더 얻었다.[36] 그게 다는 아니겠지만 인간은 이런 새로운 마이크로 RNA를 바탕으로 지금에 이르렀다고 볼 수도 있는 것이다. 이 말은 이전에 발명된 마이크로 RNA가 최근에 발명된 것보다 보다 폭넓게 분포한다는 결론에 이르게 한다. 보다 구체적으로 한 가지 예를 들어보자. 심장의 발생에 관여하는 마이크로 RNA는 두 종류가 있다. 하나는 miR-1이고 다른 하나는 miR-208이다. miR-1은 동물 진화의 초기 단계인 삼배엽성 동물에서 발견된다. 무체강류^acoel 편형동물에서도 발견된다. 그렇지만 miR-208은 오직 척추동물에서만 발견되었다.[37] 그러

---

36 · 그 의미는 정확히 모르지만 마이크로 RNA는 새롭게 생겨나기도 하고 또 사라지기도 한다. 표 3에는 사라진 마이크로 RNA의 숫자가 나타나 있지 않기 때문에 계산이 조금 다르게 보인다.

37 · miR-208 마이크로 RNA가 처음 등장한 것은 경골어류에 이르러서다. 육지로 올라서기 전에

표 3. 동물의 마이크로 RNA 수

대분류계통	소분류계통	miRNA 수	대분류계통	소분류계통	miRNA 수
단골해면목		8	후구동물		34
진정후생동물아계		1		암불라크라리아	36
	자포동물	2		극피동물	43
삼배엽성 동물		8	척삭동물		34
네프로조아*		33	두삭동물		35
선구동물		46	척삭동물	척추동물	72
	담륜동물	49		유악하문	75
	환형동물	56		경골어강	85
	복족강	53		얼룩물고기	101
	탈피동물	46		사지동물	90
	절지동물	47		양막류	96
	범갑각류	47		포유류	177
	곤충류	58		설치류	192
	파리목	63		영장류	257
	초파리	81			

*네프로조아(Nephrozoa)는 좌우대칭동물군으로 선구, 후구동물을 통틀어 일컫는 말이지만 약간 정체가 불분명하다. 선구, 후구의 공통 조상쯤 될 것 같다. 복족강은 연체동물의 가장 큰 하위분류 동물이며 달팽이, 소라, 전복이 여기에 포함된다. 암불라크라리아(Ambulacraria)는 극피, 반삭, 진와충동물을 포함한다. 성게나 불가사리, 해삼을 떠올리면 된다. 학술지 *Bioassay*에 발표된 피터슨의 논문(2009)을 참고했다.

심장을 먼저 담금질하고 있었던 것이다.

므로 miR-1은 중배엽의 등장을 가능케 했다고 추론해볼 수 있게 된다. 아닌 게 아니라 miR-1은 심장근을 포함하는 척추동물의 골격근에서 발견된다. 그렇지만 miR-208은 심장에만 국한되어 발현된다. 따라서 인간의 심장이 제대로 발생하려면 miR-1도 필요하지만 miR-208이 더 많이 만들어져야 하는 것이다. 동물 실험에서도 miR-208이 제대로 기능하지 않으면 miR-1이 없는 경우보다 훨씬 심각한 상황이 초래되었다.

다양한 동물군들이 계통수 가지를 펼쳐 나가면서 마이크로 RNA를 획득하고 보전해왔기 때문에 이들 RNA는 동물 간 근연 관계와 상당히 밀접한 관계가 있다. 또 이들이 조직 특이적으로 발현되기 때문에 마이크로 RNA는 지질학적 시간을 거치는 동안 새로운 조직이나 기관이 생겨나는 진화적 참신성과도 연관되어야 한다. 다시 말하면 마이크로 RNA는 동물의 몸통 설계나 형태적 복잡성이 진화하는 데 결정적인 역할을 했다는 것이다. 기관이라고 하는 것은 복잡성이 궁극적으로 체화된 형태이다. 전체적으로 보아 마이크로 RNA는 수만 개의 단백질을 암호화하는 유전자를 조절할 수 있기 때문에 이들은 또한 미래의 동물 계통의 진화를 제약할 수도 있을 것이다.

종속 영양 생명체

다세포 생명체가 어떻게 진화했고 그 사건을 불가피하게 강제했을 선택적 압력이 무엇인지는 여전히 알지 못한다. 그렇지만 언젠가 죽을 운명인 체세포와 유전자를 후대에 전달하는 불멸의 생식세포가 분기해 나간 것은 엄정한 사실이다. 생식세포가 가진 유전자를 안전하게 전달할 수 있도록 체세포는 끊임없이 먹고 짝을 찾아야 한다. 우리 스스

그림 10. 독립 영양 생명체, 식물

식물은 소화기관이 없다. 태양에서 오는 빛에너지를 이용해 직접 영양분을 만들어내기 때문이다. 반면 대부분의 동물은 다른 생명체에 의지해 살아가며 음식물을 소화, 흡수, 저장하는 소화기관이 발달되어 있다.

로를 돌아보면 새로울 것도 없는 일이다. 태양에서 오는 에너지를 써서 자신이 먹을 것뿐만 아니라 남이 먹을 식량까지 제공하는 식물이나 조류를 우리는 독립 영양 생명체라고 부른다. 낯이 뜨거워지기는 하지만 인간은 종속 영양체. 그렇지만 우리도 당당할 필요가 있다. 호흡을 통해 내뱉는 이산화탄소가 독립 영양 생명체의 먹이인 까닭이다.

초식동물이건 육식동물이건 자기 스스로 생존에 필요한 영양소를 만들지 못한다. 인간도 예외는 아니다. 우리가 스스로 뭔가 만들어내는 게 있는지 생각해보면 사실 아무 생각도 안 든다. 우리가 간이나 근육에 저장한 글리코겐을 가지고 포도당을 만들어 혈당을 유지할 수 있다고 하면 참으로 궁색한 변명을 늘어놓는 정치인 생각마저 날 정도이다. 광합성을 통해 포도당을 직접 만들 수 있는 것은 조류^algae를 포함하는 식물만의 능력이다. 하긴 지각에서 유래하는 에너지를 이용해 먹을 것을 생산하는 열수분출공 근처 심해 미생물들도 알려지기는 했다. 그러나 우리는 삼시 세 끼를[38] 챙겨 먹어야 한다. 영식님, 일식씨 하는 농담도 돌아다니기는 하지만 우리는 하루 평균 밥을 세 번 먹는다. 무심코 지나면 별 생각이 아니 들 수도 있지만 여기에도 깊은 뜻이 있다. 우리가 먹는 것이 무엇인가는 깊이 생각할 것도 없다. 전부 식물이나 조류에서 유래한 것들이다. 소고기도 궁극적으로 따지고 보면 식물유래 음식물에 다름 아니다. 예외는 없다(동물이 무기질을 먹을 경우도 있다고 딴죽을 걸지 모르겠다. 맞다. 가끔은 흙을 파먹는 경우도 있다. 그러나 속이 쓰리다고 겔포스와[39] 같은 약은 인간도 먹지 않는가? 꼭 흙을 파먹어야만 무기질을 먹는 것은 아니다). 우리가 먹는 음식은 궁극적으로 식물에서 유래한다. 좀 더 올라가면 햇빛 얘기도 아니 나올 리 없겠지만 말이다.

문제는 종속 영양 생명체가 어떻게 탄생했는가이다. 그것을 좀 알아야 우리가 궁극적으로 살펴볼 소화기관 혹은 소화계의 면모를 추적할 수 있기 때문이다. 그렇지만 종속 혹은 독립 영양의 기원을 따지려면 세포가 어떻게 태어났는가에 대해 답을 구해야 한다. 밀러[Stanly Miller]와 유리[Harold Urey]의 실험이 《네이처》에 발표된 것은 공교롭게도 1953년이다. 왓슨[James Watson]과 크릭[Francis Crick]이 DNA의 이중나선 구조를 밝힌 해이기도 하다. 밀러와 유리의 실험은 가상적인 초기 지구를 흉내 낸 것이며 번갯불에 의해 원시 수프가 만들어졌다는 결론으로 이어졌다. 지금은 이 실험이 흉내 낸 초기 지구 환경이 틀린 것으로 밝혀졌지만 이 가설

---

38 · 끼니의 기원은 화석과 관련되는 것 같다. 사냥이나 채집을 나가 획득한 음식물을 어둡기 전에 집에 들고 와 끓여 먹었다. 그게 저녁이다. 먹고 남은 것은 아침에 먹고 들에 나가 사냥이나 채집을 하는 동안 뭔가 조금 먹는다. 그게 점심이다.

39 · 알루미늄, 마그네슘 같은 것이 들어 있다. 흙을 집어 먹는 것과 많이 다르지 않다.

먹고 사는 것의 생물학

은 아직도 근근이 명맥을 이어가고 있다. 그러나 원시 수프에 들어 있는 아미노산 혹은 지질을 바탕으로 원시 생명체가 만들어졌을 것이라는 가설은 최소한 과학계에서는 폐기처분되었다. 그 대신 굳은 용암 사이에서 검은 연기와 뜨거운 물이 나오는 심해 열수분출공 혹은 그와 유사한 환경에서 생명체가 진화했다는 가설도 등장했다. 자세한 내막은 해럴드의 『세포의 기원을 찾아서』 혹은 최근에 출판된 닉 레인의 『바이털 퀘스천』을 보면 알 수 있다.

나는 어찌어찌 생긴 세포가 에덴동산 격인, 원시 수프를 이용했다면 종속 영양 세균의 형태를, 열수분출공 가설을 지지한다면 독립 영양 세균의 형태를 엿볼 수 있다는 말을 하려고 한다. 지구화학이 제공하는 에너지를 이용해서 스스로 이산화탄소를 고정했다면 최초의 생명체는 독립 영양 세균일 것이다. 그러나 독립 영양 세균이 새로운 생태지위를 찾아 열수분출공을 떠나는 순간 이들은 외부에서 공급되는 에너지를 찾아야 했을 것이다. 아직 이런 식의 '그래서 그렇게 된' 사건의 증거가 나온 적은 없지만 독립 영양체의 존재는 필연적으로 종속 영양체의 출현을 예고한다. 영양소, 즉 에너지를 두고 생명체들이 '경쟁'을 했을 것이기 때문이다. 태양이나 지구의 내부에서 공급되는 에너지를 더 얻을 수 없는 환경에 처해졌다면 단세포 생명체 집단에서 그 경쟁의 최고봉은 다른 세균을 집어 삼키는 일이다. 그리고 그런 일이 실제 일어났다.

세포가 하나인 세균이 외부에서 영양 물질을 받아들여 어떻게 소화하는지는 대충 안다. 그리고 그 양상은 우리 몸을 구성하는 각각의 세포 안에서도 살아 있기 때문에 세균이나 우리나 낱개의 세포 입장에서 생각해보면 비슷한 구석이 많다. 그래서 세포 안에서도 위의 역할을 하는 것이 존재한다고 말한다. 리소좀이라는 세포 소기관이 그것이다.

세포 하나로 버티는 세균이 영양소를 먹는 방식은 '세포 내 소화'라고

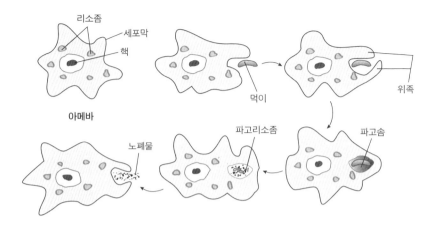

그림 11. 단세포 생물, 아메바의 세포 내 소화 과정

단세포 생명체의 포식작용은 원리상 다세포 생명체의 소화, 흡수의 기초가 된다. 1. 세균 혹은 음식물 고형 입자를 포식 소체(파고솜) 안으로 끌어들인다. 2. 포식 소체는 세포 내부의 위라 불리는 리소좀과 한 몸을 이룬다. 리소좀 안의 상비군 효소에 의해 이들 입자 혹은 세균이 분해된다. 3. 분해하지 못하는 노폐물은 세포 밖으로 배설된다.

말한다. 여기에는 세포막을 거쳐 영양소가 들어가는 것, 운반하는 것, 소화하는 것이 포함될 것이다. 그것은 세포를 여럿 가진 생명체가 하는 일과 은유적으로 다를 게 없다. 입을 통해 먹고 잘게 부수고 흡수하여 혈관계를 통해 필요한 곳에 공급하는 것이다. 그게 전부다. 우리의 경우를 상상하면 이런 식의 소화와 흡수는 우리 몸속에 있는 관 안에서 일어난다. 그 관은 세포로 둘러싸여 있지만 어쨌거나 세포의 밖, 즉 내강^{cavity}에서 일어나는 일이다. 그래서 이런 식의 소화를 '세포 밖 소화'라고 한다. 그렇다면 소화기관에는 여러 가지 기능을 하는 다양한 부위가 존재할 것이라는 점도 짐작할 수 있다. 앞으로 살펴볼 입, 이빨, 혀, 후두, 식도, 위, 장, 항문이 그런 것들이다. '이런 분화는 어떻게 일어났을까?' '또 언제 일어났을까?'라는 질문이 저절로 나오게 되는 것이다.

먹고 사는 것의 생물학

그것보다 훨씬 더 어려운 질문은 '왜 그랬을까?'이다. 그러나 이런 질문은 차라리 던지지 않는 게 정신 건강에 이롭다. 바다 기슭을 거닐며 '왜 세포 밖 소화가 생겨났을까?'라고 묻는 것은 참 인간답지 않은 것 같다. 바다에서는 달과 지구의 인력이 빚어내는 파도가 달빛에 철썩이는 모습이 훨씬 더 낭만적일 듯해 보이기 때문이다.

다세포 생명체의 특징은 서로 다른 기능을 갖는 최소한 두 가지 이상의 세포로 구성된다는 점이다. 반복하지만 후손에게 유전자를 전달해주는 성세포와 나머지 체세포이다. 이들 체세포 중 가장 중요한 것이 바로 먹을 것을 담당하는 세포들이다. 다세포 생명체가 커지고 분화가 거듭되면서 차차 혈관계(음식물을 필요한 곳으로 전달하기 위한), 근육계, 먹이를 쫓고 먹잇감이 되기를 회피하기 위한 신경계, 그리고 나중에 호흡계 등이 순차적으로 발달하게 되었다. 이제부터 다세포 생명체가 등장한 사건의 내막을 추적해보자.

해면은 동물이다

캄브리아기를 규정짓는 화석의 대량 발견은 오해의 소지가 많은 '대폭발'이라는 용어를 빌려 묘사한다. 이들은 자신을 보호할 탄산칼슘 외피를 둘러쓰거나 눈을 가지고 있기 때문에 지수함수적인 시간의 풍화로부터 비교적 잘 견뎌낼 수 있었다. 그러나 좀 더 살펴보면 눈을 통해 먹잇감을 찾거나 포식자로부터 주변을 항상 단도리해야 하는 절박함도 느껴진다.[40] 갑작스레 화석이 무더기로 발견되었다는 말은 그 전 시대를 규정하는 화석이 잘 드러나지 않는다는 의미를 갖고 있다. 그러나

---

40 · 앤드루 파커의 책 『눈의 탄생』을 보면 "장님들의 나라에서는 외눈박이가 왕이다."라는 H. G. 웰스Wells의 유명한 경구가 등장한다. 시각이 동물의 생활에 중요하다는 말로 해석된다. 동물이 햇빛을 이용해 시각을 획득하기 시작한 사건, 그야말로 나와 적을 볼 수 있는 '눈'을 갖게 된 엄청난 사건이 캄브리아기 벽두에 있었으며 그 하나의 사건을 계기로 폭발적인 진화가 시작되었다고 파커는 '대폭발'을 해석한다. 일부 동물들이 시각을 획득함으로써 포식자와 먹이 사이의 투쟁적 관계가 본격화되었다. 바야흐로 '선혈이 낭자한 이빨과 발톱의' 세상이 시작된 것이다. 포식의 도구로써 또 방어를 위해서 딱딱하고 특징적인 외피를 진화시키는 군비경쟁이 가속화되었다. 그 결과가 현재 동물문 38개로 가시화되어 유지되고 있다.

분자생물학적 지표가 고생물학에 편입되면서 이런 대폭발의 이전에 '대폭발'은 이미 예견되고 있었다는 쪽으로 가닥을 잡아가는 것 같다. 눈에 보이는 화석은 이들이 벌써 다세포성을 획득했다는 의미일 것인데, 다세포성은 동물과 식물, 혹은 곰팡이의 보편적 특징이기도 하다. 이 중에서 특히 동물을 규정하는 일곱 가지 단계를 하나씩 알아보면서 과연 인간을 포함하는 동물이 어떤 식으로 진화했는지 그 초기 과정을 좀 엿보도록 하자.

분류학 자료를 참고하면 현재 동물은 38개의 문^{phylum}으로 나뉜다. 이름만 들어서는 당최 무엇인지 짐작이 되지 않는 것들이 대부분이다. 그나마 우리에게 익숙한 것들은 모두 한 개의 문에 속한다. 개, 소, 말, 인간은 모두 척삭동물문이다. 그러나 삼열동물문이니 악구동물문이니 하면 전혀 짐작이 가지 않는다. 이들 문의 분류체계는 사실 동물의 바깥 부분의 차이를 근거로 한다. 그러나 눈에 드러나지 않은 동물 몸의 다른 한 부분, 즉 장기를 기준으로 분류한다면 세 종류로 분류할 수 있다. 하나는 비대칭형인 측생동물아계^{Parazoa}이다. 우리가 아는 것이라면 해면을 들 수 있다. 그리고 방사대칭동물군, 나머지는 좌우대칭동물군이다. 방사대칭형 동물에는 자포동물인 산호, 해파리 등이 포함된다. 좌우대칭은 물고기, 인간이 포함된다. 심지어 자벌레도 좌우대칭동물이다. 동물의 내부, 즉 장기는 그 동물이 호흡을 하고 영양분을 얻어서 번식하는 방식을 전반적으로 제약한다. 동물의 장기나 외피의 발달 과정은 전체적으로 유전자에 새겨진 청사진의 도움을 받는다. 매우 많은 유전자가 동물의 내부 구조와 발달을 제어한다. 그러나 특정 동물의 외부 형태를 결정하는 유전자의 숫자는 대체로 그리 많지 않다. 요즘은 자기 조직화라는 개념을 빌려 설명하려는 경향이 있지만 논지가 흐려질까봐 여기서는 말을 아끼겠다. 동물의 외부라는 것이 그것을 구성하는 재료의 물

먹고 사는 것의 생물학

리적 특성, 즉 색이나 모양을 지칭하는 경우가 많기 때문에 이들은 불가피하게 동물이 처한 환경과 더 밀접한 관련이 있다. 동물의 의태를 생각해보면 사소한 돌연변이가 나방의 색을 하얗게도 시커멓게도 만들 수 있다. 그러나 그 나비의 소화기관은 전혀 건드리지 않는다. 다시 말하면 검은 고양이나 흰 고양이나 쥐를 잡아먹기는 마찬가지라는 말이다.

이런 관점에서 초기 동물 진화가 가능했던 중요한 일곱 가지 사건을 살펴보자. 우선 첫 번째로 거론되는 것이 다세포성^{multicellularity}이다. 다세포성은 말 그대로 여러 개의 세포가 모여 있다는 말이다. 이 여러 개의 세포가 모두 동일한 세포라면 그것은 단순한 세포의 결합체라고 볼 수 있겠지만 이들 세포가 다른 기능을 하는 세포로 구성되어 있다면 이제는 노동의 분화라는 측면을 생각하지 않을 수 없다. 실제로 동물 진화의 역사를 살펴보면 한 종류의 세포가 모여 있던 형태에서 노동 분화가 일어났다. 그러나 다른 종류의 세포가 서로 연합한 예가 없지는 않다. 린 마굴리스가 주장해서 지금은 교과서에서도 받아들인 세포 공생설이 그것이다. 세균과 고세균의 공생에 의해 진핵세포가 탄생한 것이라면 다세포성에는 이미 이들 두 가지, 즉 이질적인 세포의 결합과 동질적인 세포의 결합이 결국 노동 분화로 귀결되었다고 해야 할 것이다. 노동의 분화는 얘기의 방향에 따라서 크게 두 가지로 나뉜다. 첫째는 우리에게 익숙한 성세포와 나머지 체세포이다. 또 다른 하나는 먹는 것을 담당하는 세포와 그렇지 않은 세포가 서로 다른 기능을 하도록 분화되었다는 것이다. 동물 진화의 초기에 이미 먹이를 포획하는 능력과 자손을 확산하는 능력이 주요한 진화적 선택압이 되었다는 것은 거의 의심의 여지가 없다. 이 점은 인간도 예외가 아니기 때문에 인간도 동물이 맞다.

동물 진화의 두 번째 사건은 이들 세포가 서로 잘 밀봉^{seal}되었다는 것이다. 해면의 한 분파인 동골해면강^{Homoscleromorpha}에서 이런 현상이 목격되는데, 이들은 소위 원장을 만들고 여기에서 세포 밖 소화를 진행할 수 있었다. 원장은 가장 초기 형태의 장^{gut}이라고 보면 무난할 것 같다. 다시 말하면 소화기관이 특화되어 나간 것이다. 인슐린이 등장한 다음에는 이들 원장과 외피 사이에서 중배엽이 분화된 사건이다. 중배엽은 해부학적으로 외배엽과 내배엽 사이에 있으면서 이들을 서로 연결하고 발생을 돕는 역할을 한다. 근육을 연상하면 된다. 다음 사건은 세포-세포 간의 의사소통이 진화된 것이다. 이 사건은 궁극적으로 신경계와 뇌의 분화로 귀결되었다. 다음 사건은 좌우대칭형의 탄생이고 혹스 유전자^{41}가 만들어지면서 몸의 마디 혹은 체절이 형성되고 이들을 관통하는 관, 즉 통관$^{through\ gut}$이 마침내 만들어졌다. 입과 항문을 연결하는 통관은 좌우대칭인 몸의 체절을 따라 길게 늘어나 있으면서 세포 밖 소화를 담당하게 된다.

　다세포성, 밀봉된 상피세포, 인슐린, 중배엽의 탄생, 신경계의 확립, 좌우대칭 그리고 통관은 동물계가 초기에 어떻게 진화해왔는지, 다시 말하면 동물의 내부가 어떤 식의 과정을 거쳐 형성되었는지를 파노라마식으로 보여준다. 그렇다면 살아 있는 동물의 현생 종으로부터 이들의 특성을 살펴보고 이들의 몇 분자지표, 즉 유전자의 기능에 대해 좀 더 알아보도록 하자.

---

41 · 툴킷 유전자라고 불리는 것이다. 체절 형성에 관여하고 초파리에서 인간까지 좌우대칭형 동물문의 몸통 형성의 근간이 되는 유전자이다.

　　　　　　　　　　　먹고 사는 것의 생물학

1. 동정편모충류: 다세포성의 진화

세균이 다세포 생명체의 진화를 추동한 한 가지 요소였을지도 모른다는 결과가 나온 것은 2012년이다. 캘리포니아 대학과 하버드 의과대학 연구진이 수행한 실험으로 그들이 사용한 플랑크톤의 이름이 바로 우리가 살펴보려고 하는 동정편모충류choanoflagellate였다. Choano는 그리스어로 깃이라는 뜻이며 바닷물 속을 헤엄칠 수 있는 편모flagellate를 가지고 있어서 그런 이름이 붙었다. 동정은 한복 저고리의 깃을 말하는 것이지만 옛날 1960~1970년대 남학생 교복의 목을 둘러싼 부분을 생각하면 더 정확할 듯하다. 이들 단세포 생명체는 핵이 있는 세포체와 편모 사이에 편모를 감싸 안듯이 포진한 둥그런 깃을 가지고 있다(그림 12). 이 깃 부위에는 액틴이라는 구조 단백질로 이루어진 미세 융모가 포진하고 있다. 편모는 이 플랑크톤을 앞으로 뒤로 움직이는 노 같은 것이다. 이들은 단세포 생명체 중에서는 인간과 가장 가까운 친척으로 간주되고 있다. 따라서 다세포 동물의 진화를 살펴보려면 이 단세포 생명체를 먼저 자세히 살펴보아야 한다. 이들은 단세포로 살지만 어떤 경우에는 집단을 이루기도 하며 약 6억 5000만 년 전에 지구의 바다를 유영하던 친구들이다.

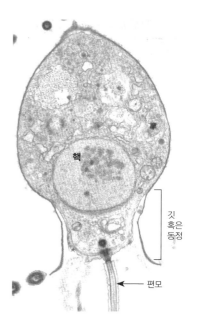

그림 12. 깃세포 혹은 동정편모충류

깃세포의 전자현미경 사진이다. 사람의 목 부분과 비슷하게 생긴 부위를 깃 혹은 동정이라 부른다. 그 안에 섬모가 들어 있다. 세포 안을 들여다보면 핵도 있고 소포체, 미토콘드리아도 보인다.

박사후 연구원이던 니콜 킹은 왜 이들이 두 가지의 생활사, 즉 단세포와 다세포 상태를 영위하는지 알아보고자 했다. 녹조류 클라미도모나스가 볼복스라는 이름으로 다세포 군집을 이룰 때는 주변의 상황이 좋지 않을 때라는 것은 이미 알려져 있었지만 그들은 그 '좋지 않은' 상황이 무엇인지 알아보고자 했다. 그들은 여태껏 알려지지 않은 세균이 동정편모충류 플랑크톤이 무리를 짓도록 자극한다는 사실을 우연히 발견했다. 동물이 진화할 무렵 바다에는 세균이 많았을 것이기 때문에 이 시나리오의 개연성은 충분하다. 주변에 세균이 존재할 때 이들을 효과적으로 잡아먹기 위해 일종의 협동 작업을 펼친다는 것이었다. 나중에 캘리포니아 대학으로 옮겨간 킹 박사는 강 하구에서 채집한 동정편모충류를 실험실에서 키울 수 있게 되었고 안정적으로 세균과 이들 편모충류 간 상호작용에 대해 연구를 계속해 나갔다. 그녀의 연구진들이 밝혀낸 것은 이들 편모충류가 특정한 세균에 대해서만 반응한다는 점이었다. 서로 다른 항생제를 사용하면서 우연히 밝혀낸 사실은 이들이 특정 항생제를 처리했을 때만 장미꽃받침 모양으로 집락을 형성했다는 것이다. 만약 항생제를 바꾸어버리면 그런 집락이 사라져버렸다. 그러니까 특정항생제에 내성이 있는 균이 집락의 형성을 촉진했다는 말이 될 것이다. 이제는 세균만 찾아내면 되었다. 알고리파구스속^{Algoriphagus} 세균만이 이들 플랑크톤의 집락을 형성할 수 있었다. 그러나 우리 대장에 사는 대장균은 그런 능력이 없었다. 하버드 연구진과 공동 작업으로 그들은 세균의 표면에 존재하는 황 함유 지질 성분을 밝혀냈다. 플랑크톤이 RIF-1이라 불리는 지질 성분을 인식하면 세포 분열을 시작해 순식간에 둥그런 집단을 만들어냈다. 문제는 세균이 스핑고 리피드^{sphingolipid}와 유사한 이 지질 성분을 만든다는 점이다. 황 지질 성분은 자신을 먹으려 드는 플랑크톤이 없어도 계속해서 만들어진다.

먹고 사는 것의 생물학

세균과 진핵세포의 상호작용은 크게 세 가지로 나뉠 수 있다. 하나는 세균을 먹는 경우, 즉 포식자와 먹이 관계를 형성하는 경우이다. 둘째는 장내 세균처럼 이들이 진핵세포 숙주 내로 편입되는 것이고 마지막은 병원성 세균이 침범하여 진핵세포를 공격하는 경우이다. 먹이를 먹는 것의 기원은 자신의 것이 아닌 세균의 리간드를 인식하는 것, 그리고 그 세균을 숙주의 상피세포에 부착하는 것에서 시작되었다고 볼 수 있다. 먹을 수 있는지 혀를 대보는 것과 흡사한 행위이다.[42]

음식과 음식이 아닌 것의 구분이 선천성 면역의 시작인 것처럼 보인다. 초기 동물의 공통 조상은 세균을 먹고 사는 생명체들이었다. 이런 증거는 동물이 출현하고 다양하게 분화해가던 시기가 세균의 공동체였던 스트로마토라이트의 숫자가 줄어든 때와 일치하는 것에서도 찾아볼 수 있다. 좀 정리해서 말하면 그림 12에서 보이는 동정편모충은 세균을 먹는 상피세포 계열의 생명체에 속한다. 이런 상피세포는 모든 동물 계통에서 발견된다. 위apical와 아래basal의 구분이 확실한 것도 특징이다(생물학 용어로 극성polarity이 있다고 말한다). 다시 말하면 동물군에서 발견되는 상피세포의 기원이 동정편모충까지 소급될 가능성이 있다.

동정편모충류의 유전자 중에 C형 렉틴분자가 존재한다는 것은 분자생물학적인 의미에서 이들이 세균을 먹잇감으로 인식하였다는 증거가 된다. 이에 관한 많은 정보는 니콜 킹의 실험실에서 나왔다. 실험실에서 안정적으로 키울 수 있었던 동정편모충류에서 파악된 정보로부터 니콜 킹은 초기 동물 진화에 관한 꽤 그럴싸한 힌트를 얻을 수 있었

---

42 · 미국 피츠버그 실험실에 있을 때 헝가리 출신의 의사들과 점심 식사를 함께한 적이 있었다. 그들은 내가 도시락 반찬으로 가져간 김이 무엇인지 무척 궁금해했다. 나는 그것을 sea weeds라고 말하며 한번 먹어보라고 권했다. 그들은 김 한 조각을 손바닥에 놓고 신주단지 모시듯 조심스레 들여다보곤 하더니 한 귀퉁이를 떼서 맛을 보곤 고개를 절래절래 흔들었다. "정말 이상한 맛이군요So weird", 인상을 찌푸리면서 그들이 한 말이다.

다. 물론 우리는 초기 동물이 진화해가던 6억 3500만 년 전의 지구과학적 환경도 신경을 써야만 한다. 다세포 생명체의 탄생이 가능하기 위해서는 접착 단백질이 필요하고 그 단백질은 대기 중 산소의 농도가 어느 정도 이상이어야 한다고 우리는 가정한다. 내가 『산소와 그 경쟁자들』이란 책에서 간단하게 얘기했듯이 콜라겐이나 리그닌이라는 물질을 만들기 위해서는 산소가 많이 필요하다. 이들 물질은 다세포를 지탱하고 서로 튼실하게 붙들어 매주는 것들이다. 그러나 킹 박사는 동정편모충과 세균의 상호 관계에만 신경을 집중했다. 다세포성이 가능하기 위해서는 우선 특수한 접착 단백질이 필요하다. 바로 카데린^{cadherin}이라는 단백질이다. 동정편모충에는 최소한 23종의 접착 단백질이 존재했다. 이 단백질 말고도 동물에서 발견되는 접착 단백질들이 추가로 알려졌다. 놀라운 점은 동정편모충 플랑크톤이 인간 유전체 크기에 거의 절반에 육박하는 약 9,200개의 유전자를 보유하고 있다는 사실이다(그림 13). 따지고 보면 인간을 포함하는 진핵세포 집단은 서로 비슷한 구석이 상당히 많다.

동물로 진화하는 과정에서 이들이 구비해야 했던 또 하나의 참신성은 노동의 분화라 할 수 있을 것이다. 그래서 동정편모충류는 현재 동물이 갖추고 있는 세포 간 신호전달 체계의 많은 부분을 보유하고 있다. 이 플랑크톤이 세포의 분열과 세포 자살을 조절하는 p53이라는 단백질을 이미 지니고 있다는 사실은 그저 놀랍기만 하다. 세포 성장과 다세포 동물의 발생에 깊이 관여하는 노치^{notch}나 헤지호그^{hedgehog} 단백질도 단편적으로 존재한다. 그러나 앞에서 열거한 유전자들은 식물이나 곰팡이에서는 발견되지 않는다. 모든 동물이 보편적으로 가지고 있는 유전자나 형질이 존재하고 그것이 동정편모충류에서도 공통적으로 발견된다면 이들의 공통 원시조상도 그러한 유전자나 형질을 지니고 있었을

먹고 사는 것의 생물학

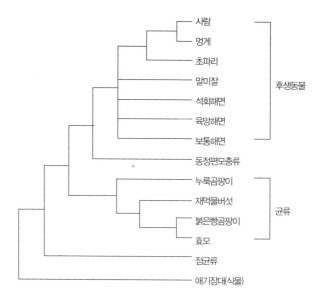

그림 13. 동정편모충류의 계통 분류학적 위치

것이라 생각할 수 있다. 반대로 이 말은 단세포 생명체인 동정편모충류의 유전체를 조사하면 현생 동물계의 기본적인 몸통의 설계에 관한 암시를 얻을 수 있겠다는 의미로도 치환된다. 그런 뜻에서 킹 박사의 노력은 심도 있게 살펴볼 필요가 있다.

동정편모충류의 다세포 군집을 가능하게 하는 지질황화합물은 앞에서도 말했듯이 동물세포에서 발견되는 스핑고 리피드와 유사하게 생겼다. 세균에서는 박테로이데테스문^{Bacteroidetes}에서 흔하게 발견되는 지방이다. 이 문에 속하는 세균은 인간 장내 세균을 구성하는 세 가지 문 중 하나이다. 물론 인간뿐만 아니라 적조류, 녹조류 세포의 분화와 발생에 중요한 역할을 하는 것으로 알려졌다. 이런 점을 감안하면 동물의 진화 과정 전체가 세균과의 상호작용에서 비롯되었을 가능성은 매우 높다. 최초의 생명체인 박테리아가 탄생한 시점이 약 35억 년 전이고 그 뒤로 진핵세포의 다세포화가 진행되기 전인 선캄브리아 말기까지 약 25억 년이 넘는 세월 동안 지구의 곳곳을 지배해왔던 것은 바로 이들 세균이나 고세균들이다. 이들이 진핵세포의 요소요소에 포진한 점을 고려한다면 다세포 생명체의 탄생에도 결정적인 영향을 미쳤음은 결코 부인할 수 없다. 아니 반대로 말한다면 세균이 그들의 서식처를 다세포 생명체의 내부, 인간으로 치면 눈이나 입, 대장으로 확대한 것은 생명 활동의 극히 당연한 결과라고 볼 수밖에 없다. 인간의 장, 특히 대장에는 밀리리터당 약 $10^{11\sim12}$개의 세균이 상주하고 있다. 지금 지구상에 거주하는 총 인구의 수를 고려하면 인류 몸뚱어리 안에만 최소 $10^{23\sim24}$개의 세균이 존재하는 셈이고 이는 바다에 서식하는 총 세균인 10^{29}개 세균의 10만 분의 1에 달하는 수치이다. 인간 말고도 다른 동물이나 곤충들이 있다는 점을 감안하면 이들 다세포 생명체의 몸뚱어리는 세균 입장에서는 매우 안정된 서식처임에 틀림없다.

문제는 이들 세균의 다양성이다. 지금까지 세균은 55문, 고세균은 13문이 알려져 있지만 이들 중에서 동물의 몸에 상주하는 세균은 인간의 경우 고작 2문(박테로이데테스문, 퍼미가투스문) 정도이고 고세균은 한 종류(메타노브레비박터문)이다. 이런 수치가 의미하는 바는 동물의 진화 역사가 짧다는 것도 있겠지만 다른 한편으로 생각하면 동물의 진화와 세균의 상호작용이 매우 제한적으로 일어났다는 뜻도 포함된다. 바로 그 상호작용의 시초에 이 지질황화합물이 존재하는 것으로 나는 생각한다. 스핑고 리피드는 진핵세포에서 다양한 세포 과정에 참여하는 아주 중요한 물질이다. 세포가 자라거나 부착하거나 움직일 때, 심지어 죽을 때도 필요하다. 세포 생물학에서 우리는 이런 물질을 신호전달물질이라고 부른다. 그러나 이 지질은 세균도 만들어낸다. 특히 박테로이데테스문에 속하는 세균들이 그렇다. 몇몇 박테로이데테스 세

먹고 사는 것의 생물학

균은 전체 지질의 약 40~70퍼센트가 스핑고 지질이다. 함량이 높기 때문에 어떤 세균은 세균벽을 구성하는 지질다당체를[43] 스핑고 리피드로 대체하기도 한다.

진핵세포나 세균에서 빈번히 발견되는 스핑고 지질과 구조가 흡사하다고는 하지만 동정편모충류 플랑크톤의 행동을 촉발하는 지질황화합물은 알고리파구스속 세균에서만 발견된다. 이들 물질이 왜 이 세균에서만 발견되는지 그리고 이 지질화합물이 어떻게 플랑크톤의 결집을 가능하게 하는지 그 이유는 모른다. 만약 플랑크톤이 떼를 지어 세균을 먹잇감으로 몰아간다면 그 세균들은 왜 에너지를 써서 스스로 잡혀 먹혀야 하는가라는 모순된 질문에 처하게 된다. 여기에 대한 답은 이들 상호 관계가 서로 경쟁적 군비 관계에 있다는 말이 될 것이다. 그렇다면 이들 세균들은 지질황화합물을 만드는 일을 그만두고 그 지질이 원래 수행했던 일을 대신할 다른 물질을 만들고 있어야 한다는 의미가 된다. 그러나 그런 증거는 아직 수집된 바가 없다. 어쨌든 지금까지의 결론은 화합물이 먹이와 포식자 간의 경쟁이라는 투로 결론이 이루어지는 것 같지만 우리가 알지 못하는 것들이 분명히 있어 보인다. 또 지질황화합물이 세균의 존재를 의미하고 그것이 보다 넓은 플랑크톤 그물망을 필요로 한다는 뜻이라면 그 화합물은 보편적으로 세균 먹잇감이 많다는 의미를 지녀야 한다. 그렇다면 황화합물이 그것을 만들지 못하는 다른 먹잇감을 끌어들이는 매개체가 될 수 있을까?

---

43 · 지질다당체lipopolysaccharide는 주로 그램 음성균의 대표적인 세포벽 성분이다. 이들은 톨 유사 수용체를 통해 동물과 인간의 면역 반응을 촉발시킨다.

정자는 단 한 번 진화했다?

　동정편모충류 플랑크톤은 해면동물의 깃세포와 매우 닮았다. 이 깃세포는 해면뿐만 아니라 자포동물에서도 발견된다. 전자현미경의 구조를 보면(그림 12) 이들이 지닌 편모가 인간의 그것과도 다름이 없어 보인다. 깃세포는 해면동물에서 섭식을 담당하는 상피세포이다. 분자생물학적 지표를 보아도 해면동물의 깃세포는 그 기원이 동정편모충류와 크게 다르지 않다는 점을 뒷받침하고 있다. 이들이 지니고 있던 접착 단백질이 아마도 다세포성을 촉진했을 것이다. 그러나 우리가 알지 못하는 것은 아직 단세포인 동정편모충류에서 이들 접착 단백질의 역할이 무엇인가 하는 점이다. 어쨌거나 하늘 아래 새로운 것은 없는 것이다.

그림 14. 난로관해면(*Aplysina archeri*)

해면은 바닷물을 여과해 필요한 세균이나 유기물질을 흡수한다. 세포 내 소화를 하기 때문에 소화기관이 따로 없다.

　해양 스펀지(해면)는 해저^{benthic} 공동체 사회에서 매우 중요한 기능을 담당한다. 이들은 여과를 통해 음식을 섭취하고 어딘가 버팀대에 붙어서 살아간다. 이 해면은 극 지역 표면의 80퍼센트 이상을 차지하고 있고 열대지방 대부분의 암초를 구성하는 요소들이다. 그러므로 바다 표면에서 이들의 생태 지위는 확고하다고 볼 수 있다. 해면은 몇 가지 점에서 인류의 생활과 밀접한 관련이 있다. 먼저 살펴볼 것은 이들의 섭식 방법이다. 해면은 바닷물을 자신의 몸으로 집어넣어 그 속에 포함된 세

먹고 사는 것의 생물학

균이나 유기물질을 흡수한다. 이 과정을 통해 이들은 1킬로그램 해면당 바닷물 수천 리터를 뿜어낼 수 있다. 바로 이 능력 때문에 바닷물에 희석된 음식물 입자와 영양분을 자신의 생태계 주변에 농축시킬 수 있게 된다. 이들이 삼키는 바닷물에는 세균들이 1밀리리터당 약 $10^{5~6}$개 들어 있다. 이들 세균의 96퍼센트 정도가 해면을 통해 걸러진다고 한다. 세균들 일부는 공생관계로 살아남았고 나머지는 먹잇감이 되었다. 해면과 공생하고 있는 세균은 엄청나게 많아서 자신들 전체 무게의 35퍼센트가 넘는 양이 이들 미생물로 채워진다. 이들 공생 미생물들이 만들어내는 이차대사산물 중에 의학적으로 매우 중요한 것들이 많다는 점도 인류가 관심을 쏟는 부분이다. 해면에서는 육상에서 발견되지 않는 새로운 골격의 화합물이 많이 발견되었으며 이들의 의학적 적용을 검토하고 있다. 전에 해면 공생체 연구에 관한 세미나를 들었던 적이 있는데 그때도 나왔던 얘기가 바로 이런 것들이었다. 일본 도쿄 대학의 다카다 박사는 해면 공생 세균의 화합물을 통해, 다시 말하면 이들 화합물을 만들어내는 공생 세균을 통해 해면을 분류할 수 있다고 말했다.

생물학적으로도 해면은 독특하다. 해면은 동물로 분류된다. 또 이들은 현존하는 모든 동물 혈통 중에서 가장 오래된 것 중의 하나이다. 그러나 이들이 등장하기 전에 바다는 이미 세균의 세상이었기 때문에 앞에서 얘기했듯이 이들 세균과의 상호작용은 우리 동물이나 식물 다세포 생명체의 거부할 수 없는 운명이라고 말할 수밖에 없다. 문제는 그 세균이 먹잇감이기도 하고 공생체인 데다가 간혹 병원성을 띤 것들이 있었다는 점이다. 따라서 해면이 이들 공생 세균을 먹잇감 세균과 구분하는 능력이 있었을 것이라는 점은 쉽게 연상할 수 있다. 해면은 원시적인 형태의 선천성 면역계를 구성하는 레퍼토리를 가지고 있다. 또 해면은 몇 가지 독특한 생활사를 거쳐 자신의 유전자를 퍼뜨린다. 따라서 이들이 자신의 유전자 세트를 전달하는 도구, 즉 정자세포와 난자세포에 해당하는 일군의 세포를 가지고 있음은 분명할 것이다. 이 말이 의미하는 바는 이들 해면이 감수분열을 할 수 있었다는 점이다. 이미 닉 레인이 자신의 책『생명의 도약: 진화의 10대 발명』에서 얘기한 바 있지만, 감수분열의 체계는 이미 세균계에서 준비를 해놓고 있었다. 감수분열은 성의 탄생, 즉 유성 생식과 밀접한 관련이 있다.

생물학 책을 보면 감수분열은 염색체의 수를 반으로 줄인 반수체 세포를 만드는 과정으로 설명하고 있지만 진화적 의미에서 보면 염색체의 재조합을 통한 유전 물질의 분자 진화와 다양성의 구축이라는 점이 훨씬 더 중요하다. 세균에서 유전자 재조합은 애초 결함이 생긴 유전자를 복구하는 기제로 사용되었다. 그러기 위해서는 손상되지 않은 유전자 한 벌이 필요하고 이들은 그 유전자와 서열이 같은 유전자가 한 줄로 나란히 연결되는 상동염색체 짝짓기$^{homolog\ pairing}$ 과정이 부가적으로 필요하게 되었다. 감수분열은 복잡하지만 그 의미만 간단하게 얘기하고 넘어가자. 유전자 재조합은 동물계에서 매우 보편적이기 때문에 아마도 초기 동물의 진화 과정에서 감수분열이 작동했을 것이라고 본다.

진핵세포의 핵이 둘로 나뉜 후 세포질이 분열하는 마무리 과정에 세균의 액틴 단백질이 즉각 편입이 되었다. 두 쌍으로 복제된 유전자를 동일하게 두 개로 분배하는 데 필요한 튜불린 유전자는 고세균의 FtsZ라는 단백질에서 기원했다. 나중에 코헤신^{cohesin}이라는 단백질이 발명되면서 이들은 두 벌로 복제된 염색체가 한번 나뉜 다음에도 떨어지지 않도록 딸염색체를 붙들고 있을 수 있게 되었다. 다음에 이들 딸염색체가 다시 반으로 나뉘면서 감수분열이 완결된다. 이런 과정은 동물의 성세포에서 활발하게 일어나는 일이다. 그러므로 성세포가 분화되었을 당시에 이미 감수분열을 할 수 있는 준비는 완료되었다고 볼 수밖에 없다. 그렇다면 정자세포를 분화시키는 유전자는 없을까?

2003년 《인간 분자 유전학*Human Molecular Genetics*》이라는 잡지에 파리의 정자 형성 과정에 생긴 장애를 고칠 수 있다는 내용의 논문이 발표되었다. 이 연구를 수행한 캘리포니아 대학 페라*Renee A. Reijo Pera* 박사 연구진들은 수컷 파리의 감수분열 조절 과정에 초점을 맞추었다. 파리의 불*boule*이란 유전자가 없으면 정상적인 감수분열이 차단되면서 정자 형성이 일어나지 않고 불임이 유도된다는 사실을 밝혔다. 물론 정상적인 불 유전자 복사체를 삽입하면 다시 감수분열이 정상적으로 진행된다. 놀라운 점은 파리가 아닌 사람의 불 유전자를 삽입하더라도 파리의 정상적인 정자 발달을 유도할 수 있다는 사실을 실험적으로 보여준 것이다. 다시 말하면 인간의 유전자가 파리 유전자를 대신할 수 있다는 말이다. 여기서 더 나아가 사람과 파리 외에 곤충과 어류, 쥐의 불 유전자를 계통적으로 확인할 수 있었다. 이들이 제시한 데이터를 살펴보면 이 불 유전자는 동물 분류 계통상 해면과 가장 가까운 판형동물인 털납작벌레*Trichoplax*에서도 발견된다. 아직 해면에서는 불 유전자가 확인된 바가 없지만 저자들은 단서를 달아놓았다. 왜냐하면 이들이 사용할 수 있는 유전체 정보가 오직 단 한 종의 해면에 국한되어 있었기 때문이다. 또 해면이 유성생식을 하고 정자를 쏘아대는 영상을 유튜브에서도 쉽게 찾아볼 수 있기 때문이다. 아마도 머지않아 해면에서 불 유전자가 발견되는 것도 기대해볼 만하다.

재미있는 점은 정자 형성에 관여하는 유전자가 감수분열에도 관여한다는 것이다. 이는 동물계의 일견 매우 합리적인 선택처럼 보인다. 이런 결과들은 결국 불 유전자나 그와 유사한 유전자를 건드리면 남성의 불임을 치료할 수 있겠다는 가설과 그것의 실험적 증명으로 이어진다. 2009년 《네이처》에 실린 논문은 인간 배아줄기세포를 생식세포로 분화시키는 데 성공했다는 내용을 다루고 있다. 줄기세포나 유도만능 줄기세포를 이용해서 생식세포를 만들 수 있다면 인간 불임의 많은 부분을 치유할 수 있는 희망을 품을 수도 있겠다.

　이야기가 곁가지로 많이 빠져 나간 감이 있지만 이제 다시 해면으로 돌아가자. 해면에서 불 유전자의 유무는 아직까지 완정^{確定}되지 않은 것 같고 좀 더 연구가 진행되어야 하지만 이들 군에서도 정자가 발견된다. 사정이 이렇다면 이들 말고 난자의 형성에 관여하는 핵심 유전자도 있을 것이다. 그러나 클라미도모나스와 이들의 다세포 연합체인 볼복스 연구에 따르면 이들의 성별을 결정하는 것은 한 종류의 유전자가 커지고 꺼지느냐에 의해 결정된다. 이 유전자는 MID라고 불리운다. 암컷 볼복스에 유전자 조작을 가하여 MID 유전자를 집어넣어주면 이들은 수컷으로 변하면서 난자 대신 정자를 갖는 유기체로 변한다. 반대로 수컷 볼복스에서 이들 유전자를 제거하면 이들은 난자를 만들어낸다. 그러므로 난자가 생식세포의 기본이고 거기에 좀 거추장스런 조작을 가하면 정자가 만들어진다는 의미가 된다.[44] 이 유전자와 불 유전자의 관계도 조만간 밝혀질 것으로 보인다. MID 유전자가 밝혀진 것이 2014년 여름이기 때문이다. 이 연구 결과는 《플로스 생물학^{PLoS Biology}》이라는 잡지에 실렸다. 참고로 한마디 덧붙이면 해면의 정자는 이들 세포의 머리 부분을 덮고 있는 첨체^{acrosome}가 없다. 초기 다세포 동물군 사이에 모두가 동의하는 계통도가 그려져 있지는 않지만 정자의 형태도 중요한 의미를 지닌다는 점은 확실하다.

44・Y염색체는 늘 말썽거리다. 이 염색체상에 놓여 있는 유전자 중 남성의 발생에 필요한 것이 단 두 개면 족하다는 연구 결과가 나왔다. 좀 멋쩍어지는 느낌이다.

먹고 사는 것의 생물학

'내 안의 해면'

해면에게 없는 것은? 이런 식의 질문은 다소 상황을 단순화시키는 것이기는 하지만 해면은 나름껏 복잡한 생명체이다. 그들에게 없는 것은 소화기관, 근육, 신경뿐이다. 2010년 8월 《네이처》에 실린 논문은 해면의 한 종류인 암피메돈 퀸즈랜디카[Amphimedon queenslandica]의 유전체에 관한 것이다. 이 연구를 이끌었던 록사[Daniel Rokhsar]는 다세포성과 암은 동전의 양면이라는 가설을 세우고 이를 해면을 통해 증명하고자 했다. 다세포 생명체를 구성하는 세포라면 전체 팀의 일부로서 그들과 조응하여 분열하거나 맡은 직분을 다해야 한다. 그러므로 이 협동을 유지하는 유전자가 만약 그 기능을 다하지 못하면 세포가 이기적으로 행동하거나 제멋대로 분열하는 것을 막지 못할 것이라는 의미를 가진다.

이런 점에 착안하여 연구진들은 인간의 암과 관련 있는 100가지 유전자 중 90개가 해면에서도 발견된다는 점을 알게 되었다. 상황이 이렇다면 인간을 설명하는 복잡성이라는 말이 무색하게 들리기도 한다. 그러나 한편으로 인간이나 고등 포유류가 지닌 표현형의 복잡성은 이들 해면의 유전체와 비교하더라도 비교적 정확한 정보를 얻을 수 있겠다는 기대감도 저버리지 못하게 한다. 예를 들어 세포 주기와 관련된 사이클린 의존적 인산화효소 중 한 가지는 해면에서는 발견되지 않는다. 바로 이런 미세한 차이가 복잡한 표현형과 관련될 수 있을지도 모른다.

그러나 우리가 가장 단순한 형태의 동물이라고 치부하는 해면도 근저에 있어서는 인간과 크게 다를 바가 없다. 세포의 분열과 성장, 세포의 사멸, 세포와 세포의 부착, 발생 과정 중 신호전달, 자신과 남을 인식하는 면역 기능을 모두 가지고 있기 때문이다. 닐 슈빈이라면[45] 인간을 '내 안의 해면'이라고 하겠지 생각하니 절로 미소가 번진다.

캄브리아기가 시작되기 거의 1억 년 전에 동물 외형의 다양성, 동물문의 급작스런 팽창은 이렇게 서서히 준비되고 있었다. 그럼 해면에게 없는 것들은 언제, 어떤 생물종에서 처음 나타난 것일까?

2. 세포 접착과 세포 밖 소화

해면과 그 동류 생명체들은 섬모나 편모를 이용하여 물을 끌어들이고 거기에 휩쓸려 들어온 세균이나 영양소 입자를 먹었지만 아직 세포 내 소화를 벗어나지 못했다. 세포 내 소화가 의미하는 바는 그들이 감당할 수 있는 먹잇감의 크기가 자신들의 세포 크기보다 훨씬 작아야 한다는 것이다. 세포 사이의 틈새를 없애고 그 안의 공간에 먹잇감을 몰아넣은 다음 소화효소를 분비한다면 이제 먹잇감은 통의 크기에 제한을 받게 된다. 아마 밥통이라고 말하는 것이 이해하기 쉬울 것 같다. 세균보다 훨씬 큰 음식물도 접근이 가능해졌다는 말이다.[46] 세포 접착은 가장 원시적인 형태의 소화관archenteron의 탄생을 가능하게 했으며 그것은 세포 밖 소화가 가능해졌다는 의미를 갖는다. 또 내강의 바깥쪽을 둘러싸며 소화를 담당하는 세포와 그 세포에 의존하는 일군의 세포들이 역할 분담을 확실하게 할 수 있다는 뜻도 함축하고 있음은 물론이다. 다시 말하면 소화효소를 분비하는 내배엽 세포와 운동을 담당하는 외배엽 세포가 하나의 생명체를 구성하게 된다. 섬모가 달린 상피세포는 방향을 바꾸거나 음식물 입자를 밥통 안으로 들여보낼 수 있었다.

---

45 · 닐 슈빈은 틱타알릭이라는 '팔굽혀 펴기를 할 수 있는' 물고기 화석을 발견한 과학자이다. 물고기의 육상 '상륙 작전'에 관한 내용은 그의 책 『내 안의 물고기』에 실려 있다.
46 · 닉 레인은 세포에너지학을 고려해서 세균이 왜 더 커질 수 없는지 계산했다. 이는 동시에 진핵세포가 어떻게 세균보다 1만 배나 더 커질 수 있는지도 설명한다. 9장 310쪽 참고.

고착생활을 하는 해면의 성체는 앞에서 얘기한 진정후생동물의 특성을 하나도 가지지 않지만 해면의 유생은 진정후생동물이 지닌 것과 동일한 섬모를 갖고 움직인다. 과학자들은 생긴 모양이나 분자 수준의 연구를 통해 해면의 한 종류인 동골해면강의 유생이 진정후생동물의 선조라고 생각하고 있다. 유생단계에서 이들은 이미 성적으로 성숙했다. 또 성체가 되어서도 성적으로 성숙하기 때문에 생물학자들은 이런 특성을 반복생식dissogony이라 한다. 19세기의 동물학자이자 화가인 헤켈은 초기 동물의 이런 특성을 한데 묶어 장조동물gastraea이라고 불렀다. 어쨌거나 해면보다 식단을 약간 개선할 수 있었던 다음 단계의 동물군은 판형동물인[47] 털납작벌레에서 찾아볼 수 있다. 이들의 구조는 아래쪽에 소화를 담당하는 세포가 있고 위쪽은 반짝이는 구가 얹혀 있는 모양새를 하고 있어서 체절 형성에 관여하는 원시 혹스Hox 유전자가 있겠다는 짐작을 할 수 있다. 또 이들 생명체에서는 RFamide라고 하는 펩티드가 발견된다. 알기닌(R)-페닐알라닌(F)이 펩티드의 말단에서 발견되는 물질을 통칭해서 일컫는 말로 인간에서도 발견된다. 이들은 호르몬, 신경전달물질, 그리고 아직 그 기능을 다 알지 못하는 G단백질 짝지움 단백질에 결합하여 외부의 신호를 전달하는 리간드로 알려져 있다. 최근에는 이들이 물질 대사 및 섭식을 조절하는 펩티드와 구조가 유사하다는 결과가 나왔다. 나는 이런 펩티드가 아마도 털납작벌레에서 소화를 조절하거나 세포-세포 간 신호전달에서 모종의 역할을 할 것으로 생각한다. 이들은 분리된 내강이 있어서 음식물을 소화할 수 있었지만 각각의 세포 내부에서도 소화가 가능했다. 난자가 발견되었기 때문

---

47 · 판형동물은 4종류의 세포를 사용하여 작은 판 모양의 몸을 만든다. 이들 사이에 노동 분업이 나타나고 세포 간 접착 단백질이나 신호전달에 관계되는 유전자들이 존재한다. 판형동물보다 더 원시적이라고 하는 해면에서도 접착 단백질인 콜라겐이 드문드문 보인다.

에 유성생식을 할 것으로 추론되지만 아직 정자는 발견되지 않았다.

콜라겐과 같은 세포외 기질의 종류가 늘고 정교해지면서 세포-세포 간 결합이 튼실해짐과 동시에 소화를 담당하는 내부 공간이 생겨난 것이 동물 진화의 두 번째 변혁이라면 그다음은 세포-세포 간 의사소통에 관한 것이다. 앞에서 얘기한 RFamide의 존재가 그 준비 과정을 보여주는 진화적 참신성을 의미한다.

3. 라론 증후군: 인슐린의 기원

먹잇감을 '발견했다, 쫓아라'라는 신호가 없다면 신경전달물질을 이용한 세포 간 정교한 의사소통은 다소 밋밋한 목적 없는 행위가 될 것이다. 에콰도르의 어느 마을 주민들은 통째로 키가 작다. 내가 그 동네에 가면 능히 농구 국가대표가 될 정도로 이들 주민들은 왜소하다. 130센티미터가 채 되지 않는다. 텔레비전에도 소개가 되었으니 알 만한 사람들은 알겠지만 이들이 유명세를 타게 된 것은 암과 노화와 관련해서다. 이들 집단에서 암이나 당뇨병으로 죽는 경우를 찾아보기 힘들었기 때문이다.

1960년대 이스라엘 출신의 즈비 라론$^{Zvi\ Laron}$ 박사가 처음 보고했던 이 증상은 성장호르몬 수용체와 관련 있다. 보다 정확히 말하면 인슐린 유사 펩티드를 받아들이는 수용체 단백질이 전혀 작동을 하지 않는다. 따라서 성장이 더디고 얼굴도 작다. 과학자들이 이들 라론 증후군 증세를 보이는 사람들의 혈액을 검사한 결과 정상인들보다 인슐린의 양이 적었다. 인슐린 얘기는 뒤에서 포도당과 과당 부분을 언급할 때 자세히 다룰 것이다. 결론만 간단히 말하면 인슐린은 풍요의 호르몬이다. 다시 말해 먹었을 때 필요한 호르몬이라는 것이다. 그래서 혈액 속을 떠다

니는 포도당을 보관하거나 여기저기 필요한
조직에 할애하는 역할을 한다. 그러나 처음
부터 그런 역할을 했을까? 인슐린은 언제 나
타난 것일까?

인슐린은 식물에도 있다. 그러나 그 기원
을 따져 올라가면 단세포 생명체까지 소급
된다. 상트페테르부르크 러시아 학술원의
페르트세바[M. N. Pertseva]와 쉬파코프[A. O. Shpakov] 박
사는 인슐린의 기원을 단세포 진핵세포 섬
모충인 테트라하이메나[Tetrahymena]라고 얘기했
다. 세포의 사진을 보니 중학교 생물시간에
본 짚신벌레와 흡사하다. 이들 섬모충은 말

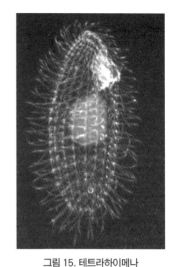

그림 15. 테트라하이메나

단세포 섬모충류 원생동물 테트라하이
메나(Tetrahymena thermophila). 세
포에 막으로 싸인 핵을 갖춘 진핵생물
로, 생물학 연구에서 초기 진핵생물의
진화를 밝히는 중요한 동물이다.

그대로 세포 표면에 가느다란 섬모가 늘비하게 늘어서 있고 그것을 통
해 움직인다. 섬모를 둘러싼 막에 인슐린 호르몬을 감지하는 수용체 단
백질이 발견되었다. 따라서 이들 섬모충 집단은 인슐린이 근처에 있으
면 그쪽을 향해서 움직인다. 재미있는 사실은 이들 섬모충이 인슐린을
만들어 분비한다는 점이다. 자세한 내막은 알 수 없지만 음식물을 먼저
발견한 개체가 이 호르몬을 만들어 분비하면 그 신호를 따라 섬모충 집
단이 움직이는 시나리오가 머릿속에 그려진다.

여기서 우리가 눈여겨볼 만한 것은 인슐린이 단세포 생명체의 섭식
행동과 관련되어 있다는 사실이다. 최초의 동물이라고 여기는 해면에
도 마찬가지로 인슐린과 그 수용체가 발견된다. 동물계를 통틀어 조사
하면 수용체 단백질은 잘 보존된 반면 그 수용체와 결합하여 신호를 전
달하는 호르몬인 인슐린은 변이가 매우 심하고 종류도 많은 편이다. 해

면을 포함하여 무척추, 척추동물 가릴 것 없이 인슐린을 만들고 감지할 수 있기 때문에 이들의 역할도 다세포 생명체의 생존에 필수적인 역할을 할 것이라 짐작할 수 있다. 가장 많이 연구가 된 것은 아마도 꼬마선충일 것이다. 이들의 기능과 신호전달을 조절함으로써 생명체의 섭식과 성장, 그리고 수명을 조절할 수 있다고 알려졌기 때문에 라론 증후군이 매스컴을 타게 되는 것이다. 그러나 나중에 동물의 체형과 구조가 크고 복잡하게 됨에 따라 이들 인슐린 호르몬은 소화기관과 뇌까지 그 영역을 넓혀갔다.

곤충의 신경계에서 분비되는 인슐린 호르몬은 탈피 호르몬인 엑디손^{ecdysone}의 합성을 조절한다. 유생에서 성체로 전이되는 과정에서 필수적으로 거치게 되는 탈피 과정이 결국 영양분의 분배와 관계된다는 간접적인 증거이다. 최근에는 인슐린 호르몬 신호전달계가 뇌에서 어떤 기능을 하느냐 하는 문제로 연구의 방향이 집중되고 있다. 결론만 에둘러 말하면 뇌에서 인슐린은 먹이를 찾는 행동을 조절한다. 다시 말해 공간적 감각과 인지 능력을 극대화시켜 에너지를 확보하고 분배하는 역할을 수행하는 것이다. 인슐린이 다세포 생명체의 행동에 미친 영향은 부분적으로 알려져 있지만 소화기관의 발생과 관련해서는 알려진 사실이 상당히 드물다. 먹이를 향한 일사불란한 움직임이 가능해졌다면 이제 세포들 간의 협동도 상당한 수준에 이르렀다는 말이다. 신경계가 등장할 차례가 된 것이다.

4. 신경계의 기원

비록 신경전달물질의 전신인 RFamide가 발견되지만 털납작벌레에서는 신경계가 발견되지 않는다. 전기적 화학적 신경전달 체계는 자포

먹고 사는 것의 생물학

동물, 유즐동물 및 좌우대칭동물에서 발견되는 형질이다. 그러나 해면에서는 신경계가 발견되지 않는다. 재미있는 사실은 동물의 연접 후 골격을 구성하는 유전자 세트를 해면에서 살펴볼 수 있다는 점이다. 근육을 움직이도록 신경계가 가세할 수 있는 단초가 마련되었다는 말이다. 그러므로 몇 가지 유전자를 더 갖추어 말미잘은 신경계를 구축할 수 있게 되었다. 신경계는 감각세포와 통신을 담당하는 세포들로 이루어진다. 이는 결국 세포와 세포 간의 연락과 상호작용이 갈수록 절실해졌다는 뜻이다. 대부분의 감각세포는 안테나처럼 튀어나온 섬모라는 세포 소기관이 있고 안테나 표면에 감각을 담당하는 수용체가 존재한다. 감각세포는 다른 세포에 정보를 전달하고 이들은 신경계에 통합된다. 신경은 세포 간극을 연결하는 가교$^{gap\ junction}$ 단백질 및 FMRFamide와[48] 같은 화학적인 가교를 사용한다. 신경세포 간의 좁은 틈에서(가교) 하나의 세포가 분비한 화학적 신호를 받아 인접한 신경세포는 그 신호를 해석해서 생명체가 뭔가를 하거나 또는 하지 않도록 하는 통신체계가 완성된다. 인간의 신경세포 하나가 이웃하는 신경세포 수천 개와 이런 복잡한 연락망을 구축한다. 그러나 여기서는 그런 복잡성을 찾아볼 수 없다. 복잡성은 다세포 동물의 특성을 규정하는 것들 중 하나이다.

반복되는 느낌이 있지만 신경계를 구비한 동물로 자포동물의 특성을 조금 살펴보도록 하자. 우리에게 익숙한 산호나 해면이 속한 자포동물문은 산호충강^{Anthozoa}과 해파리강^{Medusozoa}으로 이루어져 있다. 해파리는 플라눌라라는 유생기를 거쳐 고착생활을 하는 성체(메두사)로 성장한다. 메두사를 구성하는 세포 내 미토콘드리아 유전체는 선형이 아

---

48 · RFamide 앞에 페닐알라닌(F)와 메치오닌(M)이 추가된 신경 펩티드이다. 절지동물, 환형동물, 연체동물 등에서 발견된다. 인간도 이와 유사한 신경 펩티드를 가지며 모르핀의 기능과 관계가 있다.

니고 다른 동물들처럼 원형이다. 그렇지만 해파리는 미토콘드리아 유전체가 선형이다. 이들이 자포동물이라는 이름을 얻은 것은 여기에 속하는 동물들이 독성물질이 들어 있는 자포라는 세포 내 구조물을 지니고 있기 때문이다. 바다 속을 유영하던 자포동물의 선조가 자포를 구비하고 큰 먹잇감을 잡아 원장에서 소화할 수 있게 되면서 이들 생명체가 본격화되었다. 소화관인 원장의 내배엽은 근육상피세포 계열에 속한다. 생명체의 외부를 성곽처럼 둘러싸는 상피세포가 중배엽의 특성을 갖고 있다는 말이다. 아마도 이들 세포가 중배엽으로 분화된 것 같다는 증거가 나오고 있기 때문에 이런 발견은 중배엽의 기원이 어디냐 하는 질문에 힌트를 제공한다. 깃해파리는 중배엽이 없지만 중배엽성 유전자가 발견되는 곳은 오직 내배엽뿐이기 때문에 우리는 중배엽이 내배엽에서 비롯되었다고 생각한다. 자포동물 성체의 신경계는 장의 입구인 입에 해당하는 곳 주변에 밀집되어 있다. 신경계는 기본적으로 먹이를 잡아먹고 소화시키는 작업을 원활하게 하기 위해 진화되었다. 자포동물이 사용하는 화학적 신경전달물질은 FMRFamide 계열의 펩티드지만 이들보다 구조가 훨씬 단출한 아세틸콜린은 발견되지 않는다. 포유동물에서 아세틸콜린은 시각이나 청각과 같은 감각 자극에 대한 반응으로서 주의를 집중하는 역할을 담당하는 신경전달물질이다.

앞에서 브라큐어리 유전자가 모든 좌우대칭동물에서 발견되지만 그 단초는 자포동물이라고 했던 말을 떠올리자. 자포동물은 방사대칭이지만 관해파리류에서 최초로 좌우대칭형이 발견된다. 최근 분석에 따르면 이들 관해파리에서 좌우대칭형으로 몸의 축을 결정하는 몇 가지 유전자가 발견되었지만 좌우대칭형 동물이 가지고 있는 머리에 해당되는 부분은 아직 생겨나지 않았다.

5. 중배엽의 기원

중배엽이 내배엽에서 기원했다는 것은 이제 거의 정설로 받아들여지고 있는 것 같다. 유즐동물의 외배엽과 소화기관 사이에 있는 간충조직은 중배엽성이 아니기 때문에 중배엽은 좌우대칭동물에서만 발견되는 특징적인 형질로 알려져 있다.[49] 내배엽과 외배엽 사이에 위치하는 배엽으로 정의되는 중배엽은 내, 외배엽의 구조와 기능을 보완한다. 그러나 중배엽의 전구체precursor인 구강 할구oral micromere가 발견되었기 때문에 유즐동물을[50] 좌우대칭형의 사촌 격으로 보아야 하는 게 아닌가 하는 견해도 있다. 또 신경전달물질로 아세틸콜린이 발견되었기 때문에 더욱 그런 견해가 힘을 받았다. 중배엽 진화의 중요성을 들자면 그것은 다세포성 생명체의 운동을 담당하는 부위라는 것이다. 세포 하나의 입장에서 보면 섬모나 편모가 운동을 담당하지만 다세포 생명체에서 움직임은 몸뚱이 전체를 움직이는 것이 하나이고 나머지는 소화기관을 움직이는 것이다. 모두 근육이 하는 일이다. 또한 중배엽 기원의 세포 혹은 조직의 효율성은 온도와 관련이 있다. 혈관이나 소화기관을 구성하는 근육이 움직이는 데 에너지가 많이 소모된다는 점을 상기하면 바로 수긍이 간다. 여담이지만 체온을 일정하게 유지하는 일은 매우 사치스럽고 게걸스러운 탐식을 동반하는 작업이다.

비록 몇몇은 기어 다니거나 고착생활을 하지만 대부분의 유즐동물은 바닷물 속을 움직인다. 그렇기는 해도 이들이 근육을 충분히 발달시

---

49 · 자포동물의 중교, 유즐동물의 간충조직은 원시 중배엽이라고 해야 할 것 같다.
50 · 유즐동물은 빗해파리류라고 하지만 자포동물인 해파리와는 다르다. 이들은 세포의 겉에 늘어선 가늘고 짧은 털 모양인 섬모에 짧은 가로줄이 나란히 있는 빗판을 갖고 있다. 즐문토기는 빗살무늬토기의 한자어이다. 여기서 즐은 빗살 모양을 뜻한다.

킨 것처럼 보이지 않는다. 대신 여전히 섬모를 사용해서 움직인다. 1.8 밀리미터 정도밖에 되지 않는 청년기 유즐동물은 성선당 약 서너 개 정도의 난자를 가지고 있으면서 첨체를 지닌 정자를 만나 수정을 할 수 있다. 삼배엽성이 뚜렷해지면서 내배엽, 외배엽, 그리고 중배엽이 근육이나 인두, 체벽으로 분화되었다. 충분히 분화된 혹스 유전자는 발견되지 않지만 이들은 형태적으로나 유전적으로 좌우대칭형 동물과 가장 닮았다. 구강에 존재하는 중배엽 전구체인 할구와 아세틸콜린 연접부를 구비한 유즐동물은 이제 삼배엽성의 초기 생명체로 각인되고 있다. 삼배엽성을 띤 생명체로서 유즐동물들은 먹이를 향해 움직이고 포획한 다음 인두를 통해 음식물을 소화기관으로 집어넣어 영양소를 뽑아내는 소화 기능을 수행할 수 있게 된 것이다. 중배엽은 체강을 다루는 5장에서 다시 등장할 것이다.

6. 좌우대칭의 진화

몸체의 앞면에 뇌를 가진 좌우대칭동물은 선구동물, 후구동물로 나뉜다. 좌우대칭동물의 뇌와 감각 신경계가 모두 동물의 앞쪽에 집중되어 있다는 점을 생각하면 먹잇감을 두고 쫓고 쫓기는 각축장이 연상된다. 정글의 사자나 바다 속 물고기나 다 마찬가지다. 선구니 후구니 하는 얘기는 앞에서도 나왔다. 어쨌든 이들의 공통 조상쯤 되는 생명체는 무체강류acoelomorpha라고 불린다. 이들은 초기 동물 진화에 관한 논문에 자주 등장하는 생명체이다. 그러나 이들은 아직 완전한 뇌도 없고 골격근(줄무늬근striated muscle)도 보이지 않는다. 혹스 유전자들은 아직 여전히 짧다. 무체강류 동물은 좌우대칭형 생명체이지만 아직 입과 항문이 통째로 뚫린 통관은 발견되지 않는다. 유전자의 발현을 조절하는 새로운

먹고 사는 것의 생물학

참신성인 마이크로 RNA가 이즈음에 이르러 비로소 발견되기 시작한다. 이들은 이제 더 이상 바다 속을 헤매지 않고 뻘이나 바다 아래에서 스스로 움직이며 산다. 자포동물은 해양과 바닥을 왔다 갔다 하지만 무체강류 동물은 자유롭게 헤엄치던 유생 시절을 영영 잃어버렸다. 뒤쪽에서 (6장) 좌우대칭형 동물이 어떻게 움직이는가 하는 물리적 측면을 연날리기 비유를 통해 간단히 살펴보겠다.

몇 가지 형질의 유무 혹은 유전체 정보를 바탕으로 이야기를 풀어가지만 이런 조직이나 기관 혹은 신경계가 '왜 생겨났을까' 질문하면 답이 궁색해지는 것은 어쩔 도리가 없다. 특정 기관이 등장하게 된 진화적 배경을 설명할 수 있어야 하지만 과거의 흔적은 흔히 상상력의 범위를 크게 벗어난다.

7. 마침내 입과 항문

진정한 좌우대칭동물은 통관을[51] 가지고 있다. 입이 있고 항문이 있다는 말이다. 세포 내 소화에서 세포 밖 소화, 그리고 마침내 먹이가 들어오고 나가는 부위의 차별화를 동반하는 통관에 이르렀다. 좌우대칭동물군에 속하는 편형동물이나 거미불가사리류는 항문이 없지만 이들은 변형된 형태로 보아야 할 것이다. 그렇지만 편형동물이나 거미불가사리는 신경계의 중심이 되는 부분이 뚜렷이 존재하고 뇌도 분명히 가지고 있다. 혹스 유전자도 전면, 중반부, 몸체 후반부에 뚜렷이 존재한다. 몸마디(체절)가 나타난 것이다. 유전자는 직선으로 나래비 서 있고 몸체의 앞뒤가 선명하게 구분된다. 마이크로 RNA도 다양하게 존재한

---

51 · 2장 68쪽 참고.

다. 몸통 앞부분의 뇌와 통관을 갖춘 생명체는 이제 복잡한 행동을 수행할 수 있는 몸집 커다란 생명체의 등장을 예고했다. 항문이 생겼다는 말은 분비를 담당하는 기관들이 생겨났다는 말이고 콩팥의 선조 격에 해당하는 조직이 등장할 것이라는 의미이다. 게다가 이들은 이제 생명체의 빠른 움직임을 담당하는 이른바 몸통의 섬모 격에 해당하는 근육조직을 가지게 되었다. 이제 해저에서 천천히 움직일 수 있는 성체들이 해상 유생들로부터 태어날 발판이 마련되었다. 이제 시간만 좀 지난다면 캄브리아기 대폭발은 정당한 수순이 될 것이었다. 물고 물리는 이전 투구의 세상이 바로 캄브리아기 대폭발의 다른 모습이다.

통관은 멀리 흐른다

'줄포, 곰소, 내소사'를 외치던 차부^{車夫}나 회수권을 받던 '안내양'이 있었던 시절을 기억하는 사람들이 있을 것이다. 그 당시 버스는 문이 하나 있어서 들어갔던 문으로 다시 나와야 했다. 버스에 덩그러니 운전사 하나만 남고 승객이 토큰을 직접 집어넣게 되면서 앞쪽으로 문이 하나 더 생겨났다. 요새 운행하는 버스들 대부분이 그런 모양새를 띤다. 물론 문이 하나밖에 없는 좌석버스도 있다. 자주 오르락내리락 하지 않기 때문에 가능한, 두 문을 가진 버스의 변형이다. 입과 항문이 있는 통관이 일반적이라고 해도 그 형태의 변형이 없으란 법은 없을 것이다. 결국 생명체의 외부 형태는 생명체가 살아가는 생태적 지위에 적합하면 되는 것이다. 형태에 따른 동물의 분류는 결국 익숙함에 기대이 이루어지는 부분이 많겠지만 앞에서 살펴본 것처럼 지금은 분자생물학적 지표에 의존하고 이 두 가지는 서로를 보강한다. 가령 척삭동물과 그렇지 않은 것도 마찬가지로 이런 방식을 따른다.

우리에게 익숙한 동물의 몸은 체절로 나뉘고 체절은 척추에서 가장 뚜렷하게 드러난다. 감자탕이 '척추탕'이 아니고 왜 '감자탕'일까 의아했던 적도 있었지만 어쨌든 척추는 여러 개의 분절로 나뉠 수 있고 하나의 척추는 하나의 체절을 대표한다. 그에 따라 신경 조직도 체절화되어 있어서 척추와 체절별로 정확히 상응한다. 체절은 앞에서 말한 혹스 혹은 툴킷 유전자를 전제로 한다. 머리 부분의 체절은 뒤에서 살펴보겠지만 아가미궁 형태로 드러난다. 따라서 체절이나 또 비슷한 의미겠지만 아가미궁은 동물의 보편적인 형질이다.[52] 어떤 종류의 생물학 교과서에서도 찾아볼 수 있듯, 파충류의 턱과 영장류의 내이의 골이 같은 기원을 갖는다고 말할 때는 바로 이 아가미궁을 얘기하고 있다고 보면 된다. 기원이 같은 이런 기관을 상동기관이라고 말한다는 것도 기억해 두자.

척삭동물은 인간을 포함하며 우리에게 익숙한 동물군이다. 이들은 말 그대로 척삭을 가지고 등 쪽에 신경삭$^{nerve \, cord}$이 있으며 아가미궁, 뒤쪽 편에 있는 항문과 꼬리를 공통적인 특성으로 한다. 위에 언급한 모든 특성은 인두 형성 과정에서 발생하고 모든 척추동물의 배아 발생에서 비슷한 과정을 거친다. 척추의 발생이 먼저 시작되고 다음에는 낭배, 소화기, 신경계 발생이 뒤를 잇는다. 발생이 진행되면서 육상 척추동물은 인두 개열을 닫아버리지만 멍게와 같은 동물은 성체가 되어도 그 흔적이 밖으로 드러나 있다. 상어도 마찬가지다. 영화 〈조스〉에 나오는 상어는 커다란 입 뒤에 좌우로 네 개의 줄이 나 있다. 그것이 아가미궁의 흔적이다. 아가미궁은 안면 신경과 근육, 턱뼈의 발생을 조절한다. 대체로 음식물을 삼키는 부위가 인두궁 발생의 결과물이다. 척삭동

---

52 · 아가미궁은 닐 슈빈의 『내 안의 물고기』라는 책에 자세히 설명되어 있다.

　　　　　　　　　　　　　　　　　먹고 사는 것의 생물학

물문은 위에 열거한 네 가지 형질을 모두 가지고 있지만 그중 일부만 가지고 있는 동물문도 있다. 그들이 바로 반삭동물문에 속하는 동물들이다. 반삭동물문Hemichordata은 부드러운 몸통을 가진 무척추동물이다. 전 세계적으로 약 100종이 알려진 이 동물은 몸의 앞쪽 끝이 도토리처럼 생겼기 때문에 영어로는 도토리벌레acorn worm라고 쓰지만 별벌레아재비라고 흔히 불린다. 생각보다 커서 그중 큰 것이 2.5미터에 이르는 이 생명체의 도토리 부위는 주둥이와 같은 역할을 하며 부드러운 모래나 진흙에 굴을 파는 데 쓰이기도 한다. 집단의 규모가 작은 반삭동물은 주로 해양에 서식하는 벌레들이며 아가미틈과 꼬리를 가지고 있다. 또 척삭동물의 등 쪽 신경삭이 있어야 할 부위에 신경 다발을 가지고 있지만 구분하기가 쉽지 않다. 중추신경계라고 하기엔 다소 분산되어 조직화 정도가 떨어진다. 그러나 척삭은 가지고 있지 않고 그것의 전구체라 할 만한 구조가 흔적처럼 존재한다. 그래서 그들은 실제 반쯤 된 척삭동물이라 할 것이다. 척삭동물의 몸통 형성 체계를 일부만 가지고 있기 때문이다. 이들의 진화사적 위치는 척삭동물과 형제 관계이며 이들 두 군 모두 원시 후구동물을 공통 조상으로 가지고 있다. 이들 형질의 진화사적 계보를 따라가면 앞장에서 살펴본 동물 진화의 일곱 단계에까지 소급이 될 것이다. 그러나 여기서는 소화관과 관련이 깊은 동물의 공통적인 특성을 간단히 살펴보고 소화관을 구체적으로 알아보자.

선구동물과 후구동물

입과 항문을 두고 진화사적으로 입이 먼저 생겼다고 말하지만 실제 이 해부학적 구조는 입이라기에는 다소 쑥스러운 면이 있다. 입이며 동시에 항문이었을 것이기 때문이다. 항문이 생기고 나서야 비로소 입이라는 이름이 제 곳을 찾게 된 셈이다. 그러나 발생 과정에서 먼저 생겨나는 순서로 말하자면 불가사리를 포함하는 극피동물이나 착삭동물을 예로 들면 항문이 먼저 등장하고 그다음에 입이 나온다. 그러나 다른 주요한 문에 속하는 많은 동물들, 예컨대 절지동물, 환형동물, 연체동물은 입이 먼저고 항문이 나중이다. 이런 이유로 절지동물 등은 선구동물, 그리고 극피·척삭동물은 후구동물이라 부른다.[53] 후구동물의 배아 발생 초기, 즉 2개 혹은 4개의 세포를 가지고 있을 때 이들을 따로 분리하여 발생을 계속하면 완전한 성체가 출현한다. 클론을 만들 수 있다는 얘기다. 그러나 선구동물의 배아에서는 이런 일이 생기지 않는다. 이런 특성을 반영하여 선구동물은 예정^{determinate} 분할을 한다고 말한다. 반대로 후구동물은 예정되지 않은 분할을 한다.

체강

생물학자들이 동물을 구분하는 또 한 가지 방법은 체강^{coelom}이 있느냐 없느냐이다. 동물 진화의 일곱 단계를 설명하면서 삼배엽성 동물 얘기를 했다. 외배엽, 내배엽, 그리고 중배엽을 일컬어 삼배엽이라 한다는 것은 이제 다 알 것이다. 체강은 중배엽의 역할이 어떻게 도드라지느냐에 따라 분류된다. 중배엽은 근육과 내부 기관을 정교하게 설계한다. 말미잘과 같은 자포동물은 표피와 신경계를 가진 외배엽과 소화관을 형성하는 내배엽을 가진 이배엽성 동물이고 방사대칭이다. 그러나 모든 삼배엽성 동물은 좌우가 대칭이다.

---

53 · 절지동물, 선충류, 환형동물, 연체동물은 알려진 모든 동물종의 95퍼센트를 차지하지만 사실 이들은 모두 선구동물이다

먹고 사는 것의 생물학

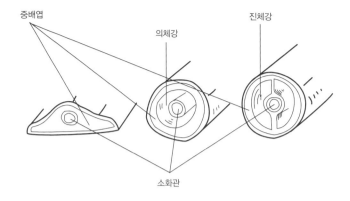

중배엽 의체강 진체강

소화관

그림 16. 세 종류의 체강

왼쪽으로부터 편형동물, 중간은 환형동물, 맨 오른쪽은 연체 혹은 척추동물의 체강을 도식화한 것이다. 몸의 외부는 외배엽으로 둘러싸여 있고 가운데 원통형 소화관은 내배엽이다. 편형동물은 따로 체강이 없이 소화관이 중배엽으로 둘러싸여 있다. 가짜 체강(의체강)을 가진 환형동물의 소화관은 중배엽으로 둘러싸여 있지 않다. 대신 중배엽은 외배엽과 맞닿아 있다. 진체강을 가진 인간의 소화관은 중배엽으로 둘러싸여 있고 체벽에 의한 물리적 지지를 받는다.

체강은 체액이 채워진 공간을 지칭한다. 소화기관과 피부 사이의 빈 공간을 연상하면 된다(그림 16). 물론 거기에는 여러 가지 부속기관들이 들어 있다. 심장이나 폐 같은 것들이다. 그렇지만 이런 체강은 동물마다 조금씩 다르다. 어떤 종류의 조직이 체강을 둘러싸고 있는지, 또 어떻게 그런 구조가 발생하는지가 각기 다르기 때문이다. 여기서도 체강의 유형은 세 종류로 나뉜다. 첫째, 무체강동물이다. 플라나리아를 포함하는 이들 집단은 체강이라는 것이 없다. 따라서 소화기관이 피부 상피와 직접적으로 연결되어 있다. 물론 소화관과 피부 사이를 중배엽 세포가 꽉 채우고 있기는 하지만 말이다. 가짜 체강(의체강이라고 한다)을 가진 동물은 체강이 존재하지만 체벽이 오로지 중배엽으로 둘러싸여 있다. 여기에는 선충과 기생충인 회충, 요충이 포함된다. 회충은 우리 뱃속에서 한동안 살았지만 지금은 거의 사라졌다. 운동장에서 산토닌 한 줌을 먹어야만 했던 시절이 있었다. 약 먹기가 고역이기 때문에 선생님이 지켜보고 서 있어야 했던 것이다. 얼핏 보기에 회충은 지렁이와 비슷하지만 지렁이는 진체강동물이다. 또 체절도 있다. 진체강동물은 체강이 체벽을 따라 소화기관을 둘러싸고 있는 중배엽 조직으로 구성되어 있다. 진짜 체강을 가진 동물은 미끌미끌한 장간막을 가지고 있다. 뒤에 자세히 살펴보겠지만 이들은 몸통 속의 기관을 지탱하는 역할을 한다. 거기에는 소화관에 들어가는 혈관도 포함되기 때문에 혈액을 공급하는 역할도 한다고 말할 수 있다.

체강이 복잡해지는 과정을 보면 이 구조물은 결국 몸통에 소화기관을 붙들어 매는 형식이라는 생각이 든다. 다시 말하면 생명체의 운동성이 증가했다는 뜻이 된다. 빠르게 움직이기 위해서는 근육이 움직여야 하지만 근육에 에너지를 공급하는 소화기관도 안정성을 담보해야만 하는 것이다. 진체강동물의 체강 구조는 동일하지만 발생 과정에 따라 다시 두 종류로 나뉜다. 진체강을 갖는 대부분의 선구동물은 창자배 형성 과정에서 중배엽 조직의 싹이 나뉘면서 체강이 만들어진다. 이런 방식으로 체강이 만들어지는 것을 분열체강성^{schizocoelous}이라고 하며 몸마디가 있는 벌레나 연체동물에서 찾아볼 수 있다. 진체강을 갖는 후구동물의 체강은 창자 형성 과정에서 주머니가 밖으로 빠져 나오는 것과 같은 단계를 거치면서 형성된다. 이런 방식은 장체강성^{enterocoelus}이라고 한다. 요점만 말하면 체강은 발생 과정에서 중배엽이 활약한 결과에 다름 아니다. 어려운 말이다. 상황을 더욱 복잡하게 하는 것은 이런 분류체계에 분자생물학적, 다시 말해 유전자의 진화를 고려하면 체계 자체가 통째로 흔들리기도 한다는 사실이다. 다시 먹는 얘기로 돌아가자.

먹고 사는 것의 생물학

원생동물문의 소화

원생동물은 단세포 생명체이다. 세포 하나로 동물 소리를 듣자면 자신들도 민망하지 않을까. 더구나 현미경이 없으면 연구 자체도 불가능하다. 그럼에도 동물로 불리는 이유는 이들이 움직이고 또 위족을 이용해 뭔가를 잡아먹을 수 있기 때문이다. 적혈구 안에 들어 있는 글로빈 단백질을 선짓국 삼아 살아가는 말라리아 열원충도 이 집단에 속한다. 한때 원생동물은 원생동물'계'까지 격상된 적도 있지만 지금은 죄다 뭉뚱그려 진핵세포[54] 집단으로 배속된다. 실상 인간과 동격이 된 것이다.

세포가 하나이기 때문에 원생동물은 아예 세포 밖에서 소화를 진행할 엄두를 내지 못한다. 유글레나를 제외하면 이들 원생동물은 모두 세포 내 소화를 한다. 유글레나는 독립 영양체이기 때문에 광합성을 통해 스스로 먹을 것을 만들어낸다. 『산소와 그 경쟁자들』이란 책에서 언급한 적이 있지만 말라리아 열원충도 광합성을 못 하게 퇴화된 엽록체를 가지고 있다. 그렇기에 엽록체의 기능을 건드리는 제초제가 말라리아 열원충 퇴치에도 사용될 수 있다. 소규모 임상연구에서이기는 했지만 원래 항생제로 개발되었다가 나중에 제초제로 사용되던 포스미도마이신fosmidomycin이 약 80퍼센트의 말라리아 환자를 구할 수 있었다고 한다. 이 결과는 2002년 《랜싯》 의학 잡지에 실렸다.

너무 당연한 말이겠지만 독립 영양 생명체는 음식물을 소화하는 장치가 따로 필요 없다. 배설기관이 없어서 식물 연구를 탐탁지 않게 여겼던 과학자도 있었다고 한다. 그러나 대부분의 동물은 종속 영양 생명

---

54 · 현재는 '계' 대신 도메인이라는 개념을 사용한다. 이에 따르면 모든 생명체는 세 종류 중의 하나이다. 세균, 고세균, 진핵세포 생명체이다. 세균과 고세균은 원핵세포 생명체라고도 부른다. 따라서 해면과 멸치와 사람의 구분이 사라져버린다.

체이기 때문에 복잡한 음식물을 단순한 형태로 변형시켜야만 세포가 사용할 수 있게 된다. 단백질과 같은 음식물 속에 든 정보는 해체될 때에만 새로운 정보를 확립하는 데 쓰일 수 있다. 또한 음식물 속에 든 정보는 다세포 생명체의 면역 반응을 유도하기 때문에 소화는 곧 정보의 해체 과정이다.

어쨌든 원생동물은 식세포작용이나 음세포작용^{pinocytosis}을 통해 음식물을 세포 안으로 들여온다. 포식작용이라고 했을 때 고형의 물질이 세포 내로 들어오면 식세포작용(그림 11), 액상의 물질이 들어오면 음세포작용이라고 세분화해서 말한다. 주머니에 싸여 세포 안으로 들어온 음식물은 세포 내 위장이라고 불리는 리소좀과 합류한다. 그 안에서 소화효소에 의한 음식물의 분해가 일어난다. 이곳의 산도는 염산만큼은 아니라도 pH가 세포 내의 다른 부위보다 훨씬 낮다. 마치 위에서 염산이 나오는 것과 비슷한 일이다.[55] 원생동물은 단세포 생명체이기는 하지만 명색이 진핵세포이기 때문에 원핵세포라고 하는 세균보다 1만 배에서 10만 배 더 크다. 세균을 잡아먹으며 끄떡없이 살아갈 수 있는 것이다. 리소좀에서 가수분해효소가 작동하는 방식은 우리의 위장관이나 소장에서 그 본질이 지금껏 그대로 살아남아 있다.

---

55 · 동물의 위가 염산을 만들어낸다고 얘기하지만 pH는 그 동물이 무엇을 먹느냐에 따라 달라진다. 육식을 주로 하는 동물은 위에서 강한 소화효소를 분비하고 그 효소가 최적 조건에서 활동할 수 있도록 강산을 분비하기 때문에 산도가 훨씬 낮아서 pH가 1~2에 이른다. 그러나 초식동물은 그럴 필요가 적기 때문에 굳이 위험한 산을 많이 만들 필요가 없고 pH는 약산성인 4~5이다. 재미있는 것은 잡식동물들의 pH도 육식동물과 차이가 없다는 사실이다. 그렇다면 잡식성인 인간은 어떨까? 우리 위의 pH는 4~5로 초식동물 정도이다. 침팬지가 잡식성인 것을 감안하면 인간이 초식이나 벌레를 잡아먹던 단계에서 잡식으로 진화해왔다는 사실을 언급하는 것은 동어반복에 지나지 않는다. 대신 인간 진화의 어느 단계에서 육식동물처럼 강한 효소와 강산이 필요하지 않게 된 환경적 변화를 겪었다고 보는 것이 정확할 것이다. 그것은 나중에 살펴보겠지만 소화하기 쉬운 고기, 즉 불에 구운 고기를 먹게 된 사건과 더 밀접한 관련이 있어 보인다.

먹고 사는 것의 생물학

해면동물의 소화

해면과 같은 원시적 동물의 소화 과정은 원생동물보다는 훨씬 복잡하다. 그래봐야 세포 내 소화일 뿐이지만. 이들 몸 안에는 잘 만들어진 관이 들어 있다. 편모의 운동에 의해 물의 흐름이 생겨나고 거기에 들어 있는 음식물이 몸통에 나 있는 구멍으로 들어온다. 깃^{collar} 혹은 동정 세포가 물을 끌어들여 음식물을 잡아들이는 것이다. 그다음은 원생동물과 같다. 소화가 되지 않은 물질은 보다 큰 구멍을 통해 밖으로 나간다. 히드라와 같은 자포동물은 세포 내 소화와 세포 밖 소화의 중간 단계를 취한다. 이들은 앞에서 살펴본 강장^{coelenteron}이나 소화혈관강으로 (그림 8) 음식물을 집어넣는다. 여기서 음식물을 부분적으로 소화시키고 다음에 세포 안으로 집어넣어 남은 소화를 마친다. 대부분의 척삭동물은 세포 밖 소화를 한다. 이들은 신체 안에 소화를 담당하는 부위가 따로 존재하고 소화를 전담하는 효소들이 분비된다. 이런 식의 소화는 환형동물, 절지동물에서도 찾아볼 수 있다.

진화 과정을 거치면서 생명체는 세포 밖 소화를 하는 방법을 발달시켰다(그림 17). 신체가 복잡해지면서 소화기관이 따로 독립했고 세포 내 소화의 필요성은 점차 줄어들었다. 척삭동물 각각의 세포는 이제 세포 밖 소화를 통해 체내로 들어온 영양소를 혈관을 통해 공급받고 이를 다시 더 작은 탄소 화합물로 분해하면서 ATP 형태의 에너지를 얻고 최종적으로 이산화탄소로 전환된다.

무척추동물의 소화

단세포 생명체는 음식물 입자를 액포^{vacuole}를 통해 받아들인다. 딸랑 세포 하나이니까 세포 내부에서 소화든 뭐든 다 해치워야 하는 것은 당연한 일이다. 액포를 이용하여 소화하는 일이 단세포 생물에 국한된 것은 아니다. 상당히 많은 수의 무척추동물은 부분적으로 그들의 음식물을 세포 밖에서 분해하지만 그렇지 못한 나머지는 식세포작용에 의해 앞에서 말한 방식으로 소화를 하면서 최대한 에너지를 흡수하려 애쓴다.

가령 연체동물인 오징어는 작은 물고기나 자신보다 작은 연체동물을 잡아먹는다. 풀은 입에도 대지 않는 완전한 육식동물이다. 주문진 시장의 어항에 있는 오징어는 다리를 쭉쭉 뻗으며 머리 방향으로 나아간다. 먹물을 뿌려대면서 포식자의 위협을 빠른 속도로 피한다. 또 이들은 피부색을 변화시킬 수도 있다.

여담이지만 이들의 피부색 변화는 본질적으로 여름철 개똥벌레가 반짝거리는 것과 동일하다. 바로 생명체가 효소작용을 통해 만들어낸 가스 물질인 일산화질소가 두 현상 모두에 관여하기 때문이다. 물론 그것 말고도 신경계의 진화를 얘기하면서 언급했던 신경전달물질인 FMRFamide와 글루탐산이 관여한다. 개똥벌레의 단백질인 시토크롬 산화효소는 헴 분자를 갖는다. 이 헴 분자의 중앙 부분에는 철 원자가 있고 여기에 산소가 붙어 있다. 일산화질소가 산소를 대신하여 철 원자에 결합하면 떨어져 나간 산소가 불빛의 재료로 사용되는 것이다. 이때 불빛의 영향을 받아 일산화질소가 떨어져 나가면 다시 산소가 결합한다. 바로 이런 기전에 의해 개똥벌레가 반짝거리는 것이다. 그 안타까운 순간을 빌려 '형설지공'하자면 얼마나 힘이 들겠는가? 또 이들 개똥벌레 집단은 서로 동조하면서 빛을 깜박거리기 때문에 실제는 가로등이 끔벅끔벅 졸고 있는 것과 흡사하다고 할 수 있다.

오징어가 만들어내는 가스인 일산화질소는 위험할 때 이들이 뿜어내는 먹물을 만들 때도 사용된다. 염료가 제대로 발달하지 않았을 때

먹물을 사용해 그림을 그렸다고도 하나 이런 사실을 그 뉘가 알았겠는 가? 어찌되었든 오징어는 촉수를 이용해 먹이를 잡아 입에서 독성물질을 쏘아대 이들을 마비시킨 다음 이빨로 씹어 위로 내려 보낸다. 우리가 흔히 오징어 눈이라고 얘기하는 부분이다. 이 부분은 끝부분으로 갈수록 키틴질의 양이 많아져 딱딱해진다. 뼈가 없는 연체동물이 이런 딱딱한 부리 비슷한 이를 갖는다는 것도 아직 과학계의 미스터리 중 하나이다. 그러나 '자연을 배우자'는 모토 아래 오징어 이빨의 화학적 특성을 흉내 낸 보철물을 제작하려 하는 과학자들도 있다.

척추동물의 소화와 음식물의 여정

동물군마다 소화의 구체적인 면은 조금씩 다르겠지만 원리상 다를 것은 없다. 그러므로 우리에게 가장 익숙한 인간의 예를 들어 소화 과정을 따라가보자. 한번 자신의 식습관을 상상해보자. 우리가 씹는 데투자하는 시간은 매우 짧다. 대부분의 사람들이 1분 이상을 소모하지 않는다. 아마도 가루로 곡물을 가공했거나 가열해 익힌 음식물이기에 이렇게 시간을 단축할 수 있었을 것이다. 꿀떡 하는 순간부터 우리는 음식물 덩어리가 어디에 있는지 모른다. 그렇지만 꿀떡 삼킨 음식물이 위까지 도달하는 시간은 다 합해야 2~3분도 못 된다. 침의 pH는 약한 산성인 6.8 정도이다. 침은 음식물 덩어리에 수분을 제공(윤활액)하고 효소에 의한 세포 밖 소화를 개시한다. 또 면역글로불린 IgA를 포함하고 있어서 세균으로부터 방어막을 친다.[56] IgA는 눈물에도 있고 초

---

[56] · 한방에서는 침을 두 가지로 분류한다. 한자도 서로 다르게 쓴다. 음식이 앞에 있거나 상상할 때 나오는 침(타액)이 대부분이고 잠을 자는 동안 묽은 침(연액)이 나오기도 한다. 침을 분비하는 샘은 턱밑에, 귀밑에, 혀밑에 있다. 그중 귀밑에 있는 샘(이하선)이 가장 크다. 하루에 나오는 침의 양

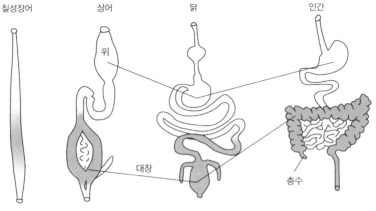

그림 17. 동물의 소화기관

칠성장어의 소화기관은 부위별로 분화가 거의 일어나지 않았다. 위나 소장, 대장을 구분하기 힘들다. 상어는 발달된 위와 대장을 가지고 있다. 대장의 내부는 밸브가 회전하는 것처럼 표면적을 넓힌다. 씹지 않은 뼈 등은 입 밖으로 뱉어낸다. 닭은 모이주머니, 모래주머니가 있어서 초벌 처리를 해준다. 다음에 위가 있고 소장, 대장이 뒤따른다. 충수가 뚜렷하게 발달되어 있다. 인간은 충수가 흔적기관처럼 남아 있다.

유, 모유, 기도, 소화기관의 점막에서도 분비된다. 음식물을 삼키는 순간 연하반사가 활성화되어 후두가 올라와 닫혀야만 음식물 덩어리가 기도로 들어가지 못한다. 기도로 음식물이 들어가면 무균 상태인 폐가 오염될 수 있지만 이 현상은 인간 해부학의 근본적인 결함을 반영하고 있는 것에 다름 아니다. 또한 폐가 소화기관에서 유래했다는 돌이킬 수 없는 증거이기도 하다. 공기가 들어가는 관과 음식물이 들어가는 관이 하나의 통로를 사용하기 때문이다. 나이가 들어 후두를 닫는 근육이 약해지면 폐렴에 걸릴 확률이 급격히 올라간다.

입 다음은 식도다. 식도는 근육으로 구성되어 있다. 위쪽 3분의 1은

은 평균 1.5리터 정도라고 한다. 이들은 장에서 회수하는 유일한 배설물이라고 볼 수 있다. 혈액에서 만들어지고 음식물을 적셨다가 다시 장에서 흡수된다. 음식물을 천천히 씹으면 침의 양이 늘어나고 침에 들어 있는 성분들이 여러모로 건강을 지켜준다고 한다. 그러니까 함부로 침 뱉지 말라는 말이 나오는 것이다. 침에는 진통 성분인 오피오르핀opiorphin이라는 물질도 소량 섞여 있다. 상처에 침을 바르는 것도 다 이유가 있다.

먹고 사는 것의 생물학

골격근, 중간 3분의 1은 골격근, 평활근이 섞여 있고 아래쪽 나머지 3분의 1은 평활근이다. 연하반사와 식도 근육의 움직임 때문에 음식물은 중력의 도움이 없어도 위^{stomach}로 내려간다. 누워서 떡 먹기가 쉽지는 않겠지만 생물학적으로 문제가 될 것은 없다.

이제 음식물은 위에[57] 도착했다. 위의 기능은 크게 세 가지로 볼 수 있다. 물론 자세히 따지면 그보다 훨씬 많다고 할 수도 있을 것이다. 우선 음식물을 저장하는 것이다. 그리고 단백질을 소화하는 것, 마지막은 이들 소화된 것들을 잘 분쇄하고 섞어서 죽상 용액을 만드는 것이다. 저장 기능이 왜 위의 가장 중요한 역할인가 하는 점은 우리가 음식을 먹는 상황을 조금만 생각해보면 바로 이해가 될 것이다. 우선 우리가 씹고 넘기는 시간이 불과 몇 분 안에 끝난다는 점이다. 매우 빠른 속도로 음식물을 집어넣지만 실제 소화하는 데는 몇 시간이 걸린다. 그러니 별 수 있겠는가? 어딘가에 저장을 해둘 수밖에. 이런 양상은 소위 속도 개념을 빌려서 설명할 수도 있겠지만 여기서는 감각적으로 이해하고 넘어가자.

위에서 소장, 특히 십이지장으로 넘어가는 유미즙의 양은 한번에 수십 밀리리터이다. 위에서 그야말로 찔끔찔끔 넘어간다. 그래야만 십이지장이 위산이 섞여 산성인 유미즙을 중화할 시간을 벌 수 있을 것이다. 유문 괄약근 부위에 저장할 수 있는 유미즙의 양은 30밀리리터 정도이다. 요구르트 작은 병의 약 반 정도이다. 그러니까 나머지 부분은 위의 윗부분에 보관하고 있어야 한다. 밥을 먹고 있지 않을 때 위의 내용적은 50밀리리터 정도이다. 요구르트 한 병이 대략 70밀리리터이니 상상해보라. 그러나 음식을 먹기 시작하면 1리터까지 그야말로 팽창한

---

[57] · 위는 생각보다 위쪽에 있다. 왼쪽 젖꼭지 바로 아래에서 오른쪽 마지막 갈비뼈에서 끝난다.

다. 그럼에도 불구하고 풍선처럼 내압이 올라간다거나 긴장도가 증가하지 않는다. 위가 접혀 있다가 펴지기 때문이다. 음식 먹기 대회에서 사람들이 먹는 것은 거의 극단적인 상황이다. 이들은 연습을 통해서 위의 크기를 늘리기도 하겠지만 선천적인 부분도 분명히 있을 것이다. 평균적으로 말해서 위는 먹을 때와 먹지 않을 때 약 스무 배 부피의 차이가 난다. 그러므로 음식을 천천히 먹는 것에 대해 생각을 해볼 때가 되었다.

위 배출은 그러나 여러 가지 변수에 의해 달라질 수 있다. 위에서 나가는 음식물은 결국 날(나가는)문 안뜰의 연동운동에 의존하는 물리적인 현상이다. 당연하겠지만 위 안에 음식물의 양이 많으면 빨리 내보내라는 신호가 갈 것이다. 음식물의 경도, 즉 액상이냐 고형의 음식물이냐에 따라 술과 같이 순전히 액체 상태의 음식물은 30분이 지나지 않아 비워지기 시작하지만 고형 음식물을 약 한두 시간이 소요된다.[58] 위의 괄약근은 완전히 닫혀 있지 않아서 물과 액체는 쉽게 흘러갈 수 있다. 고형 음식물은 완전히 죽상이 되도록 분쇄를 마치고 잘 섞어야 하는 시간이 필요하니까 너무 당연한 말이다. 단백질이 가장 쉽게 비워진다. 다음은 탄수화물이고 지방은 천천히 십이지장으로 흘러간다. 그러니까 고기를 먹으면 날문 안뜰 점막에서 가스트린이 분비된다. 가스트린은 위의 연동운동을 조금 촉진한다. 모틸린motilin은 소장의 상피세포에서 분비되는 호르몬이며 연동운동 복합체의 힘을 강화시켜 식도에서부터의 연동운동을 촉진하는 한편 소화하는 동안 약 60~90분 간격의 주기를 갖는 흐름을 만들어낸다. 이것 역시 위에서 배출을 촉진하는 요소가 된다. 부교감신경계는 미주신경을 통해 위의 움직임을 자극한

---

58 · 정확히 말하면 위 안의 음식물이 반 비워지는 데 걸리는 시간이다.

다. 부교감신경계는 교감신경계와 함께 자율신경계를 구성한다.

　겨울에 소화불량에 시달리는 사람들이 많은 이유는 크게 두 가지쯤으로 생각해볼 수 있다. 하나는 낮은 온도가 직접적으로 내장 평활근의 움직임을 둔화시킬 수 있다는 점이고 또 다른 하나는 실내외 온도 차이가 신체에 스트레스를 주어 교감신경계를 활성화시키면 소화 기능이 떨어질 수 있다는 점이다. 똑같은 이유로 여름날 갑작스레 차가운 에어컨 바람을 쐬는 것도 소화에 도움이 되지 않으리라 추론할 수 있다. 교감신경계는 주로 싸우거나 도망갈 때 우리 몸의 반응을 촉진한다. 반대로 부교감신경은 차분하게 앉아 있을 때 흥분된다. 이런 자율신경계 이외에도 국소적인 장간막의 반사작용에 의해 위 배출이 증가할 수 있고 몇 약물들도 위 비우기에 영향을 끼친다.

　반면에 십이지장이 팽만해 있으면 위 배출이 줄어든다. 위장 반사가 억제되기 때문이다. 십이지장에 유미즙의 양이 너무 많으면 심한 경우 아예 위 배출이 중단되기도 한다. 유미즙의 삼투압도 고려 대상이다. 등장액은 문제가 없지만 저장액이거나 고장액이면 십이지장의 화학 수용체를 자극하여 위 배출이 억제된다. 이들의 산도도 변수이다. 유미즙의 pH가 3.5~4 정도이면 위의 배출이 억제하도록 반사작용이 가동된다. 췌장이나 다른 분비액에 의해 이들이 중성으로 될 때까지 억제된다. 너무 찬 음식물도 위 배출을 억제한다. 지방 및 단백질의 분해 산물에 의해 십이지장에서 분비되는 콜레시스토키닌은 위에서 분비되는 가스트린의 효과를 상쇄한다. 산에 의해 십이지장에서 분비되는 세크레틴은 위 평활근의 움직임을 직접 억제한다. 임신, 우울증, 통증, 노화, 소화관의 외과적 수술, 아편 등도 위 배출을 전반적으로 억제한다. 복잡하다.

　위를 빠져 나가기 전까지 포도당은 입에서 상당 부분, 그리고 위를 거치면서 화학적 분해가 거의 완료된다. 단백질은 주로 위의 펩신과 위액의 도움을 받아 역시 대부분 분해가 끝나고 십이지장에서 흡수된다. 그러나 지방은 십이지장에서 화학적 소화가 진행되지 않는다. 그렇지만 공장, 회장을 지날 때까지 흡수가 완료된다. 지방이 다 흡수될 때까지 회장 괄약근이 움직이지 않기 때문에 우리는 기름기를 섭취하면 포만하다고 느낀다. 또 음식물 덩어리에 지방 성분이[59] 많으면 십이지장에서 엔테로가스트론이 분비된다. 이 호르몬은 위의 연동운동을 감소시켜 십이지장으로 너무 많은 양이 한꺼번에 넘어오지 못하게 한다. 지방의 소화는 시간도 더 걸린다. 십이지장에서 지방산이 감지되면 회장 괄약근이 닫히고 음식물 덩어리의 움직임에 제동이 걸린다. 소장의 마지막 부위인 회장과 대장의 시작 부위인 맹장 사이에 조임근이 꽉 닫혀버리는 것이다. 전문 용어로 회장 제동 혹은 회장 브레이크[brake]라고 한다. 그러나 이 과정에서 물의 재흡수가 원활하지 않거나 신경계 혹은 괄약근에 문제가 생기면 설사가 올 수도 있다.

정리해보자. 소화에 관여하는 분비액은 다섯 가지이다. 침, 위 분비액, 담즙산, 췌장 분비액 그리고 장관 분비액이다. 소화기관, 특히 소장은 융모, 미세융모까지 입추의 여지 없이 표면이 오돌토돌하다. 십이지장, 공장, 회장도 사정은 비슷하다. 물의 흡수는 대부분 소장에서 일어난다. 물과 함께 비타민, 무기 염류도 함께 흡수된다. 이와 함께 대장은 장관 안에 있는 물의 약 5~10퍼센트에 이르는 양을 재흡수한다. 그리

---

59 · 우리는 오메가-3이나 오메가-6 지방산을 필수지방산이라고 부른다. 꼭 필요하기 때문에 '필수'가 아니라 우리 몸에서 스스로 만들어낼 수 없기 때문에 '필수'이다. 밖에서 구해 들어와야 하기 때문에 그렇다. 몇몇 아미노산도 필수라는 말을 쓴다. 역시 똑같은 의미이다. 그렇지만 여기서 '필수'라는 말은 특정한 영양소를 만들거나 그것으로 전환할 수 있는 효소를 생명체가 갖추고 있지 않다는 말이다. 진화적인 시간에서 유전자 하나쯤 버리는 것은 식은 죽 먹기이다. 인간이 비타민 C를 만드는 효소를 제거한 것은 그 대표적인 예에 속한다.

먹고 사는 것의 생물학

고 일부를 대변을 적시는 데 쓴다. 따라서 대장에 문제가 생기면 설사가 찾아오기 쉽다.

조류의 소화관은 물을 덜 흡수하기 때문에 새똥은 물똥이다. 새는 살아 있는 공룡의 유일한 후손으로 유명하지만 파충류와 공유하는 형질이 몇 가지 있다. 하나는 알을 낳는다는 것이다. 알을 낳느라고 새가 이빨을 희생했다는 말도 회자된다. 그러나 이런 추측은 알을 낳는 악어가 이빨을 가졌다는 사실 앞에서 설 자리를 잃는다. 또 다른 하나는 새와 파충류가 요소가 아니라 요산을 만들어 단백질 대사 산물을 처리한다는 점이다. 이들은 따로 배설하는 대신 오줌을 소화기관으로 보내 역류시키고 물을 흡수한다. 물론 오줌 속에 들어 있는 것 중 생명체에 꼭 필요한 것들은 다시 흡수할 것이다. 굳이 말하자면 이들은 똥오줌을 구분하지 않는다. 그냥 통째로 배설물일 뿐이다. 우리는 이들의 배설물을 가끔 구경할 수 있다. 길거리에 주차해놓은 차 유리를 장식하는 것들 중 하나이기 때문이다. 그렇지만 새들이 뱃속에 물을 넣고 비행하는 것이 에너지를 더 소모할 것이 자명하기 때문에 자주 물을 몸 밖으로 내보내야 한다.

이제 소화기관에서 흡수된 영양소의 뒤를 따라가보자. 소장 융모의 모세혈관에서 모인 영양소는 장간막 순환계와 간 문맥을 거쳐 마침내 간으로 들어간다. 여기서 하대정맥을 지나 심장으로, 다음에는 전신으로 돌아다니며 필요한 곳에 영양소를 공급한다. 간은 외부에서 들어와 가장 단순한 단위로 쪼개진 영양소를 검색하는 장소이다. 공항의 검색대와 기능적으로 다를 바가 없는 것이다. 수화물 속에 숨겨진 마약처럼 위를 무사통과한 세균이나 독성물질은 간에서 일차적으로 걸러진다. 사정이 이렇다면 간이 해독계이자 면역계라는 말은 전혀 과장이 아니다.

십이지장^{duodenum}은 위와 가장 가까운 부위에 위치한 소장이다. 췌장에서 소화효소, 간에서 담즙산을 받는다. 이들을 이용해서 소화를 마치기 위해 위에서 잘 으깬 음식물을 받는다. 다음은 공장^{jejunum}이다. 뚜렷한 해부학적 특징이 없지만 그 길이는 십이지장의 10배인 2.5미터에 달한다. 이러한 수치는 사체를 기준으로 판단한 것이다. 소장의 마지막 부분인 회장^{ileum}은 그 길이가 더 길어서 3.6미터에 이르며 당연히 대장 부위와 연결되어 있다. 그 부위의 이름은 맹장^{cecum}이라고[60] 부른다. 맹장과 만나는 부분에 회장-맹장^{ileocecal} 조임근^{sphincter}이 있고 여기서 회장 제동이 걸린다. 지방의 소화를 서술할 때 나온 얘기다. 소장이니 대장이니 하는 이름은 이들 부위의 길이에 의한 것이 아니다. 소장은 길이가 6.5~7미터 정도이고 대장은 그보다 짧아서 1.5미터 정도이다. 소장이 소장인 것은 그들의 직경이 약 2.5센티미터로 대장 평균인 7.6센티미터에 미치지 못하기 때문이다.

우리가 먹는 것이 음식물이 아닐 때도 있다. 일상생활에서 이물질을 섭취하는 것이 그리 드문 일은 아니다. 어린아이가 동전을 먹고 걱정스런 얼굴을 하길래 아빠가 손바닥에 동전을 숨긴 채 배를 어루만지면서 이렇게 외쳤다. "나왔다." 그러고는 손바닥을 펴 보여주었다. 며칠 뒤 아이가 말한다. "아빠, 또 꺼내 줘."[61] 아빠가 대단한 믿음을 준 모양이다. 이런 일은 생각보다 자주 발생한다. 그렇지만 그것은 크기의 문제다. 인터넷을 하다 보면 숟가락이나 칼이 위 속에 들어 있는 X-레이 사

---

60 · 흔히 우리가 '맹장' 수술했다는 부위는 충수다. 충수는 꼬리뼈처럼 흔적기관이라고 알려졌지만 최근에는 몸에 이로운 장내 세균을 보관하는 기능이 알려졌다. 심한 설사가 지나가고 텅 빈 대장을 채우는 것은 충수에 있는 각종 세균들이다. 이 순간에 적응성 면역이 '기억'에 있다는 말이 떠오른다.

61 · 입으로 삼킨 이물의 80~90퍼센트는 특별한 치료를 하지 않아도 위장관을 거쳐 자연 배출된다. 그러나 수술을 해야 하는 경우도 있다.

먹고 사는 것의 생물학

진을 가끔 볼 기회가 있는데, 어떻게 그런 일이 일어날 수 있는지 나로서는 상상하기 힘들다. 하긴 군대 있을 때 타이어가 펑크 나서 원인을 찾다 보니 한번은 긴 젓가락이 끝까지 들어가 있던 적이 있다. 물론 그때 나의 행동은 고개를 설레설레 젓는 것이었다.

그런데 이런 얘기가 2009년 논문에도 실렸다.《세계 소화기 학회지》라는 저널이다. 어떤 여성이 찻숟가락을 삼켜서 응급실에 실려왔다. 이 스푼은 위, 십이지장을 무사히 지나 공장에 도달해 있었지만 그녀는 아무런 증상을 보이지 않았다. 소화기 임상의들의 말을 빌리면 크기가 큰 이물질은 보통 위에 머물러 있다. 그러나 공장까지 도달한 사례가 알려진 것은 처음이라고 한다(2009년 논문). 아마 그래서 희귀한 임상의 한 예로 논문거리가 되었을 것이다. 그런 독특한 방법 말고 다른 게 없었을까 의아하긴 하지만 33세의 한 여성이 목에 걸린 물고기 가시를 빼내려고 찻숟가락을 썼다고 한다. 그러다가 그게 입안으로 넘어가버렸다. 그녀는 배가 아프지도 않았고 구토, 목소리 변성 등 아무런 증세도 보이지 않았다. 숨 쉬는 것도 문제가 없었다. 내시경 도구를 써서 숟가락을 꺼내려고 했지만 이 여성이 구토를 너무 심하게 해서 결국은 수술을 한 다음 확인해보니 숟가락의 길이가 약 15센티미터에 이르렀다고 한다.

공장과 회장은 벽 쪽 장간막^{mesentery}으로만 연결되어 있기 때문에 복강 내에서 이들 장기가 잘 움직일 수 있게 되어 있다. 구토 반사가 일어나는 곳이며 점막 하 혈액의 순환이 가장 빠른 곳이기도 하다. 회장은 비타민 B12와[62] 담즙산을 흡수한다.

---

62 · 화학 족보상 비타민 B12는 엽록소와 헴과 사촌이다. 포피린 분자 중간에 철 이온이 있으면 헴, 마그네슘이면(일부 세균은 아연) 엽록소이고 코발트면 비타민 B12이다. 이 물질은 위에서 만들어지는 내인성 인자intrinsic factor와 결합하여 회장에서 혈액으로 흡수된다. 비타민 B12가 조혈 및 신경 세포 기능에 필수적이기 때문에 위의 가장 중요한 일 중의 하나가 내인성 인자를 만드는 일이다. 나이가 들면 비타민 B12의 흡수가 줄어든다. 위도 늙기 때문이다.

드디어 소화를 마친 음식물 찌꺼기가 대장에 도착했다. 대장은 주로 소화가 끝난, 다시 말해 소화하기 어려운 음식물 찌꺼기로부터 비타민, 빌리루빈, 담즙산을 흡수한다. 대장의 세균은 혈액 응고에 관여하는 비타민 K를 만든다. 빌리루빈은 헴의 분해산물이고 그 안에 있던 철을 재활용한다. 대장에 음식물 찌꺼기가 머무르는 시간은 매우 길다. 대장 머무름도 맹장과 결장 다 합해서 16시간이라는 사람들도 있다. 그렇지만 대략 30시간이 넘는 것 같다. 또 왜 그런지는 잘 모르지만 이 시간은 여성에서 훨씬 더 길다. 장내 세균이 활동하고 대변이 숙성되는 시간이다. 일부러 맛을 볼 기회는 많지 않겠지만 대변은 짭짤하다고 한다. 수분과 염분의 균형 때문이다. 소화하는 데 필요한 물의 양은 거의 10리터에 달한다. 대부분의 물은 소장에서 흡수되지만 대장에서도 약 0.5리터의 물을 재흡수한다. 그리고 변을 빚는 데 약 100밀리리터의 물을 사용한다.

물의 대차대조표

물을 굳이 마시지 않아도 음식을 통해 섭취하는 물의 양은 하루 600~700밀리리터 정도이다. 대부분의 사람들이 인식하지 못하지만 음식물을 소화하는 과정에서도 물이 나온다. 소위 대사 과정에서 나온 산화수$^{metabolic\ water}$라고 하는 것인데, 하루 약 300~400밀리리터 정도이다.[63]

---

63 · 탄수화물 100그램을 대사하는 과정에서 물 60그램이 나온다. 완전 연소를 할 경우이다. 그러므로 해당 과정을 통해 에너지를 소모하는 경우라면 물의 생산량이 줄어든다. 지방 100그램은 107그램의 물을, 단백질 100그램은 41그램의 물을 생산한다. 포도당을 예로 들어 계산을 해보자. 포도당을 완전히 연소시키면 최종 반응 산물은 물과 이산화탄소이다. 이를 감안해서 양쪽이 모자라고 넘침이 없도록 계수를 맞추어주면 다음과 같은 식이 나온다. $C_6H_{12}O_6+9O_2=6H_2O+6CO_2$이다. 식에 따

먹고 사는 것의 생물학

그렇다면 배설되는 물의 양은 얼마나 될까? 물론 여름 겨울이 다를 것이고 운동을 했거나 과음을 했을 경우 차이가 있겠지만 여기서는 평균만 따져보자. 소변을 통해 배출되는 물의 양은 성인의 경우 하루 1,000~1,500밀리리터, 증발을 통해 500~700밀리리터, 호흡을 통해 250~300밀리리터, 대변을 통해 100~200밀리리터가 체외로 나간다. 그러므로 총량은 1,850~2,750밀리리터 정도이다.

나가는 것과 들어오는 것의 대차대조표를 맞춰주기 위해서 성인은 하루 약 900~1,650밀리리터 정도의 물을 마셔야 한다는 결론이 나온다. 커피를 마시거나 국에 밥을 말아먹는 것까지 전부 포함해서 그 정도의 양이다. 그러나 순전히 물로만 계산한다면 하루 평균 4~8컵 정도의 물을 마시면 된다. 왜 물을 마셔야 하는가 하는 문제는 생각보다 훨씬 까다롭다. 혈액과 림프액을 포함하는 체액의 순환도 중요하겠지만 단백질을 먹었을 때 생기는 요소와 요산도 오줌의 형태로 배설해야 하기 때문이다. 이들 체액의 주요한 성분은 물이지만 소금도 들어 있다. 따라서 민물과 바닷물에서 사는 생명체들이 물을 대하는 방식이 다르다. 내 몸 안의 '바다'는 민물보다 짜고 바닷물보다 싱겁기 때문이다.

식물도 그저 죽지는 않는다

유전 정보인 DNA를 청사진이라고 말하지만 요리책에 비유하기도 한다. 갖가지 음식의 조리법이 망라된 책에서 우리가 먹고 싶은 음식물을 만들기 위해 특정 레시피를 복사했다고 치자. 그 부위는 좀 낙서

라 180그램의 포도당이 대사되면 물이 108그램 나온다. 100그램의 포도당이라고 가정하면 물의 양은 60그램이 된다. 팔미틱산$+23O_2=16H_2O+16CO_2$이다. 포도당에 비해 지방의 산화는 산소도 더 많이 필요하고 물도 더 많이 생산된다.

를 해도 괜찮고 다 쓰고 나서는 버려도 된다. 바로 이 레시피 복사본을 RNA라고 한다. 그렇다면 RNA를 보고 만든 요리가 단백질쯤 될 것이다. 우리가 맛보는 것이 음식이듯 세포 안에서 일을 수행하는 것도 단백질이다. 그렇지만 요리책에 있는 모든 부분이 다 요리법을 담고 있지 않다. 오히려 광고에 할당된 지면이 훨씬 많다. 복사한 광고지를 보고 요리를 할 수 없듯이 그 유전자 부위는 단백질로 전환되지 않는다. 그렇다고 그 모든 것이 쓸모없는 것은 아니다. 어떤 것은 다른 RNA에 붙어서 그들이 단백질로 전환되는 것을 막기도 한다.

이런 기능을 하는 짧은 길이의 RNA를 마이크로 RNA라고 부른다. 다세포 생명체의 진화를 다룰 때 나왔던 얘기다. 특정한 마이크로 RNA는 역시 특정한 유전자군의 발현을 억제한다. 우리가 가진 유전자의 60퍼센트는 이 마이크로 RNA의 조절을 받는다고 알려져 있다. 상당히 높은 수치다. 이 말은 결국 유전자의 활성을 조절하는 과정에서 마이크로 RNA가 중요한 역할을 한다는 의미일 뿐 아니라 그 RNA 가공 과정도 엄밀하게 수행되어야 함을 의미한다. 사실 마이크로 RNA는 우리 몸 안에서 일어나는 모든 과정에 관여한다. 발생, 면역반응에도 참여하기 때문에 각종 질병과도 관련이 있을 것이다.

마이크로 RNA는 혈중에서도 발견된다. 이들은 자그마한 소체에 싸여 멀리 이동할 수 있기 때문에 세포-세포 간 장거리 통신 수단일 수도 있다. 한데 혈액에서 발견된 마이크로 RNA 중에 식물에서 기원한 것이 30종이 넘었다. 그렇다면 식물에서 비롯된 마이크로 RNA가 인체에 해를 끼치거나 하지는 않을까? 연구를 수행한 중국 난징 대학 장첸유[Chen-Yu Zhang] 연구팀은 그중 마이크로 RNA 168a(miR168a)를 선택해서 정체를 좀 더 파악하기로 했다. 마이크로 RNA 168a가 건드릴 수 있는 유전자 중 하나는 소위 나쁜 콜레스테롤로 알려진 LDL의 제거를 담당하는 단백질이었다. 소장 상피세포를 거쳐 간에 도달한 이 마이크로 RNA는 실제로 LDL을 제거하는 단백질의 발현을 감소시켰다.

마이크로 RNA 168a는 우리의 주식인 쌀이나 밀, 감자에서 발견되는 것이다. 이들 탄수화물은 익혀서 먹는 것이므로 이 마이크로 RNA가 열이나 위산의 포화를 견디고 소장까지 간 다음 흡수되어 간을 지나 혈중을 떠다닌다고 보아야 한다. 그래서 연구자들은 쥐한테 밥을 먹이고 6시간이 지난 후 혈액과 간에서 식물유래 마이크로 RNA 168a를 발견했다. 마찬가지로 LDL을 제거하는 단백질의 양도 줄었다. 사흘 뒤에 이들은 쥐의 혈액에서 LDL의 수치가 올라간 것을 확인할 수 있었다.

식물의 마이크로 RNA는 소나 말, 양과 같은 가축의 혈액에서도 발견되었다. 그렇다면 동물의 고기를 먹어도 이들의 마이크로 RNA가 인간의 혈액으로 들어올 수 있을까? 이제 문제가 다시 원점으로 돌아간다. 우리가 몰랐을 뿐 인류가 소비해왔던 모든 음식에는 기본적으로 마이크로 RNA가 쭉 있어왔다는 것 말고는 해석할 방법이 없다. 그럼 그것도 영양소라고 보아야 하는 것일까? 먹는 것은 복잡한 일이다.

부속 소화기관

부속은 영어로 액세서리^{accessory}다. 옷에 브로치가 없다고 옷의 기능이 달라질 리 없다. 그러므로 여기서 부속이라는 말은 틀렸다. 부속기관이 없으면 소화가 제대로 진행될 턱이 없기 때문이다. 소화기관은 몸 안으로 영양소를 집어넣는 일을 한다. 분비샘의 일종으로 볼 수 있는 간이나 췌장은 발생학적으로 소화기관에서 유래했고 필요한 소화효소나 소화를 돕는 물질을 만들어 소화기관으로 내보낸다. 그러나 심장은 그렇지 않다. 대신 심장은 몸 안으로 들어온 영양소를 전신에 공급한다.

소화기관의 선조 격인 원시적인 체강은 약 8억 년 전쯤에 등장한 초기 다세포 생명체의 특성이라고 할 수 있다. 체강의 안쪽은 내배엽에서 기원한 세포들로 덮여 있고 가스의 교환이나 음식물의 섭취 혹은 성적 번식을 위한 용도로 다양하게 그 사용법이 모색되었다. 이런 내강의 구조를 이루고 있던 세포들은 틴먼(NKX2.5라고도 불린다) 유전자와 기원이 같은 상동관계에 있는 유전자를 발현하고 있었다. 초파리와 척추동물에 이르는 생명체의 심장 발생에 필수적인 역할을 하는 유전자이다. 점차 분업화가 더 진행되면서 이들 내배엽은 장배엽^{gastroderm}**64**을 거쳐 중배엽으로 분화해 나갔다. 드디어 좌우대칭형 동물에서 삼배엽을 갖추게 된 것이다. 그리고 이들 좌우대칭동물에서 원시적인 심근세포가 등장했다. 중배엽에서 기원한 세포들이 체강을 구성하면서 소화혈관강 구조를 만들어냈다. 이 구조가 진화를 거듭하면서 초파리와 창고기(후구동물)에 이르러 관 모양의 심장을 발달시켰고 이들은 연동운동을 하면서 주기적인 흐름을 만들어낼 수 있었다. 소화기관에서 혈관이 구조적·기능적으로 분리되어 나간 것이다. 그렇지만 판막도 혈관도, 심지어 혈액도 없었다. 수축할 수 있는 한 층의 중배엽 기관이 만들어진 것은 그러나 거대한 혁신이었다. 척삭동물이 출현하면서 점차 척추동물이 등장하게 되었다. 이들은 선형으로 생긴 심장을 대대적으로 수선하면서 한 방향 순환, 닫힌 혈관계, 그리고 전도 능력이 있는 기관을 만들어갔다. 나중에 평행 순환계가 폐와 연결되었고 격벽이 나타났으며 마침내 네 개의 방이 있는 심장이 파충류에서 처음으로 등장했다. 조류나 포유류도 대동소이하다.

---

64 · 자포동물의 소화혈관강 안쪽에 있던 세포 무리를 일컫는다. 나중에 중배엽으로 분화되어 나간다.

먹고 사는 것의 생물학

분할된 심장 공간의 분화와 함께 심장근육에 포함된 단백질의 국소적 분업화가 어류와 양서류에서 발견된다. 포유류에서는 심장의 크기에 제약이 따른다. 신체 형성에 제약이 따르기 때문이다. 즉, 흉곽이 둘러싸고 있는 공간이 본질적으로 심장의 크기를 제한한다. 그에 따라 심근세포가 세포 주기에 무한정 들어가지 못하고 일정한 크기 이상의 증식 능력을 소실했다. 한편 포유동물의 심근세포가 신경세포와 새롭게 연결되면서 과거 심장과 소화기관이 가지고 있던 연결망을 상실했다. 미주신경에 의해 심장의 박동 속도가 조절되면서 마침내 중추신경계가 섭식과 같은 다른 기능도 일부 도맡게 되었다.

포유동물의 순환계는 혈관계, 림프계, 그리고 호흡계를 포함한다. 이들은 신체의 공식 배달부이자 청소부이다. 따라서 순환계는 대사의 필요성과 함께 꾸준히 진화해왔다. 다시 말하면 순환계는 산소와 영양분을 효과적으로 움직이고 노폐물을 처리하기 위한 장치에 다름 아니다. 순환계가 운반하는 산소가 조직의 대사율을 제한하는 가장 직접적인 요소가 된다. 따라서 1킬로미터를 30초 안에 뛸 수 있는 사람은 아무도 없다.[65] 인간 신체 능력의 한계는 우리의 생리적인 시스템의 최대 능력을 반증하는 것과 다름없다. 심장의 진화는 생명체가 보다 효과적인 순환계가 필요했음을 의미하는 것이다. 편형동물의 순환계는 효율성 면에서 형편없고 배설 시스템이 전신에 퍼져 있다. 아직 콩팥이 필요하지 않은 것이다. 아메바, 해면은 따로 순환계가 존재하지 않는다. 얇은 신체를 통한 확산을 통해 산소를 받아들이고 노폐물을 제거한다. 그러나 확산에 의한 방법만으로는 더 복잡해진 조직의 수요를 감당하지 못한다.

---

65 · 순환계의 능력 말고도 근육의 능력을 제한하는 것은 더 있다. 노폐물의 처리는 그렇다고 하더라도 대사 과정에서 생긴 열은 어떻게 할 수가 없다. 치타는 순간속도가 시속 100킬로미터가 넘지만 1킬로미터를 뛰면 체온이 40도를 넘는다. 즉시 멈추어야 할 순간이다.

편의상 순환계는 '열린 혹은 닫힌'이라는 수식어가 붙는다. 열린 순환계는 심장이 발달했고 몇 개의 혈관이 있지만 말 그대로 조직을 혈액에 담그는 형국이다. 닫힌 혈관계에서 혈액은 밖으로 나가지 않는다. 다만 혈액의 일부분인 혈장이 혈관을 떠나 조직으로 움직일 수 있다. 혈액을 떠난 혈장은 조직이나 세포를 영양분으로 적신다. 혈관을 떠난 이런 유동액은 림프액이라고 불린다. 다시 모인 림프액은 림프관을 따라 혈액으로 다시 순환된다. 닫힌 순환계와 비교하면 열린 순환계에서는 혈장과 혈구가 따로 가지 못한다. 어쨌거나 혈장과 체액을 움직인다는 말은 심장과 같은 펌프가 있다는 말과 동의어이다.[66]

---

66 · 암세포는 왜 심장을 쉽게 넘보지 못하는 것일까? 2014년 미국에서 유방암 발병은 23만 5,000건으로 집계되었다. 그다음으로는 전립선, 폐, 대장이고 피부와 뇌가 뒤를 이었다. 심장이 '열정 덩어리'이기 때문에 암에 잘 걸리지 않는다고 말하는 사람도 있었다. '염통鹽桶'을 이유로 들었던 사람도 있었다. 다른 조직이나 기관에 비해 심장에 소금의 양이 많다는 것이다. 쉽게 말하면 심장이 간보다 짜다는 것이다. 짜기 때문에 심장에 암이 생기지 않는다는 얘기인 듯한데, 소금 파는 사람들의 얘기였다. 소금이라고 두루뭉술하게 말하고는 있지만 정확히 말하면 나트륨일 것이다. 그럼 심장에 정말 나트륨이 많을까? 결론을 먼저 말하면 답은 '그렇지 않다'이다.《혈액 순환 연구Circulation Research》라는 쟁쟁한 잡지에 1955년 실린 논문을 참고하면 나트륨이 가장 많은 곳은 뼈이고 가장 적은 기관은 골격근 근육이다. 심장은 그 중간쯤이다. 나트륨의 양에 관한 한 특별할 것이 없다는 말이다. 그러므로 염통의 염이 소금이라는 말은 틀렸다. 좀 들춰보니 염통은 순 우리말이라고 한다. 밥통(위)이나 오줌통(방광)이나 다를 바 없다. 열에 대해서도 좀 살펴보자. 우리 몸에서 열을 만드는 장소는 주로 내부 기관, 즉 간이나 뇌, 심장이다. 또 골격근 수축에 의해서도 열이 만들어지거나 보관된다. 그러므로 사람들이 흔히 믿듯 심장이 간보다 더 따뜻할 이유는 굳이 없어 보인다. 최근《타임스》기사에(2014년 8월 28일자) 왜 심장에 암에 내성이 있는가 하는 내용이 실렸다. 결론은 심장을 구성하는 세포들이 분열하지 않는다는 것이었다. 태어난 뒤에 심장이 커지는 이유는 세포의 숫자가 아니라 세포의 크기가 커지기 때문이라는 것이 지금까지의 통념이었다. 그렇다면 배아 발달 단계에서 심장이 암에 걸릴 수 있을까? 몇몇 임상 결과는 그렇다는 사실을 입증하고 있는 듯하다. 한데 2013년 미국 국립과학원회보에 실린 논문을 보면 심장에도 줄기세포가 있어서 성인이 될 때까지(약 20세) 세포의 수를 늘리고 심장을 키워나갈 수 있다고 한다. 그러므로 아직까지 심장에 왜 암에 잘 걸리지 않는가에 대한 정답은 없다. 다만 닉 레인이 『생명의 도약: 진화의 10대 발명』이란 책에서 이렇게 말하기는 했다. '일반적인 법칙에 따르면 미토콘드리아가 없이 살아갈 수 있는 세포만 암으로 진행될 수 있다. 가장 크게 원인으로 지목된 세포는 줄기세포다. 미토콘드리아에 거의 의존하지 않는 줄기세포는 종양화와 연관이 되는 경우가 많다.' 심장에 줄기세포가 있고 그것이 분열하여 세포의 수를 늘릴 수 있다면 심장도 암에 걸릴 가능성이 있다. 또 혈액을 타고 흐르는 암세포가 다른 조직으로 가기 위해서는 반드시 심장을 거쳐야 할 것이다. 그렇기 때문에 심장이 미토콘드리아를 활발하게 가

먹고 사는 것의 생물학

곤충은 혈관의 연동운동에 의해 혈액이 길이를 따라 한 방향으로 움직인다. 두 갈래로 흐르는 혈관의 구멍ostia이 열리면 혈액이 들어오고 수축하면 이 구멍이 닫힌다. 이런 혈관이 심장으로 특화되는 경향은 연동운동의 힘, 즉 수축력을 증가시키기 위한 개선으로 나아갔다. 몸체의 한 부분에 근육층이 몰리면서 심실이 된다. 근육의 벽이 팽창하는 데 한계가 있기 때문에 이 공간에 혈액을 채우는 데는 한계가 있다. 이런 이유로 심장 내부에 두 번째 영역이 생겨났다. 여기서는 혈압을 충분히 올려 심실을 채우게 된다. 심장은 이제 필요한 혈액을 폐로 또는 신체로 보내기 위해 서로 다른 경로를 발달시킬 수 있었다.

인간 혈관계

이심방 이심실로 나뉘어져서 조직에 산소를 공급하고 이산화탄소를 배출한다는 점에서 인간의 심장은 돼지의 그것과 다를 바가 없다. 그렇긴 해도 심장 주변의 숫자에 대해 잠시 살펴보고 이야기를 계속해보자. 인간 심장이 공급하는 혈액의 총량은 약 5리터이다. 이들 혈액 전체가 매 1분마다 심장을 통과한다.[67] 인간의 수명이 평균 70세라면 심장은 혈액 2억 리터를 운반하는 것이다(계산에 의하면 2미터 높이의 올림픽 수영 경기장 약 250개를 채울 수 있는 분량이다). 훈련에 의해 이 혈류의

동시키고 그 과정에서 불가피하게 만들어질 수 있는 활성산소를 효과적으로 제거하는 한편 손상된 미토콘드리아를 수선하는 기제가 잘 발달되었다고 추론해볼 수는 있을 것 같다. 그러나 인간의 내부 장기를 비교생물학적 · 생리학적 관점에서 연구한 논문은 생각만큼 많지 않다. 심장 조직에 들어 있는 나트륨의 농도를 찾는 데 이틀이란 시간이 걸린 것이 그 점을 직접적으로 반영하고 있는 듯하다.
67 · 편히 쉬고 있을 때 인간의 심장은 평균 72회 박동한다. 한 번 박동할 때 대략 70밀리리터의 혈액을 짜낸다. 따라서 심장 박출량은 72×0.07=5리터/분이다. 1분이면 우리 몸에 있는 모든 혈액이 한 번은 심장을 통과한다는 계산이 나온다.

흐름을 평소의 다섯 배 이상으로 증가시킬 수 있다. 그러나 이렇게 되면 심방을 채우는 데 걸리는 시간이 모자라게 된다. 그래서 심장은 1분에 179회 이상을 뛸 수 없다. 훈련된 마라톤 선수들은 심장 근육세포가 커지고 쥐어짜는 힘이 커져서 보다 많은 혈액이 심장에서 나간다. 사실 잘 훈련된 운동선수들은 심장의 수축력이 증가했기 때문에 쉴 때나(분당 35~50회 정도다) 뛸 때나 보통 사람들보다 심장의 박동수가 느리다.

혈압이 변하더라도 인간은 심장 박출량을 일정하게 유지하는 내재적 수단을 가지고 있다. 혈압이 올라가면 심실로 들어가는 혈액의 양이 늘어난다. 수축하는 힘이 커져서 박출량도 증가한다. 그렇지만 심실에서 폐로 들어가는 혈액의 양과 심장에서 전신으로 나가는 혈액의 양은 항상 같아야 한다. 만약 한 번 박동할 때마다 폐로 1밀리리터씩 더 들어간다고 가정한다면 이론적으로 80분이 채 안 되어서 모든 혈액은 폐 속에 존재하게 된다. 그러나 수축하는 만큼 팽창하는 효과 때문에 두 심실은 같은 양의 혈액을 보낼 수 있다. 소동맥과 모세혈관 사이의 조임근 모세혈관에는 근육세포가 없다. 그래서 그들은 수축하거나 팽창할 수 없다. 혈관 조임근의 수축에 의해 혈액이 운반되기 때문에 휴식상태에서 대부분의 모세혈관도 찌부러져^{collapse} 있다. 모세혈관은 하나의 세포층으로 구성되어 있어서 물질의 교환을 신속하게 수행한다. 모세혈관은 짧지만 이들의 연결망은 매우 넓어서 평균적으로 세포 하나 정도의 크기인 20마이크로미터마다 모세혈관이 닿는다. 1제곱밀리리터당 모세혈관의 숫자는 근육인 경우 300~600개이다. 이렇게 촘촘한 총 모세혈관의 표면적은 6,300제곱미터, 얼추 축구장 크기이다. 20조가 넘는 적혈구의 숫자는(206쪽 표 5 참고) 인간이 가진 세포 전체의 절반이 넘는다. 엄청난 숫자이다. 4개월 동안 살면서 적혈구가 움직이는 거리는 하루 약 4킬로미터, 총 1,000킬로미터 정도이다.

먹고 사는 것의 생물학

인간은 하루 24리터의 액체가 혈관과 조직 사이에서 서로 교환된다. 이 중 85퍼센트가 다시 모세혈관을 통해 회수되고 나머지 3.6리터 정도가 조직에 남는다. 바로 이것이 림프액이다. 혈액 순환에 문제가 있거나 콩팥 기능이 나빠서 혈액으로 회수되는 체액의 양이 줄어들면 조직에 부종이[68] 생길 수도 있다. 림프관은 넘치는 체액을 다시 혈관으로 보내 균형을 잡는다. 림프관의 기능 중 단백질을 다시 혈액으로 돌려보내는 일도 매우 중요하다. 약 20~50퍼센트에 달하는 혈장 단백질이 매일 조직에서 혈액으로 돌아간다. 또 림프액은 조직에 있던 세균을 걸러주는 역할도 한다. 소위 임파구라고 하는 세포들이 하는 일이다. 큰 림프절은 무릎, 사타구니, 가슴, 겨드랑이, 팔꿈치, 목 그리고 머리에 있다.

적혈구의 변화는 두 가지 방향에서 일어났다

심장은 영양소를 혈장에 담아 전신으로 운반하지만 폐를 통해 들어온 산소도 운반한다. 적혈구가 하는 일이다. 산소 운반의 효율성을 높이기 위해 적혈구는 변화를 거듭했다. 적혈구 변화의 두 경향은 서로 밀접한 관련이 있다. 한 가지는 세포의 크기를 줄이는 것이다. 또 다른 하나는 산소의 운반을 극대화하는 것이다. 적혈구의 크기가 줄어들면 그렇잖아도 몸통을 비틀어 들어가야 하는 모세혈관을 통과하기가 쉬워진다(그림 18). 크기를 줄이면서도 산소의 운반 능력을 잃지 않기 위해 이 세포는 핵을 없애버렸다. 핵을 없애다 보니 여기서 만들어진 RNA를 가지고 단백질을 만드는 리보좀 공장도 필요 없게 되었다. 내친

---

68 · 모세혈관에서 조직으로 나간 혈장이 림프관을 거쳐 다시 혈액으로 돌면 순환의 한 주기가 종료된다. 원론적으로 생각하면 혈액에서 나간 혈장이 다시 혈액으로 돌아오지 못하고 정체되면 부종이 생길 것이다. 조직을 다쳤거나 림프관이나 혈관이 다친 경우 등 다양한 이유를 들 수 있을 것이다.

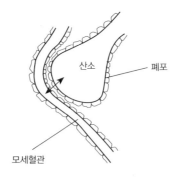

그림 18. 폐포를 통한 산소 교환

모세혈관의 직경보다 작은 크기의 적혈구는 구조상 산소와 단 한쪽 면에서만 만난다. 따라서 적혈구는 산소의 적재량을 극대화하기 위해 핵과 세포 내 소기관을 버렸다. 대신 세포질에는 헤모글로빈으로 가득 차 있다. 그 숫자는 세포 하나당 2×10^8개이다.

김에 미토콘드리아도 없어졌다. 적혈구에서 미토콘드리아가 어떻게 사라지느냐에 대한 연구 결과는 2008년《네이처》에 실렸다.

닉스^{Nix}라고 하는 단백질이 미토콘드리아 막의 전위차를 떨어뜨리면 세포는 이들을 손상된 소기관으로 인식하고 세포 내에서 제거해버린다. 아마도 핵과 다른 소기관들도 이와 유사한 자기 소화 과정을 거쳐서 한때 필수적이었던 자신들의 중요한 부위를 제거할 것이다. 기실 미토콘드리아가 없으면 핵도 없는 게 세포 경제학적으로 맞는 얘기다. 단백질을 만드는 데 에너지가 많이 소모되기 때문에 '하우스 푸어' 꼴을 면하기 힘들다.《플로스 원$^{PLoS ONE}$》이라는 잡지에 자기 소화 과정을 통해 핵이 제거될 수 있다는 논문이 실린 적도 있다. 방법이야 어떻든 이들 소기관들은 한마디로 토사구팽당하는 것이다. 이런 행위의 유일한 목적이 있다면 그것은 산소의 효율적인 운반이다.

연구된 바에 따르면 적혈구 안에는 약 2억 개의 헤모글로빈 분자가 들어 있다. 말라리아 원충이 황제 다이어트를 감행할 장소로 적혈구라는 매우 화려한 레스토랑을 선택했던 점은 현명했다. 미토콘드리아가

먹고 사는 것의 생물학

없다고 해서 세포의 삶이 언제나 팍팍하지는 않다. 사실 먹을 것이 풍부하다면 말썽의 소지가 있는 미토콘드리아 대신 해당작용을 통해 충분한 에너지를 얻을 수 있다. 해당작용은 말 그대로 당을 분해하는 과정이다. 그러나 정확하지 않은 용어이다. 탄소가 여섯 개인 포도당을 완전히 분해하면 여섯 분자의 이산화탄소가 만들어진다. 간단히 말하면 해당작용은 절반으로 뚝 엿가락을 분지르듯 포도당을 탄소 세 개짜리 두 분자로 나누는 과정을 지칭한다. 여기서 생겨난 이들 중간체는 아미노산이나 지방산을 만드는 재료로 사용한다. 따라서 이런 전략은 암세포들이 특히 좋아한다. 해당작용의 속도는 매우 빨라서 미토콘드리아를 통해 포도당이 완전 분해할 때 생기는 만큼의 ATP를 만들어낼 수 있다. 그러나 많은 양의 포도당이 필요하다.

미토콘드리아가 없는 적혈구도 해당작용을 통해 포도당을 분해하고 에너지를 얻으면서 비장에서 숨을 거두기까지 거의 네 달이라는 긴 세월을 살아간다. 그동안 이들이 움직이는 거리는 가히 천문학적이다. 사실 적혈구는 핏속을 떠도는 세포 중의 하나이다. 혈액 속에는 백혈구도 있고 혈소판도 있다. 처음에 혈액이란 것이 생겼을 때는 서로 다른 기능을 하는 세포들도 원시적이었거나 덜 분화되었을 것이다. 적혈구의 분화는 소화기관 주변으로 혈관계가 나타났던 사건을 고려할 때만 그 의미가 살아난다. 입과 항문의 기능이 한 부위를 통해서 일어나는 생명체에서는 혈관계가 아직 등장하지 못했기 때문이다.

미국 스미소니언박물관의 연구진이 공룡 티라노사우루스의 뼈에서 6800만 년 된 적혈구를 발견했다고 하지만 기실 적혈구의 역사는 그보다 훨씬 오래되었다. 혈액을 연구하는 과학자들 사이에서 원시 적혈구는[69] 지금 백혈구와 적혈구의 기능이 뒤섞인 역할을 수행했을 것으로 본다. 그러니까 원시 혈구세포protohemocyte는 포식작용과 영양의 기능을 도맡아 했다. 최초의 동물로 취급되는 해면동물의 한 세포는 뭔가를 집어 먹을 수 있었다. 이들이 점차 분화되면서 백혈구로 변했다. 이들 중 일부는 음식물과 산소를 공급하는 일을 하게 되었다. 적혈구는 해양동물이 분기해 가는 초기 환형동물^{annelida}에서 진화되었다. 다시 말하면 초기 원시 혈구 세포는 유기체의 면역 기능과 에너지를 공급하는 기능을 담당했다는 것이다. 여기서 면역을 담당하는 기능은 백혈구로 특화되었고 영양소를 공급하는 것은 혈장 단백질의, 산소 운반은 적혈구의 주 특기가 되었다. 이렇게 말하고 나니까 새로운 질문이 하나 떠오른다. 면역 기능과 산소의 운반이 세포라는 몸통을 특별히 필요로 하는 이유가 따로 있을까? 결과론적이기는 하지만 그 답은 결국 다세포 생명체의 기능 분화와 관련이 있을 듯하다.

소화기관과 함께하는 호흡기관?

얼핏 보기에 호흡기관과 소화기관은 아무런 관계가 없는 것 같다. 예전에 미국에 있을 때 내가 머물던 연구소는 호흡기 내과 병동 안에 있었다. 늘 마주치는 의사들이 모두 폐에 관한 한 전문가들이었지만 폐의 기원이 어디냐는 질문에 쉽사리 답하지 못했다. 나중에 중국계 의사가 부레라고 말하긴 했지만 아가미를 거론하는 사람들도 있었다. 사실 폐는 발생 과정에서 간략히 언급했지만 소화기관에서 분화해 나간 것이다.

---

69 · 적혈구의 기원이 위족을 갖고 포식작용을 하는 대식세포와 맞닿아 있다는 것은 과학자들 사이에서 합의가 이루어진 것 같다. 대식은 큰 것을 먹는다는 뜻이다. 여기서 큰 것은 세균 같은 것이다. 세균이나 외부 이물질이 들어오면 청탁을 가리지 않는 애주가처럼 대식세포는 이들을 꿀꺽 삼켜버린다. 그래서 대식세포는 우리 신체의 가장 보편적인 면역계 세포이다. 그에 반해 림프구는 까탈스러워서 자신의 구미에 맞지 않는 외부 물질에는 반응을 하지 않는다. 따라서 대식세포를 필두로 하는 선천성 면역계에 대비해 림프구를 적응성 면역계라고 말한다.

소화기관과 호흡기관은 여러 가지 면에서 서로 협동 작업을 한다.

소화기관과 호흡기관은 들어가는 물질의 성질이 다를 뿐이지 구조적으로는 흡사하다. 사실 이 부분을 진화 시간과 맞물려 생각을 해보면, 육상으로의 진출이라는 격정적인 사건을 언급해야 하지만 실제로는 소화기관과 혈관계, 그리고 혈관계에서 분기해 나간 호흡계가 등장한 사건에 다름 아니다. 그 와중에 지구 생명체가 육상으로 진출하게 된 것이다. 호흡계 활동의 결과로 소화기관이 일을 할 수 있다. 반대로 소화기관이 없으면 호흡계도 일을 할 수 없다. 그러므로 이들 두 기관은 서로 협력해서 생명체를 먹여 살린다. 하나는 산소, 하나는 영양분을 통해서 말이다.

너무 당연한 얘기지만 소화기관은 상피층을 둘러싼 근육들이 움직여 음식물을 한 방향으로 보내면서 소화하고 잘게 쪼개진 영양소 단위를 흡수한다. 근육이 연료로 사용하는 것은 탄수화물과 지방이지만 여기서 에너지를 추출하기 위해서 필요한 것이 산소이다. 횡격막과 근육도 마찬가지다. 이들이 움직이면서 폐가 수축, 이완하고 그 와중에 산소를 받아들이고 이산화탄소를 내보낸다. 물론 영양소와 산소를 운반하는 것은 물이다. 그리고 그 물은 붉다.

소화기관과 늘 함께해야 하는 것은 호흡계, 순환계이다. 그래서 그들은 해부학적으로도 가까운 위치에 있다. 사실 인간을 포함하는 동물의 신체는 소화기관을 중심으로 돌아간다. 그런 이유로 이들 소화기관은 길고 몸 전체에 걸쳐 있으며 외부로부터 에너지를 받아들여 쉼 없이 움직이고 있는 여타의 부속기관을 먹여 살려야 한다. 그중에서도 가장 사치스럽고 방탕한 기관이 바로 뇌이다. 뇌는 잠을 자는 순간에도 골머리를 썩이는 순간만큼 에너지를 소모한다.

나중 생겨난 것이 먼저 썩는다?

다세포 생명체 노동의 분화와 관련된 재미난 연구 결과를 한 가지 살펴보자. 우선 질문 하나. 우리 인류의 조상은 어떻게 생겼을까? 이 질문에 대한 답은 사람마다 다를 것 같다. 몇 년 전에 타계한 린 마굴리스라면 세균을 떠올릴지도 모르고 『내 안의 물고기』 저자인 닐 슈빈은 물고기 얼굴을 유심히 쳐다볼지도 모를 일이다. 10년 전의 나라면 구석기 인류를 떠올렸을 것이지만 지금의 나는 눈에 보이지도 않는 세균 조상을 향해 고개를 숙인다. 영국의 레스터 대학의 연구진들은 아마도 척추동물의 공통 조상을 생각했나 보다.

그들은 물고기의 연한 조직이 부패되는 과정을 검사했다. 캄브리아기인 5억 년 전의 생명체가 어떻게 생겼나 알아보기 위해 그들이 실험한 방법은 매우 독창적이었다. 원시적인 물고기인 먹장어와 칠성장어처럼 뼈가 생기기 이전 바다 생명체들은 전부 연한 조직으로만 이루어진 몸뚱이로 살았다. 뼈나 이빨이 없이 죽으면 눈, 소화기관, 근육은 빨리 소멸된다. 아마도 법의학자들이 잘 알고 있는 내용일 터이다. 레스터 대학 연구진들은 썩은 물고기 시체의 냄새를 견디면서 도대체 어떤 조직이 먼저 분해되는지를 살폈다. 초기 척추동물의 조상은 벌레 비슷한 동물에서 진화했다. 탄산칼슘과 인산칼슘 같은 무기 염류가 생명체의 구조적 성분으로 편입되기 이전인 5억 년 전의 화석은 오랜 세월을 지나는 동안 완전히 분해되어 사라지기 때문에 원형 그대로 보존되기가 매우 힘들다. 그러나 아주 드물게 발견되는 화석은 척추동물 친척의 흐릿한 상을 제공한다. 호주의 에디아카라 화석과 1984년에 처음 발견된 중국의 청장 화석 유적은 초기 척추동물의 진화에 대한 매우 강력한 실마리를 던지고 있다. 이를 바탕으로 중국 연구진들은 최근 고생물학

먹고 사는 것의 생물학

분야를 주도해 나가고 있다.

부패하는 시체는 대개 법의학자들의 고유한 영역이지만 고생물학자들은 썩는 물고기의 연구를 통해 최초의 인류 선조를 이해하려 하고 있다. 연구 결과는 2008년 《네이처》에 실렸다. "우리가 얻고자 하는 것은 죽기 전의 생명체가 어떤 종류의 생물인가 하는 점이다. 그리고 법의학적forensic 분석처럼, 죽은 이후 발생한 부패가 어떻게 신체를 바꾸었는지를 아는 것은 원래 해부학적 구조를 파악하는 데 중요한 단서를 제공한다."라고 논문의 주 저자인 롭 샌섬Rob Sansom 박사는 말했다.

동물이 보존되고 화석화되는 과정에서 부패가 과학의 영역으로 들어온 지는 얼마 되지 않았다. 동물이 썩어가면서 해부학적 특징이 어떻게 변화하는지를 파악함으로써 인류 진화 계통수의 가장 낮은 가지를 나타내는 대부분의 고대 화석을 더 정확하게 해석할 수도 있을 것이다. 예외적인 환경에서는 눈, 근육, 소화관 같은 부드러운 조직도 화석화될 수 있고 앞에서 말한 것처럼 중국 청장 지역에 정밀하게 남아 있기 때문에 비교 분석을 통해 이들 화석을 캄브리아기 초기에 등장한 동물 조상을 이해하는 데 활용할 수 있을 것이다.

이들은 물고기 몸체의 부드러운 조직은 지속적이고 예측 가능한 방식으로 부패한다는 사실을 발견했다. 그간 멸종한 척추동물의 정보는 그들의 광화된 뼈에 거의 전적으로 의존해왔다. 동물의 뼈에 포함된 인산칼슘은 수천 년 동안 다른 미네랄과 결합하여 화석을 형성한 다음 수억 년 동안 보존될 수 있어서 그 숫자가 많기 때문이다. 그러나 동물의 뼈는 진실의 일부분만을 말해줄 뿐이다. 척추동물의 몸은 대부분 연조직, 피부 근육 신경으로 구성되고 신속하게 부패하기 때문이다.

일부 고생물학자들은 멸종한 동물의 연조직을 살아 있는 동물의 그것과 비교함으로써 멸종동물의 특징을 유추하기도 한다. 티라노사우루스의 관절을 현생 조류 및 파충류의 관절과 비교하여 일부 티라노사우루스는 이제까지 생각했던 것보다 더욱 두꺼운 연골판을[70] 보유했음에 틀림없다고 결론을 내리기도 했다. 그에 따르면 티라노사우루스의 키는 피츠버그의 카네기 멜론 박물관에 진열되어 있는 것들보다 커야한다. 연조직을 연구하면 척추동물이 지구상에 처음 등장했을 때 발생한 미묘하고 복잡한 변화를 포착할 수도 있기 때문이다.

레스터 대학 연구진들이 실험한 것을 좀 살펴보자. 그들은 영국의 강과 스웨덴의 구불구불한 해안선을 따라다니며 칠성장어와 먹장어 표본을 수집했다. 이후 200일 동안 이들 물고기 몸통의 어느 부분이 어떤 순서로 사라지는가 기록하고 분석했다. 그 결과 이들은 나중에 진화된 신체부위일수록 먼저 부패한다는 결론에 도달했다. 예컨대 칠성장어의 경우, 이들을 초기 어류와 구별해주는 뇌와 입의 특정 부분은 24시간 안에 썩었다. 가장 늦게 진화한 부위일수록 먼저 부패하기 때문에 시간이 지나갈수록 물고기는 가장 먼저 진화한 부분만이 남아 있게 된다. 실험실 환경이 아닌 야생에서 화석도 이런 방식으로 세월이 때리는 망치와 정의 힘을 버티는 것일까? 어쨌든 우리가 잘 알고 있는 장기를 예로 들자면, 감각기관, 신장, 뇌, 간과 소화기관의 순으로 물고기의 장기가 썩어 없어졌다. 그리고 맨 마지막이 척삭notochord이다. 소화기관은 오래되었다. 재미있는 연구 결과이다.

---

70 · 콜라겐 단백질 Col2A1은 연골에서는 발견되지만 경골, 즉 딱딱한 뼈에서는 발견되지 않는다. 다양한 종류의 세포외 기질을 갖게 된 것이 척추동물 진화의 중요한 요소가 되었다는 점은 확실하다. 심지어 초기의 동물은 인간보다 더 많은 세포외 기질 유전자를 가지기도 한다. 미오신 단백질이 그런 예이다. 11장 356쪽에 *MYH16*(미오신 무거운 사슬 단백질 16) 유전자를 잃어버리고 뇌의 크기가 커진 얘기가 나온다.

먹고 사는 것의 생물학

(백만 년 전)

		세포 내 소화	세포 밖 소화
4600	**시생대**		
대산소 사건, 남조세균 2500			
진핵세포 2000	**원생대**		
	800 다세포 생명체 최초의 원생동물문 아메바		
570			
최초의 곰팡이 560			
빗해파리, 해면, 말미잘, 산호 550			
캄브리아기 대폭발 542			
척삭동물, 절지동물, 삼엽충, 연체동물 535			
두족류 510			
무악어류 485			
최초의 원시육상식물, 녹조류 434			
전갈 420			
동물, 뭍으로, 사지동물 395			
종자식물 363			
상어, 게, 양서류, 먹장어 350			
공룡 250			
경골어류 225			
겉씨식물, 지구를 덮다, 거북 220 바이러스, 진핵세포를 넘보다			
도롱뇽, 영원 170	**현생대**		
시조새 163			
포유동물(중국) 160			
속씨식물, 기세를 올리다 130			
	115 오리너구리		
	100 벌		
	90 뱀, 태반포유류		
	80 개미		
	66 쥐		
	65 공룡 멸종		
	55 새(날다)		
	50 낙타		
	37 육식동물 고양이과		
	35 화본과 식물, 포유류, 독수리		
	25 사슴		
	15 기린, 소, 캥거루		
	7.5 말		
	6.5 영장류		
	6 오스트랄로피테쿠스		
	5 코끼리		
	2 호모 하빌리스		
표 4. 주요 동물의 등장 시기	0.25 해부학적 현생 인류		

소화기관의 진화

효과적인 소화기관이 진화했다는 말은 다른 한편으로 생각하면 어떤 생명체의 주변에 '일용할 양식'이 줄어들었다는 말로도 들린다. 경쟁이 심한 경우라면 같은 음식물에서 최대한 단물을 뽑아내는 형질이 선택되기 쉬울 것이다. 그러나 이 말에는 소화하기 쉬운 음식물을 구할 수 있게 되었다는 의미도 포함되는 것 같다. 소화하기 쉽다는 말은 에너지의 밀도가 높다는 것과 일맥상통한다. 같은 노력으로도 더 많은 에너지를 추출할 수 있기 때문이다. 에너지 밀도가 높은 음식물을 구할 수 있는 행동이나 그것을 조정하는 뇌, 던지기 근육과 같은 특정한 부속기관이 진화되었다는 사실과도 부합되는 것 같다. 이 모든 것이 인간의 현재와 관련이 있다. 여기서는 소화기관에 초점을 맞추고 이런 사건이 어떻게 재구성되는지 살펴보도록 하자.

기관의 기능은 그것을 구성하는 세포에 의존한다. 기관이나 조직은 많은 세포들이 서로 결합하고 있는 까닭이다. 응집성 단위$^{cohesive\ unit}$로서 소화기관은 매우 독특한 환경에 처한다. 소화기관은 우리 몸 중에서도 가장 길고 가장 큰 기관이며 살아가는 동안 음식과 같은 외부 요인과 끊임없이 맞닥뜨려야 한다. 매우 중요한 기관임에는 틀림없지만 우리 몸의 구중심처에 감춰져 있기 때문에 연구하는 데 상당한 어려움을 겪었다.[71]

얼핏 보기에 소화기관은 매우 단순해 보인다. 상피세포로 이루어진 관이고 그것을 구성하는 세포의 종류도 몇 안 되는 것 같다. 이 관을 둘러싸고 신경이 뻗쳐 있는 근육층이 있을 뿐이다. 진화학의 연대기를 보면 소화기관은 내배엽에서 유래하는 것이고 중배엽보다 앞서서 나타났다. 그러나 근래에 이르러서야 소화기관에 관한 본격적인 연구가 진행되었다.

발생 측면에서 연구의 결론을 서둘러 말하면, 장(길이)축, 배복축(등배면dorsoventral), 좌우축 혹은 방사축을 따라 장의 유형이 어떻게 결정되는지가 이들 소화기관의 발생과 기능 혹은 항상성을 추적하는 매우 중요한 단서가 된다.

소화기관의 형성은 다세포 생명체의 등장과 거의 맞먹는 역사를 지니고 있다. 여러 세포가 모여 생명체를 이루면서 이들은 특화된 세포를 구비하게 되었다. 먼저 외부의 방어막이 필요했을 것이다. 발생학 용어를 쓰면 이들은 외배엽에서 기원했다. 그리고 내배엽에서 출발한 내부의 층들로 분화했다. 내배엽 세포들은 음식물의 흡수와 밀접한 관련을 맺고 있다. 중배엽은 그 중간층에 있는 조직을 만들었는데 내배엽이나

---

71 · 1822년 북미 지역에서 산탄총이 잘못 발사돼 19세 캐나다 청년이 중상을 입는 사고가 발생했다. 위가 뚫린 이 청년을 치료한 사람은 윌리엄 보먼트다. 상처는 아물었지만 지름 1센티미터 정도의 구멍이 남았고 거기에 자연적으로 얇은 막이 생겼다. 이 막을 통해 음식물이 어떻게 소화되는지 꼼꼼하게 기록했던 덕분에 우리는 소화기, 특히 위와 그 기능에 대해 조금씩 알게 되었다. 이런 엽기적인 인체 실험 덕에 보먼트는 소화기 생리학의 대부로 불린다.

외배엽보다 약 4000만 년 뒤에나 발명된 것으로 추측하고 있다. 앞에서 말했지만 중배엽은 여러 정황상 내배엽에서 유래한 것으로 간주된다.

안이면서 동시에 밖인 소화기관을 갖는다는 점에서 물고기는 인간과 다를 것이 하나도 없다.[72] 눈을 게슴츠레 뜨고 어항 속에서 나를 향해 다가오는 물고기를 보고 있으면 내 얼굴이 보인다. 눈도 있고 코도 있다. 지느러미와 팔다리라고 다르게 부르는, 부속지appendage의 다양성을 두고 한쪽은 어류, 한쪽은 포유류라는 이름을 지어 부르지만 소화기 입장에서 생각해보면 양쪽 다 하나의 계보에 속한다. 부속지는 다소 거추장스러울 때도 있는 우리의 팔, 다리 같은 것들을 일컫는 말이다. 소화기관 '근본주의자'들은 뇌도 부속기관으로 치부한다. 때론 나도 외부로 드러나 있는 생식기를 부속지로 생각하고픈 때가 있다. 왜 우리는 액체 노폐물을 버리는 관을 따라 그렇게 애지중지하는 정자를 함께 운반해야만 했을까?

꼬마선충Caenorhabditis elegans, 초파리drosophila, 성게sea urchins, 멍게ascidian, 아프리카발톱개구리Xenopus laevis, 얼룩물고기zebrafish, 달걀, 그리고 마우스 등 척추, 무척추동물을 망라한 실험 모델에서 과학자들은 소화기관의 발생을 담당하는 유전자와 세포 기제를 밝혀내고 있다. 예를 들어 내배엽 형성을 담당하는 잘 보존된 전사조절 인자들은 *Gata*와 *Forkhead* 유전자들이다. 문을 망라하며 잘 보존되어 있는 이 유전자들은 세포 상호작용은 물론 조직의 분화에도 관여한다. 그 양상은 매우 다양하지만 세포 내부에서 일어나는 자세한 사항은 아직 속속들이 잘 모른다. 신호전달 쪽을 좀 더 자세히 들여다보면 윈트Wnt는[73] 꼬마선충, 성게, 멍게의 내배

---

72 · 닐 슈빈의 『내 안의 물고기』를 보면 인간은 그 안에 세균에서부터, 말미잘, 개구리, 파충류를 다 포함하고 있다. 어김없이 인간의 흔적은 세균과 고세균까지 소급된다.

73 · 암에서 발견된 최초의 발암유전자는 *int*였다. 이 유전자는 나중에 날개가 없는*wingless* 초파

엽 발생에 관여하고 척추동물에서 이와 유사한 작용을 하는 단백질은 TGF 베타(보다 정확히는 Nodal)이다. 왜 이렇게 다를까? 선구동물과 후구동물의 차이인가? 아니면 우리가 아직 자세히 모르기 때문일까? 되도록 유전자 언급은 피하면서 얘기를 끌어가보자.

앞뒤축을 따르는 소화기관의 발생 유형

모든 동물은 예외 없이 하나의 세포에서 시작한다. 난자와 정자의 연합체인 하나의 수정란은 난황이 제공하는 에너지를 이용해 세포의 숫자를 늘리면서 공 모양을 이룬다. 일반적으로 분열된 세포의 수가 100개를 넘으면 배의 내부에 공간이 생긴다. 이를 포배(주머니배^{blastula})라고 부른다. 포배기를 지나면서 세포 분열이 더 진행되어 배의 표면이 늘어나면, 포배의 세포들이 난할강 안으로 접혀 들어가는 함입이 일어난다(그림 9). 서로 맞닿은 세포 집단 사이의 불균등한 세포 분열은 전체적인 구조의 변화를 추동하는 힘이다.[74] 발생의 운명을 결정짓는, 성질이 다른 두 세포층의 구별이 생기며 이 시기의 배를 낭배^{gastrula}라고 한다. 부드러운 고무풍선을 주먹으로 푹 찔러 넣었을 때 생기는 모양과 비슷하다. 낭배기 후반부에 중배엽이 분기해 나가면 내배엽은 복잡한 형태 변화를 겪게 된다. 낭배기$^{gastrulation, 원장형성}$에 이들은 가운데 중심선을 따라 모이며 앞뒤^{anteroposterior}축 전체를 둘러싸 포괄하는 구조를 취한다. 이런 움직임은 움푹 패인 관 모양이 될 것이다. 여러 다세포 생명체에서

리 돌연변이 유전자와 동일한 것으로 밝혀졌다. 이 둘을 합친 이름인 *Wnt* 유전자이다. 이들은 발생 과정에서 매우 중요한 역할을 하는 유전자이다. 물론 암 발생 과정에서도 그렇다. 뒤에 나오는 다양한 유전자들도 구조와 기능은 다르지만 발생 과정에 긴밀히 참여하는 것들이다.

74 · 이런 현상은 중배엽과 내배엽이 맞닿는 장소에서 자주 발견된다. 뒤에 살펴보겠지만, 소장이 구부러지거나 융모가 만들어지는 과정에서도 이런 현상이 나타난다.

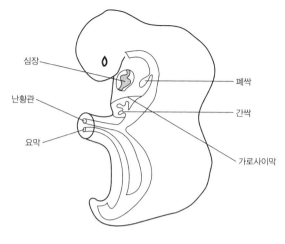

그림 19. 가로사이막

중배엽인 가로사이막 부위에서 (내배엽 기원의) 간싹이 나와 성장한다. 간은 내배엽과 중배엽의 협동 작업에 의해 형성된다. 중간창자는 난황관과 연결되어 있다.

이들 세포 덩어리들은 진화적 경로를 따라 다양한 변화를 거쳐 관 모양을 이루고 각기 유기체의 내강을 차지해든다. 이들 관은 유기체의 몸 길이보다 몇 배 더 길기 때문에 체강에 잘 끼어 들어가기 위해서는 적절하게 접혀야만 한다. 원시적인 소화관은 다소 무작위로 나뉘면서 앞창자, 중간창자, 뒤창자로 분화되어간다. 물론 기능적으로도 조금씩 다르게 분화해 나갈 것이라는 점은 짐작할 수 있다. 앞창자에서는 여러 종류의 보조 기관들이 만들어진다. 여기에는 흉선^{thyroids}, 폐^{lungs}, 간^{liver}, 그리고 췌장^{pancreas}이 포함된다(그림 19).

앞창자의 대표는 아무래도 위라고 할 수 있고 거칠게 보아 중간창자는 소장, 그리고 뒤창자는 대장과 항문이다. 이런 조직들은 체강 안에서 꼭 필요한 자리에 자리를 잡아야 하며 경계도 확실하게 지켜주어야 할 것이다. 이런 조직화는 소화기관과 그 주변에 자리 잡고 있는 중배엽과의 상호작용에 의존하여 앞뒤축에 이르는 긴 소화관을 편성한다.

　중요하기는 하지만 골치가 지끈할 수도 있는 유전자 애기 대신 우선 태반에 있을 때 일어났던 일을 잠깐 살펴보자. 뒤에서 양막이니 양수 애기를[75] 하겠지만 인간의 태아는 양수를 먹는다. 인간 소화기관의 발달은 다섯 단계로 나뉜다. 앞쪽 세 단계는 태반에 있는 동안이고 네 번째는 갓 태어나서 젖을 먹는 신생아기 그리고 마지막으로 이유식을 하고 정상적인 식단을 취하는 유아기 때이다. 뱃속에서 태아가 양수를 먹는다는 사실은 예전 성 생물학을 강의하면서 처음으로 알게 되었다. 태아가 양수 안에 떨어져 나온 피부 상피세포를 먹는다는 내용이었다. 양수가 일종의 묽은 단백질 수프라는 말이었다.

　그렇다면 태아가 마신 양수는 어떤 역할을 할까? 최근 연구 결과에 따르면 양수는 소화기관 발생에 결정적인 역할을 한다. 소화기관의 발생은 매우 빠르게 진행된다. 첫 5주가 되기 전에 나무 막대기처럼 막히고 원시적인 소화기관이 대충 갖추어진다. 그 뒤 임신 후기에 이르기까지 태아는 소화기관, 부속기관을 얼추 갖추어놓는다. 막힌 소화기관을 구멍 내고 융모를 만드는 것도 이 시기에 일어난다. 막힌 소화기관을 뚫는 과정은 손가락 사이 물갈퀴를 구성하는 세포들이 죽어 나가 다섯 개 손가락이 생기는 것과 비슷한 현상이다. 이런 설계를 마치고 입과

---

75 · 그래서 태아는 양막강에 들어 있는 양수를 마실 수 있다. 인간을 예로 들면 양수의 양은 임신 10주에 10~20밀리리터로 시작해서 임신 중기에는 400밀리리터에 이른 다음 매일 10밀리리터씩 증가한다. 임신 36~38주가 되면 약 1,000밀리리터까지 증가한다. 이후 조금씩 감소하여 임신 말기에 800밀리리터까지 줄어든다. 양수에는 알부민, 레시틴, 빌리루빈 등이 녹아 있으며 생리식염수와 맛이 비슷하다. 양수는 임산부의 몸으로 흡수되었다가 신선한 양수로 교체된다. 태아를 보호하는 쿠션의 역할을 하기도 하고 체온을 유지하며 항균작용도 한다. 잘 알려지지 않은 사실 중 하나는 태아가 양수를 마신다는 것이다. 임신 16주에서 만삭이 될 때까지 태아는 시간당 7~20밀리리터의 양수를 삼킨다. 대충 계산해도 하루 약 500밀리리터의 양수를 마시는 셈이다. 이렇게 많은 양의 양수를 흡입하면서 태아의 폐는 팽창하고 성장한다.

　　　　　　　　　　　　　　　　　　　먹고 사는 것의 생물학

항문까지 뚫어놓으면 이제 양수를 마실 수 있다. 내배엽에서 기원한 소화기관에서 폐와 간, 췌장이 자라온다. 이 과정에서 양수가 어떤 역할을 할지에 대한 연구가 시작된 것은 최근 일이다. 2016년에 나온 종설 논문을 보면 양수 안에는 호르몬, 프로스타글란딘, 성장인자와 같은 물질이 잔뜩 들어 있다. 따라서 이런 세포 성장인자가 태아의 소화기관 발생에 중요한 역할을 하리라 추론하는 것은 이상할 것이 없고 여러 과학자들에 의해 실험적으로 증명되었다. 임신 후기는 태반 밖으로 나갈 준비를 마치는 단계이다. 융모와 미세 융모를 담금질하면서 흡수 기능을 갖추면 젖을 먹을 수 있게 된다. 이때는 소화기관 내벽을 이루는 세포들이 빠르게 증식하고 또 빠르게 죽어나간다. 피부처럼 그것은 소화기관 내벽 세포의 운명이기 때문이다. 이제 모든 준비는 끝났다. 공기를 호흡할 때가 된 것이다.

양수가 폐나 간의 분화에도 중요한 역할을 할 것이라는 점도 명백하다. 소화기관을 따라 입을 통해 양수가 들어가기 때문이다. 그렇지만 그 얘기는 여기서 더 다루지 않겠다. 산도를 따라 태아가 나오는 동안 노출되는 모계의 세균이 태아의 장내 세균 구성을 결정한다. 이들도 신생아 소화기관 발생에 중요한 역할을 한다는 사실이 잘 알려졌다. 장내세균은 뒤에서 좀 더 살펴보도록 하자. 산모의 젖은 면역글로불린을 포함하기 때문에 신생아의 소화기관이 먹을 수 있는 음식물과 외부에서 비롯된 병원균을 구분할 수 있도록 하는 능력을 부여한다. 물론 구체적 사정은 이것보다 훨씬 복잡하다. 뭘 먹어야 할 줄 알면 이제 젖을 뗄 시기가 무르익는다. 이유기를 지나면서 유아의 소화기관은 성숙 단계에 접어든다. 이 과정은 유전자 이야기도 등장하는 꽤나 복잡한 과정이지만 중배엽과 내배엽 상호작용을 중심으로 최대한 간단히 살펴보자.

초파리^{Drosophila}를 예로 들면 특별한 혹스^{hox} 유전자가 중간창자의 내배엽과 장기 주변의 중배엽에 분포하고 있다는 사실이 알려졌다. 혹스는 소위 동물 발생에서 툴킷[76] 역할을 하는 유전자이다. 이런 상호작용 중에서 가장 잘 알려진 것은 인접하는 중배엽에서 발현되는 *Ubx*라고 하는 유전자가 내배엽의 *labial* 유전자 발현을 조절하는 것이다. 좀 더 자세히 설명하면 그 중간에 BMP와 *Wnt*의 중재에 의해 *Ubx*가 장의 체절을 따라 *labial*의 발현을 조절한다. *Ubx*가 내배엽에 있는 특정 세포에 작용하여 이들의 분화를 조절하는 것이다. 혹스 유전자는 척삭동물 내배엽의 분화에 전반적으로 영향을 끼친다. 혹스 유전자가 배아의 앞뒤축을 따라 내배엽과 중배엽에서 발현되며 전반적인 소화기관의 형태를 빚어낸다. 초파리 예에서처럼 중배엽과 외배엽이 서로 긴밀하게 작동하면 팔, 다리, 날개 등의 부속지가 정연하게 생겨난다. 문제는 그 자세한 내막을 잘 모른다는 점이다.

발생 과정에서는 유전자만 관여하는 것은 아니다. 앞에서 육식성 올챙이 소화기관을 변형시킬 수 있다고 얘기했을 때 등장한 레티노산^{retinoic acid}은[77] 비타민 A 계열의 화합물이다. 토마토나 구기자와 같은 가

---

76 · 아마도 발생 과정에 관한 연구 중 가장 획기적인 것이 혹스 유전자의 발견이 아닐까 생각될 정도로 이 유전자군의 중요성은 도드라진다. 초파리의 머리에서 배에 이르는 앞뒤축 몸통을 형성하는 데 관여하는 이들 유전자군은 진화를 거듭하면서 복잡해지기는 했지만 핵심 요소는 인간과 똑같다. 가령 눈을 만드는 데 관여하는 초파리의 유전자를 쥐의 수정란에 이식해도 쥐의 눈은 정상적으로 발생한다. 쥐의 유전자를 이식하면 '이론적으로' 인간의 눈을 만들 수 있다. 벌레인 초파리는 머리, 가슴, 배의 순서대로 8개의 혹스 유전자가 연결되어 있다. 인간은 그 수가 늘어 38개의 혹스 유전자가 머리, 목, 가슴, 허리, 엉덩이 순으로 연결되어 있다. 배아 발생에서 이들 체절은 48시간에 걸쳐 완성된다. 배아의 머리에서 발끝까지 연결된 체절은 순서를 벗어나지 않고 차례대로 생겨난다. 90분 주기로 작동되는 혹스 유전자의 정교한 '시계장치' 덕분이다. 배아세포의 DNA 가닥은 머리 부위가 처음으로 생겨난 이후 매 90분마다 각 체절에 필요한 유전자가 순서대로 활성화되며 척추를 형성한다.

77 · 토마토에 많이 들어 있는 탄소 40개짜리 카로텐^{carotene}이 반으로 쪼개지면서 비타민 A로 전환된다. 카로텐의 생합성에 사용되는 빌딩블록은 콜레스테롤과 마찬가지로 탄소 다섯 개짜리 메발론산이다. 따라서 이들 생합성 과정을 메발론산 경로라고 통틀어 부른다. 레티노산은 비타민 A의 다

먹고 사는 것의 생물학

지과^{Solanaceae} 식물에 많이 들어 있는 물질이다. 이 물질이 세포의 분화에 끼치는 역할은 부분적으로 알려져 있지만 피부세포나 면역세포의 기능에 미치는 이 물질의 효과는 잘 알려져 있으며 지금도 활발하게 연구가 계속되고 있다. 어쨌거나 이 레티노산은 앞뒤축을 따라 내배엽이 분화하고 유형화하는 데 매우 중요한 역할을 한다는 증거들이 속속 나오고 있다. 아마도 이 물질은 혹스 유전자의 발현도 조절할 것으로 보고 있다.

혹스 유전자 말고도 이들과 유사한 paraHox 전사인자 계열에 속하는 *Cdx2*와 *Pdx1* 유전자도 소화관의 발생에 중요한 역할을 맡고 있다. *Cdx2*는 초파리, 마우스 또는 인간의 뒤창자 분화에 없어서는 안 되는 유전자이다. 반면 *Pdx1*은 인간과 마우스에서 췌장의 분화에 결정적인 역할을 한다. *Cdx2*는 초파리나 꼬마선충 혹은 마우스의 척추발생에서와 마찬가지로 혹스 유전자의 발현을 조절함으로써 이들 소화기관의 발생을 도울 것으로 추측하고 있다. 좀 복잡하기는 하지만 결론은 내배엽과 중배엽의 긴밀한 의사소통에 의하여 소화관의 위치와 형태가 빚어진다는 점이다.

앞뒤축을 따라 매우 정교한 소화관의 유형이 빚어지는 것 말고도 이들은 공간적으로 고리를 만드는 것^{looping}과 같은 움직임을 보인다. 접히고 구부러지면서 좁은 공간을 현명하게 사용해야 하기 때문이다. 이 과정에서도 주변에 있는 중배엽이 길라잡이 역할을 한다.[78] 이런 식의 움

른 이름이며 두 종류의 레티노산 수용체, RAR, RXR 이합체를 통해 신호를 전달하고 몸통 축의 형성 및 기관의 발생과 분화에 광범위하게 참여한다. 본디 척추동물의 발생에 관여하는 것으로 알려졌지만 최근에는 척삭동물을 넘어서 성게나 도토리벌레 같은 무척삭동물의 발생에서도 레티노산이 관여한다고 알려지면서 이들의 진화적 기원이 생명체 진화의 초기단계까지 소급되고 있다. 뒤에서 언급할 간 성상세포는 레티노산의 거의 대부분을 보관하는 장소로 알려져 있다.

78 · 나중에 좀 더 자세히 살펴보겠지만 중배엽은 내배엽 소화기관의 형성에 절대적인 역할을 한

직임은 얼룩물고기에서 연구가 많이 되었지만 아직 척추동물에서는 진척 속도가 더디다.

포유동물의 소화관 형성 과정에서는 접힘이 중요하지만 내배엽 상피세포가 자라면서 내강을 완전히 막아버리는 과정도 그에 못지않게 중요하다. 그다음에는 막힌 부분이 열리면서 비로소 내강의 독특한 구조가 만들어진다. 내강이 확장되고 그 부위의 상피세포가 증식하면 이들은 바깥쪽에 위치한 중배엽 근육세포에 의한 물리적 제약을 받는다. 근육세포는 그대로 있는데 그와 접하고 있는 상피세포의 숫자가 늘어나면 이들은 접히는 것 말고는 달리 자신을 배열할 방법이 없다. 이 내용은 컴퓨터 시뮬레이션을 통해, 그리고 실험적으로 증명되었으며 《사이언스》에 소개되었다.[79] 이런 방식으로 손가락 모양의 융모가 생겨나고 그것이 소화관에서 흡수 효율을 극대화하는 방향으로 표면적을 넓혀가는 것이다. 이들 손가락 모양의 융모 사이사이에 움푹 패인 곳이 crypt 생겨날 것이다. 여기에는 줄기세포가 들어앉아서 나중에 내강의 상피세포를 재생하고 유지하는 데 사용된다. 분화된 상피세포의 수명은 대략 2~4일이다. 물론 인간의 경우이다. 각 융모마다[80] 약 1,400개가 넘는 세포가 매일매일 사라지고 새로 만들어진다. 이들 장 내강에 존재하는 상피세포는 네 가지 종류라고 알려졌다.

대표 격인 장 상피세포 enterocytes 는[81] 효소를 분비하고 당이나 단백질

다. 예를 들면 체벽에서 시작한 중배엽이 소화기관을 둘러싼 뒤 더 자라나 심장을 둘러싸는 막을 제공한다(그림 21). 중배엽은 내배엽 및 외배엽과 상호작용을 하면서 이들의 발생을 촉진하고 기관을 지지하며 혈관 및 신경관이 지나는 생물학적 '사회간접자본'이다.

79 · 맞닿은 두 개의 판이 서로 다른 속도로 늘어난다면 접히는 것 말고 도리가 없다. 이 원리가 온도조절계에도 사용된다. 두 개의 금속판은 열에 따라 팽창하는 정도가 다르다.

80 · 융모의 크기는 0.5~1.6밀리미터이다. 자료를 찾다 보니 마우스의 소장에는 약 13만 개의 융모가 있다고 한다. 『매력적인 장 여행』이란 책을 보면 1제곱밀리미터당 미세융모의 숫자는 30개 정도이다.

먹고 사는 것의 생물학

의 소화를 책임진다. 술잔세포는 장 상피세포 사이사이에 끼워져 있으면서 소화관 뒤쪽으로 갈수록 그 수가 늘어난다. 이들은 점액을 만들어 분비하고 장 사이를 흐르는 소화액의 전단력[82]과 화학물질에 대한 보호막을 둘러친다. 장 내분비세포enteroendocrine는 세로토닌, P 물질, 콜레시스토키닌cholecystokinin, 가스트린과 세크레틴과 같은 물질을 분비한다. 이들 펩티드나 신경전달물질은 작용하는 방식에 따라 내분비 혹은 외분비라는 말을 써서 구분한다. 내분비라는 말은 그들이 만들어낸 펩티드를 혈류로 내보내는 것을 지칭한다. 몸통 전체에서 효과를 기대할 수 있다는 말이다. 이와 반대로 외분비는 그들이 만들어낸 물질을 특정한 관을 통해 분비한다. 따라서 그 관이 맞닿는 부위가 곧바로 작용부위가 된다. 다시 말하면 그들의 작용은 국소적으로 행해진다. 마지막으로 파네스세포가 있다. 최근 들어 크론씨 병[83]과 관련하여 연구가 많이 진행된 세포이다. 이들 세포는 디펜신defensin과 같은 항생물질을 분비한다. 파네스세포는 수명이 좀 길어서 약 20일을 산다. 그러나 이들 세포가 음와에서 어떻게 방사형으로 배치가 되는지에 대해서는 아는 바가 없다. 파네스세포를 제외한 세 종류의 세포는 줄기세포에서 시작해서 손가락 모양의 융모 내부를 따라 움직여서 자신의 자리를 찾아가야 하기 때문이다. 파네스세포는 손가락 사이의 기저 부위에 국한되어 존재하기 때문에 별 문제가 안 되겠지만 말이다. 이들 세포의 이동과 관련해서 몇 가지 단편적인 신호전달 체계가 알려져 있지만 아직 전모를 파악하기에는 이른 실정이다.

---

81 · 장 상피세포의 숫자는 전부 합해서 1.67×10^{10}개이다(206쪽).
82 · Shear stress. 혈관벽이나 소화기관 내벽을 흐르는 유체가 표면에 반대방향으로 작용하는 힘을 말한다. 층밀리기힘이라고도 칭한다.
83 · 염증성 장 질환이고 심하면 소화기관이 막히기도 한다.

장내 줄기세포는 특히 연구가 많이 된 분야이다. 이들은 특히 화학적 혹은 방사능 치료에 매우 취약하기 때문에 암의 발생과 관련해서 연구가 활발히 진행되고 있다. 손가락 모양 융모 사이에 움푹 패인 곳인 음와^{crypt}에는 약 한 개에서 여섯 개의 줄기세포가 자리 잡고 있다. 마우스 소장에서 이들은 하루 한 번씩 분열하는 것이 관찰되었다. 흥미로운 사실 하나는 인간의 소장이나 대장에는 대략 같은 수의 줄기세포가 있는데, 암의 발생은 대장이 소장보다 약 70배나 더 빈발한다는 점이다. 그 이유는 아직 정확하지 않다. 그렇지만 그들의 환경, 즉 장내 세균이나 에너지 대사와 관련이 있을 것으로 추측하고 있다. 최근 들어 이들 줄기세포의 신호전달에 관한 연구가 진행되면서 줄기세포의 행동에 대한 단서들이 포착되고 있다. 이들 세포의 유지와 증식 혹은 분화, 적재적소에 자리 잡기 등의 과정에 Wnt 신호전달이 중요한 것처럼 보인다. 특히 음와와 융모 사이의 신호전달 과정에는 헤지호그^{Hedgehog}가 중요하다고 한다. 이들 단백질을 보고 있으면 세포막에 우뚝 솟아나 있는 구조물인 섬모에 대한 연구가 진행되어야 할 것으로 생각된다. 왜냐하면 이들 단백질들이 제대로 기능하기 위해서는 섬모가 필요한 것으로 알려져 있기 때문이다.

소화기관이 형성되면서 중배엽 층에서 유래한 세포들이 이들을 둘러싼다. 이들 세포는 연결 조직을 구성하기도 하고 관 모양의 둥근 근육층을 형성하기도 한다. 신경세포도 와야 한다. 신경 능선에서[84] 세포들이 움직여 와서 발생 중인 소화기관에 연결이 되면 이들 세포도 자라나는 소화기관을 따라 기관 전체에 분포하게 된다.[85]

---

84 · 발생 초기 등 쪽 외배엽이 접혔다가 외배엽에서 분리되어 안으로 떨어져 나오면서 신경관이 형성된다. 이때 일군의 세포들이 신경관 좌우로 옮겨가서 나중에 소화기 신경계를 구축한다.
85 · 이들 소화기 신경계의 발생에 관해서는 『제2의 뇌』, 3부에 자세하게 설명되어 있다.

먹고 사는 것의 생물학

이들 신경계가 제대로 자리를 잡지 못하면 신경세포가 없는 부위에서 장의 일률적인 움직임이 사라진다. 대표적인 것이 히르슈슈프룽병이다. 대장 말단에서의 움직임이 없어져서 항문을 통해 밖으로 나가야 할 음식물 쓰레기가 그 부분에서 정체되는 바람에 대장과 직장 부위가 비대해진다.『꿀꺽, 한 입의 과학』이라는 책을 보면 한때 떠들썩했던 가수인 엘비스 프레슬리가 이 병을 앓았다고 한다. 그가 살았던 대저택에서 가장 많은 시간을 보낸 장소가 다름 아닌 화장실이었고 그만큼 화장실도 잘 꾸며놓았다고 한다. 결국 조직층 간의 상호작용이 전체 소화기관의 형태를 결정한다. 특히 중배엽과 내배엽 상호작용이 중요하지만 소화기 신경계도 자신의 몫을 다할 것임은 자명한 일이다.

소화관이 입에서 항문까지 앞뒤축을 따라서 길게 분포하는 동안에 등이나 등 쪽으로 혹은 왼쪽, 오른쪽 축을 따라서도 발생이 진행된다. 이들은 주로 소화관과 연관이 있는 부속기관들에 해당된다. 흉선, 폐, 간, 그리고 췌장이 그들이다. 예컨대 흉선이나 폐는 소화기관 앞창자의 배 쪽^{ventral} 부위에 자리를 잡는다.[86] 이 과정에서 호미오 박스 유전자인 *Nkx2.1*가 관여한다. 이 유전자는 오직 앞창자의 등 쪽 부위에만 존재하면서 폐나 흉선의 발생을 조절한다.

발생 과정은 많은 세포가 오랜 시간에 걸쳐 진화적 역사를 되풀이하는 지난한 과정이며 여기에 관여하는 유전자 네트워크도 시원하게 알려진 것이 없다. 이들 유전자 말고 환경적인 요인들도 역시 중요하다. 환경이 유전자에 미치는 영향은 저 멀리 라마르크 용불용설에까지 그

---

86 · 엄지손가락을 목울대에 대보자. 그 뒤로 공기가 드나드는 기도가 있고 더 안쪽에 식도가 있다. 앞창자(식도) 앞쪽에 기도가 있고 폐로 연결된다. 폐를 둘러싸고 있는 것은 흉막강이고 그 앞에 심장을 둘러싸는 중배엽은 위심강이라고 불린다.

기원이 소급되겠지만 우리들은 흔히 후성유전학이라는 말로 이 복잡한 내용을 간단히 말한다. 세포도 영양 상태가 좋으면 삼차원으로 구성된 단백질 표면의 여기저기에 아세틸 잔기가 결합하여 세포 과정이 변할 수 있다. 상대적인 것이기는 하지만 세포나 유기체가 영양분이 풍부한 상태를 의미하는 지표가 몇 가지 있다. 누구나 세포의 에너지 통화는 ATP라 하고 미토콘드리아에서 ATP가 만들어진다고 한다. 그러나 정확히 말하면 ADP → ATP 회로가 반복되는 것이다. ADP가 없으면 바로 ATP를 '만들어'낼 수 없다. 해당 과정을 거쳐 포도당을 탄소 세 개짜리로 만들면 이들은 미토콘드리아 안으로 들어가 탄소 두 개짜리 아세틸기가 되어 크렙스 회로에 편입된다. 구조가 초산(아세트산)과 비슷한 이 탄소 두 개짜리 아세틸기가 많아도 영양 상태가 좋다고 말한다. 필요에 따라 이들 아세틸기는 여러 개가 모여 지방산이 되기도 하고 단백질이나 유전자에 달라붙기도 하면서 이들의 기능을 조절한다. 이 아세틸 잔기가 성세포의 유전자에 결합한다면 그 효과는 당대에도 나타날 수 있다. 탄소 한 개짜리 메틸 잔기도 유전자에 붙는다. 말은 간단하지만 내용은 복잡하고 이 과정에 관여하는 단백질들도 다양하기 그지 없다.

그 후성유전학에 미치는 음식물 혹은 장내 세균총의 효과에 대해서도 알려지기 시작했다. 특히 장내 세균과 관련해서는 연구가 폭발적으로 증가하고 있다. 포유동물의 발생 과정에서 어미가 섭취한 음식물의 양과 질은 태아 소화기관의 에너지 수요에 서로 다른 영향을 끼친다. 어미의 영양상태가 좋지 않으면 태아는 주변의 상황이 호락호락하지 않다고 여기고 남은 영양소를 저장하는 형질을 발달시켜 나중에 비만이 될 확률이 커질 수도 있다. 따라서 어미의 상황이 태아 소화기관의 형태, 소화효소의 다양성, 영양물질 운반계 등에 고루 영향을 끼칠 수

먹고 사는 것의 생물학

있다. 음식물에 포함된 폴리아민polyamine이나 상피성장인자는 단순히 영양소 역할만 하는 데 그치지 않고 장 상피세포의 분열과 증식에도 영향을 줄 수 있다. 영양 상태에 따라 꼬마선충은 인두와 장, 융모의 크기를 다르게 조절할 수 있다는 사실이 실험적으로 증명되었다. 앞에서 살펴본 것처럼 소화기관은 역동적이어서 다 자란 동물들도 환경에 적응하여 소화기관의 크기를 줄였다 늘렸다 할 수 있다. 자신보다 큰 먹이를 섭취하는 비단뱀이나 산소가 평소보다 거의 80퍼센트가 줄어든 히말라야 산맥 위를 넘어가야 하는 철새들이 바로 그런 예를 극명하게 보여준다.[87]

소화기관의 기형이 자연적으로 나타나는 경우는 드물다. 왜냐하면 배아 발생 과정에서 보통 죽어버리기 때문이다. 그도 그럴 것이 몸통의 길이 축을 따라 발생하면서 소화기관과 다른 부속기관들의 발생을 주도하기 때문에 이들 기관은 결국 개체의 발생 전체에 영향을 줄 수밖에 없다. 예컨대, 인두pharnyx의 내배엽은 두개 안면부의 발생에[88] 결정적인 영향을 끼치며 주변에 있는 심장의 발생에도 중요하다. 따라서 인두 부분에 문제가 생기면 동물의 앞쪽 부분에 전반적인 결함이 생긴다. 사실 소화기관의 분자생물학적 연구는 심장 혈관계에 비하면 많이 뒤떨어져 있다. 연구는 지속되어야 하지만 이것 한 가지는 확실하다. 심장 혈관계를 정확하게 이해하기 위해서는 소화기관에 대한 이해가 선행되어야 한다는 점이다.

---

87 · 새는 비슷한 무게의 포유류에 비해 오래 산다. 미토콘드리아가 '비행'에 최적화된 대신 변이를 쉽사리 허락하지 않기 때문에 환경에의 적응력은 떨어지는 편이다. 따라서 추위를 버티는 대신 멀리 남쪽으로 날아가는 생활 방식을 채택했다. 오래 살고자 하면 새를 연구해야 한다.

88 · 인두궁이라고 하는 곳이다. 인두궁은 턱과 귀의 중이, 표정을 통제하는 근육, 음식을 삼키는 목구멍 깊숙한 곳, 후두에 걸쳐 안면부의 발생을 조율한다.

발생 과정의 등대지기, 섬모의 역할

하버드 의과대학 소속 병원 중 하나인 브리검 여성병원은 학교 캠퍼스하고 좀 떨어져 있다. 브리검 병원 주변에는 소아아동병원, 대나파버 암병동 등이 밀집해 있고 관련 연구 기관들도 함께 모여 있다. 어느 날 브리검 근처 잔디밭에 입식 플래카드가 걸렸다(그림 20). 천에 적힌 문구는 대략 이랬다. "당신의 섬모를 생각하세요." 담배를 피우지 말자는 캠페인의 일환이었다. 담배를 피우면 상기도 상피세포의 표면에 자리잡은 섬모의 길이가 짧아진다는 임상적 관찰을 꽤 현학적으로 표현한 캠페인 광고였다. 하여간 저 사진 속에서 폐의 X-선 촬영 이미지 한쪽 끝을 잡고 있는 친구는 웰즐리 대학을 졸업하고 피츠버그를 거쳐 하버드에서 수학한 우리 연구실의 박사과정 학생이었다. 지금은 물론 박사과정을 마쳤다. 우리 팀은 담배 연기를 쬔 마우스의 섬모의 길이가 줄어든다는 사실을 실험적으로 입증했고 그 내용을 2013년《임상연구 저널》에 발표했다.

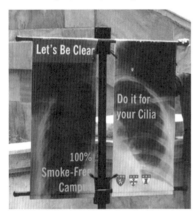

그림 20. "당신의 섬모를 생각하세요."
기관지의 운동성 섬모는 가래를 비롯한 이물질을 호흡기 밖으로 배출한다.

담배 연기에 의해 길이가 짧아진 기도 상피세포의 섬모는 운동성^{motile}을 가지며 가래와 같은 점액을 몸 밖으로 밀어낸다. 그것 말고도 섬모는 여성 몸속에서 난자를 운반하는 역할도 한다. 정자가 난자를 향해 움직일 때도 섬모가 움직인다. 이 모든 것이 운동성 섬모의 역할이다. 최근 들어 운동성이 없는 섬모가 알려졌다. 이들 섬모의 주요 기능이 감각의 감지 기능이라는 연구 결과가 한창 쏟아져 나오고 있다. 이런 경향에 불을 댕긴 것은 아마도 2005년 《분자와 세포》라는 저널에 실린 논문일 것이다. 특정 유전자가 없는 세포를 사용했고 울긋불긋한 형광 현미경 사진을 게시했지만 실제 내용은 무척이나 간단했다. 섬유아세포가 영양분이 부족하면 12시간이 지나지 않아 섬유아세포의 표면에 섬모가 나타난다는 것이 주된 내용이었다. 중배엽성 기원의 섬유아세포는 우리 조직 어디에서나 볼 수 있다. 피부 아래쪽에서 콜라겐을 만들어 피부세포가 잘 붙어 있고 탄력 있게 만들어주는 역할도 하고 있다. 지지대 역할을 해주는 세포라고 보면 무리가 없을 것이다. 섬유아세포에 영양소를 보충해주면 다시 섬모가 사라진다. 즉 섬모는 먹는 것, 혹은 세포 내부의 영양 상태와 관련이 된다는 사실을 말하고 있는 것이다.

이때 나타나는 섬모는 운동성을 갖지 않기 때문에 구성 요소인 미세소관의 구조가 조금 다르다. 운동성을 띤 섬모는 미세소관이 9+2의 구조를 취한다고 말한다. 섬모의 중심 부위에 미세소관 다발이 형성되어 운동성을 부여한다. 그러나 섬유아세포 표면에 만들어진 섬모는 9+0 구조를 갖는다. 우리 눈의 간상세포, 후각을 담당하거나 몸의 균형을 유지하는 중이의 이석도 모두 섬모와 관련이 깊은 것들이다. 최근에는 콩팥, 혈관, 지방 세포에도 섬모가 존재한다는 얘기가 끊임없이 들려온다.

테트라하이메나 섬모충 세포가 인슐린 수용체를 가지고 있다는 말을 상기해보자(115쪽). 단식의 결과 감각기관이 극도로 예민해진다는 말은 섬모가, 다시 말하면 굶주린 신체가 모든 감각기관의 기능을 최고로 유지하면서 먹을 것을 구하려 한다는 슬픈 얘기처럼 들린다. 단식을 여러 번 한 지인에게 "왜 단식하느냐"는 질문을 던진 적이 있었다. 음식을 맛있게 먹기 위해 단식을 한다는 그의 답은 예상을 벗어난 놀라운 것이었다. 하긴 단식을 통해 모든 감각기관의 성능을 최고조로 올리면 그럴 수 있을 것 같기도 했다.

그 외에도 섬모는 태반에 정착한 태아가 자랄 때 그들의 발생 유형을 결정하기도 한다. 섬모가 세포의 분열에 필요한 성장인자를 감지하고 방향성을 부여해주기 때문이다.

발생 과정에서 섬모가[89] 매우 중요한 길라잡이 역할을 한다는 사실은 잘 알려져 있지만 이 세포 소기관이 생명체 세 개의 도메인 모두에 존재한다는 점은 상대적으로 덜 알려졌다. 이들 섬모는 진핵세포, 세균, 그리고 고세균 모두에서 존재한다. 따라서 이들의 기원이 어떤가에 대한 생물학자의 관심은 지대하다고 볼 수 있다. 짚신벌레를 움직이는 생명체 외부에 털처럼 자리 잡은 구조물이 섬모다. 이들이 세 도메인 모두에서 존재하기 때문에 흔히 우리는 이들 모두의 공통 조상도 섬모가 있었을 것이라고 생각한다. 역사가 오래되었다는 말이다. 칠흑 같은 어둠을 뚫고 지나도 그 실체를 파악하기 힘들다는 의미도 암암리에 숨어 있다. 그래서 이런 구조물이 어떻게 생겼느냐에 대한 설도 분분하다.

첫째, 내인성 모델이다. 섬모가 이미 존재하고 있던 진핵세포의 세포 골격에서 발달했다는 것이다. 섬모를 구성하는 주요 골격 단백질은 튜불린[tubulin]과 디네인[dynein]이다. 이들은 세포 분열에 관여하는 방추사와 관계가 있다. 방추사에 붙들린 여러 개의 염색체를 그러모아 양방향 끝으로 끌고 가는 구조물은[90] 본질적으로 섬모의 그것과 다름이 없다. 초

---

89 · 기도에서 점액을 밖으로 내보내는 과정에서 섬모의 역할은 잘 알려져 있다. 그러나 최근에는 하나의 세포 표면에 삐쳐나온 일차섬모primary cilia로 관심의 축이 옮겨가고 있다. 반나절 정도 굶은 섬유아세포 표면에 일차섬모가 자라나온다. 그러나 밥을 다시 주면 섬모가 사라진다. 굶으면 세포 분열을 못 할 테고 먹을 것을 찾으려 노력할 것이기 때문에 섬모가 물질 대사에 관여할 가능성은 매우 높다. 인슐린과의 관계도 앞으로 연구해야 할 분야이다.

90 · MTOC(microtubule organizing center)라고 부른다. 분열하는 세포는 두 벌의 염색체를 균

기 진핵세포에서 미세소관^{microtuble}의 기저체^{basal body}가 있었고 그것이 하나는 섬모로 하나는 방추사로 변했다는 것이다. 이들 두 구조물의 중간 형태도 존재한다. 원생생물의 외부에 이들의 이동과 관련이 없는 부속지들이 나와 있는데, 이들도 미세소체로 구성되어 있다. 원생생물은 표면적을 늘려서 생명체가 물속에 떠 있게 하거나 그들의 먹잇감인 세균과 만날 가능성을 높일 수 있다. 혹은 다른 고형 물체에 들러붙을 수 있게 해주기도 한다.

섬모의 구조물을 구성하는 주요한 단백질인 디네인의 진화에 대하여 매우 흥미로운 결과가 발표되었다. 이 단백질과 공통 구조를 갖는 원시 형태가 존재한다는 것이다. 이 점은 튜불린도 마찬가지다. 진핵세포의 튜불린과 삼차원적인 구조가 동일한 FtsZ라는 단백질이 고세균에서 발견되었다. 두 번째 가설은 이 세포 구조물이 공생에 의해 생명체에 편입되었다는 것이다. 나선 모양의 세균인 스피로헤타^{spirichete}가 원시 진핵세포 혹은 고세균에 편입되어 그 흔적이 남아 있다고 보는데, 이 가설을 줄기차게 주창하는 사람은 미토콘드리아와 엽록체의 공생을 기정사실화한 린 마굴리스다. 그녀는 일흔이 넘은 나이에도 이 증거를 찾아 여기저기 헤맸지만 안타깝게도 2011년에 작고했다. 스피로헤타 가설은 그녀의 명성 때문에 대중화된 감이 없지 않지만 아직까지 증거가 밝혀지지는 않았다. 또 학계에서 널리 받아들여지지도 않았다. 그렇지만 이 가설의 핵심은 진핵세포가 움직이기 위하여 스피로헤타와 공생 관계를 유지했다는 것이다. 그러나 스피로헤타의 움직임을 책임지는 단백질과 진핵세포의 튜불린과의 상관성이 밝혀지지 않았기 때

등하게 각각의 세포에 분배해야 한다. 염색체를 끄는 밧줄을 부여잡고 있는 것이 MTOC이다. 미세소관은 세포 내 골격 단백질 복합체 중의 하나이며 넓은 의미에서 콜라겐 다발이나 근육을 움직이는 액틴 미오신 복합체와 다를 바 없다.

문에 이 가설은 폐기될 운명에 처했다.

　나도 스피로헤타는 잘 안다. 그들의 빠른 움직임을 현미경으로도 보았고 꿈도 여러 차례 꿨기 때문이다. 상처 치유 인자 혹은 화장품의 독성을 시험하기 위해서는 따로 인공피부가 필요하다. 그 피부는 인간 상피세포를 배양하여 만든다. 신생아들의 포경 수술을 하고 난 뒤, 떼어낸 조직이 바로 상피세포를 얻는 인간의 조직이다. 나는 일주일에 두 차례 산부인과를 방문해서 신생아의 조직을 얻었다. 태어난 지 얼마 되지 아니한 신생아의 조직이지만 얼마나 많은 세균과 곰팡이가 있는지 모른다. 무균 상태가 필수인 인간 상피세포 배양에 성공하기 위해 나는 꼬박 3개월을 미생물들과 싸웠다. 그들이 꿈에까지 나타난 이유이다. 세균의 종류도 많아서 한 번도 같은 세균 집단을 본 적이 없다. 대부분은 다양한 세균이 섞여 있었기 때문이다. 그중에 압권은 바로 스피로헤타였다. 나사가 돌아가듯 빠른 속도로 앞을 향해 돌진하는 모습은 가히 경이롭기까지 했고 이들은 세포막을 거침없이 뚫고 지나가는 괴력도 선보였다. 마굴리스 박사가 혹할 만할 정도로 힘이 매우 좋다. 그러므로 일반적으로 말해 세균도 운동성을 갖는다고 할 수 있다. 최근 세균의 운동성이 이들 집단의 분비 조직과 관련이 있다는 연구 결과들이 등장하고 있다. 세균은 최소한 여섯 종류의 분비 시스템을 갖추고 있다. 이들은 단백질도 분비하고 다른 세균이나 혹은 침입하고자 하는 진핵 세포의 막을 뚫거나 손상을 끼칠 수 있는 독소를 분비하기도 한다. 세균이 가진 분비 통로를 이용해서 이런 일이 가능해진다. 아마 세균끼리 유전자를 주고받을 때도 마찬가지일 것이다.

　세균이 갖추고 있는 편모^{flagellum}의 진화적 기원에 관한 연구가 진행되는 동안 이들 편모의 주요 단백질 구성 성분이 제3유형 분비 및 운반 체계와 닮았다는 것이 알려졌다. 3유형의 운반 체계는 세균의 독소를

　먹고 사는 것의 생물학

진핵세포로 집어넣는 역할을 한다. 예컨대 페스트의 원인균인 예르시니아 페스티스*Yersinia pestis*는 편모와 매우 흡사한 소기관 구조를 취하고 있는데, 이동의 기능은 없는 대신 앞에서 얘기한 것처럼 독소를 진핵세포로 집어넣는 일을 하고 있다. 일종의 주사기 같은 것이다. 제3유형의 운반 체계가 편모의 전구체일 것이라는 가설은 분자계통학적 연구를 토대로 검증 절차를 밟았다. 그러나 예상과는 반대로 편모에서 순차적으로 유전자가 사라지면서 제3유형의 운반 체계가 진화된 것으로 드러났다. 고세균의 편모는 세균의 그것과 상동기관은 아니지만 비슷한 것으로 밝혀졌다. 편모를 구성하는 유전자의 서열을 조사해본 결과 이들은 세균의 제4유형 위족pili과 상동관계에 있었다.[91] 흥미로운 것은 제4유형 위족이 움츠러들면서 세균의 이동을 가능하게 할 수 있는 사실이다. 한때 세균이 걷는다고 법석을 피웠던 얘기의 주인공이 저 위족이었다. 미끄러지며 세균이 바닥을 기어갈 수 있는 것은 위족이 있기 때문에 가능하다. 물론 이들의 움직임은 편모와는 다른 형식을 취하고 있다.

　이들 세 종류의 이동 체계의 기원에 대해서는 좀 더 연구가 진행되어야 할 것이다. 세균의 경우라면 분비 및 운반 체계와 이동과의 관련성을 좀 더 밝혀야 한다. 진핵세포에서는 분열할 때와 분열하지 않을 때 섬모, 그리고 섬모와 상동기관인 중심체가 어떤 관련성을 띠는지 좀 더 연구가 진행되어야 할 것이다. 한편 움직임과는 관련이 없지만 세포 외부에 돌출된 기관에 대한 연구도 진행되어야 한다. 이런 모든 연구의 기저에는 분자생물학적 계통 분류라는 도구가 있다. 지금껏 여러 번 예를 들었듯이 이런 분자의 서열을 토대로 '분자시계'를 돌려 진화적 흐름에 대한 이해를 높일 수 있다. 이들이 또한 생명체의 세 도메인 간의

---

91 · 이것을 이용해 세균이 뛸 수 있는 것 아니냐고 한때 관심을 끌었던 기관이다.

관계에 대한 우리의 지식을 확대해주리라는 것도 자명한 일이다.

정리를 하자면 섬모의 기원에 대해서 현재 속 시원하게 얘기할 만한 것은 하나도 없다. 그러나 발생과 관련해서라면 섬모는 있어야 할 기관이나 조직이 바로 그 자리에 있도록 조절하는 기능을 한다. 그렇지만 섬모가 인간의 배아 발생에 어떤 역할을 하는지는 여전히 잘 모른다. 기껏해야 설치류의 결과를 연역할 뿐이다.

좌우대칭하기의 어려움?

섬모는 유기체의 이동, 세포 분열 및 감각 과정에 공통적으로 관여하는 매우 중요한 세포 소기관이다. 생물학자 고故 린 마굴리스는 독창적인 사고를 하는 것으로 유명했다. 미토콘드리아와 엽록체의 내부 공생에 관해 확고한 이론을 펼쳐온, 여장부 스타일인 그녀는 후생동물의 원시 조상이 한 개의 섬모를 가지고 있다는 것을 알았다. 단세포 수준에서 볼 때 섬모가 움직이는 기능을 하면서 동시에 세포의 분열을 한꺼번에 수행할 수 없기 때문에 세포 사이의 노동 분화가 일어났다고 마굴리스는 주장하였다. 세포의 노동 분화는 생명체의 다세포화를 전제로 한다. 그러므로 섬모는 단세포 생명체가 움직이거나 혹은 분열하는 데 사용되어야 한다. 즉 두 종류의 세포가 있어야 한다. 왜냐하면 두 가지 사건이 동시에 일어날 수 없기 때문이다. 이 가설은 아직 정설로 받아들여지지 않고 있지만 어쨌거나 섬모는 동물 진화에서 중요한 역할을 해왔음에 틀림없다. 해면과 자포동물에서 살펴보았지만 섬모는 우선 물의 흐름을 만들어내는 기관이다. 세포 밖으로 뻗어 나와서 움직임을 담당하기도 했지만 해면에서는 세균이 들어 있는 물을 내강으로 끌어들이는 역할을 했기 때문에 다세포 소화기관의 일부이기도 하다. 현대 생

먹고 사는 것의 생물학

물학에서 섬모가 다시 각광을 받게 된 이유는 이 기관이 거의 모든 세포에 일시적으로 혹은 영구히 존재하는 것으로 파악되고 있기 때문이다. 아직 면역을 담당하는 세포에서 발견되지는 않았지만 신경에도, 신장에도, 심지어 지방세포에서도 발견된다.

섬모라는 기관의 형성 및 기능에 직접 간접적으로 관여하는 단백질은 1,000여 개에 이른다고 한다. 호르몬 수용체들도 제법 들어와 있다. 이에 관한 분자생물학적 연구가 요즘 한창 진행 중이다. 앞에서도 말했지만, 섬모는 폐로 공기가 들어가는 기도 부분에 밀집되어 있다. 점액을 밖으로 밀어내면서 세균이나 먼지 등을 배출하는 역할을 한다. 또 난소에서 수란관으로 게으른 난자를[92] 운반할 때도 섬모가 사용된다. 정자가 긴 편모를 흔들면서 난자를 향해 가는 모습은 아주 잘 알려져 있다. 그러므로 폐에 자주 염증이 찾아오는 사람들이 불임인 경우가 종종 발견된다. 물론 그 반대도 마찬가지다. 섬모 형성에 관여하는 특정 유전자에 문제가 있으면 전체적으로 문제가 될 수 있기 때문이다.

그러나 섬모는 배아 발생 과정에서 좌우를 조절하는 핵심적인 요소로 알려져 있다. 동서양을 막론하고 좌우대칭은 미의 척도로 알려져 있다. 그렇기 때문에 신문 지상에 가십거리 비슷하게 각 민족의 이상적인 미인형(남성이거나 여성이거나 할 것 없이)으로 우선 좌우의 대칭이 뚜렷한 사람을 꼽기를 주저하지 않는다. 물론 이는 얼굴에 국한되어 있다.

---

92 · 난자는 에너지를 써서 스스로 움직이지 않는다. 대신 섬모의 운동에 의존해서 꽃가마를 타고 수란관으로 간다. 에너지를 만드는 과정에서 활성산소가 나와 미토콘드리아를 손상시키지 않기 위해서이다. 이들 미토콘드리아 유전체는 자손들에게 전달된다. 난자는 수십만 개의 미토콘드리아를 가지고 태어나지만 성인이 되어 배란기가 되면 그 수가 수만 개로 줄어든다. 훌륭한 미토콘드리아를 후손에게 전달하기 위한 일종의 '자기성찰 혹은 자기정화' 기제가 작동하는 것이다. 난자는 '복지부동'한다. 정자의 미토콘드리아가 자손에게 전달되는 경우는 거의 없다. 어버이 노래는 난자의 '게으름'에 대한 찬사이다.

남성 생식기관인 고환의 높이는 좌우가 다른 경우가 많다. 또 외형으로만 보았을 때 여성의 가슴 비대칭이 가장 빈번하게 나타난다고 한다. 논문에 따르면 약 5퍼센트의 여성이 그렇다고 한다. 또 오른손잡이 세 명 가운데 두 명은 왼발이 좀 더 크다고 한다. 좌우대칭하기도 힘이 드는 모양이다.

그러나 몸통 안으로 들어가면 비대칭은 두드러지고 오히려 그게 정상으로 간주된다. 심장은 약간 왼쪽으로 쏠려 있고 그 때문에 폐도 좌우가 짝짝이다. 심장에서 나가는 혈관도 좌우대칭이 아니다. 심장이 한쪽으로 치우쳐 있기 때문에 이는 당연한 현상이다. 간도 약간 오른편에 있다. 임상 의사들의 얘기를 빌리면 약 1만 명당 한 명꼴로 내부 장기의 좌우가 바뀌어 있다고 한다. 전부 다 바뀌어 있으면(전문 용어로 완전 역위라고 한다) 문제가 없지만 특정 장기만 위치가 정상과 다르면 사는 게 위태롭다. 이런 부분 역위가 생기는 이유는 발생 과정에서 섬모의 위치에 따라 세포의 성장을 촉진하는 펩티드의 농도차가 달라지기 때문이라고 보고 있지만 구체적인 내용은 잘 모른다. 또 한편으로 인간을 포함하는 동물의 내부 장기가 왜 현재와 같이 특정한 방향으로 치우쳐 있는지는 아무도 모른다.

연날리기 물리학: 좌우대칭동물의 진화

동물이 좌우대칭형 몸통의 설계를 마친 것은 바다 속에서였다. 육상으로 진출했을 때는 이미 몸통의 설계가 끝난 상태였다. 그러므로 좌우대칭형의 설계는 물속에서, 즉 바닷물을 매질로 하는 물리학이 필요할 것이다. 유체 속에서 전진하기 위해서는 어떤 물리 법칙이 필요할까? 가능한 복잡한 것은 피하도록 하자.

먹고 사는 것의 생물학

항력은 생명체가 앞으로 나아가려고 할 때 이를 억제하는 힘이다. 항력은 물리적인 힘으로 다음과 같이 정의된다.

$$F = -1/2rcAn^2$$

여기에서 r은 매질의 밀도, c는 몸통의 형태에 따른 항력 상수, A는 움직이려는 방향에 있는 몸통의 최대 단면적, 그리고 n은 속도이다. 항력은 앞으로 진행하고자 하는 방향과 반대로 작용하기 때문에 마이너스의 값을 갖는다. 세균의 세계를 눈으로 보았던 나는 그들의 움직임을 대충은 안다. 어떤 세균들은 제자리에서 꿈틀거리지만 스피로헤타와 같은 친구들은 마치 드릴이 돌아가는 것처럼 매우 빠른 속도로 움직인다. 그러나 여기서는 어느 정도 크기 이상을 가진 생명체를 다루기 때문에 일단 점성이니 관성이니 하는 물리적 특성은 무시해도 좋다.

앞으로 움직이려고 하는 생명체가 대칭이 아니라면 매질인 바닷물이 몸통을 따라 균등하게 저항력이 나타나지 않을 것이기 때문에 직선 운동을 할 수 없게 된다. 중심이 맞지 않는 가오리연을 날려본(꼬리가 없는 방패연이 아니다) 사람들은 이 말이 무슨 뜻인지 쉽게 알 것이다. 머지않아서 연은 무거운 쪽으로 곤두박질치게 되어 있다. 이때는 꼬리를 무겁게 해서 좌우의 불균형을 다소 해소시켜야 연을 날릴 수 있다. 결국 일직선으로 앞으로 나아가기 위해서는 대칭형이 되어야 한다. 그러나 이 대칭형이 반드시 좌우대칭형일 필요는 없다. 여기에서 더 고려해야 할 것은 동물이 방향을 틀기도 해야 한다는 사실이다. 직선궤도를 바꾸는 것은 대칭축의 한 요소를 조금만 변형시키면 된다. 지느러미와 같은 부속지의 역할이 중요해지는 순간이다. 그러나 빠르게 움직이고자 할 때에는 나아가고자 하는 방향과 반대쪽으로 힘을 가해야 한다. 다시 말하면 매질인 물을 밀어내야 한다. 항력이 커져야 한다는 말인데

이는 식에서 보듯 단면적과 몸통의 형태가 적합하게 변해야 한다는 말이다. 이런 경우 원통형보다는 좌우대칭형이 낫다. 지렁이를 건드려본적이 있다면 직관적으로 이 말의 뜻을 알 수 있다. 빠르게 움직일 수 없는 원통형 지렁이는 몸을 뒤틀지만 결코 앞으로 나가지 못한다. 그러나 지느러미를 달고 몸통 측면의 표면적을 넓힌 송사리는 자유자재로 몸을 틀면서 앞으로 옆으로 나아간다.

결국 좌우대칭형이 몸통의 움직임을 효과적으로 조절하기 위해 진화했다고 과학자들은 생각한다. 적은 에너지를 들여서 방향을 바꾸고 포식자를 피해 달아나거나 먹잇감을 쫓아가기에 최적의 형태라는 것이다. 중배엽 기원의 근육이 떠오르지 않는가? 방사대칭이거나 무정형인 동물들이 고착 상태로 생활사의 일부를 보내는 것을 보면 확실히 운동, 방향 바꾸기 목적으로 좌우대칭형 몸통의 설계가 나타난 것 같다. 어떻게 얘기하든 좌우대칭형은 종속 영양체 생물의 어쩔 수 없는 비극적인 선택인 것이다. 먹이를 먹는 것, 더 큰 먹이, 밀도가 높은 영양분을 취하는 것은 결국 다른 식물이나 동물을 잡아먹는 데서 비롯되기 때문이다. 피로 물든 발톱과 이빨의 시대는 운명적이다.

냉수마찰을 좋아하는 초파리 유충

근육을 움직여 한 방향으로 나아간다는 얘기는 자주 했다. 같은 양의 에너지를 사용하더라도 효율적인 면을 강조하는 몸통의 설계가 있었다는 말이다. 그러나 에너지의 효율을 높이면 더욱 좋을 것이라고 할 수 있다. 그런 일이 진핵세포가 진화해오는 동안 한 번 있었다. 바로 산소를 사용하여 많은 양의 세포 현금, 즉 ATP를 만들 수 있는 세균 간의 공생이 일어났기 때문이다. 닉 레인의 『산소』라는 책을 보면 결국 진핵세포의 등장을 이끈 것도 산소 때문이라고 말할 수 있다. 지구상에 등장한 산소는 철이나 무기 물질을 다 산화시킨 연후 대기 중에 축적되면서 이 산소의 독성을 효과적으로 분산하기 위한 수단으로 진핵세포의 다세포화가 촉진되었다고 닉은 말했다. 구체적인 면은 다르겠지만『진화의 키, 산소 농도』라는 피터 워드의 책도 다세포 동물 및 현재 우리가 눈으로 볼 수 있는 생물계 다양성의 저변에 산소가 있다고 말한다. 더 정확히 말하면 산소 농도의 변화이다. 증가하거나 감소하는 특정 시기가 일종의 병목이고 그 단계를 통과하면서 다양성이 증폭되었다고 말한다. 온도가 되었건 건조한 기후가 되었건 환경이 주는 스트레스는 기존 생물군의 멸종과 새로운 생명체의 등장을 위한 전제 조건이 되었다.

2009년《사이언스》에 출판된 논문은 이런 점에서 매우 흥미로운 얘깃거리를 제공해준다. 유기체가 주어진 식량을 효과적으로 태워서 에너지를 만들어내는 것이 환경이 부여하는 스트레스에 대한 내성을 유도하고 그것으로 새로운 생태지위를 획득하는 것이 가능해지기 때문이다. 교토 대학의 우메다 박사팀은 초파리의 돌연변이체를 연구하면서 이들의 유충이 온도에 둔감한지 혹은 민감해지는지 조사했다. 초파리 돌연변이체 중에서 이들은 차가운 온도에 내성이 있고 낮은 온도를 선호하는 개체들을 선별해낸 다음 '아쓰가리'라는 이름을 지어주었다. 덥다는 뜻의 일본어가 아쓰이라니 이름이 대충 무슨 뜻인지 짐작이 간다. 흔히 유전학자들은 새로운 유전자의 이름을 지을 때 돌연변이체의 표현형을 따르는 경우가 종종 있다. 가령 어떤 유전자가 돌연변이 되었을 때 눈이 없다면 'eyeless'라는 표현을 고집한다. 그렇다면 정상적인 아이리스*eyeless* 유전자는 눈의 발생을 조정하고 통솔할 것이다. 아쓰가리 유전자는 초파리 유충이 따뜻한 물을 선호하게 유도하는 유전자라는 말이다. 참고로 춥다는 '사무이'라고 한다. 이제 생각해보아야 할 것이, 이 돌연변이 초파리의 정체가 무엇이냐는 점이다. 추운 물을 좋아하는 초파리 유충이 지닌 돌연변이는 포유동물의 디스트로글리칸 dystroglycan 동족체에 나타났다. 디스트로글리칸의 유전자 발현이 줄어들면 온도에 대한 내성이 덩달아 늘어났다. 이 유전자가 암호화하는 단백질은 골격근 세포막 근처에 복합체로 존재하면서 근육의 움직임을 담당하는 단백질 복합체의 한 구성 성분이다. 정상적인 초파리 유충은 수온이 22℃인 지역에 몰려들었지만 아쓰가리 돌연변이 유충은 18℃ 근처에 밀집해 있었다. 아쓰가리 돌연변이체가 차가운 물에 끄떡도 하지 않는 이유는 믿는 구석이 있었기 때문이었다. 바로 미토콘드리아의 성능이 대폭 개선된 것이 바로 그 이유이다. 이산화탄소의 발생을 기준으로 보면 대사 속도는 거의 두 배가 늘었고 ATP의 생산도 유의성 있게 늘어났다. 추운 데서 살려면 근육도 부지런히 땀을 내야 한다.

미토콘드리아 대사 속도를 높여 차가운 온도에 내성이 생겼다는 점은 이해가 가지만 어떤 방식으로 이들 초파리 유충을 꼬드겨서 수온이 차가운 곳으로 움직여가도록 행동변화를 일으켰는지는 아직 잘 모른다. 그러나 분명 신경계가 관여했을 것이다. 재미있는 것은 우메다 박사팀이 이들 유충 중간창자 및 지방 조직의 칼슘 농도를 측정한 것이다. 차가운 온도에 적응하기 위한 한 방편은 세포 내부의 칼슘 양을 올리는 것이다. 동물도 그렇고 식물도 그렇다. 그렇게 함으로써 유기체 측면에서는 근육의 움직임을 활발하게 하고 세포 수준에서는 그에 합당한 에너지를 만들어낼 수 있게 되는 것이다. 물론 소화기관 상피세포가 활발하게 움직인다면 음식물에서 뽑아낼 수 있는 에너지의 총량도 많아질 것은 자명한 일이다. 소화기관의 성능이 개선되면 생명체가 살수 있는 생태지위가 확장된다.

먹고 사는 것의 생물학

소화기관이 만들어지기까지

우리 몸을 구성하는 40조 개의 세포는 아주 정교하게 조립되어 있다. 마치 수없이 많은 레고 블록을 일정한 규칙에 따라 배치하는 것과 흡사하다. 레고의 종류는 학자마다 조금씩 다르기는 하지만 약 200종류, 좀 너그러운 사람은 400종류까지 보기도 한다. 블록을 쌓아가는 규칙은 발생 단계에서부터 시작된다. 따라서 우리 몸 전체의 역사는 수정란에서 성체로 발생하는 과정에 각인되어 있다. 세포가 모여서 생명체의 활동 단위인 기관을 만든다. 발생하는 동안 이 기관은 매우 한정된 장소에서 최대한 분화를 마쳐야 한다. 난생을 하는 경우라면 난황의 크기가 가장 중요한 태아 성장의 제한 조건이다. 난황 말고는 그 어디에서고 자원을 충당할 수 없기 때문이다. 그런 점에서 우리가 한 입에 꿀꺽 삼킬 수 있는 한 알의 계란(물론 유정란이라야 되겠지만)에서 병아리가 한 마리 태어난다는 사실은 경이롭기까지 하다. 포유동물이라면 태반의 크기가 제한 조건이 될 것이다.[93] 태반은 배아 발생의 한계를 결정하지만 배아 혹은 태아 안의 기관은 좁은 장소에서 현명하게 처신하고 최대한 자신의 크기를 키워낸다. 물론 다른 기관과의 자원 분배라는 문제도 항상 걸림돌이 된다. 이런 문제는 진화학에서 '타협trade-off'이라고 불린다. 자원이 충분하다면 전체적으로 태아의 크기가 커질 것이다. 그러나 반대로 자원이 부족한 경우라면 기관 간의 우선순위를 결정해야 한다. 뇌가 비싼 기관이라는 이야기가 등장하는 순간이지만 이 부분은 뒤에서 살펴보도록 하고 좀 복잡하기는 하지만 먼저 소화기관이 어떻게

---

93 · 그렇기에 쌍둥이나 그보다 많은 인간의 아이가 하나의 태반에서 발생하게 되면 그 크기도 정상보다 작고 조산할 확률도 높아진다. 생식생물학자 로버트 마틴이 쓴 『우리는 어떻게 태어나는가』를 보면 자세한 설명이 나온다.

만들어지는지 그 그림을 대략 훑어보도록 하자.

인간을 예로 들어보자. 정자와 난자가 만나 수정란이 되면 그것은 약 3주 동안 분열을 거듭하여 여러 개 세포 덩어리로 발달하고 다음에 원반 모양의 납작한 세포 집합이 된다. 거기서 더 나아가 여러 종류의 조직을 담고 있는 관 모양의 덩어리가 만들어진다. 임신 23일에서 28일 사이에 관은 앞쪽 끝이 두터워지고 점차 위로 젖혀지다가 마침내 반으로 접힌다. 배아는 이제 웅크린 태아 자세를 취한 것처럼 보인다. 이 단계의 머리는 커다란 방울 모양이다. 머지않아 결국 몸통은 나중에 배꼽을 제외하고는 닫힌 계^{system}가 된다. 배꼽을 통해서만 외부와 연결된다는 의미이다. 물론 입이 열리고 나중에 배설기관이 열리기는 하지만 그건 나중 일이다. 이렇게 바깥에서 보이는 부분은 건너뛰고 우리는 그 안에서 무슨 일이 일어나는지 알아보려고 한다. 잠시 뒤에 나오겠지만 우리가 눈으로 볼 수 있는 대부분의 동물은 삼배엽성이고, 이들 세포층의 상호작용에 의해 몸통이 형성된다. 외배엽은 피부를 포함하는 몸통의 겉과 신경계 대부분을 빚어낸다. 내배엽은 소화관과 그것에 연결된

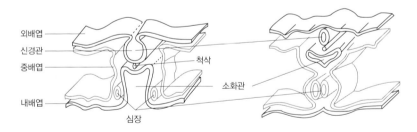

그림 21. 삼배엽

외배엽이 함입되면서 신경관이 되고 그 아래 척삭이 자란다. 중배엽은 소화관을 감싸고 배 쪽에서 자라는 심장도 둘러싼다. 심장은 중배엽에서 기원한 기관이다. 그림에서 보듯 중배엽은 외배엽과 내배엽 사이에 있는 층이다(왼쪽). 외배엽이 웃자라서 몸통을 이룬다. 따라서 오른편 그림에서 맨 아래쪽 층은 외배엽이다.

먹고 사는 것의 생물학

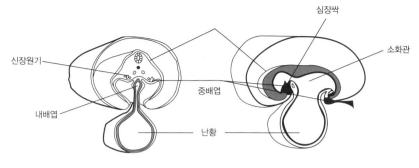

그림 22. 소화기관의 형성

소화기관 내배엽은 아직 난황에 연결되어 있다. 배아의 앞쪽과 뒤쪽에서 내배엽이 180도 구부러지면서 장차 입과 항문이 될 부위가 나타난다. 입 쪽에서 소화관 위쪽의 중배엽이 웃자라 심장싹이 나타난다. 그 뒤로 소화관 내배엽에서 폐싹이 자라나 심장싹 뒤편에 자리 잡는다. 양수의 양이 늘면서 이들 배엽의 구부러짐을 물리적으로 뒷받침한다.

각종 분비선들을 형성한다. 중배엽은 장과 피부 사이의 조직을 형성한다. 골격과 근육이 여기에 포함된다. 그러므로 이들 배엽 간의 상호작용이 배아 발생의 근저에 깔려 있다. 이런 상호작용은 세포 생물학 용어로 '신호전달'이라는 말을 쓰지만 자세히 언급하지는 않겠다. 우리의 관심사인 소화기관 발생은 거의 대부분 내배엽과 중배엽의 상호작용에 의해 진행된다. 조금 구체적으로 알아보자(그림 21, 22).

거친 그림 그리기

소화기관 말고도 소화기관에 딸린 식구들인 부속기관은 침샘, 간, 담낭, 췌장 등이다. 발생 단계를 거치는 동안 이들은 내배엽에서 기원한다. 그러나 이 규칙에서 예외가 있다면 소화기관의 맨 앞부분과 가장 뒷부분이다. 소화관에서 호흡관(폐)이 가지를 쳐 나오는 지점에서 앞쪽 부분은 인두이고 인두에서 유래하는 기관들은 각각 편도선, 갑상선, 흉선, 그리고 부갑상선이다. 그보다 더 앞쪽은 구강판 혹은 입오목^{stomoderm}

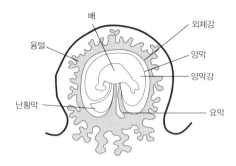

그림 23. 배아와 양수

가운데 배아는 양막강에 들어 있는 양수에 둘러싸여 있다. 배아가 만든 배설물은 요막을 통해 산모의 혈액으로 들어간다. 배아는 아직 난황에 의해 연결되어 있다. 난황관은 소화기관 중 중간창자 부위와 연결된다. 인두 부위가 자라나와 열리면 태아의 소화기관과 양수가 직접 만나게 된다.

이라 불리는 외배엽 부위가 내려오면서 마감된다. 처음에 이 외배엽은 막혀 있지만 나중에 구강 인두막이 뻗어 나와 구멍을 만들면서 밖으로는 양막강, 안으로는 소화기관의 내강을 연결한다(그림 23). 입이 열리는 것이다. 입의 입구 자체는 외배엽 세포로 싸여져 있다. 이 구강판 외배엽이 뇌의 외배엽과 연결되고 배아의 등 쪽을 향해 구부러지면 이 부분은 나중에 뇌하수체 전엽이 된다. 배아의 뒤편에서도 외배엽이 내려와 총배설강막을 이루고 나중에 몇 차례 변화를 거치면서 외부와 내부를 연결한다.

구강인두와 총배설강막은 그렇기 때문에 중배엽에서 기원한 세포들이 중간에 들어 있지 않다. 다시 말하면 혈액의 공급이 적다는 의미이다. 소화기관의 나머지 다른 부분은 모두 중배엽과 내배엽이 공동으로 작업을 마친다. 중배엽에서 기원한 세포들은 근육층을 이룬다. 영양가가 높다고 얘기하는 곱창의 대부분을 이들 중배엽에서 유래한 평활근이 차지한다. 짐작하겠지만 이들은 모두 내장 중배엽에서 시작한다. 간

먹고 사는 것의 생물학

과 췌장은 소화관의 내배엽층이 돌출되면서 만들어진다. 그렇지만 여기서도 중배엽이 없으면 이들 부속기관이 완성될 수 없다. 간에 대해서는 이 장의 말미에 좀 더 자세히 살펴보겠다. 중배엽의 측면에 있던 세포들이 배아 체강에 의해 나뉘면서 한 부분은 외배엽(체벽 중배엽)과 다른 부분은 내배엽(내장 중배엽)과 연결된다. 발생 중인 소화기의 내장 중배엽으로 들어오는 또 하나의 중요한 세포 집단은 많은 수의 신경 능선 세포들이다. 이들이 소화기 신경계의 상당 부분을 구성한다. 소화기관에 들어오는 신경세포의 수는 뇌의 그것에 결코 미치지 못하겠지만 척수보다는 훨씬 많다.[94]

배아 둘러싸기

배아의 내배엽은 계속 측면으로 이어져서 마침내 맞은편에 닿아 난황낭을 에워싼다. 몇 주 동안 둘러싸고 있다가(인간) 점차 배아와 난황낭 사이가 좁아지면서 난황관이 만들어진다. 이 부분은 배아 발생 말기쯤 되면 궁극적으로 사라지게 된다. 난황관은 중간창자와 연결되어 있다(그림 23). 배아의 꼬리 쪽에서는 소화기관의 마지막 부분을 구성하는 내배엽이 웃자라면서 요막이 형성된다. 나중에 요막은 배꼽이 된다. 배꼽 혈관이 이 요막을 따라 중배엽 안으로 자라서 배아를 발생 중인 태반과 연결한다. 요막은 다양한 종류의 동물, 특히 알을 낳는 동물의 요소나 요산과 같은 질소 폐기물을 보관하는 장소이다. 산소나 이산화

---

94 · 뇌를 소화기관에 연결하는 미주신경 섬유 다발의 숫자는 많아야 수천 개에 불과하다. 그러나 소화기 신경계의 세포는 인간의 소장에만 약 1억 개가 넘는다. 마이클 D. 거숀의 『제2의 뇌』에 서술된 내용들이다. 소화기 신경계를 연구하는 과학자들은 처음에 이런 정량적인 결과를 바탕으로 소화기가 뇌의 명령과는 관계없이 독자적으로 기능할 수 있는 신경계의 야전 사령부라고 생각한 것 같다.

탄소는 알껍질을 통과할 수 있지만 물은 그렇지 못하기 때문에 폐기물을 처리하는 방법은 '저장' 말고는 없다. 그러나 포유동물에서 이 배설물은 태반을 거쳐 모체의 혈액으로 연결된다. 요막은 나중에 없어지지만 앞쪽의 일부분은 나중에 방광의 발달에 관여할 것으로 생각하고 있다. 난황막이나 요막들처럼 사라져야 할 것들이 사라지지 않고 남아 있으면 태어난 뒤 사는 게 힘들어진다.

한편 파충류, 조류, 포유류는 양막을 가지고 있기 때문에 유양막류라고도 불린다. 양서류가 파충류로 진화한 것은 페름기의 춥고 건조한 기후 때문이었다고 알려져 있다. 껍질이 없는 알 대신 탄산칼슘이나 인산칼슘으로 구성된 알껍질 안에 물을 채워 바다와 같은 환경을 만들어줄 수 있었기 때문이었다. 양수가 들어찬 양막, 질소 폐기물을 보관할 요막, 융모막, 그리고 산소의 공급이 자유로운 알껍질은 파충류의 발명품이다. 포유류에서도 이들 기능은 본질적으로 동일하다. 양막은 배아를 둘러싸 배아를 보호하고 배아의 물질 출입을 돕는다. 여기에는 양수가 채워져 있다. 태반 포유류는 알껍질을 대신하여 영양소와 산소를 공급할 장치인 태반을 얻게 되었다. 흔히 생각하는 것과는 달리 태반은 어미가 만드는 것이 아니라 태아의 발명품이다. 수정란에서 분열된 세포의 일부가 산모의 조직에 침투한 결과가 태반이고 태반 포유류가 등장하는 계기가 되었다.

장간막

혈관과 신경계의 분포도 앞창자, 중간창자, 뒤창자가 서로 다르다(그림 24). 난황은 모체로부터 영양을 공급받기 전까지 태아가 준비를 마칠 수 있도록 에너지를 제공한다. 그러므로 배아 발생 시기 배아의 크

먹고 사는 것의 생물학

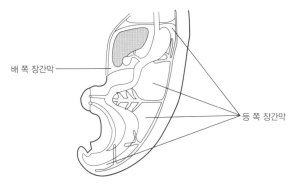

그림 24. 장간막

막이 두 개인 장간막 사이로 혈관이 흘러 소화기관에 혈액이 공급된다. 배 쪽 장간막은 앞창자를 지탱하지만 중간창자와 뒤창자는 그렇지 않다. 대신 등 쪽 장간막에 의해 물리적 지지를 받는다.

기가 커나가면서 난황은 그에 비례하여 점차 줄어든다.

장간막^{mesentery}은 위, 십이지장, 공장, 회장 및 대장의 일부분을 연결하는 막이며 복부 체벽에 의해 물리적인 지지를 받는다. 바로 이 장간막을 따라 혈관과 림프관, 그리고 신경계가 소화기관 벽에 분포하게 된다. 이들 장간막은 소화기관을 일정한 한계 내에서 움직이게 도우면서 소화 기능을 최적화한다. 물론 제멋대로 움직이게 놔두지도 않는다. 성인이 되면 장간막은 더욱 복잡한 배열을 취하게 되지만 그 기본적인 틀은 물론 배아 상태에 시작된다. 배아의 장간막이 단순하다는 말이다. 식도에서 뒤창자에 이르기까지 등 쪽 장간막이 펼쳐져 있으며 여기에 소화기관이 연결되어 있다. 소화기관이 길이 팽창을 하고 자리를 잡게 되면서 장간막의 배열은 점차 복잡해진다. 소화기관이 구부러지고 회전하면 이들 지탱하는 장간막도 그에 따라 구조적 변형을 치르게 되기 때문이다.

예전에 베트남 하노이를 갔을 때 가이드였던 어떤 한국분이 베트남 사람들은 장의 길이가 '상대적으로' 짧다고 말했다. 소화하기 쉬운 안

남미를 주식으로 하기 때문이라는 것이 그의 설명이었다. 그러나 그에 대한 역학 연구는 내가 아는 한 찾아볼 수 없었다. 어떤 경우든 소화기관의 전체 길이는 인간의 키보다 훨씬 길다. 발생 과정에서 소화기관이 형성된 다음 이들은 매우 빠르게 길이 성장을 하고 크기도 커진다. 그러므로 소화기관 각 부위가 상대적으로 더디게 발생하는 복강의 빈자리를 차지하기 위한 경쟁이 벌어진다. 또 간이나 신장을 위한 자리도 할당해야 한다. 실험을 하느라 쥐의 배를 가르면 정말 이런 말을 실감하게 된다.

소장은 길기도 하지만 어떻게 자리를 잡게 되었을까 고개가 갸웃거려진다. 가로사이막^{septum transversum}의 뒷부분에서 간이 자라나오면서 이들이 등 쪽 장간막을 향해 확장되고 그에 따라 복강이 두 부분으로 나뉘게 된다. 간과 위 사이에 위치한 등 쪽 장막 부위는 작은 복강이 되고 간과 복부의 앞쪽 공간은 낫 모양의 인대가 된다. 또 이 인대는 배꼽 정맥을 붙들어 산모의 정맥관과 연결한다. 중간콩팥(신장)은 비뇨기의 발생 중간 단계에 있는 구조물이다. 콩팥은 여타 부속 소화기관과 달리 기원이 중배엽성인 것은 잘 알려져 있다. 인간의 경우 발생 6주가 되면 이들의 구조가 확연해지는데 이들 일부가 등 쪽 장간막에 연결되면서 협소한 공간을 에둘러 복강의 한자리를 차지한다. 소화기관과 부속기관, 배설, 생식기관 모두 제자리를 차지해 들어야 한다.

투망 던지기

태아가 완전히 외피에 둘러싸이더라도 그 안에서 소화기 발생은 계속된다. 문제는 이제 장소를 어떻게 쓰느냐 하는 것이다. 그리고 발생을 마칠 때까지 산모로부터 영양분을 계속 공급받아야 하기 때문에 통

먹고 사는 것의 생물학

로 하나는 열어두어야 한다. 그 흔적이 우리 배꼽이고 제대혈이 들락날락했던 장소이다.

처음에 막에 둘러싸여 복강에 들어 있는 소화기관은 장간막에 의해 붙들려 있지만 쉽게 움직일 수 있다. 그러나 다음 6주 동안(인간) 급격한 변화가 생기면서 소화관의 위치와 배열이 달라진다. 좁은 복강 내 공간을 최대한 넓게 쓰기 위해서는 주변의 조직들과 밀고 당기는 줄다리기를 피할 수 없다. 큰 사건들만 나열하면 다음과 같다. 첫째, 위가 구부러지면서 회전하는 것. 둘째, 위가 돌면서 그에 인접한 십이지장이 오른편으로 회전하는 것. 셋째, 중간창자 루프가 탯줄을 따라 빠져 나가는 것. 넷째, 중간창자가 다시 돌아와 복강 내에서 270도 회전하는 것. 다섯째, 이런 변화에 조응하여 장간막이 수정, 재배치되는 것. 그리고 마지막으로 뒤창자에 요로직장 격막이 생기는 것이다.

중간창자가 대략 대부분의 소장을 의미하는 것은 앞에서 얘기했다. 문제는 위가 90도 회전하고 나서 소장에 해당하는 부위가 급속도로 증식하는 것이다. 좁다란 배 안에서 증식하는 중간창자를 수습하는 한 방편은 이 부위를 밖으로 잠시 내보내는 것이다. 탯줄을 따라 밖으로 나가기는 하지만 이들은 장간막에 의해 붙잡혀 있다. 마치 어부가 투망의 한쪽 부위를 놓지 않고 있는 것과 흡사하다. 투망을 쳐본 적은 없지만 나도 구경은 꽤 했다. 그물이 최대한 둥글고 넓게 펴져야 할 것이고 잠시 뜸을 둔 다음에는 서서히 걷어 올려야 한다. 포획된 물고기를 꺼내고 다음에 던질 것을 고려해 그물이 얽히지 않도록 손을 정교하게 놀려야 한다. 탯줄 밖으로 나간 중간창자도 마찬가지로 조심스럽게 복강으로 들여와야 한다. 장간막이 투망을 잡고 있는 손처럼 중간창자를 잡아당길 것이다. 그러나 어디를 봐도 그 내용에 대한 설명을 찾을 수 없었다. 하지만 세 번에 걸쳐 중간창자를 끌어올려 90도씩 회전함으로써 좁은 공간을 최대한 효과적으로 사용해야 할 것은 분명해 보인다.

가령 쥐의 배를 열고 부분 간 절제술 실험을 한다고 해보자. 간이 있을 것으로 생각되는 배 부위 약 1센티미터 정도를 수술용 칼로 여는 것이 처음으로 하는 일이다. 그런데 장소를 잘못 골라 배를 열고 압력을 주면 소장이 그야말로 쏟아져 나오는 때가 있다. 그러면 부랴부랴 소장을 다시 집어넣고 배를 좀 더 넓게 열어야 한다. 수술이 복잡해지는 것이다. 그러나 어설픈 대학원생이 소장을 다시 집어넣을 때 그 장기는 어떻게 제 위치를 회복할까? 배를 열고 수술을 해본 사람들은 경험을 했겠지만 소화기관이 다시 자리를 잡고 움직일 때까지 금식이다. 그래서 사람들은 아픔을 참고 움직이면서 방귀가 나오기를 학수고대한다. 물론 수술이 끝나고는 생리식염수도 듬뿍 넣어준다. 창자들이 서로 달라붙지 않도록 했던 점액이 말라비틀어질 수도 있기 때문이다. 이런 일들이 순조롭게 진행되지 않으면 장끼리 혹은 장과 복막이 서로 붙어버릴 수도 있다. 장유착이라고 우리가 부르는 사건이 발생하는 것이다.

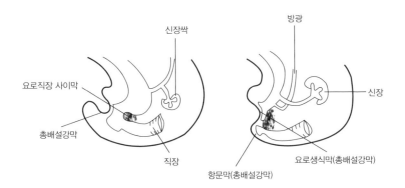

그림 25. 총배설강막의 분리

직장 아래쪽에서 요막이 자라나 난황관과 함께 모체(조류는 난황)에 연결된다. 요로직장 사이막은 중배엽이고 나중에 이 부분을 중심으로 항문막과 요로생식막이 갈라진다. 요로생식관에서 신장싹이 자라고 요관이 방관으로 연결되면서 뒤창자 끝 쪽이 마무리된다.

먹고 사는 것의 생물학

그러나 이때에도 소화기관이 자리를 잘 잡도록 장간막이 제 일을 다 해주어야 한다. 물론 장간막이 손상되는 것도 최소화해야 할 것이다.

뒤장차의 발생은 비교적 단순하다. 중요한 사건이 있다면 그것은 요로직장 사이막이 생기는 것이다. 중배엽에서 기원하는 쐐기 모양의 막대가 뒤창자와 요막 사이에 만들어지는 것이다. 이 사이막이 뒤로 자라면서 총배설막과 만나게 되면 두 부분으로 나뉘게 된다. 하나는 요로생식막이고 다른 하나는 항문막이다. 그 결과 뒤창자는 요로 생식기관과 완전히 분리된다(그림 25). 나중에 이들 막에 구멍이 생기면서 발생을 마무리하게 된다.

구멍 만들기

배설 및 음식의 섭취와 관련되는 소화기관의 앞과 끝은 열려야 한다. 구멍이 만들어지는 장소들이다. 이는 또 소화기관을 진정한 '외부'로 만들어가는 과정이다. 소화기관은 실상 우리 몸의 외부이다. 내 안의 밖이며inner outside 외부의 물질이 들어와서 잘게 나뉘었다가 몸 밖으로 다시 나가는 과정이 끊임없이 진행되는 곳이다. 그러나 이들 부위 말고도 열려야 할 부분이 하나 더 있다. 바로 소화기관 그 자체이다. 처음에 소화기관은 빠르게 증식하는 상피세포로 꽉 차서 막혀 있다가 차츰 구멍이 열리게 된다. 최근에 이들 소화기관의 내강이 형성되는 과정을 중배엽과 내배엽의 물리적·화학적 상호작용을 설명하려는 연구 결과가 《네이처》에 실렸다. 발생학에서 물리적인 힘이 중요한 역할을 한다는 의미인데, 여기서도 중배엽에서 기원한 근육세포가 중요한 역할을 한다. 나중에 소화기관의 물리 과정을 살펴볼 때 다시 언급하겠다.

태어나서 밖으로 나오기도 전에 배아는 소화를 개시한다. 양수에는 피부에서 탈각한 세포와 세포 부스러기들이 있다. 태아가 양수를 마시면 소화액이 일을 하고 여기서 영양소를 받아들인다. 쉽게 말하면 때를 먹는 것이다. 그렇다고 해도 태반을 통해 모체로부터 영양소를 흡수하는 일은 멈추지 않는다. 양수를 통해 소화되는 양은 얼마나 될까? 어른이 되어서도 이런 식의 소화법이 여전히 작동하는 것일까?[95]

복막

우리의 소화기관이 들어 앉아 있는 복강abdominal cavity은 장액성 막이 장막을 치듯이 연속적으로 연결되어 있는 복막으로 둘러싸여 있다. 복막은 두 부분으로 나뉘는데 하나는 내장과 맞닿아 있는 내장 복막 부분이고 다른 하나는 체벽과 맞닿아 있는 부분이다. 배아의 측면 중배엽이 두 부분으로 나뉘면서 이들 두 복막을 이루는 것이다(그림 26). 내장 복막은 짐작하다시피 내장 중배엽에서 기원한다. 이들 두 복막 사이의 공간을 복강이라고 하며 여기에는 아무런 장기가 없이 끈적끈적한 점액성 장액이 조금 들어 있을 뿐이다. 복막 안쪽의 소화기관들은 내장 복막에 의해 둘러싸여 있어서 매달려 있는 꼴이다. 이들을 서로 연결하는 인대들도 내장 중배엽에서 유래한다. 복막 뒤쪽 기관들의 한 면은 복막과 접하고 있을지 모르지만 복막에 붙어 있지는 않다. 신장, 정맥, 동맥이 여기에 속한다(그림 27). 반면 장간막은 내장 복막이 두 층으로 이루어진 것이다. 바로 이 점이 주요하다. 왜냐하면 이들 두 층 사이로 신경

---

95 · 물론 작동한다. 소장에서 떨어져 나가는 세포들과 일부 세균은 훌륭한 먹잇감이다. 소장에서 우리가 입으로 먹은 음식물과 함께 소화되기 때문이다. 그러나 대장의 세포들은 떨어져 나가 대변에 섞인다. 나는 마우스를 이용해서 이를 관찰할 수 있었다. 항체를 이용해서 마우스 세포 단백질을 확인하였지만 다섯 부위로 나눈 소장에서 마우스 단백질은 전혀 발견할 수 없었다.

먹고 사는 것의 생물학

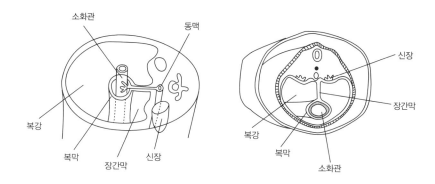

소화관
동맥
복강
복막
장간막
신장
신장
장간막
복강
복막
소화관

그림 26. 복막, 장간막과 소화기관

체벽과 붙어 있는 중배엽이 자라나와 소화기관을 감싼다. 후방 복막에는 신장이나 혈관이 자리 잡고 있다. 복강은 빈 공간이며 장액이 흘러나와 소화기관을 둘러싼 복막이 서로 붙지 않게 한다. 앞창자 부위에는 장간막이 배 쪽 체벽과 연결되지만(낫형인대를 보자) 중간창자, 뒤창자는 등 쪽 장간막에 의해 지지를 받는다. 이 그림은 중간창자 부분이다.

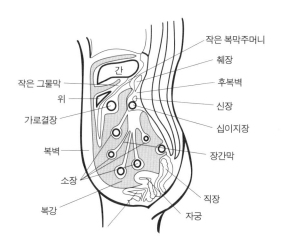

작은 복막주머니
간
쵀장
작은 그물막
후복벽
위
신장
가로결장
십이지장
복벽
장간막
소장
직장
복강
자궁

그림 27. 복강

회색으로 표시한 부분이 복강이다. 중배엽 기원의 복강은 간과 위를 감싸고 장간막을 매개로 소화기 관을 연결한다. 복강 뒤편에는 쵀장과 신장 및 혈관이 지나간다. 십이지장은 복강 뒤편에 위치하고 있다는 점이 특이하다. 후복벽 뒤로 척추와 길게 지나간다.

과 혈관이 방사형으로 지나면서도 장간막을 손상시키지 않기 때문이다. 또 장간막은 소장의 중간과 뒷부분인 공장과 회장을 뒤쪽 복벽과 연결한다.

복막은 장간막보다 얇고 레이스처럼 생겼으며 지방을 많이 함유하고 있어서 기관을 따뜻하게 유지해준다. 장간막은 부채 모양이며 장으로 가는 혈관들이 많다. 복막과 장간막은 윤활제로 쓰이는 장액을 분비하여 가까이 붙어 있는 장기들이 서로 마찰하지 않도록 하며, 복강 내의 장기들을 제 위치에 있게 하고 장기들을 분리하거나 통합하며 감염을 막는 방어벽 역할도 한다. 그러나 수술을 하느라고 배를 열게 되면 복막이 손상되어 장기들이 서로 달라붙는 일이 생기기도 한다. 이런 때가 되면 복막이 얼마나 중요한 일을 하는 장소인지 실감하게 된다.

소화기관의 회전 과정에 문제가 있거나 밖으로 나갔던 중간창자가 돌아오지 못하면 큰 문제가 생길 것은 자명하다. 앞에서 얘기한 어떤 과정이라도 부드럽게 진행되지 않는다면 발생을 마치지 못하고 죽거나 살아난다고 하더라도 평생 불편함을 감수해야 한다. 또 융합이 비정상적으로 이루어지거나 사라져야 할 발생 중간 단계의 조직들이 여전히 남아 있는 경우, 관(구멍)을 잘못 만든다거나 신경계가 잘못 끼어들어도 위험하기는 마찬가지다. 소화기관의 형태적 이상은 발생 단계에서 이미 시작되고 있는 것이다.

간략하게 소화기관의 발생을 살펴보았다. 이외에 많은 부속기관, 가령 간이나 인슐린을 만들어내는 췌장, 담즙산을 보관하는 담낭은 소화기관과 밀접한 관련이 있다. 또 몸통 길이의 대여섯 배에 달하는 구절양장을 좁은 복강 안에 집어넣어야 하기 때문에 구부러지고 접히고 회전하면서 완정된 채로 평생을 움직여야 한다. 먹는 것은 힘이 많이 드는 일이다.

먹고 사는 것의 생물학

간에는 별 모양의 세포가 있다

엥겔스의 『자연의 변증법』을 읽다가 RNA에 대해 공부를 해본답시고 다니던 회사를 때려치우고 대학원에 들어간 때가 1990년대 초반이었다. 그리고 대학원 들어가서 처음으로 쥐의 간에서 세포를 떼어내 키웠던 것이 간세포이다. 숫자로 보면 간세포는 간에 존재하는 전체 세포 중에서 70퍼센트에 해당된다(표 5). 그렇지만 간세포는 크기도 커서 부피로만 따지면 90퍼센트에 육박한다고 한다. 발생학적으로 보면 이들은 내배엽에서 기원하는 것이다. 간세포 두 개에 해당하는 거리 사이사이에 혈관이 들어와 있으니까 간은 산소에 매우 민감한 기관이라는 것은 익히 짐작이 간다.

문제는 혈관을 구성하는 세포는 중배엽에서 기원한다는 점이다. 이 모세혈관과 간세포 사이에 있는 좁은 공간은 디세강$^{space\ of\ Disse}$이라고 부른다. 바로 이곳에 별 모양의 세포가 있다. 바로 성상세포 혹은 지방 저장 세포 혹은 발견자의 이름을 따서 이토^{Ito}세포라 불리는 것이다. 지금은 더 이상 이토세포라는 말을 쓰지 않는다. 이들 세포의 기원은 논란이 분분하지만 지금은 중배엽 기원이라는 것이 알려졌다. 그러니까 혈관과 이들 성상세포를 보면 중배엽성 세포가 내배엽에서 기원한 간세포 사이사이로 끼어들어 오는 사건이 발생 과정에서 일어났을 것이라고 짐작할 수 있다.

간에 상주하고 있는 면역계 대식세포는 쿠퍼^{Kupffer}세포라고 부른다. 역시 발견자의 이름을 딴 것이다. 이토세포는 폐기처분되었지만 쿠퍼세포는 아직까지 살아 있다. 이들 세포의 기원은 크게 문제될 것이 없어 보인다. 왜냐하면 쿠퍼세포는 혈관 내부에 존재하기 때문이다. 다시 말하면, 비록 중배엽에서 기원한 세포라 할지라도 굳이 간의 발생과 궤를 함께하면서 복잡한 절차를 거치지 않아도 될 것이라는 점이다. 배아 발생 전 과정에 걸쳐 이들 간에 존재하는 모든 세포의 행동 양상이 낱낱이 드러난 것은 아무것도 없다. 하지만 소화관 주변의 어떤 기관의 발생이든 중배엽과 내배엽의 상호작용이 결정적인 역할을 한다. 가령 소화관도 마찬가지다. 소화관 내부를 둘러싸고 있는 세포는 내배엽에서 기원하지만 그들에게 힘을 실어주는 근육층은 중배엽에서 온다. 그러므로 이들 기원이 다른 두 종류의 세포가 거의 비슷한 시기에 서로 상부상조하면서 발달했을 것이라는 점은 능히 짐작하고도 남는다.

여기서는 간을 구성하는 세포, 특히 성상세포를 중심으로 간세포의 발생과 간의 재생, 그리고 암의 발생에 관해 간단히 살펴보도록 하자.

우선 간의 기본 구조에 대해 잠깐 알아보자. 순대를 먹을 때 함께 나오는 간의 절편을 자세히 살펴본 적이 있는가? 아마 우리가 눈으로 볼 수 있는 것이라고 하면 비교적 큰 혈관들일 것이다. 그러나 그 절편을 염색한다면 우리는 육각형의 구조물을 볼 수 있다. 물론 현미경을 동원해야 한다. 돼지의 간에서 가장 뚜렷하게 그 모양을 관찰할 수 있다. 그 육각형의 꼭짓점에 해당되는 곳이 소위 간문맥portal triad이라고 불리는 곳이다. 간문맥에서는 세 개의 둥근 관을 관찰할 수 있다. 그중 두 개는 혈액이 들어오는 통로이다. 간으로 들어오는 혈액도 다른 기관에서와 마찬가지로 심장에서 온다. 그러나 간은 통로가 하나 더 있다. 부가적인 통로가 더 있는 것은 말할 것도 없이 우리가 음식을 먹고 살기 때문이다. 음식물 속에 들어 있는, 생명체가 원치 않는 물질이나 세균을 한 번 걸러주어야 하기 때문이다. 바로 장간 순환gastrohepatic circulation이라고 하는 것이다. 소장에서 흡수한 영양원은 바로 간으로 보내 거기서 일차로 검색대를 통과한 연후에야 전신으로 들어간다. 미국 서부의 중소도시

먹고 사는 것의 생물학

로 가기 위해서는 그 지역의 거점 허브 도시인 로스앤젤레스에서 까다로운 입국절차를 밟아야 하는 것과 마찬가지인 것이다. 문맥에는 그렇게 간으로 들어오는 두 개의 혈관이 있고 나머지는 반대 방향으로 나가는 관이다. 이들은 작은 담관biliary duct이라고 불린다. 간에서 만들어진 담즙산이 담관을 거쳐 필요할 때까지 담낭gall bladder에 보관된다. 육각형의 꼭짓점에 있는 간문맥은 육각형의 중심에 있는 중심 정맥central vein 쪽으로 혈액을 보낸다. 이 말이 정확하지는 않겠지만 결과적으로는 그렇다. 문맥과 중심 정맥 사이에 있는 간세포들이 독성물질을 중화하고 담즙산을 만드는 과정에서 사용하는 에너지와 산소는 모두 문맥을 통해 공수받아야 하기 때문이다. 문맥과 중심 정맥을 잇는 모세혈관은 동양혈관sinusoid이라고 부른다. 동굴과 비슷하다는 모양인데, 달리 쉽게 표현할 말이 없다. 앞에서도 말했지만 동양혈관 사이에는 두 층의 간세포가 나란히 달리고 있다. 따라서 간은 많은 양의 혈액이 빠르게 지나가는 장소이다. 그래서 간은 붉다.

간을 구성하는 세포들 중 약 70퍼센트가 간세포라고 설명했다(표 5). 그렇다면 나머지 세포가 30퍼센트 정도가 되는 셈인데, 그중 약 반 정도가 혈관을 구성하는 혈관내피세포vascular endothelial cell이다. 그리고 그 나머지는 쿠퍼세포와 성상세포이다. 간 전체로 보면 성상세포의 숫자는 약 5~8퍼센트에 해당된다. 건강한 사람의 간에서 성상세포는 죽은 듯이 엎드려 있다. 뭔가 따로 하는 일이 없어 보일 정도이다. 처음에 재미로 이들 세포를 분리해보았을 때 현미경 아래에서 이들 성상세포는 불가사리처럼 곁가지를 내어놓고 있었고 세포 안쪽에는 반짝이는 둥그런 구조물을 관찰할 수 있었다. 바로 이 구조물 안에 들어 있는 물질은 비타민 A이다. 토마토에 들어 있는 레티노산이 반으로 잘린 것이 비타

표 5. 인체 여러 조직을 구성하는 세포의 수

조직	세포	수	조직	세포	수
지방	지방세포	5.00×10^{10}	간	간세포	2.41×10^{11}
대퇴	대퇴연골세포	1.49×10^{8}		쿠퍼세포	9.63×10^{10}
연골	연골세포	1.23×10^{8}		성상세포	2.41×10^{10}
	연골세포	8.06×10^{7}	폐	I형 기관지세포	3.86×10^{10}
담관계	담관상피세포	7.03×10^{7}		II형 기관지세포	6.99×10^{10}
	담낭상피세포	1.61×10^{8}		대식세포	2.90×10^{10}
	담낭카할세포	4.94×10^{5}		기저세포	4.32×10^{9}
	담낭 평활근세포	1.58×10^{9}		섬모세포	7.68×10^{9}
	기타 사이질세포	8.48×10^{6}		혈관내피세포	1.41×10^{11}
혈액	적혈구	2.63×10^{13}		술잔세포	1.74×10^{9}
	백혈구	5.17×10^{10}		모르는 세포	3.30×10^{9}
	혈소판	1.45×10^{12}		간엽세포	1.37×10^{11}
뼈	조골세포	1.10×10^{9}		기타 분비세포	4.49×10^{8}
	조골세포	7.11×10^{8}		전섬모세포	1.03×10^{9}
골수	유핵세포	7.53×10^{11}	신경계	신경아교세포	3.00×10^{12}
심장	연결조직세포	4.00×10^{9}		신경세포	1.00×10^{11}
	심장 근세포	2.00×10^{9}	췌장	섬세포	2.95×10^{9}
신장	사구체 모든 세포	1.03×10^{10}	소장	장 상피세포	1.67×10^{10}
골격근	근섬유	2.50×10^{8}	위	G세포	1.04×10^{7}
	성상세포	1.50×10^{10}		벽세포	1.09×10^{9}
피부	진피 섬유아세포	1.85×10^{12}	부신	수질세포	1.18×10^{9}
	진피 비만세포	4.81×10^{7}		속상대 세포	6.67×10^{9}
	상피	3.29×10^{10}		수구대 세포	1.77×10^{9}
	상피유핵세포	1.37×10^{11}		망상대 세포	7.02×10^{9}
	상피랑겔한스세포	2.58×10^{9}	갑상선	투명세포	8.70×10^{5}
	상피멜라닌세포	$3,80 \times 10^{9}$		여포성세포	1.00×10^{10}
	상피 메르켈세포	3.62×10^{9}	혈관	혈관내피세포	2.54×10^{12}

민 A이다. 우리 몸 안에 있는 약 95퍼센트의 비타민 A가 여기에 존재한다. 간세포가 손상되고 성상세포가 활성화되면 여기에 보관되어 있던 비타민 A가 흔적도 없이 사라진다. 간이 나빠지면 시력이 떨어진다고 말할 때 우리가 생각하는 상황이다. 그러나 어떻게 그런 일이 벌어지는지 아직도 정확히 모른다.

이런저런 이유로 간세포가 다치면 간 성상세포는 손상된 간세포나 그 주변으로 몰려든 면역세포로부터 위험 신호를 받는다. 그러면 잠잠하던 성상세포가 활성화되면서 상처 치유에 나선다. 활성화된 성상세포는 평활근에 있는 액틴smooth muscle actin 단백질을 새롭게 갖추기 때문에 근섬유아세포myofibroblast라고 불린다. 이들이 상처를 치유하는 것은 피부가 다쳤을 때와 기본적으로 다를 것이 없다. 일단 다친 부분을 세포외 골격으로 둘러싸고 그 위에 새롭게 만들어진 상피세포, 즉 여기서는 간세포를 벽돌 쌓듯이 올려놓는 것이다. 그러므로 성상세포는 세포외 기질 시멘트를 만드는 일, 그리고 간세포가 자라도록 시토카인이나 성장인자 펩티드를 만드는 일을 한다. 상처가 자주 발생하는 일이 아니라면 간은 별 문제없이 원래 상태로 간을 유지할 수 있다. 문제는 이런 상처가 끊임없이 일어나게 될 때이다. 과도하게 세포외 기질이 침착되고 간이 딱딱해지면서 건강한 간세포가 더 이상 둥지를 틀지 못하게 되기 때문이다. 이런 상태가 지속되면 간 섬유화, 더 심해지면 간경화라는 병적인 상태로 접어든다. 간세포가 담즙산도 못 만들고 독소를 제거하는 일도 제대로 해내지 못하기 때문이다.

한동안 간 섬유화나 간경화는 돌이킬 수 없는 상황이라고 여겼었다. 그러나 최근에는 간세포 손상을 초래하는 원인을 제거하면 원상회복할 수 있다는 결과가 속속 나오고 있다. 간 섬유화가 치유되는 동안 활성화된 성상세포의 수가 줄어든다. 이들 세포가 노화되거나 스스로 죽어가기 때문이다. 아니면 어떤 이유로 다시 정적인 상태로 돌아간다. 간 성상세포가 질병의 진행이나 회복에 중요한 역할을 하기 때문에 간 연구 분야에서 이들 세포에 관심을 기울이는 것은 지당한 일이다.

입에서 생선 썩는 냄새가?

간을 다치면 입에서 독특한 냄새가 난다. 무슨 이유에서일까? 셰익스피어의 희극 『태풍The Tempest』에서도 언급된 바 있듯이 생선 썩는 냄새는 기원전까지 소급되는 매우 오래된 대사 질환의 대표적 증상이다. 이 질환의 배후에 있는 효소는 FMO3라는 플라빈flavin이 포함된, 단일산화효소monooxygenase라는 단백질이다. 간세포에 많이 존재하는 물질이다. 내가 잠시 몸담았던 인하대학교 의과대학 약물학 교실에서 한때 이 유전자의 돌연변이를 연구한 적이 있었다. 이 효소의 활성이 떨어진 사람들은 커피의 주성분인 카페인의 대사 능력이 떨어진다. 해독 과정에 참여하는 간 시토크롬 대사 효소는 잘 알려져 있지만 이 효소에 관해서는 상대적으로 덜 알려졌다.[96] 그러나 최근 이 효소가 장내 세균과 연계되면서 새롭게 관심이 부각되고 있다. 그 내용을 잠시 살펴보자.

우리가 먹는 음식물 중 단백질은 하루 약 6~18그램, 다당류가 약 10~60그램 정도이다. 이들 중 일부가 대장에 있는 세균총의 음식이 된다. 그중에서 계란이나 소고기, 유제품, 채소에 들어 있는 레시틴, 고기나 에너지음료에 들어 있는 카르니틴 혹은 생선에 들어 있는 산화트리메틸아민은 대장에 존재하는 세균의 발효에 의해 트리메틸아민TMA,

---

96 · 이들 그룹의 단백질은 소위 외부 물질을 물에 잘 녹는 물질로 전환시켜 몸 밖으로 배출하는 과정에 관여하는 대표적 효소군인 시토크롬 P450 계열에 이어 두 번째로 큰 그룹이다. 간에 주로 존재한다.

trimethylamine으로 전환된다. 바로 이 물질이 혈액을 타고 간으로 가서 산화 트리메틸아민으로 변화된다. 이 반응을 매개하는 효소가 바로 FMO3 이다. 그러나 간세포에 문제가 있거나 효소가 돌연변이 때문에 그 기능이 떨어진 경우에 문제가 생길 수 있다. 전자의 경우는 간 섬유화 환자일 때, 후자는 유전적 결함이 있는 상황이다. 대사되지 않은 트리메틸아민이 고약한 생선 썩는 냄새를 풍기기 때문이다. 따라서 FMO3에 문제가 있는 사람들은 사회생활을 하기가 힘들어진다. 최근에는 우울증의 한 원인으로도 꼽히고 있지만 보다 심각한 것은 이 물질이 심장 질환과 관련될지도 모른다는 임상 결과가 나오고부터다.

세균, 진핵세포와 함께 생명체의 거대 그룹을 구성하고 있는 고세균은 주로 극한 지역에 살고 있는 것으로 잘 알려져 있지만 사실은 거의 모든 생태지위에 끼어들어가 자신의 고유 영역을 확보하고 있다. 그중의 하나가 우리 인간의 대장이다. 일곱 번째 고세균 그룹으로 알려진 일군의 메탄생성균은[97] 대장에서 트리메틸아민을 음식 삼아 이를 메탄으로 전환시키면서 에너지를 얻는다. 상황이 이렇다면 트리메틸아민은 이들 고세균에 의해 그 양이 줄어든다. 이제 혈액을 타고 간으로 들어가는 트리메틸아민이 줄어들 수 있기 때문에 앞에서 얘기한 냄새 문제가 어느 정도 해결될 수 있다. 냄새 문제가 해결되었다고 해서 죽은 간세포가 살아나지는 않겠지만 유전적 결함 때문에 어쩔 수 없이 풍겨야 하는 냄새는 피할 가능성이 높아진다. 이런 의미에서도 장내 세균은 잘 보존되어야 하는 것이다.

인간만이 장내 세균을 가지는 생명체가 아니기 때문에 세균의 대사

---

97 · 우리 대장에는 많은 세균이 하나의 생태계를 이루며 살고 있다. 이들 중 수소 가스를 먹는 미생물은 세 종류인데 황산 환원세균, 초산 생성균, 메탄 생성균이다. 이들은 이산화탄소(탄소 한 개)나 메틸기를 메탄으로 환원시키면서 에너지를 얻는다.

산물인 트리메틸아민은 다른 포유동물에서도 마찬가지로 문제를 일으킬 수 있을 것이다. 만약 쥐에서 생선 썩는 냄새가 나면 어떨까? 쥐의 날숨을 냄새 맡을 정도로 인간의 후각이 예민한지는 알 수 없지만 재미있게도 쥐들은 이 물질을 감지하는 수용체를[98] 가지고 있다. 우리가 실험실에서 사용하는 쥐 중 작은 것은 마우스, 큰 것은 랫이라 부른다. 바로 작은 마우스가 트리메틸아민 수용체를 가지고 있다. 수컷 마우스는 랫과 비교했을 때 트리메틸아민의 양이 엄청나게 많아 천 배가 넘는다. 수컷이 의도적으로 FMO3 유전자의 발현을 억제하기 때문이다. 그리고 이 물질을 교미상대를 꾀기 위한 향수로 쓴다. 바로 페로몬 역할을 하는 것이다. 사실 동물이 풍기는 냄새의 일부분은 그들이 가지고 있는 장내 세균이 만들어낸다. 이 냄새를 특정한 종 내부에서(여기서는 마우스) 페로몬으로 쓰든 아니면 독성물질로 여겨서 간에서 대사를 거쳐 외부로 배설을 하든, 정황은 세균과 그 세균을 품고 있는 숙주가 서로 다른 몸이 아니라는 사실을 극명하게 증명하고 있을 뿐이다.

---

98 · 수용체의 이름은 TAAR5(trace amine-associated receptor)이다.

　　　　　　　　　　　　　　　먹고 사는 것의 생물학

07

뭐가 필수적이라고?

2005년《IUBMB Life》라는 잡지에 한 장짜리 짤막한 논문이 실렸다. 아니 논문이 아니라 차라리 뉴스나 단신 정도라고 해야 할 것이 논문에 필수적인 서론이니 방법, 참고 문헌이 실리지 않았기 때문이다. 저자는 마이애미 대학의 웰런^{William J. Whelan}이라는 사람이다. 이 단신의 전체적인 논조는 분노 혹은 답답함인 것 같다. 제목도 '뭐가 필수적이라고?'이다.

나도 포도당이 왜 보편적인 에너지원이 되었는가라는 생각을 하며 인터넷을 보다가 필수당^{essential sugars}이라는 말을 발견했다. 아니 그 전에 건강에 꼭 필요한 '8가지 당'이라는 말을 보게 되었다. '그래? 그게 뭔데' 하면서 찾아보려고 벼르다가 밤새 눈이 내린 어느 날 아침에 마침내 그 단어를 다시 접하게 되었다. 그런데 8가지 당 앞에 '필수적인'이라는 말이 자주 등장한다는 사실을 알게 되었다. 이 말이 등장하는 웹사이트 주소 말미가 com으로 끝나는 것이 대부분이어서 아마도 건강식품을 파는 회사겠거니 하고 일단 그 주소를 하나씩 들어가보았다. 내가 했던 것과 똑같은 일을 웰런 박사도 한 모양이었다. 그가 2005년에 발견한 것이 거의 10년이 지난 2014년에 내가 본 것과 크게 다를 바가 없었다.

생물학에서는 '필수적'이라는 말을 쓸 때가 가끔 있다. 대표적으로 필수아미노산, 필수지방산 등이 그것이다. 비타민은 정의상 우리 몸에서 만들어지지 않고 음식물을 통해서만 들어와야 하기 때문에 이 물질은 모두 예외 없이 '필수적'이다. 그러나 교과서 어디에고 필수'당'이라는 말은 찾아볼 수 없다. 왜냐하면 이들 당은 어떤 식으로든 우리 몸에서 만들어내기 때문이다. 아니다. '필수당'이 있기는 하다. 바로 아스코르빈산$^{ascorbic\ acid}$이라고 하는 것이다. 이 물질은 비타민 C의 화학적 이름이고 헝가리의 과학자인 센트죄르지$^{Albert\ Szent-Györgyi}$ 박사가 발견했다. 유머감각이 있던 그는 이 당의 기능을 잘 몰랐기^{ignore} 때문에 모른'당^{ignose}'이라고 불렀고 신^{god}만이 알 것이라고 godnose라는 말도 썼다. 당의 이름을 붙일 때 접미어 -ose를 쓰는 것을 빌려 말장난을 한 것이다. 별명이야 어쨌든 비타민 C는 포도당이나 갈락토오스를 가지고 만들 수 있다. 문제는 인간은 그런 일을 하지 못한다는 점이다. 그렇기 때문에 '필수적'이다.[99] 그 외의 모든 당은 '필수적이지 않다.' 그렇지만 필수라

---

99 · 인간이 비타민 C를 만들지 못하는 것은 우연이 아니다. 과일이나 채소를 통해 쉽게 섭취할 수 있기 때문에 굳이 에너지가 소모되는 생화학적 경로를 폐기처분해버린 결과이다. 포도당에서 비타민 C를 만들어내는 생합성 경로의 마지막 단계 효소 반응의 결과물 중 하나는 아이러니하게도 과산화수소이다. 아이러니라는 말을 쓴 이유는 비타민 C가 항산화제로 잘 알려져 있기 때문이다. 이 물질이 항산화제로 불리는 이유는 전자 하나를 내놓을 수 있는 능력에서 비롯되었다. 동물의 몸에서 가장 많은 단백질 중의 하나인 콜라겐은 전자를 받고 산화되어야만 튼튼한 노끈처럼 엮어질 수 있다. 그러므로 비타민 C 결핍 증상은 대개 콜라겐이 하는 일과 관련된다. 혈관이 약해지는 괴혈병이 대표적인 예이다. 또 식물에서 흡수한 철은 대개 +3가이기 때문에 체내로 흡수하기 위해서는 전자 하나를 받아서 +2가가 되어야 한다. 이때도 비타민 C가 필요하다. 신경전달물질이나 호르몬을 만들 때에도 비타민 C가 전자를 내놓는다. 바로 이런 것들이 비타민 C가 항산화작용이 있다고 말하는 것들의 실체이다. 자세한 얘기는 닉 레인의 『산소』라는 책에 나와 있다.

　　　　　　　　　　　　먹고 사는 것의 생물학

는 말은 사람들에게 매력적으로 들린다. 필수적이라는 말이 '우리 몸에서 만들지 못한다'는 의미를 정확히 전달하지 못하기 때문이다. 유령처럼 인터넷을 떠돌고 있는 이런 유의 회사들이 제시하는 8가지의 당은 다음과 같다. 포도당, 갈락토오스, 푸코오스, 만노오스, (아세틸)글루코사민, (아세틸)갈락토사민, (아세틸)노이라민산, 자일로오스이다. 웰런이 찾은 셀싱크^{Celsync}라는 회사가 소개하는 포도당의 설명을 들어보자.

"필수당 중에서 포도당이 가장 친숙한 것이다. 보통 식탁용 당으로 불린다. 포도당은 포도당 분자와 과당 분자로 이루어져 있다."

이런 사이비 과학을 논하는 사람들과 긴 얘기를 하고 싶지는 않지만 포도당과 과당 분자로 구성된 이당류는 설탕이라고 흔히 불린다. 상상력이 풍부하다고 말해주면 좋겠지만 어쨌거나 그것은 '악질적' 상상력인 셈이다. 그러나 한 가지는 짚고 넘어가야 한다. 갈락토사민은 우리가 간 독성 실험을 할 때 간혹 사용하는 물질이다. 돈 주고 사먹을 만한 식재료가 못 된다.

포도당은 보편타당

왜 포도당이 모든 당을 제치고 우선적인 에너지원이 되었을까? 왜 갈락토오스가 아니고 과당이 아닌가? 정확한 답은 아무도 모른다. 내 주변의 화학자들은 포도당이 몇 단당류 중에서도 가장 안정된 구조를 가지고 있기 때문이 아닐까라고 답변한다. 여섯 개의 탄소로 구성된 당은 극성이 큰 수산기$^{-OH}$를 여러 개 가지고 있어서 이들이 서로 한 방향으로 이웃하고 있지 않은 형태가[100] 가장 안정하다고 말하는 것 같다.

---

100 · 사실 이들 수산기가 수직방향으로 있느냐 수평방향으로 있느냐에 따라 동일한 화학식을 갖

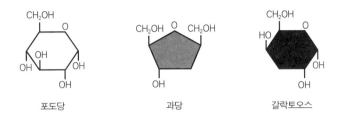

그림 28. 단당류의 구조

단당류인 포도당, 과당, 갈락토오스의 일반 분자식은 $C_6H_{12}O_6$으로 같지만 그 구조는 저마다 다르다.

동어반복이라고 생각되지만 어떤 과학자들은 포도당이 저장 형태로 가장 적합하다고도 말한다. 아닌 게 아니라 포도당은 포유동물의 저장형인 글리코겐이나 식물 전분의 원재료이다. 그러나 수소를 포획하여 에너지를 저장하기에는 경우에 따라 지방이 더 좋다. 실제로 먼 거리를 날아가는 철새나 북극의 곰은 지방을 저장한다. 지방을 언급하면서 아마도 칼로리 계산을 염두에 두었겠지만 사실 지방을 태울 때는 산소가 더 많이 필요하다.(142쪽 주 63 참고) 어쨌거나 포도당 저장에 관해서는 뒤에 다시 살펴보자.

　포도당은 칼로리가 풍부하면서도 매우 안정된 고리 모양의 구조를 취한다. 또한 원시 지구에서 무생물학적으로^abiotically 만들 수 있었다. 원래 거기에 있었다는 말이다. 나중에 지질이나 단백질 중합체가 생겨난 다음에야 관건이 되었을 것이지만 포도당은 쉽사리 단백질을 파괴하지 않는다. 사실 이 문제는 당뇨병의 주요한 합병증인 망막 손상이나 혈관 이상을 설명하는 한 기전이 된다. 예를 들어보자. 포도당과 같은 단당류가 단백질과 결합하는 정도를 측정한 논문이 발표된 것은 1981

는 화합물의 이름이 서로 달라진다. 다른 물질이라는 말이다. 이는 결국 탄수화물 구조에 산소를 배치하는 방법에 관한 얘기처럼 들린다.

먹고 사는 것의 생물학

년이다. 결론부터 서둘러 말하자면 다른 어떤 당보다 포도당이 헤모글로빈 단백질과의 결합력이 가장 약했다. 이런 결과가 어떻게 포도당이 보편적인 에너지원으로 자리 잡게 되었는지를 설명할 수 있을까?

생명체 안에서 일어나는 화학 반응은 일반적으로 효소에 의해 매개되고 엄밀하게 조절되는 대사 경로를 구성한다. 그렇지만 조절되지도 않는 데다 생체 구성 물질을 갉아먹을 뿐인 자발적인 화학 반응이 전혀 없는 것은 아니다. 가령 지방이 산패된다고 말할 때 일어나는 과정인 지질 과산화는 말 그대로 지질이 녹스는 것이다. 철이 녹스는 것과 화학적으로 동일한 것이다. 지방산이나 철의 전자를 산소가 뺏어가는 것이다. 전자 하나를 더 가진 산소는 활성산소라 불리며 싸움소 같아서 아무에게나 덤빈다. 활성산소는 지질을 번갈아가며 산화시키고 세포막을 망가뜨린다. 포도당이 단백질에 붙들리는 것도 그러한 예이다. 물론 이 반응은 효소가 필요하지 않다. 액체 상태에서 포도당은 고리 모양으로 닫혀 있거나 아니면 고리가 열려서 알데히드$^{-CHO}$가 노출된 형태로 존재할 수 있다. 물론 고리 모양으로 존재하는 비율이 훨씬 많다(1,000개의 포도당이 있으면 그중 2개가 열린 상태로 존재한다). 노출된 형태의 포도당은 반응성이 좋아서 시간만 충분하다면 단백질에 달라붙을 수 있다. 헤모글로빈의 아미노산 잔기에 포도당이 붙는 반응은 천천히 그러나 꾸준하게 일어나서 적혈구를 120일 이상 살지 못하게 괴롭힌다. 또 이들 포도당은 눈의 수정체를 이루는 크리스탈린[101]이나 콜라겐에도 달라붙는다.

짐작하건대 효소가 매개하지 않고 당이 붙는 반응은 당뇨병 환자에

---

101 · 단백질의 반감기는 수분에서 몇 년에 걸쳐 다양하다. 2013년 《네이처》 논문에 의하면 콜라겐의 반감기는 117년, 눈의 수정체를 구성하는 크리스탈린crystallin 단백질은 70년이 넘는다. *Nature Reviews Molecular Cell Biology* 14, 55 (January 2013).

게 빈발할 것이고 실제로도 그렇다. 열린 당 중에서는 포도당이 단백질과의 반응성이 가장 적은 물질이다. 갈락토오스는 포도당과 비슷하게 생겼지만 조금 불안정해서 1,000개의 분자 중 스무 개가 열린 상태이다. 사람들은 갈락토오스를 오래 먹인 쥐의 혈액에서 당이 달라붙은 수정체 크리스탈린이 광범위하게 파괴된 것을 확인했다. 이는 심지어 당뇨를 유도한 쥐보다도 그 정도가 심했다. 이 결과는 단당류의 안정성이 생체 내 물질인 단백질의 수명과 관련이 깊다는 것을 암시하고 있다. 따라서 포도당은 자신과 결합하여 화학적으로 자신을 변화시키는 포도당 대사효소, 즉 단백질과의 의도하지 않은 반응을 최소화할 것이라고 예상할 수 있으며 그것은 포도당이 구조적으로 가장 안정된 분자이기 때문에 가능한 일이다. 이런 추론은 결과론적으로 보이지만 포도당이 구조적으로 안정적이라는 점을 재차 환기시킨다.

최초의 생명체가 발원한 장소로 간혹 거론되는 점토가 D형의 단당류를 선호한다는 결과도 꽤 흥미롭다. 《사이언스》에 소개된 논문에서 무생물적 화학반응이 일어날 수 있는 촉매 역할을 하는 점토의 표면은 L형의 아미노산과 D형의 단당류를 선호했다.[102] 그러나 이 부분이 사실로 증명되기까지는 요원한 것 같다.

---

102 · 포도당이 안정된 분자이기는 하지만 왜 D형만 존재하는지는 아직도 잘 모른다. 그러나 이 형태를 가진 포도당이 초기 원시 세포가 만들어졌을 당시 일정한 농도 이상의 당이나 아미노산이 국한된 장소에 모여 있어야만 중합 반응이 일어날 수 있을 것이라고 생각한다. 재미있게도 D형의 단당류와 L형의 아미노산이 점토와의 반응성이 매우 뛰어나다는 사실이 발견되었다. 반대로 L형의 단당류와 D형의 아미노산은 그렇지 않았다. D형의 포도당에 표지되지 않은 D형의 포도당을 넣어주면 이들 사이에 경쟁이 심해져서 점토에 결합하는 방사능 표지된 포도당이 급격히 줄어들었다. 그러나 L형의 포도당은 D형 포도당과 점토와의 결합력을 전혀 방해하지 않았다. 똑같은 각본이 L형 아미노산에서도 일어난다. 만약 점토가 어떤 식으로든 세포의 탄생에 기여한 바가 있다면 점토의 표면은 D형 포도당과 L형 아미노산을 농축시키는 결과를 낳았을지도 모른다.

먹고 사는 것의 생물학

잘 부서지는 리보오스

RNA가 효소 비슷한 일도 하고 또 정보를 저장하는 일도 했을 것이라는 말은 'RNA 세계'로 축약되는 생물학의 중요한 가설이다. 세균, 고세균 및 진핵세포를 아우르는 세 도메인의 생명체들이 모두 RNA를 사용하고 있으므로 이들의 조상에 해당하는 최초의 세포도 RNA를 가지고 있었을 것이라는 함의에 이른다. 다시 말하면 RNA를 구성하는 성분들이 주변 환경에 존재하였고 동시에 이용 가능했다는 말이다. 그러나 핵산에 결합하는 당이 왜 리보오스^{ribose}냐 하는 질문에 대한 답은 여전히 오리무중이다. 이때 항상 등장하는 문제는 당이나 핵산 같은 생체 물질의 기본 벽돌이 어디에서 기원했느냐 하는 것이다.

이런 논쟁에 불을 지핀 사람은 해럴드 유리와 스탠리 밀러인데, 1995년 바로 그 밀러가 재미있는 논문을 미국 국립과학원회보에 발표했다. 과학원 회원이면 자신의 연구 결과를 그 회보에 직접 실을 수 있었던 시기였다. 그게 중요한 논점은 아니겠지만 밀러가 연구한 것은 리보오스가 매우 불안정한 물질이라는 것이었다. 이는 마치 포도당이 가장 안정된 물질이라고 하는 것과 맥락이 닿는다. 포도당이 생명체 대사의 중심에 있는 이유 중 하나는 그것이 안정되어 있다는 데 있다. 그것 말고도 그 물질의 양이 충분해야 한다는 것도 암묵적인 전제이기는 하지만.

발효는 포도당이 젖산^{lactate}이나 에탄올로 변환되면서 소량의 에너지를 내는 반응이며 세균, 고세균, 진핵세포 모두에서 발견된다. 뜬금없이 발효 얘기를 왜 꺼내느냐고 의아해하는 사람들이 있을지도 모르겠다. 그러나 포도당을 사용하는 방법은 발효 말고도 오탄당 인산회로도 있다. 이 두 가지 방법 모두 포도당을 소비하는 것이지만 그것이 지향하는 바는 서로 같지 않다. 발효는 산소가 없는 환경에서 포도당을 분해하는 해당 과정이다. 자주 얘기하는 것이지만 해당 과정은 그 속도가 매우 빠르다. 따라서 100미터를 뛰는 달리기 선수들이 9초 남짓한 시간 동안 사용하는 에너지를 해당 과정을 통해서 얻는다. 마찬가지로 포도당을 그야말로 물 쓰듯이 쓰는 일부 암세포들도 해당 과정을 통해 에너지를 얻는다. 세포가 오탄당 인산회로를 가동하는 것도 포도당을 에너지원으로 쓰는 대신 다른 용도로 전용하는 것이다. 그중 한 가지는 생체 물질을 생합성하거나 활성산소를 처리할 때 쓰이는 전자 공여체인 NADPH를 만드는 것이고 다른 한 가지는 리보오스를 만드는 것이다. 원시 지구에서 포도당을 사용해서 리보오스를 만들었는지 아니면 우주생물학자들이 늘 주장하듯 리보오스가 우주에서 왔는지 알 길은 없지만, 이산화탄소를 잡아채서 포름알데히드를 만들고 그것을 재료로 오탄당과 육탄당을 만들어내는 비생물학적abiotic 방법은 포르모오스formose 혹은 버틀로Butlerow 반응으로 알려져 있다.

　바닷속 해수 열수분출공에서 생명체가 기원했을 것이라고 주장하고 실험도 하는 닉 레인과 윌리엄 마틴은 현재 이 분야에서 가장 선도적인 위치에 있는 듯하다. 알칼리성 바닷물로 끊임없이 제공되는 산성 용액은 자연적인 양성자 농도 차이를 만들어내기 때문에[103] 열수분출공은 에너지를 획득할 수 있는 가장 이상적인 장소가 된다. 바로 세포 내 미토콘드리아 내막에서 끊임없이 일어나고 있는 일이 자연 상태에서 재현되고 있는 셈이기 때문이다. 이들 시나리오에 따르면 열수분출공에

---

103 · 이것이 로버트 미첼의 화학삼투chemoosmotic 이론의 핵심이다. 세균의 세포막과 세포벽 사이, 미토콘드리아 내막과 외막 사이 공간은 저수지에 물을 담아놓듯 양성자를 그러모은다. 이제 양성자는 농도 차이에서 기원하는 낙차를 이용하여 터빈(ATP 합성효소)을 돌리고 에너지를 생산한다. 레인과 마틴은 열수분출공이 제공하는 자연적 양성자 기울기가 에너지를 획득하는 최초의 수단이었을 것이라고 제안한다.

서 안정적으로 뿜어져 나오는 수소 가스와 이산화탄소가 바로 양성자 전위차를 이용해서 메탄이나 포름알데히드로 전환될 수 있고 이 물질은 포르모오스 반응을 거쳐 당으로 바뀐다. 문제는 바닷속의 사문석이라고 하는 광물이 마이크로미터 크기의 방을 제공한다는 점이다. 이 점이 중요한 이유는 계속 만들어진 메탄이나 포름알데히드가 좁은 장소에 농축되고 고분자화할 수 있다는 사실이다.

2014년 레인은 열수분출공을 흉내 낸 반응기에서 바로 앞에서 얘기한 일들을 실험적으로 구현했다. 그렇다면 리보오스가 고온 상태에서 매우 불안정한 물질이라는 결론의 심각성은 상당부분 누그러든다. 왜냐하면 한정된 공간에서 필요에 따라 끊임없이 만들어낼 수 있기 때문이다. 그러나 밀러가 수행한 동일한 실험에서도 포도당이 가장 안정된 당이라는 결론은 여전히 변치 않는다.

발효가 생명체 세 도메인 모두에서 발견되기는 하지만 그 내막을 살펴보면 그 과정이 모두 동일하지는 않다는 결론에 다다르게 된다. 왜냐하면 고세균은 발효를 통해 에너지를 얻지 못하거나 매우 적은 양만을 산출하기 때문이다. 보다 더 중요한 점은 이들이 사용하는 효소가 세균이나 진핵세포와 너무나 다르다는 점이다. 사실 발효 과정은 알려진 것과는 달리 매우 복잡하다. 발효가 진행되기 위해서는 최소 12개의 효소가 필요하므로 에너지를 공급하는 과정으로서 이 과정이 초기 세포에서 진행되었을 것으로는 믿어지지 않는다. 또 최초의 세포가 세균과 고세균으로 분기하여 나갔다면 왜 이들 두 생명체들은 그토록 다른 발효과정을 거쳐야 했겠는가? 그러므로 발효 과정은 세균과 고세균이 분기해 나간 후 각각에서 따로 진화했다고 보아야만 논리적인 자가당착에서 벗어나게 된다. 사실 발효 과정의 역순은 포도당 신생 과정이다. 생화학 책을 보면 발효 과정에 사용되는 효소 10개 중 7개는 가역적인 반응을 촉매한다. 다시 말하면 포도당에서 피루브산으로 가는 과정을 거꾸로도 갈 수 있다는 말이다. 피루브산에서 포도당으로 갈 때 비가역적인 반응은 발효와는 다른 효소를 통해 이루어진다. 결론적으로 말하면 발효는 포도당이 충분히 존재하는 경우에만 진화할 수 있는 생물학적 과정이라는 것이다. 에너지 관점에서 볼 때 발효는 포도당을 물 쓰듯 쓰는 매우 비효율적인 수단이기 때문이다.[104]

과당과 포도당

포도당이 보편적인 에너지원으로 사용된다는 점은 여러 번 얘기했다. 해당 과정도 여러 번 언급했지만 현대적인 식단이 보급되면서 우리 식생활에 급작스럽게 편입된 과당이 과연 어떤 의미를 갖는지 조금 살펴보도록 하자. 과당은 문자 그대로 과일에 주로 포함된 당이다. 그래서 영어로도 fructose이다. 그러나 문제가 되는 것은 음료나 과자에 포함되는 고과당옥수수시럽^{high fructose corn syrup}이다. 설탕보다 값이 싼 데다 미국의 거대 옥수수 농장에서의 공급이 끊이지 않는 바람에 소비량이 계속해서 늘고 있다. 2012년, 연간 일인당 이 시럽의 소비량은 미국이 단연 높아 25킬로그램에 이른다. 한국이나 일본인들은 약 7킬로그램이다. 지금 내분비학이나 생화학 분야에서는 과당을 비만이나 지방간을 일으키는 주범으로 취급하는 경향이 있다. 해당 과정을 다시 한 번 짚어가면서 그 말이 무엇을 의미하는지 따라가보자.

---

104 · 어떤 암세포는 포도당을 그야말로 물 쓰듯 쓴다. 그래서 암을 다스리는 방법으로 굶기를 택한 사람들도 있다. 발효는 에너지를 만들어내는 효율이 과히 좋지 않다. 그렇지만 속도는 최대 에너지를 만들어내는 산화적 인산화 과정보다 100배 이상 빠르다. 앞에서 '물 쓰듯 쓴다'는 말을 생화학적 용어로 바꾸면 발효의 빠른 속도쯤이 될 것이다. 또 어중간하게 쪼개진 물질은 세포를 구성하는 다른 생체물질로 전환할 수도 있다.

해당은 포도당을 분해한다는 말이다. 포도당은 세포막을 쉽게 통과해 들어오지 못하기 때문에 포도당을 세포 안으로 들이기 위해서는 운반 단백질이 필요하다. 그러나 조직마다 이들 운반체가 조금 다르다. 이런 차별성은 포도당의 쓰임새를 세밀하게 조절하기 위한 목적 때문이라는 점을 쉽게 짐작할 수 있다.

포도당은 세포 안으로 들어오면 다시 밖으로 나가지 못하도록 정체가 바뀐다. 그러려면 에너지가 소모된다. 바로 포도당에 인산 수갑을 채워버리는 것이다. ATP에 들어 있는 인산기^P 하나를 떼어 당에 붙이는 것이다. 인산기가 결합된 포도당은 더 이상 포도당이 아니다. 그러므로 세포 밖에 있는 포도당은 농도의 차이를 없애기 위해 세포 안으로 들어올 수 있는 것이다. 인산기를 붙이는 효소는 공통적으로 인산화효소^{kinase}라는 이름이 붙는다. 육탄당인산화효소^{hexokinase}는 동물의 거의 모든 조직에 고르게 분포한다.

그러나 간과 췌장에서 포도당을 인산화시키는 효소는 조금 다르다. 육탄당인산화효소 대신 포도당인산화효소^{glucokinase}가 주를 이룬다. 문제는 이 효소가 포도당과 그리 친하지 않다는 데 있다. 포도당인산화효소는 인슐린 양에 비례하여 단백질 양이 늘어난다. 다시 말하면 혈중 포도당의 양이 많아서 췌장에서 인슐린이 분비된 후에야 비로소 기지개를 켜고 일을 할 준비를 한다는 말이다. 그러므로 이 효소는 포도당의 농도가 높아질수록 활성이 좋아진다. 어쨌든 포도당은 해당 과정을 거치는 동안 두 개의 인산기가 결합한 과당으로 변하게 되는데 이때 두 분자의 ATP를 사용한다.[105] 펌프를 써서 물을 길어본 사람들이라면 기

---

105 · 어느 순간에 일반 세포에 들어 있는 ATP의 숫자는 10억 개 정도에 이르지만 2분 정도면 하나도 남김없이 사라져버리고 다시 그 정도가 만들어진다.

억하겠지만 처음에 물을 조금 집어넣고 펌프질을 몇 번 해주어야만 비로소 물이 콸콸 나오는 것과 같은 이치다. 이인산 과당이 정확히 반으로 쪼개지고 락트산으로 변하면서 네 개의 ATP가 만들어진다. 그러므로 결국 해당작용은 한 개의 포도당이 두 개의 ATP로 변하는 과정이다.

포도당 → 포도당-인산 → 과당-인산 → 과당 이인산 → 락트산

그렇다면 인간이 벌새처럼 과당을 먹게 되면 무슨 일이 일어날까? 과당도 포도당처럼 인산화된다. 대부분 조직에서 그 효소는 육탄당인산화효소이다. 그러나 주변에 포도당이 조금이라도 존재하면 이 효소는 과당을 거들떠보지도 않는다. 그러므로 주변에 포도당이 있다면 과당은 갈 곳이 없다. 소외된 과당을 반겨주는 조직은 간이다. 간은 육탄당인산화효소가 거의 없는 대신 과당인산화효소를 가지고 있기 때문이다. 피자를 먹으면서 콜라도 마시면 콜라에 들어 있는 과당은 죄다 간으로 간다고 보면 된다.

이 과정은 두 가지 심각한 문제를 초래할 수 있다. 하나는 비정상적으로 진행된 해당 과정이 조절 단계를 벗어난다는 것이다. 마치 밀입국하는 상황과 비슷하게 통제가 제대로 이루어지지 않은 상태에서 당 대사가 진행된다.[106] 둘째 문제는 과당이 비정상적으로 ATP를 소모하면서 간에서 ATP의 양을 현저하게 떨어뜨리는 것이다. 보통 사람들이라면 이 문제를 해결할 수 있지만 대사 과정에 조금이라도 문제가 있는

---

106 · 과당을 지방산으로 만드는 주요한 기관은 간이다. 만들어진 지방산은 강보에 잘 싸인 채로 저장기관인 백색 지방으로 운반된다. 그러나 과도하게 지방이 만들어지면 간에도 축적된다. 술도 먹지 않는데 지방간이 되었다면 바로 이런 경우이다. 과당의 과도한 섭취가 비알코올성 지방간의 주범으로 여겨지고 있다.

사람이라면 상황은 심각해질 수 있다.

마라톤 선수는 어떻게 2시간을 넘게 달릴 수 있는가?

두 발로 걷는 것은 쉬운 일이 아니다. 인류를 포함한 호미닌hominin이 침팬지와 갈라진 후인 약 600만 년 전부터 직립보행을 시작했다고 화석의 기록은 얘기한다. 쇠로 만든 기계를 타고 다니기 전까지 호미닌 역사 거의 전 기간을 움직인 것은 근육이었다. 인간만이 근육을 가진 것은 아니기 때문에 이족보행은 뭔가 다른 의미를 지녀야 하겠지만 아직도 왜 걷게 되었느냐에 대해서는 확정된 결론이 없다.[107] 화석 골격을 연구하는 고생물학자들의 결론을 취하면 인간은 약 260만 년 전부터는 달릴 수도 있었다. 달리는 것은 조금 빨리 걷는 것이다. 생물역학 분석에 의하면 걷기의 반은 넘어지는 것이라고 한다. 대충 배꼽 근처에 형성되는 무게 중심을 기준으로 두 발이 진자 운동을[108] 하는 것이 곧 '걷는 것'이다. 벤치에 앉아 사람 걸음걸이를 열심히 관찰하면 뒷발이 앞발과 교차하는 순간 무게 중심이 가장 높다. 그다음은 넘어지는 것이다. 그러나 실제로 넘어지기 전에 뒤에서 온 발이 땅을 디디기 때문에 넘어지지는 않는다. 지금까지 수백 년 동안 인류는 이런 동작을 끊임없이 되풀이해왔다. 생후 한 살경 아이가 처음으로 걷는 순간의 환희를 생각해보라. 인간 진화 600만 년의 장관이 연출되는 것이다.

세포 안으로 들어가보면 골격근 세포는 미토콘드리아에서 동력을

---

107 · 유명한 사바나 가설이 있다. 숲에서 초지로 내려오게 된 아프리카의 기후와 환경 변화가 두 발로 걷게 된 동인이었다고 보고 있다. 그러나 에티오피아 지역의 지질학을 근거로 인간이 한때 수생생활을 한 적이 있다는 '수생 원숭이 가설'도 간혹 제기된다. 순전히 실험적으로만 보면 음식물을 두 손으로 들고 가야 할 경우 침팬지도 두 발로 걷는다.

108 · 302쪽에 걷기의 물리학에 관해 좀 더 자세히 설명한다. 걷는 것은 진자 운동이다.

그림 29. 마라톤

마라토너는 뛸 때 지방보다 다당류인 글리코겐을 주 에너지원으로 사용한다. 유산소운동인 마라톤의 특성상, 산소를 많이 소모하는 지방은 에너지원으로 적합하지 않다.

얻는다. 세포 하나에 들어 있는 미토콘드리아 숫자는 300~400개에 이른다. 여기에서 ATP에 저장된 에너지는 미오신 단백질을 움직이는 데 사용된다. ATP가 모자라는 경우를 대비해 근육은 크레아틴인산을 가지고 있다. 여기서 인산을 떼어내서 ADP를[109] 다시 ATP로 전환시킬 수 있지만 이 양은 그리 많지 않아서 근육이 최대로 일할 때는 5~6초 이상을 지탱하지 못한다. 그러므로 100미터를 뛰는 단거리 선수들은 근육에 비축된 에너지를 최대로 쓸 수 있는 사람들이다. 결코 두 발이 동시에 땅에 닿는 법이 없는 달리기의 속도는 궁극적으로 ATP 생산 속도에 의존한다. 100미터를 뛸 때 에너지는 앞서 말한 크레아틴인산과 근육에 저장된 글리코겐을 사용하는 해당 과정을 통해 공급된다. 그래서 이들은 뛰는 동안 숨을 쉬지 않는다. 그래봤자 지금껏 어떤 인간도 100미터를 9초 안에 뛰지 못했다. ATP를 통해 구현되는 생물학적 한계를 그 누구도 넘을 수 없기 때문이다.

해당 과정은 하나의 포도당에서 36분자의 ATP를 얻는 산화적 인산화보다 훨씬 빠르지만 크레아틴인산을 통한 것보다는 느리다.[110] 그렇기 때문에 마라토너들은 다른 방식으로 ATP를 얻어야 한다. 이들은 포도당에서 최대한 에너지를 뽑아내는 전략을 취한다. 산화적 인산화 과

---

109 · 성인의 ATP 총량은 250밀리그램이다. 그러나 이들이 하루에 사용하는 ATP의 양은 50킬로그램이다. 그러므로 ATP↔ADP+P 순환이 여러 번 반복된다. 크레아틴인산은 P의 공급원이다.
110 · 참고로 전력으로 뛰기 전 운동선수 근육의 ATP 농도는 5.2mM, 크레아틴인산 농도는 9.2mM, 젖산은 1.6mM, pH는 7.42이다. 10초 후 그 농도는 각각 3.7, 2.6, 8.4mM, pH는 7.20으로 변한다. 낮아진 pH 때문에 해당 과정을 진행하는 효소의 활성이 억제되면서 해당 과정이 멈춘다.

먹고 사는 것의 생물학

정은 해당 과정에 비해 100배나 느리다. 뛰는 시간이 길어질수록 산화적 인산화 과정에 대한 의존도가 커지는 것이다. 1,000미터를 뛸 경우에도 충당해야 하는 대부분의 에너지는 마라토너와 다르지 않다.[111] 그러므로 뛰는 속도를 늦추어 근육이 필요로 하는 에너지를 충당해야 한다. 마라톤은 간과 근육, 지방 조직 간의 협동을 필요로 한다. 마라토너는 저장한 지방산과 글리코겐을 거의 비슷한 양 사용한다. 그래서 그들은 글리코겐 비축량을 늘리기 위해 마라톤 경기 3일 전부터 집중적으로 탄수화물을 섭취한다. 파스타나 빵, 혹은 시리얼을 먹으면서 열심히 운동한다. 그것이 근육에 탄수화물을 저장하는 방법이다.

재미있는 사실은 운동을 하면 할수록 근육에 저장되는 글리코겐의 양이 늘어난다는 점이다. 성인 체중의 40~50퍼센트를 차지하는 근육은 우리 몸에 저장된 글리코겐의 약 80퍼센트를 차지한다. 약 500그램이다. 글리코겐의 농도는 간에서 더 높지만 간의 무게는 1.5킬로그램에 불과하기 때문에 전부 다 합쳐야 100그램 정도이다. 혈중 포도당의 양을 조절할 수 있는 글리코겐은 간에서만 나올 수 있다. 근육에 있는 글리코겐은 혈당을 조절하기 위한 목적으로 사용되지 못한다는 말이다. 간과 근육의 생화학적 장치가 다르기 때문이다.

한편 근육에 저장된 대부분의 글리코겐은 결국 근육을 움직일 때만 사용될 수 있다. 대사 질환을 거론할 때 흔히 우리는 음식물을 얘기하지만 이런 생리학을 고려해보면 운동이 얼마나 중요한 것인가 더 크게 다가온다. 하여튼 처음에 마라토너들이 몸을 푸는 동안 대부분의 에너

---

111 · 세계신기록을 보면 100미터 달리기 평균 속도는 10m/s, 1,000미터는 7.3m/s, 마라톤은 5.4m/s이다. 동화적anabolic 스테로이드인 테스토스테론은 잊을 만하면 한 번씩 세간에 등장한다. 2015년 유명한 한 수영선수가 복용했다는 약물의 효과는 대충 네 가지이다. 근육세포의 단백질 합성을 증가시킨다. 그와 유사한 의미로 단백질의 분해를 억제한다. 또 크레아틴인산의 양을 늘린다. 마지막으로 인슐린 호르몬이 근육에 영양소를 풍부하게 전달하도록 한다.

지는 해당작용으로부터 얻는다. 점차 심장 박동수가 증가하고 충분한 산소를 들이마시게 되면 서서히 산소 호흡 단계로 넘어간다. 해당작용으로부터 일부분 에너지를 얻겠지만 대부분의 경우는 산소 호흡을 통해 마라톤을 마쳐야 한다. 그렇지 않으면 뛰는 것을 포기해야 한다. 지방은 포도당보다 많은 칼로리를 내지만 대신 산소를 네 배나 더 소모한다. 가장 마른 사람일지라도 600마일 정도 달릴 만큼의 지방은 저장하고 있다. 따라서 마라톤을 시작하기 전까지 근육이나 간 조직에 글리코겐을 최대한 저장하는 것이 여러모로 매우 중요한 전략이 될 수밖에 없다(표 6).

표 6. 운동할 때 사용하는 에너지원

	쉴 때	걸을 때	전력으로 뛸 때	오래 뛸 때
단백질	2~5*	2~5	2	5~8
포도당, 글리코겐	35	40	95	70
지방	60	55	3	15

*단위는 모두 %(퍼센트)이다.

포도당과 과당의 슬픈 이야기

벌새는(그림 30) 사는 게 고달프다. 이 작은 새는 꿀이 담긴 꽃을 빨아서 거기에 있는 당을 태워 에너지를 얻는다. 그러기 위해 이들은 정지 상태로 꽃에 부리를 담가야 한다. 식사 중에도 날갯짓을 멈추지 못한다. 먹는 족족 써버리는 꼴이라고 볼 수 있을 것이다. 토론토 대학의 첸 Chris Chin Wah Chen 과 웰치 주니어 Kenneth Collins Welch Jr. 의 연구에 의하면 이들은 포도당이나 과당을 동등한 방식으로 태울 수 있다고 한다. 다른 유의

먹고 사는 것의 생물학

척추동물은 감히 할 수 없는 일이다. 이들은 가능한 한 지방 저장을 극대화하는 대신 불필요한 체중이 늘어나는 것을 극소화하는 전략을 언제나 구사해야 한다. 연구진들은 벌새에게 포도당과 과당이 포함된 먹이를 따로 주고 날숨을 측정했다. 벌새는 포도당을 먹다가 과당으로

그림 30. 벌새

벌새는 긴 부리를 꽃에 박고 서 있기 위해 1초에 50번 날개를 움직인다. 1초에 50회다.

음식이 바뀌어도 이들을 분해하고 에너지를 얻는 능력에 차이를 보이지 않았다. 인간도 그렇고 쥐도 운동할 때 과당을 직접 에너지로 사용할 수 없다. 벌새가 꽃에 자신의 부리를 박고 제자리에 서 있기 위해서는 날개를 초당 50회 이상 움직여야 한다. 만약 벌새가 인간 정도의 크기를 가진다고 가정해본다면 이 정도의 운동량은 올림픽 마라톤 선수가 쓰는 에너지의 10배가 넘는 양이다. 그들은 바로 먹어서 근육에 저장한 당을 사용한다. 대신 지방으로 저장하는 데는 에너지를 전혀 소모하지 않는다. 벌새들은 혈액 속에 있는 포도당을 즉시 근육으로 보내는 능력을 가지고 있다. 벌새와 달리 인간은 과당을 태워서 에너지를 얻는 데 젬병이다. 먹은 과당은 간에서 지방으로 변하기 때문이다. 고과당 옥수수시럽 음료수, 케이크, 과자에 다량 포함된 것이 바로 과당이다. 만약 벌새가 인간의 크기이고 과당을 통해 그 정도의 에너지를 얻으려면 분당 콜라를 한 병씩 먹어야 된다는 계산을 한 사람이 있다.[112] 반대

---

112 · 펩시나 콜라, 마운틴 듀 혹은 건강음료에는 우리가 생각하는 것보다 많은 과당이 들어 있다. 설탕 대신 값이 싼 고과당 옥수수 시럽이 들어가기 때문인데 2014년 《영양학》 잡지에 실린 논문에 따르면 이들 음료에 들어 있는 설탕과 과당의 비율은 평균 60:40이다. 그러나 맥도널드 콜라는 과당이 더 많다. 제조방법이 다르기 때문이다. 계산해보면 콜라 캔 하나에(355밀리리터) 포함된 당은 총 39.41그램이고 그중 과당이 25.56그램, 포도당이 13.85그램이다.

그림 31. 과당 첨가 식품

아무리 많이 먹어도 배가 부르지 않는 먹거리가 있다. 과당이 다량 포함된 음료수, 케이크, 과자 등이 그렇다. 과당은 포만감을 느끼게 하는 호르몬과 인슐린의 양을 줄여서 식욕을 부른다.

로 벌새가 과당을 에너지로 쓰는 전략을 발달시키지 못했다면 금방 굶어 죽었을 거라는[113] 예상도 충분히 할 수 있다.

과당은 포도당보다 좀 더 달고 또 다른 방법으로 대사된다. 예를 들면 과당은 인슐린 양을 거의 늘리지 않는다. 인슐린은 포만감을 증가시켜 음식의 보상치를 줄여준다. 덜 먹게 한다는 말이다. 포도당과 비교하면 과당은 포만감을 표현하는 호르몬인 글루카곤 유사 펩티드의 양을 증가시키지 못한다. 또한 식욕을 촉진시키는 호르몬인 그렐린^{ghrelin}의 양을 줄여주지도 못한다. 무슨 뜻일까?

간단히 말해보자. 포도당은 인슐린과 글루카곤 유사 펩티드의 양을 증가시키지만 그렐린의 양은 감소시킨다. 이 모든 변화가 포만감을 증가시켜 먹는 것을 중단하게 한다. 하지만 과당은 인슐린의 양을 거의

---

113 · 사실을 말하면 살이 찌기도 전에 벌새는 날개를 접어야 한다. 체중의 반 정도의 설탕을 매일 먹어야 하는 벌새는 몇 시간만 못 먹어도 사족을 못 쓰게 되기 때문이다. 벌새의 날개 근육은 엄청난 날갯짓을 가능하게 할 만큼 강력하다. 그 과정에서 생기는 열을 어떻게 처리하는지 궁금하다.

먹고 사는 것의 생물학

증가시키지도 않고 글루카곤 유사 펩티드의 양도 증가시키지 못한다. 반면 그렐린의 양을 줄여주지 못해서 먹어도 배가 부르지 않고 아직 더 먹어야 한다는 생각이 들게 한다. 한정 없이 먹다 보면 살이 찔 것이라는 말로 생각되는데, 요즘 살찌는 사람이 늘고 있다고 말할 때 과당은 자주 등장하는 레퍼토리 중 하나이다. 과당과 섭식과의 관계는 쥐를 이용한 실험으로 증명되었다. 물론 쥐가 사람과 같지 않다는 가정은 여전히 유효한 것이기는 하지만.

쥐의 뇌에 과당을 주사하면 음식을 찾는 행동을 촉진한다고 한다. 그러나 포도당을 넣어주면 쥐는 음식을 더 갈구하지 않았다. 흥미로운 결과이다. 인간이나 쥐의 뇌에서 식욕을 관장하는 곳은 시상하부^{hypothalamus}이다. 수면도 그렇다. 스트레스 반응을 주도하는 소위 HPA(시상하부-뇌하수체-부신) 축도 시상하부를 포함한다. 만약 과당이 식욕을 촉진한다면 그것은 시상하부와 식욕에 대한 보상을 받을 수 있는 뇌의 부위로 흐르는 혈액의 양을 증가시킬 것으로 연구자들은 기대했다.

연구자들과 함께 로버트 셔윈^{Robert S. Sherwin}은 포도당과 과당을 실험자들의 정맥으로 주사한 다음 뇌에 흐르는 혈류량을 측정했다. 포도당을 주고 15분이 경과한 후 시상하부로 흐르는 혈액의 양은 감소 추세를 보였다. 그러나 과당에서는 그런 혈류량 감소가 보이지 않았다. 실험했던 모든 시간대에서 과당 음료를 마신 사람들에 비해 포도당 음료를 먹은 사람들의 시상하부에는 혈액이 덜 흘렀다. 아마도 식욕이 감소했을 것이라고 해석할 수 있을 것이다. 포도당 음료는 또 뇌의 선조체로 흐르는 혈액의 양을 줄였지만 과당은 그렇지 않았다. 예측했던 대로 인슐린의 양은 포도당을 먹자 늘어났다. 그러나 과당은 인슐린의 양을 거의 늘리지 못했다. 한편 포도당을 마신 사람들 집단에서 포만감을 느꼈다는 비율이 높았다. 그렇지만 과당을 마신 사람들은 여전히 배가 고파서 뭔가 더 먹어야 할 것 같다고 말했다.

그러므로 과당을 먹으면 더 먹게 된다는 속설이 실험적으로 증명이 된 셈이다. 이상의 결과는《미국의학회저널^{JAMA}》에 실렸다.

인간 모유와 갈락토오스

이당류인 젖당은 흥미로운 물질이다. 여섯 개의 탄소를 가진 당이 두 개 모여 있는 것이 이당류이다. 젖당은 한 분자의 포도당과 갈락토오스가 화학적으로 결합하고 있는 것이다. 오직 포유류만이 젖당을 만든다. 그리고 우유(젖)에만 존재한다. 마찬가지로 대부분의 경우 포유류만이 젖당을 분해할 수 있다. 왜냐하면 젖당 분해효소^{lactase}가 포유류에 한정되어 존재하기 때문이다.

커서도 우유를 벌컥벌컥 마시는 일군의 인간들이 있긴 하지만 대부분 포유동물에서 젖당 분해효소는 신생아에게서만 발현된다. 그렇기에 갓난아기들만 젖당을 소화할 수 있다. 그러다가 스스로 챙겨 먹을 만한 나이가 되면 효소는 더 이상 발현되지 않는다. 동물들이 더 이상 이 효소를 만들지 못하면 젖당이 있어도 이를 분해할 수 없기 때문에 불가피하게 젖당 저항성이 생기게 된다. 교과서를 보면 유당 불내성이라는 말도 사용하는 모양이지만 다 같은 말이다. 소장에서 흡수되지 못한 젖당이 대장으로 들어가면 거기에 살고 있는 장내 세균들이 이들을 분해하면서 가스를 만들어내기 때문에 속이 더부룩하고 편치 않은 증세가 나타난다. 가스가 갈 데가 어디겠는가, 위 아니면 아래. 어느 쪽이라도 과히 향기롭지 못한 냄새를 풍길 수밖에 없을 것이다. 좀 심하면 장이 꼬이거나 설사를 하거나 배가 맹꽁이처럼 불러오기도 한다. 이런 증상은 우유를 못 먹는 사람에만 국한된 것은 아니다. 족제비도 그렇고 개나 고

　　　　　　　　　　　먹고 사는 것의 생물학

양이도 이런 증세를 보인다. 효소가 없으면 뾰족한 수가 없는 것이다.

그렇다면 젖당을 가지게 된 이유는 무얼까? 유기체 적응도를 높이는 데 어떤 도움이 되었을까? 여기서 젖당 내성의 얘기는 일단 접어두자. 유목민이나 젖을 음용수로 사용했던 민족의 구성원들은 성인이 되어서도 젖당 분해효소를 계속해서 가지고 있다는 것이 그 내성에 관한 얘기다. 이 문제는 역사, 진화, 유전적 요소를 다 고려해야 하는 것이지만 진화의학을 다룬 다른 생물학 책에서 자세한 내막을 알 수 있을 것이다.

우선 먼저 생각해볼 만한 것은, 예외 없이 젖당은 새로 태어난 포유동물의 거의 유일한 에너지원이라는 사실이다. 그러나 젖을 뗄 시기가 되면 젖당 분해효소의 발현이 줄어들기 시작한다. 다시 말하면 보다 나이가 든 형제들(혹은 이방인)과 젖을 두고 경쟁을 피할 수 있다는 것이다. 젖을 만드는 것은 에너지가 많이 소모되는 일이다.[114] 처음 수유시기에 비해 6개월 정도 시간이 지나 젖 말고도 다른 부드러운 음식을 아이가 먹게 되면 산모가 필요로 하는 에너지 요구량은 조금 줄어

---

[114] · 인간의 젖가슴은 변형된 피부이며 거대한 땀샘이라고 볼 수 있다. 데즈먼드 모리스는 그의 책 『벌거벗은 여자』에서 가슴이 수유기관이라는 원래 목적을 넘어서 성선택의 수단으로 다시 말하면 직립을 하면서 눈에 띄지 않게 된 엉덩이를 대신한 기관으로 거듭났다고 해석했다. 최근 『가슴 이야기』라는 책의 저자 플로렌스 윌리엄스는 '남성우월주의자들의 헛소리일 뿐'이라고 이를 일축했다. 가슴의 첫 번째 목적은 젖의 생산이며 아이가 젖을 빨기에 최적화된 구조를 취하고 있다고 그는 보았다. 이를 위해서는 가슴에 어느 정도의 지방조직이 있으면 충분하기 때문에 굳이 정교한 조정이 필요하지 않았으며 따라서 젖가슴의 크기는 다른 신체기관에 비해 개인적 편차가 크다. 남자들이 여성을 선택할 때 젖가슴을 중요하게 생각하는 것은 진화론적으로는 전혀 근거가 없는 얘기라고 한다. 즉 이런 '판타지'는 문화적 편견이며 인류가 신체를 숨기기 시작하면서 남자들이 상상력을 자극해 만들어진 것이라는 것이다. 한편 가슴은 인체에서 가장 늦게 성숙하는 기관이다. 임신한 적이 없는 수녀일지라도 젖가슴은 만약을 대비해 매달 미미하나마 조직화되고 느슨해지는 과정을 반복하고 있다. 마치 월경주기가 반복되는 것처럼 말이다. 그러므로 가슴의 크기도 역동적으로 변한다. 다시 말하면 자주 분열하는 기관이다. 수유 시간이 줄어듦에 따라 가슴을 구성하는 세포들이 돌연변이에 노출될 기회가 늘어난다. 수유하는 동안에는 호르몬 수치가 들쭉날쭉하지 않고 난자가 배출되지 않아서 신생아의 잠재적인 경쟁자가 나타나는 것을 방지한다. 모유 수유의 진화에 관해서는 『우리는 어떻게 태어나는가』에서도 자세히 다루고 있다.

든다. 평균이니까 개인차는 죄다 무시했다고 치고 살펴보자. 수유하는 동안에도 활동량이나 기초대사량은 크게 차이가 없다. 물론 수유를 과하게 할 때는 운동량이 줄어들 것이라 예측할 수 있지만 그것은 무시하자. 그렇게 계산해놓은 것을 보면 우유를 생산하는 데 필요한 에너지 양은 하루 675kcal이다. 6개월 후 부분 수유를 할 때는 약 460kcal 정도로 이 값이 좀 떨어진다. 임신 기간 동안 축적된 지방을 통해 하루 약 170kcal에 해당하는 양이 충당된다. 그 나머지 필요한 부분은(675-170=505kcal) 산모가 매일 먹는 음식에서 나온다. 산모가 자신을 축내는 부분은 한 달에 0.8킬로그램 정도이다. 이 양은 평소 임신하지 않았을 때 여성이 사용해야 하는 에너지를 제외하고 덤으로 투자해야 하는 양이다. 우리가 소모하는 하루 총 에너지양은 기초대사량에다 활동대사량을 더하고 또 음식을 소화하는 데 사용되는 양까지 합하면, 사람마다 다르겠지만 여성 한 명당 대략 2,000kcal이다. 수유하는 산모는 그 양의 약 25퍼센트에 해당되는 만큼의 부가적 에너지를 더 소모해야 한다. 이상의 값들은 남성하고는 아무런 관계가 없는 수치들이다.

자신이 갓 나은 아이를 위해 산모는 최대한 에너지를 쓰고자 할 것이다. 보다 나이가 든 형제들은 힘이 더 셀 가능성이 크고 그들이 동일한 에너지원을 두고 경쟁한다는 것은 유전자를 보존한다는 점에서 매우 위험한 생존 투쟁이 될 것이다. 그리고 결과는 거의 불을 보듯 뻔하다. 그러므로 밥을 먹게 된 아이는 더 이상 우유를 먹지 않는 편이 이들의 생존을 보장하는 길이 될 것이다. 따라서 포유동물 진화의 초기에 새로운 이당류인 젖당을 자신들의 새로운 에너지 체계로 끌어들이게 된 것이다. 또 젖당의 시기적 발현을 통해 오로지 신생아에게만 허용된 생존 전략이 형성된 것이다.

다른 이당류들도 있는데 꼭 젖당이어야만 했을까? 우리가 사용하고

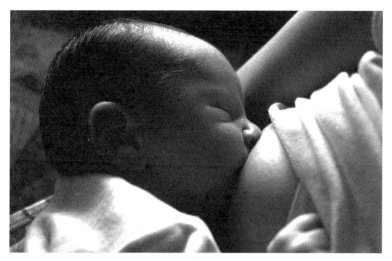

그림 32. 젖 먹는 아기

젖은 갓 태어난 신생아들의 주식이다. 모유(젖)나 분유에 존재하는 이당류인 젖당을 분해하는 효소는 대개 신생아에게서만 발현한다.

있는 것 중에서 이당류라고 할 만한 것은 그리 많지는 않다. 젖당을 제외하면 말토오스^{maltose}와 설탕이 대표적인 것이다. 말토오스는 맥아, 다른 말로 하면 엿기름에 많이 들어 있기 때문에 맥아당이라고도 한다. 설탕은 감미료로 우리가 알게 모르게 많이 소모하는 것이다. 맥아당이나 설탕 모두 우유를 만들기에는 적당한 이당류가 못 된다. 이들을 분해하는 효소가 다른 대사 과정에 다 참여하기 때문이다.[115] 또 설탕은 다른 식재료에도 포함되어 있기 때문에 모든 연령대의 포유류가 이를 소화할 수 있다. 따라서 젖당은 신생아에게만 사용되도록 고안된 독특한 예외라 할 것이다.

생화학적인 제약도 있다. 모유는 유선 상피세포의 소포체와 골지체

---

115 · 가령 설탕을 분해하는 효소 중 하나인 수크라아제^{sucrase}는 설탕을 포도당으로 분해하기도 하지만 전분이나 글리코겐 분해 중간체인 덱스트린을 포도당으로 변화시키는 데도 관여한다.

에서 만들어진다. 이들은 예외 없이 분비될 운명에 처한다. 따라서 이들 부위에 어떤 당이 존재한다면 그들도 분비되어야 한다. 무엇보다 골지체가 문제다. 이들 소기관은 단백질이 제 기능을 다 할 수 있도록 당을 붙여주는 장소이다. 여기서 주로 사용하는 당은 단당류이며 만노오스와 갈락토오스, 혹은 변형된 포도당, 즉 N-아세틸 글루코사민이다. 포도당과 과당은 사용되지 않지만 우유의 재료인 갈락토오스는 이미 준비되어 있는 상태다. 이젠 포도당만 있으면 된다. 유선 상피세포에서 포도당을 운반하는 단백질은 Glut1이다. 산모가 모유를 활발히 만들 때 이 단백질은 이들 세포의 골지체로 옮겨가 포도당을 열심히 끌어당긴다. 락트 알부민의 도움을 받아 갈락토오스 운반 효소가 이 포도당을 이용해 끊임없이 젖당을 만들어낸다. 젖당이 포도당 한 분자, 갈락토오스 한 분자로 구성되어 있음을 기억하자.

반면 말토오스를 만들려면 여러 개의 새로운 단백질이 진화해 나와야 했을 것이다. 설탕을 만들기 위해서 과당을 운반하는 단백질이 필요한 것과 마찬가지 이유이다. 이런 모든 점을 감안해보면 젖당을 만들기가 가장 쉽다. 골지체에서 흔히 사용하던 단당류인 갈락토오스가 이미 존재하고, 또 흔하고 필수적인 포도당도 운반하는 단백질이 언제든 존재하기 때문에 필요한 경우 잠깐 빌려다 쓸 수 있는 것이다.

글리코겐 진화

식물이 전분의 형태로 포도당을 저장한다면 동물은 글리코겐의 형태로 이 단당류를 저장한다. 영양상태가 좋은 어른의 간세포에는 중량의 약 8퍼센트에 해당하는 글리코겐(동물성 다당류)이 들어 있다. 간 전체로 따지면 성인은 평균 100그램 정도의 글리코겐 과립이 들어 있다.

먹고 사는 것의 생물학

근육에는 그보다 적은 1퍼센트 정도가 글리코겐이지만 전체 무게로 따지면 간에 보관되어 있는 양보다 많아 500그램 정도의 글리코겐이 들어 있다. 그 외에 심장과 뇌, 신장에도 조금, 특정 아교세포에 조금, 그리고 백혈구에도 약간의 글리코겐이 포함되어 있다.

비정상적인 글리코겐 대사는 흔히 당뇨병이 있는 환자에서 발견된다. 그도 그럴 것이 인슐린의 양이 정상이 아니어서 간에 글리코겐이 쌓일 수도 있고 없어질 수도 있기 때문이다. 한편 뇌에 글리코겐이 쌓이면 별로 좋지 않다. 뇌 손상을 유도하거나 혹은 수명을 단축시킬 수도 있기 때문이다. 그러나 저산소 상태에서 에너지원으로 사용할 수 있기 때문에 글리코겐은 '양날의 칼' 같은 존재다. 글리코겐은 세균, 고세균, 진핵세포 모두에 다 존재하고 쉽게 포도당으로 바뀔 수 있어서 에너지 저장 형태로 이상적이라 할 수 있다. 그러나 식물의 저장형태인 전분은 대사 과정으로부터 탄소를 격리시키는 역할을 한다. 물에 넣고 고온으로 반응을 시켜야만 녹말의 충분한 소화가 가능하다. 익히지 않은 채 쌀을 씹어 먹으면 장내 세균이 배를 불린다. 그러므로 녹말이 인류의 주요 식단으로 편입되기 위해서라면 불의 사용이 불가피했을 것이다. 따라서 불의 사용은 인간의 진화뿐 아니라 그것을 가능케 할 에너지의 효과적인 흡수를 현실화한 사건으로 기록된다. 물론 그 기록은 아직 정확하지 않다.

이런 인간 진화론적인 사건은 글리코겐과 전분의 구조적 차이에서[116] 유래한다. 글리코겐은 크기가 제한되어 있다. 둥그런 공 모양의 글리코

---

116 · 포도당 분자들은 손에 손을 잡고 일직선으로 서 있는 상태와 거기서 가지가 뻗어나간 상태 두 가지로 존재할 수 있다. 글리코겐은 약 7~10퍼센트가 가지 쳐 있다. 반면 아밀로펙틴은 4~6퍼센트, 아밀로오스는 1퍼센트이다. 삼차원적으로 이해하기는 쉽지 않지만 이 조성 때문에 포도당 중합체의 몇 가지 구조적인 변형이 가능하다.

겐 바깥쪽에 측쇄가 달리지 않은 포도당의 비율은 약 36퍼센트에 이른다. 이들을 분해하는 효소는 아무런 제약 없이 글리코겐에 달라붙을 공간을 확보할 수 있다. 글리코겐 구는 약 5만 5,000개의 포도당 중합체로 이루어져 있으며 수학적 모델링 결과에 따르면 이들의 크기는 42나노미터 정도이다. 현미경적 관찰도 이런 예측을 뒷받침한다. 글리코겐 입자는 일정한 크기의 구체, 그리고 그보다 작은 중간 크기의 입자로 구성되어 있다. 아마도 글리코겐을 분해 중이거나 합성 중인 상태의 것들일 것이다. 또한 글리코겐 입자는 물과의 친화성이 좋다. 그렇지만 글리코겐은 포도당 단독으로 존재할 때 발생하는 삼투압 문제를 초래하지 않으면서도 효소가 쉽게 접근하여 이 물질을 분해할 수 있는 구조적 조건을 갖추고 있다. 그러나 전분은 그렇지 않다. 전분은 물리적으로 거의 결정에 가까우며 두 종류의 다당류 복합체이다. 전분 입자 형성에 필수적인 아밀로펙틴과 아밀로오스가 그것이다.

아밀로펙틴은 포도당이 10만에서 100만 개가 모인 중합체이다. 아밀로오스는 아밀로펙틴을 모핵으로 해서 무한정 자랄 수 있다. 촘촘하게 짜여 있고 대부분의 효소들이 접근하기 힘들지만 그래도 식물은 아밀로오스 크기를 키울 수 있는 효소 한 벌을 갖추고 있다. 전분은 글리코겐에 비해 깨서 먹기가 만만치 않다. 마치 호두를 까먹는 것과 같은 공력이 들어간다. 따라서 전분은 세포 내 대사에서 비교적 자유롭게 많은 양의 탄소를 저장할 수 있는 수단으로 자리 잡았다. 나중에 다시 살펴보겠지만 인간이 전분을 자신들의 공동체 안으로 끌어들이게 되면서 아밀라아제 유전자의 복사본이 더 늘어났다.[117]

재미있는 사실 하나는 광합성을 하면서 포도당을 만드는 시안세균

---

117 · 뒤에 아밀라아제 복사본에 관해 자세히 기술했다. 334쪽 참고.

은 글리코겐 형태로 이들을 저장한다는 점이다. 나중에 시안세균을 받아들여 조류(홍조류, 녹조류), 녹색 식물의 선조 격이 된 원시 색소체 생물에서 포도당을 저장하는 형태로 전분을 이용할 수 있게 되었다. 이들이 전분을 저장 형태로 선택하도록 강제했던 환경적인 압력은 알 수 없지만 그것은 아마도 식물이 리그닌을 발달시킨 것과 무관하지 않을 것으로 생각된다. 세균이나 곰팡이가 쉽게 강탈하지 못하도록 자신만의 금고가 필요했을 것이기 때문이다. 리그닌은 전 지구적 소화불량으로 산소 농도가 급격히 올라선 후 식물계에서 나타난 진화적 참신성이다. 리그닌에 필적하는 동물계의 물질을 들라면 콜라겐일 것이다. 이들 두 분자를 합성하는 데 많은 양의 산소가 필요하다. 산소가 없었다면 다세포 생명체나 우리 곁에 우뚝 서 있는 나무를 볼 수 없었을 거란 말이다. 식물이 곧추 서 있을 수 있는 것은 리그닌과 셀룰로오스 덕택일 것이다. 셀룰로오스가 포도당을 저장한다면 리그닌은 산소를 저장하고 있다고 볼 수 있다. 그러나 무엇보다 중요한 사실은 리그닌을 분해할 수 있는 세균이나 곰팡이가 그리 많지 않다는 점이다. 서 있는 나무가 지구상에 등장한 것도 숲을 거니는 직립보행 생명체가 생겨난 것도 그리 오래전 일은 아니다.

유생의 진화와 브로드 유전자: 음식 나눠 먹기

젖을 만들기 때문에 포유류란 이름이 붙었지만 젖이 진화한 이유가 먹거리의 안전한 확보라는 점을 고려하면 서글픈 생각이 고개를 든다. 그러나 그런 비애는 포유류에 국한되지 않는다. 곤충 집단에 애벌레라는 생활사의 특별한 단계가 존재하는 이유는 무엇일까? 초가집을 슬레이트 지붕으로 바꾸는 것이 상징이던, 새마을 운동이 한창일 때 우리가족은 농촌을 떠났다. 내 기억에 새마을 운동은 산에 나무를 심는 것과 전기불의 등장으로 살아 있다. 전기가 들어오면서 밤이 밝아지고 별이 어두워지기는 했지만 그 외 별다른 변화가 생기지는 않았다. 그래서 우물가 양동이에는 참외가 담겨 열기를 식혔고 겨울에는 연탄을 땠다. 읍의 상가에는 TV와 선풍기가 등장했지만 아직 우리 집 안방까지 들어오지는 못했다. 학교에서는 단체로 극장이나 제사 공장을 방문했다. 제사 공장은 누에고치에서 실을 뽑는 곳이다. 그곳을 나올 때에는 번데기를 받아오곤 했던 것 같은데 지금도 그렇지만 당시 그것은 중요한 단백질 공급원이기도 했다. 아니 그런 생각 이전에 번데기는 맛있는 음식이었다. 학교 앞 리어카에서는 번데기를 팔았다. 주로 뻉뻉이판을 돌리면서 야바위꾼 비스무리하게 팔았다. 못을 갈아서 노끈으로 묶은 화살을 그 판에 던져서 꽝이 나오면 우리는 그냥 번데기 국물만 축냈다. 좀 시간이 지나자 만화방에도 번데기가 등장했다. 번데기는 고치에서 나오면 나방이 되는 성체 직전의 생활사를 이룬다. 그렇기 때문에 번데기에는 성체가 갖추어야 할 기관의 모양새가 살아 있다. 언젠가 인터넷이 우리 생활에 들어오고 나서 나는 번데기에 다리가 있다는 내용의 기사를 보게 되었고 정말 그렇다는 것을 확인했다. 그 뒤로는 번데기를 먹을 때마다 등을 뒤집어서 다리 세 쌍을 확인하는 버릇이 생겨났고 점점 이 음식을 멀리하게 되었다.

누에고치 이전의 단계는 누에이고 애벌레이며 이들은 뽕잎을 먹는다. 뽕나무를 가지고 있으면 최소한 두 가지 이점이 있다. 오디를 먹을 수 있고 잎을 따서 누에를 키울 수 있다. 알다시피 오디는 뽕나무의 열매이다. 초기에는 허옇다가 나중에 익으면 시커멓게 변한다. 우리가 옷감 재료로 사용하는 고치는 번데기를 보관하기 위해 뽕잎을 자원으로 써서 애벌레들이 자아낸 것이다. 이제 번데기는 집누에나방$^{Bombyx\ mori}$이

　　　　　　　　　　　　　　　먹고 사는 것의 생물학

되고 이들은 날아다니면서 이전의 생활사에서는 하지 않았던 두 가지 일을 한다. 하나는 짝을 찾아서 알을 낳는 일이다. 오랫동안 인간의 손을 타면서 집누에나방은 날개가 있지만 날아다니는 능력을 잃어버렸다. 따라서 암수나방이 교미를 하는 것도 인간의 손을 탄다. 일종의 인공 교배라고 할 수 있겠다. 다른 하나는 좀 아이러니하게 들릴 수 있겠지만 이들이 음식을 먹지 않는 일이다. 나방은 알을 낳고 죽을 때까지 약 열흘 동안 음식을 전혀 먹지 않는다. 바로 이 점이 진화생물학자들이 주목한 대목이다.

독일의 자연사학자인 레노우스^{Renous}는 다윈이 비글호를 타고 항해를 하던 중에 칠레에서 만났던 사람이고 『비글호 항해기』에도 등장한다. 책에 짤막하게 묘사되어 있지만 다윈이 기억하는 바로 레노우스는 산 페르난도에서 어떤 어린 여자아이에게 쐐기벌레^{caterpillar}를 주고 나비가 되도록 키워보라고 해서 작은 소동을 일으킨 사람이다. 그 지역의 신부와 총독이 나서서 그를 이단으로 몰아갔기 때문이다. 그때가 1830년대임을 감안한다면 탈바꿈이라는 주제는 인간의 인식을 넘어서는 신의 영역에 속했다고 짐작할 수 있다. 상황은 지금도 좀체 나아지지 않아서 창조론자들은 이 탈바꿈이야말로 진화론을 부정하는 적절한 예로 제시하고 있다.

> 번데기 속에서 눈, 입, 근육, 신경, 소화기관, 심장 및 뇌까지 다 파괴된 벌레가 어떠한 진화기전으로 아름답고 위엄스럽게 날아다니는 나비로 완전 탈바꿈을 할 수가 있을까? 이것은 전능하신 창조주 예수 그리스도의 능력이 아니고는 절대로 불가능한 일이다.
>
> – 한국 창조과학회, http://www.kacr.or.kr/library/itemview.asp?no=2299

무슨 소리인지 모르겠다. 다만 이 말 한마디만 하고 넘어가자. 2013년 영국 맨체스터 대학 연구진은 네발나비과의 번데기를 해상도 5밀리미터의 엑스선 시티 스캐너로 촬영하고 이를 통해 딱딱한 껍질 안에서 일어나는 발달 과정을 3차원으로 볼 수 있었다는 결과를 국제학술지 《왕립학회 인터페이스》에 실었다.

탈바꿈^{metamorphosis}은 별로 아름답지 않게 들리는 용어인 변태라고도 한다. 알에서 깨어나 성체가 되기 전에 성체라고는 전혀 짐작이 가지 않는 모습을 취하는 생활사를 일컫는 말이다. 손톱만 한 번데기가 손바닥만 한 번데기가 되지 못하고 나비가 되는 이유는 무엇일까? 그 이유가 뭐든 이런 식의 번식 전략이 매우 성공적인 것은 틀림없는 사실이다. 지구상에 있는 45~60퍼센트의 동물종이 생활사 중간에 탈바꿈을 한다. 지구를 살아가는 생물종의 80~90퍼센트가 곤충임을 감안한다면 이들 중 약 반에서 70퍼센트에 이르는 것들이 변태를 자신의 생존 전략으로 삼고 있다는 말이다. 칠레에서 소동이 있기도 했지만 사실 탈바꿈은 고대 이집트인도 잘 알고 있었던 현상이었다. 그러나 이런 곤충의 탈바꿈이 어떤 진화적 사건이며 그 의미가 무엇인지는 지금도 확실하지 않다. 분명한 것은 우리 인간이 어린 시절 크기를 키워가서 점차 성인이 되는 것이나 애벌레가 자라서 나비가 되는 것이나 동일한 과정의 특수한 형태로 볼 수 있다는 것이다. 어떤 경우든 하나의 수정란이 성체가 되는 지난한 과정이라는 점은 다를 바가 없다. 즉 하나의 수정란이 형태를 갖춘 다세포 생명체가 될 때까지 에너지를 얻고 배분하는 방식의 다양성에 다름 아니다.

'탈바꿈' 과학을 역사적으로 보면 윌리엄 하비를 거론하지 않을 수 없다. 하비는 과학적 방법론을 적용하여 심장과 혈액의 순환을 연구하고 저술한, 근대 과학 및 생리학의 거두로 평가받지만 흔히 그렇듯이 당대에는 별로 인정을 받지 못했다. 영국에서 태어난 그는 당시 선진 의학의 중심지였던 이탈리아 파도바 대학에서 해부학을 열심히 공부했다. 또한 임신 상태의 동물들을 해부하고 관찰해서 모든 생명체는 알에서 비롯된다고 주장했다. 이런 내용은 1651년 『발생학』이라는 책의 집필로 귀결되었지만 당시 그는 정자의 역할을 알지 못했다. 그렇기에 알이 수정될 때 외부에서 일정한 생명력이 도달해야 할 것이라고 설명하였다. 이 책에서 하비는 자유 생활을 하던 쐐기와 같은 벌레의 유충이 성체로 성숙하기 전에 영양소가 결핍된 '불완전한' 난황을 버린다고 말했다. 또 이들 애벌레가 들어가는 고치나 번데기가 두 번째 알(난황)이고 미성숙하게 깨어난 배아가 다시 태어나는 것으로 보았다.

땅바닥을 꿈틀거리며 기어 다니는 종과 하늘을 나는 두 종 사이의 오래되고 우연적인 교미에 의해 나비의 변태가 시작되었다고 본 도널드 윌리엄슨 같은 사람도 있다. 그리 오래된 얘기도 아니다. 로버트 헤이즌의 『지구 이야기』라는 책에도 이런 얘기가 언급되는데, 이야기의 진위는 이러쿵저러쿵 더 말할 것이 없지만 이 논문이 2009년 미국 국립과학원회보라는 걸출한 잡지에 실렸다는[118] 사실은 실로 놀라운 일이다.

그렇다면 곤충들은 언제부터 탈바꿈이라는 생활사를 선택하게 되었을까? 초기 곤충들은 탈바꿈하지 않았던 대신 알에서 부화되었다. 새끼들은 크기만 작을 뿐이지 모양은 성체와 다를 바가 없었다. 그러다가 2억 8000만 년에서 3억 년 사이 일부 곤충들이 성체와 다른 모양을 갖는 새끼를 부화시키기 시작했다. 무슨 일이 일어났던 것일까?

1669년 네덜란드의 박물학자 얀 스바메르담은 유충과 번데기, 그리

---

118 · 이 책에서 여러 번 소개된 린 마굴리스가 이 사건에 깊이 연루되어 있다. 미국 국립과학원 회원은 과학계의 거물들로 구성되어 있고 지금은 그렇지 않지만 한동안 자신들의 결과나 혹은 지인의 연구 결과를 동료심사 없이 출판할 수 있던 때가 있었다.

그림 33. 산호랑나비의 변태 과정

자연계에는 새끼일 때와 성체일 때의 모습이 확연히 다른 동물들이 있다. 개구리, 나비, 매미 등이 그 예이다. 산호랑나비의 애벌레는 탱자나무, 산초나무 등의 잎을 갉아 먹지만, 성체 나비가 되면 꽃에서 꿀을 빨거나 습지에서 물을 섭취한다. 다른 외모만큼, 먹이도 생활양식도 달라지는 것이다.

고 다 자란 벌레를 현미경으로 관찰하고 나서 이들이 별개의 생명체가 아니라 연속된 생활사를 갖는 하나의 생명체라고 말했다. 누에고치의 껍질을 벗기고 그 안에 장차 날개가 될 부분이 숨어 있다는 것도 보여주었다. 알에서 곤충의 배아가 발생할 때 처음 만들어진 성충아, 혹은 성충판imaginal disc이라고 하는 세포의 집단에서부터 성체의 구조가 만들어진다. 탈바꿈에는 최소한 네 가지 종류가 관찰된다. 날개가 없고 변태ametabolous하지 않는 곤충들이 한 극단에 있다. 여기에 속하는 것들은 좀벌레나 날개가 없는 원시적 곤충인 무시류無翅類가 있다. 여기서 '시'는 날개를 뜻하는 한자어이다. 성체가 되기 전에 유충이나 전유충 단계를 구분하여 나머지 세 종류가 나뉜다.

발생이 진행되는 동안 난황은 수정란이 여러 개의 세포로 구성된 동물이 될 때까지 에너지를 공급한다. 그러나 약 2억 8000만 년 전에 어떤 곤충들 사이에서 난황을 다 쓰지 않은 채로 전유충 단계로 접어든 생명체가 나타났다. 이 상태에서 이들은 먹이를 취득하는 새로운 기술을 습득했다. 전유충 단계의 어린 곤충은 성체와는 다른 음식물을 섭취하면서 생활사 단계를 안정적으로 유지할 수 있었다. 어른이 되기를 거

먹고 사는 것의 생물학

부한 피터 팬처럼 오래오래 자신의 생활사를 유지하는 벌레들은 지금
도 상당히 많다. 우리가 잘 아는 매미도 그렇다. 이들은 과일과 식물의
이파리를 먹지만 성체가 되면 꿀이나 자신보다 작은 벌레를 잡아먹는
다. 이런 시나리오는 곤충의 형태를 관찰하거나 혹은 변태를 추동하는
호르몬 혹은 유전자 연구를 통해 그 면모가 드러나고 있다. 호르몬은
앞에서 동물의 진화와 관련해서 살펴보았지만 변태 호르몬이라는 이
름을 갖는 물질이 알려질 정도로 곤충의 발생에 깊이 관여하고 있다.

애벌레 혹은 유충 단계의 곤충들은 형태적으로 부드러운 몸통에 비
늘이 거의 없고 불완전한 신경계를 갖는다. 브로드^{broad}는 완전 변태를
하는 곤충의 번데기 단계를 책임지는 유전자이다. 이 유전자가 없으면
쐐기는 번데기가 되지 못한다. 따라서 그 뒤 단계인 나비가 되지도 못한
다. 또 이 유전자는 불완전 변태를 하는 곤충의 유충 털갈이에도 관여한
다. 이들 유충 단계를 지탱하도록 하는 유충호르몬도 잘 알려져 있다.

왜 많은 수의 곤충들은 이런 전략을 취하게 되었을까? 결과론적으로
말한다면 이들의 번식 전략은 꽤 성공적이어서 많은 수의 곤충이 이런
생활사를 불평 없이 따른다. 인간 입장에서야 17년을[119] 땅 속에서 유충
으로 살다가 7일을 나무 위에서 사는 매미가 불쌍하다고 느낄 수는 있
겠지만 말이다. 완전 변태의 첫 번째 이점은 유충 단계와 성충이 서로
견제할 기회를 줄인다는 것이다. 유충과 성충이 서로 다른 생태적 지
위를 차지하는 것이다. 예컨대, 나무에서 깨어난 매매의 유충은 기어서

---

119 · 애벌레로 사는 기간은 매미 종마다 조금씩 다르다. 5년, 7년, 13년, 17년 주기를 갖는 매미들
이 알려져 있다. 이들이 이런 패턴을 따르는 것은 이른바 '인해전술'이라고 할 수 있다. 한 주기가 끝
날 때마다 매미들은 시끄럽게 여름을 울어댄다. 충해전술이라고 하는 게 정확하겠다. 어쨌든 이들은
천적을 피해서 살아남은 자들의 후손이다. 예를 들어 매미의 주기가 17년이고 천적의 주기가 3년이
라면 그들이 본격적으로 만나서 피의 혈투를 벌이려면 51년을 기다려야 한다. 상황이 이렇다면 19
년인들 못 기다리겠는가?

땅 속으로 들어간 다음 거기서 세월을 죽이면서 살아간다. 마찬가지로 쐐기는 나뭇잎을 기어 다니지만 나비는 꿀을 찾아 꽃 사이를 누빈다. 이런 생활양식을 유지하면서 이들은 마치 서로 다른 종처럼 살아간다. 상황이 이렇다면 우유에 기대어 사는 인간의 아기들도 그와 다를 것이 뭐가 있겠는가?

08

나는 진정 누구인가?

세균이 살아온 세월은 인간의 그것과는 비교할 수가 없어서 그들의 생화학적 손놀림은 가히 놀라울 정도이다. 그러니까 그들이 살 수 있는 공간도 대기권, 에베레스트 산맥에서 심해, 지각 아래에 이르기까지 전 영역에 펼쳐져 있다. 인간이 살 수 있는 공간인 지각 위 5퍼센트에 비할 바가 아니다. 여기에는 동물의 위장관도 예외는 아니어서 거기에도 세균들이 우글우글하다. 그들은 숙주가[120] 제공하는 서식처와 음식물을 이용해 살아가면서 소화기관을 포함하는 자신들의 생태계인 동물의 몸을 재구성한다. 우리 몸에는 인체를 구성하는 세포 수보다 10배나 많은 세균이 살고 있다. 이런 점을 강조하면서 '10퍼센트 인간'이라는 제목의 책이 출간되기도 했다. 이번 장에서는 인간과 공존하는 세균에 대해 알아보자.

---

120 · 숙주는 기생충과 관련해서 사용하는 말이지만 편의상 여기서도 사용하겠다.

왜 소장에 세균이 적은가?[121]

대부분의 음식물과 90퍼센트의 물이 이미 소화되어 흡수된 나머지가 대장으로 진입한다. 먹을 것도 척박한 대장에 왜 더 많은 세균이 살게 된 것일까? 그 이유를 명쾌하게 설명하는 책이나 논문은 찾아보기 힘들지만 짐작이 가기는 한다. 소장에 세균의 수가 평소보다 늘어나는 경우가 간혹 발견되기 때문이다. 이런 증상은 우리말로 소장세균 과증식증small intestinal bacterial overgrowth, SIBO이라고 한다. 소화기 증상 중 가장 흔하며 유병률이 10퍼센트 내외(2.2~20퍼센트)로 여성에게서 더 빈번하게 나타난다고 한다. 오심, 구토, 복통, 설사, 변비 등이 주요한 증상이고 심하면 영양소 흡수가 부실해져서 체중이 줄어들기도 한다. 어떻게 소장에 살고 있는 세균의 수가 일정하게 유지되는지를 살펴보면 세균 과증식증의 원인을 추측할 수 있을 것 같다.

2장에서 말했듯이 나는 왜 십이지장에서 다당류를 그것의 최종 단위인 단당류까지 최종 분해하지 않고 이당류를 소장 상피세포막 근처까지 옮겨간 다음에 분해하는지 한동안 궁금해했다. 내 얘기를 듣던 강원대 고현정 박사는 "그래서 소장에 세균이 적을까요? 먹을 게 없어서?"라고 답변했다. 당시 내가 이해하기로 이당류는 세균의 먹거리가 되지 않아야 했고 또 상피세포막 근처에 세균의 숫자가 적어야만 했다.[122] 모두 가정이기는 했지만 그의 전공이 면역학이기 때문에 다시 그에게 물

---

121 · 인간 몸 안에는 10^{14}개의 세균이 있다고 한다. 소화관만 국한해서 살펴보면 위 10~100/밀리리터, 십이지장 10^3, 공장 10^4, 회장 10^4~10^7, 상행결장 10^{10}~10^{11}, 가로결장 10^{11}~10^{12}, 하행결장 10^{12} 이상으로 항문 쪽으로 갈수록 그 수가 늘어난다.

122 · 소장에서 당을 비롯한 대부분 영양소의 흡수가 종료된다. 따라서 숙주는 소장에서 영양소의 최대 흡수를 위한 어떤 기전을 갖추었을 것이다. 숙주가 이 부위에서 세균의 증식을 억제하는 기전이 존재할 가능성이 있다는 의미이다. 그러나 이 부분에 대한 연구는 이루어진 것이 거의 없어 보인다.

었다. "세균이 뭐 먹고 살아요?" 묻고 나서 생각해보니 내 몸의 식구들에 대해 몰라도 너무 모른다는 생각이 들었다. 많은 종류의 세균이 살고 또 장소에 따라 구성원도 다르기 때문에 먹거리도 그들이 처한 생태지위에 따라 다를 것은 뻔하지만 그들이 무얼 먹는지 잠시 살펴보겠다. 그 전에 먼저 소장에 사는 세균의 수가 일정하게 유지되는지 다시 말하면 어떻게 소장에 있는 세균의 수가 늘어나는지 알아보자.

우리가 '한 방향' 소화기관이라고 말할 때 여기서 한 방향은 말 그대로 입에서 항문으로 흐른다는 의미이다. 다시 말하면 소화기관 안에서는 강물이 흐르듯 역류하지 않고 하류로 흘러 바다에 이른다는 것이다. 아주 오래전 처음 다세포 생명체가 탄생했을 때부터 세균은 그들과 견제하고 협력하면서 살아왔다. 그 세포는 세균과 직접 붙어 있을 수도 있고 분비 화합물을 통해 간접적으로 영향을 주고받을 수 있다. 여기서 세포들은 우리의 피부 혹은 점막층으로 둘러싸인 장 상피세포들이다. 예를 들어 음식물과 함께 세균이 들어왔다고 치자. 이 세균이 소장의 상피세포에 잘 붙어 있을 수 있다면 얼마 동안은 버틸 수 있을 것이다. 헬리코박터 파일로리균[123]은 빙벽을 등반하듯 갈고리를 걸어 험준한 위장벽을 버티고 살아간다. 특정 세균이 이런 전술을 구사하지 못한다면 한 방향 음식물 급류에 휩쓸려 아래로 떠내려갈 것은 분명하다.[124] 물론 산성 조건인 위를 무사하게 통과했을 경우에만 해당되는 말이겠지만.

위에서 잘 이겨진 음식물은 조금씩 십이지장으로 내려온다. 한꺼번

---

123 · 위염과 위궤양의 원인균으로 알려졌다. 그러나 여러 가지 이유로 이들 세균의 수가 줄어들면서 예상하지 못했던 문제들, 예컨대 천식, 자폐증 또는 알레르기 질환이 늘어나고 있다고 한다.
124 · 콜레라와 같은 세균들이 사용하는 전술이 바로 이런 것이다. 그들은 독소를 분비하여 물의 재흡수를 억제하고 장의 연동운동을 가속화시키면서 그야말로 장내 세균을 쓸어버린다. 그렇게 해야 자신들이 정착할 여지가 커지는 것이다.

에 너무 많이 내려오면 두 가지 문제가 생긴다. 하나는 위산을 중화하는 일, 다른 하나는 소화효소의 부담이 증가하는 일이다. 이와 똑같은 사실이 장내 세균들에게도 문젯거리다. 왜냐하면 소화효소는 세균도 분해해서 음식물처럼 흡수할 수 있기 때문이다. 위산은 말할 것도 없다. 따라서 세균 입장에서 소장은 그리 살기 좋은 곳이 못 된다. 소장의 세 부분은 위쪽으로부터 십이지장, 공장, 회장이다. 위산이 끊임없이 들어오고 소화효소가 계속해서 분비되는 십이지장에 사는 세균의 숫자가 가장 적고 뒤로 내려가면서 공장, 회장에 조금씩 그 수가 늘어나는 것만 보아도 이 사실을 짐작할 수 있다. 회장은 대장과 만나는 곳이어서 일종의 조임근이 작동한다. 영양분의 소화와 흡수가 충분히 완결된 후에야 이들 조임근이 열린다. 회장 수술을 했다거나 약물 때문에 조임근이 손상을 당하게 되면 대장의 세균이 소장으로 몰려올 가능성이 늘어난다.

우리 몸에서 소장의 역할은 크게 두 가지이다. 하나는 탄수화물의 흡수와 대사, 다른 하나는 면역계의 기능을 적절하게 유지하는 것이다. 소장의 세균은 장 점막의 항상성을 유지하고 발달시키는 중요한 역할을 한다. 반대로 면역계는 소장에 기거하는 세균의 수를 일정하게 조절한다. 소장에 염증이 있으면 면역계에 문제가 생겼다는 말이고 이는 세균에도 영향을 끼친다. 췌장염은 면역세포뿐만 아니라 소화효소의 분비에도 영향을 주기 때문에 이중으로 소장의 세균이 증가하는 계기를 제공할 것이다. 장기 이식을 한 뒤 면역 억제제를 투여하거나 바이러스에 의한 후천성 면역 결핍증 때문에도 소장에 세균이 늘어날 수 있다. 지금까지 얘기한 것을 좀 정리하자면 소장에 세균이 일정 수 이상으로 늘어나는 것은 첫째, 소장의 한 방향 움직임이 둔화되는 것 둘째, 면역계의 오작동, 그리고 대장에서 소장으로의 역류를 들 수 있겠다. 이제는 세균의 먹거리에 대해 알아보자.

세균은 무얼 먹고 사는가?

2014년 10월 《네이처》에 소개된 논문을 바탕으로 얘기를 시작해보자. 이 논문은 쥐가 감염되었을 때 소장에 상주하는 세균을 정예로 키우는 방법에 관한 것이다. 비록 숙주가 잠시 아프다고 하더라도 장차 침입해 들어올 수도 있는 감염을 방지하기 위한 일종의 대비책이라고 할 수 있는데, 바로 푸코오스fucose라는 당을 이용하는 것이다. 숙주가 전신 감염되면 숙주의 적응도를 높이기 위해 소장 상피세포는 자신의 당단백질을 변화시켜 상주균을 조련시킨다. 일종의 '이이제이' 전략이라고 볼 수 있다.

감염된 숙주는 침입한 세균을 죽이거나 무력화시키려 노력한다.[125] 한편으로 숙주는 감염 자체의 충격을 최소화하려고 애를 쓴다. 세균에 맞서 방어 기제를 조절하는 단백질을[126] 만드는 것도 그 일환으로 진행된다. 이 단백질은 세균을 죽이는 능력은 없지만 다른 방법으로 장내 세균의 힘을 키운다. 장내 세균을 잘 먹여 살림으로써 이들이 숙주에 등을 돌리지 못하게 할 뿐 아니라 앞일을 대비하도록 한다.

감염되면 숙주는 서둘러 소장 상피세포 표면에 존재하는 단백질에 푸코오스라는 당을 곶감 매달 듯 매달아놓는다. 장내 세균을 먹여 살리기 위해서이다. 통상 감염된 쥐들은 음식을 잘 먹지 않는다. 스스로 병

---

125 · 면역학적 용어로 저항성이라는 말을 쓴다. 전방에서는 세균과 직접 맞서 싸우지만(저항성) 후방에서는 민심을 동요시키지 않아야 하고 예비군도 훈련시켜야 한다. 후방에서 진행되는 일은 내성을 키우는 것이다.

126 · 논문에서는 인터루킨 22라는 물질의 양을 측정했다.

원균을 먹여 살리지 않으려는 것이다. 그렇지만 상주 세균도 굶주림을 면할 수 없다. 이런 점을 감안하면 숙주는 에너지 비용을 기꺼이 감수하면서도 푸코오스라는 엄청난 자원에 대한 투자를 아끼지 않는 셈이다. 왜 그랬을까?

포유동물에서 푸코오스라는 당은 신호전달물질로 사용되지만 에너지로 전환되지 못한다. 그러나 세균은 이 당을 연료로 사용할 수 있다. 세균이 단백질에 매달려 있는 당을 끊어낼 수 있는 효소를 가지고 있기 때문이다. 건강한 동물의 위와 대장에는 푸코오스라는 당이 많지만 소장에서는 희귀하다. 반면 감염이 되면 먹이 섭취가 줄어들기 때문에 체중이 줄어든다. 단백질에 푸코오스라는 당을 붙이는 효소가 없는 유전자 변형 쥐를 감염시키면 더 심하게 아프고 체중도 원상으로 쉽게 돌아오지 못한다. 물론 정상적인 쥐들은 곧 원기를 되찾는다. 정상적인 쥐들에게 항생제를 먹이면[127] 푸코오스의 효과가 사라지는 것으로 보아 감염에서 회복되는 데 장내 세균이 중요한 역할을 하는 것은 분명하다. 짐작은 하지만 장내 세균이 무슨 일을 하는지 정확히 알지 못한다. 그러나 그들이 자신의 생태적 지위를 지키는 것만으로도 상당히 큰 역할을 한다고 할 수 있다. 장 점막층에 엉덩이를 붙이고 자리를 차지하고 있으면 병원균이 쉽사리 침범하지 못할 것이고 또 먹을 것을 가지고도 경쟁이 불가피할 것이기 때문이다. 이런 경우에는 병원균이 뿜어내는 독소의 양도 줄어들었다.

쥐는 그렇다 치고 인간은 어떨까? 이 연구 책임자인 시카고 대학 처번스키[Alexander V. Chervonsky] 박사는 약 20퍼센트에 달하는 사람들에서 푸코

---

127 · 실제 실험에서는 동물에 세균을 직접 감염시키는 대신 세균의 독소를 주입한다. 따라서 항생제를 투여하게 되면 장내 세균만 영향을 받는다. 즉, 장내 세균이 무언가 역할을 할 것이라는 의미이다.

오스를 단백질에 붙이는 유전자가 기능을 하지 못한다고 말했다. 또 이 유전자의 결손은 크론씨 병하고 상관성이 높다고 한다. 경쟁적인 상주 세균의 수가 줄어들면 병원균이 차지해들 공간이 늘어날 것이기 때문이다.

인간 성인의 표면은 어디든 상피세포로 둘러싸여 있다. 그것은 몸통의 바깥쪽을 둘러싸는 방어벽도 마찬가지고 몸통 안을 흐르는 커다란 강인 소화관도 마찬가지다. 몸통 내부 소화관의 총면적은 대략 50제곱미터에 이른다. 그러나 우리 피부는 다 합해야 2제곱미터 정도이다.[128] 소화관 표면은 점막층으로 이루어져 있고 그 점막은 수많은 단백질이 당을 주렁주렁 매달고 있다. 이들 당은 세포가 서로를 인식하고 결합할 때 혹은 세포와 세균이 결합할 때 필요하다. 흥미롭게도 여기에 붙어 있는 당은 소장에서 대장으로 내려가면서 구성이 달라진다. 대장으로 가면서 푸코오스가 많아진다. 그렇지만 시알산$^{sialic\ acid}$이라는 당은 그 반대로 소장 쪽에 흔하다. 소화기관의 위치에 따라 점막 단백질과 결합하는 당이 차이가 나는 것은 그 부위에 상주하는 세균의 구성원과 밀접한 관련이 있을 테지만 아직까지는 짐작에 그칠 뿐이다. 사정이 그렇다면 병원균인들 가만히 보고만 있겠는가? 이들도 푸코오스를 감지하는 능력을 획득할 수 있다. 병원성이 있는 대장균이 장내에 거주지를 틀기 위해 푸코오스라는 당을 인식한다는 내용의 논문도 2012년 《네이처》에 소개가 되었다. 푸코오스를 둘러싼 장내 세균과 병원균 간의 경쟁관계는 좀 더 연구를 지켜보아야 할 것 같다. 바로 우리 인류의 미래와 직결되는 문제인 까닭이다.

---

128 · 피부세포는 모두 죽은 것들이다. 정상적인 성인은 약 2킬로그램 정도의 죽은 피부를 가지고 있다. 게다가 매일 수십억 개의 작은 파편들이 떨어져 나간다. 우리는 타월로 박박 문질러서 진드기가 먹을 음식물을 수챗구멍으로 흘려보낸다.

장내 세균의 원격조종

다윈이 다시 살아나서 진화론에 관한 한담을 나눌 만한 사람이 지구 상에 누가 있느냐고 농담 삼아 얘기할 때 거론되는 사람은 션 캐럴이 다. 그는 국내에도 소개된 『이보디보, 생명의 블랙박스를 열다』라는 책 을 쓴 과학자이다. 발생학에 진화학을 접목시켜 생명의 탄생과 그 현상 에 대해 설명하는 것이 그의 주된 연구 분야이다. 이 사람 말고 리처드 도킨스 얘기도 하지만 미국의 진화학자인 로버트 트리버스도 간혹 회 자된다. 2011년에 그가 쓴 책은 국내에 『우리는 왜 자신을 속이도록 진 화했을까?』라는 제목으로 소개되었다. 지금 벌어지고 있는 이스라엘과 팔레스타인의 싸움에 대해서 누구보다 할 말이 많을 사람으로 생각된 다. 유대인과 미국의 은밀하고 노골적인 관계에 대해 누구보다 신랄하 게 비판한 사람이기 때문이다. 트리버스가 주로 다룬 내용은 자기기만 에 관한 것이다. "난 모르고 한 일이에요."로 대변되는 자기기만은 결국 은 남을 속이기 위한 진화적인 전략이 되었기 때문에 자연계를 포함해 인간의 심리, 종교, 섹스 등 거의 모든 분야에 파급되었다고 할 수 있다. 그러나 내게 가장 흥미로웠던 분야는 이 책 6장에 소개된 자기기만의 면역학에 관한 내용이다.

어떤 특정한 형질이 진화되어 유지되고 있다는 것은 그것이 궁극적 으로 생명체의 생존과 번식에 도움이 되었느냐 아니냐를 통해 판단한 다. 영화 〈밀양〉의 한 장면이 떠오른다. 여주인공은 자신의 아들을 유 괴해서 죽인 남자를 용서하러 간다. 그러나 그녀가 마주친 것은 면회실 유리 너머로 보이는, 평온하기 그지없는 살인마의 얼굴이었다. 그는 말 한다. "자신도 신 앞에 무릎을 꿇었노라고. 그래서 이미 용서를 받았노 라고." 수치심이나 죄책감, 우울증은 모두 우리의 면역 기능을 떨어뜨

먹고 사는 것의 생물학

린다. 그래서 종교의 힘을 빌려 죄책감을 덜어버리면 마음이 평안해지면서 면역 기능에 부과되는 에너지를 다른 방편으로 사용할 수 있게 된다. 트리버스에 의하면 종교는 내집단/외집단 편향의 주형 역할을 한다. 집단 내부와 아닌 쪽을 구분하는 신념 체계를 공유한다는 말처럼 들린다. 따라서 종교는 집단 내부의 협력을 부추기는 반면 외부인과 협력을 줄이는 경향성을 띠게 되는 것이다. 종교는 건강 및 질병과 복잡한 관계를 갖는다. 몸이 아프면 특정 종교에 귀의하려는 사람들을 종종 본다. 종교의 교리가 건강한 행동을 하라고 설교하기도 한다. 또 종교 신앙과 모임이 개인의 생존, 즉 면역 기능과 건강을 증진시킨다는 증거는 많다. 종교 음악도 긍정적인 효과를 낸다. 고대사를 읽다 보면 사실 종교와 의술은 한 몸에서 비롯된 것이었다. 이들 모두는 집단의 일부에게 강한 플라세보placebo 효과를 나타내곤 한다.

『우리는 왜 자신을 속이도록 진화했을까?』를 읽다가 눈에 확 뜨여 따로 표시를 해놓은 부분이 있다. 그것은 종교와 기생충과의 연관성에 관한 언급이다. 기생 생물이 많을 때 단위 면적당 종교(그리고 언어도 해당된다)의 수가 훨씬 더 많다는 것이다. 종교의 분열은 자민족 중심주의 및 민족의 분화와도 관련되기 때문에 기생 생물이 많을수록 인류 집단은 분화를 거듭한다. 안과 밖을 가르는 인류의 형질이 기생충과 관련이 있다는 말은 가끔 언급된다. 어떤 집단에 속하지 않은 뜨내기가 마을을 지나가면 사람들은 그들이 지니고 있을지도 모를 기생충을 예방하기 위해 그들을 쫓아낸다. 가령 한센병을 앓고 있는 가족이 마을에 근접하지 않은 산속에 은둔처를 마련했던 것은 그리 오래된 옛날 얘기가 아니다.[129]

---

129 · 한센병 환자는 속된 말로 문둥병 환자라고 한다. 『산소와 그 경쟁자들』에서도 언급했지만 뱀

생명체가 진화하는 데 기생충이 엄청난 역할을 한 사실은 가끔 등장하는 과학적 주제 중의 하나이다. 기생충은 자신의 에너지 대사를 다른 생명체에 위탁한 것들이다. 아니 위탁이라기보다는 교묘하게 이용하고 있다는 말이 더 정확할 것이다. 그렇기에 그들은 우리가 비정상적이라고 생각되는 전략도 서슴없이 받아들인다. 그것이 자신의 생존과 번식을 위해 도움이 되는 것이라면 말이다.

왜 생명체에는 두 개의 성이 존재하는가를 얘기할 때도 기생충을 들먹인다. 사실 따지고 보면 기생충은 인간 진화의 거의 모든 역사와 함께 해왔다고 해야 할 것이다. 이때 우리가 연상하는 기생충은 크기가 제법 큰 것들이지만 모기를 통해 들어오는 말라리아는 단세포 생명체인 열원충이다. 우리 몸에는 수없이 많은 세균들이 있으니까 이들 세균과 기생충도 서로 견제하고 협동 혹은 배제하면서 인간 진화를 끌어왔음은 당연한 사실이다. 다만 문제가 있다면 우리가 그 사실을 최근에야 알기 시작했다는 것이다. 나중에 얘기하겠지만 이들 세균은 어느 정도는 인간과 함께 진화해(공진화)왔다. 인간이 그들에게 안정적인 음식물과 잠자리를 제공하는 반면 그들은 우리가 쓰는 에너지의 약 10퍼센트에 해당하는 영양소를 책임지고 또 우리가 만들지 못하는 비타민도 제공한다. 세균은 어디에나 있다. 바다에도 있다. 이들 바다에 사는 세균의 20퍼센트는 바이러스 감염 때문에 죽는다고 한다. 세균에 바이러스가 기생하는 것이다. 우리가 원소로 돌아가 생명의 탈을 버리지 않는 한 사는 것은 언제나 어디서나 녹록지 않다.

그렇기 때문에 면역계는 비싼 것이다. 우리는 면역계가 나와 남을 구

파이어 혹은 드라큘라 전설도 이와 비슷한 맥락에서 이해하고 있다. 드라큘라는 헤모글로빈에 끼어 들어가는 작은 분자인 헴을 만드는 과정에 문제가 있어서 햇빛을 받으면 사는 게 괴롭다. 피부가 가렵고 따갑기 때문이다. 따라서 이들도 빛을 피해 은둔처를 찾아야 한다.

먹고 사는 것의 생물학

분하는 우리 몸 안의 체계라고 배운다. 그러나 장내 미생물의 세계로 들어가면 나와 남의 구분이 모호해진다. 강조했듯이 인체를 구성하는 전체 세포의 숫자보다 10배나 많은 세균이 우리 인간의 생태계를 구성하고 있기 때문이다. 또 세균이나 바이러스에 감염된 세포가 만들어내는 단백질도 다 관리를 해야 한다. 감염된 세포도 없애거나 새것으로 바꾸어야 한다. 음식물이 입을 통해서 위로 가는 동안 이들 재료에 포함된 세균도 다 제거를 해야 한다. 그뿐만이 아니다. 독성물질도 순화시켜 내보내야 한다. 그렇기 때문에 면역계는 하루 종일 바쁘고 쉴 없이 움직이면서 때로 다친다. 우리가 쉬거나 잠을 자야 하는 이유 중 하나는 손상되고 피로한 면역계를 재충전하는 시간을 벌기 위함이다. 생명체가 사용하는 에너지는 한계가 있기 때문에 늘 사용해야 하는 심장이나 폐를 제외하고는 에너지를 절약해서 면역계나 신경계를 회복해야 한다. 그래서 잠도 잔다. 진화학에서는 이것도 일종의 타협$^{trade-off}$이다.

세균이나 기생충은 진화적 성공을 위해 자신들에게 둥지를 제공하는 숙주의 행동을 조절할 가능성이 있다. 장내 세균은 꼭두각시를 부리는 암흑가의 대부처럼 인간이 특정한 음식물을 갈망하도록 만들 수도 있다. 생물학에서 기생충의 숙주 조절은 아주 잘 알려진 사실이다. 어떤 종류의 기생 곰팡이는 개미의 뇌를 뚫고 들어가 개미를 구슬려서 식물을 타고 올라가 이파리 아래쪽에 대롱대롱 매달려 있게 한다. 초식동물이 식사를 하러 나오는 해질 무렵에 말이다. 초식동물에 먹히지 않은 채로 해가 뜨면 이들은 다시 자신들 무리로 들어갔다가 다음 식사 시간이 되면 또 그런 동작을 되풀이한다. 아마도 초식동물은 그 기생 곰팡이의 중간 숙주 노릇을 할 것이다. 이들 동물의 배설물에 있는 기생충의 알은 달팽이들이 먹고 그들의 창자에서 부화한 다음 달팽이의 피부

점액질층으로 옮겨 간다. 풀숲에 토해놓은 점액질에는 기생충의 유충이 있고 이들이 다시 개미를 공격하는 것이다. 말벌의 기생 전략은 매우 섬뜩해서 살아 있는 곤충의 애벌레를 천천히 그야말로 야금야금 갉아 먹는다.[130] 기생충이 어떤 방식으로 숙주를 조종하는지는 미스터리다. 아마도 직접, 간접적으로 뇌에 영향을 끼치는 화학물질을 사용할 것이라 추측하고 있다.

우리의 소화기관에 깃들어 살고 있는 상주 세균들도 그러한 일을 한다. 아직까지 우리가 저간의 사정을 잘 모르고 있을 뿐이지만. 도파민, 세로토닌은 우리 신경세포들이 신호전달물질로 사용하는 것들이다. 그러나 세균도 이런 물질을 만들 줄 알고 심지어 소화기관의 특정 부위에 밀집된 신경 말단까지 이를 운반하기까지 한다. 이런 관찰은 과학자들이 실험용으로 제작한 무균 상태의 쥐를 통해 극명하게 드러났다. 이들은 아예 무균 상태에서 태어나고 무균 상태에서 살아간다. 이들 쥐는 근심이 많고 정상 쥐들에 비해 기억력이 떨어진다. 반대로 정상 쥐에서 특정 세균이 사라지면 스트레스 지표가 올라가기도 한다. 설사 세균이 있더라도 소화기관에서 뇌로 연결되는 신경을 끊어버리면 역시 같은 결과가 초래되기도 한다.

마찬가지 방식으로 장내 세균은 숙주가 뭘 먹느냐 하는 섭식 행동에도 영향을 끼칠 수 있다. 예컨대, 무균 상태의 마우스는 그들의 장에 달콤한 향을 감지하는 화학수용체 단백질을 더 많이 만드는 경향이 있다. 따라서 정상적인 마우스보다 단 음료를 더 많이 마신다. 섭식을 조절하는 펩티드의 합성에도 영향을 끼친다. 세균의 입장에서 보면 우리의 먹

---

130 · 다윈도 기생 말벌의 행동에 매우 놀랐던 모양이다. 그는 자연이 신의 선한 의지를 증명하기 힘든 장소라는 주장을 할 때마다 이 기생충을 심각하게 바라보았다고 한다.

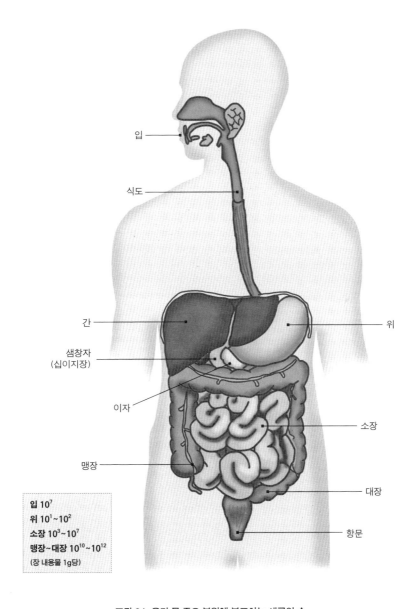

입

식도

간

샘창자
(십이지장)

이자

맹장

위

소장

대장

항문

입 10^7
위 10^1~10^2
소장 10^3~10^7
맹장~대장 10^{10}~10^{12}
(장 내용물 1g당)

그림 34. 우리 몸 주요 부위에 분포하는 세균의 수

음식물에서 비롯된 것이 아니라도 입안에 상주하는 세균의 수는 상당히 많다. 강산이 분비되는 위에서 살아가는 세균은 헬리코박터 파이로리를 빼고는 거의 없다. 그렇지만 소장에서 대장 말단으로 가면서 세균의 수는 점차 증가해서 인간 총 세포 수의 10배에 이른다.

거리가 그들에게는 죽느냐 사느냐를 결정하는 절체절명의 것이 될 수도 있다. 여기서 핵심은 세균의 종이 다르면 그들이 선호하는 음식이 달라진다는 것이다. 문제는 단순히 선호 정도가 아니라 죽기 살기로 덤빌 가능성도 상존한다.

특정 음식을 탐닉하는 행위에 대해 지금까지 과학자들은 두 가지 가설을 내놓았다. 그중 한 가지는 결핍상태가 지나고 음식물이 풍부해졌을 때 인체가 영양분을 보충하는 방식이라는 것이다. 다른 견해는 그것을 담배나 코카인과 같은 일종의 중독 증상으로 보는 것이다. 이들 두 가지 가설은 너무나 순진한 '인간 중심'적인 견해이다. 예컨대 초콜릿을 먹는 것을 생각해보자. 초콜릿은 많은 사람들이 꽤나 좋아하기는 하지만[131] 인류에게 꼭 필요한 영양소는 아니다. 또 동일한 효과를 내기 위해 마약처럼 투여 용량을 늘려야 하는 것도 아니다. 그러면 이 행동의 배후에는 무엇이 있을까? 캘리포니아 대학 진화생물학자인 카를로 말리[Carlo Maley] 박사는 '세균이 시켜서' 그럴지도 모른다고 생각한다. 아일랜드 콕[Cork] 대학 신경생물학자인 존 크라이언[John F. Cryan] 박사는 이런 섭식 편향이 인간과 세균 양자 모두에게 좋은 방식으로 진화했을 가능성이 있다고 논평했다. 그렇기에 상주 세균이 하는 일은 단순히 기생충이 취하는 방식과 다를 것이다. 크라이언 박사는 인간의 장내에 있는 세균이 인간의 사회성을 키워줄 것이라고 말한다. 그가 제시한 증거 중 하나는 세균이 없는 상태에서 자란 무균 마우스는 다른 마우스와 접촉을 심하게 꺼린다는 것이었다. 인간이 사회성을 갖는 것은 세균에게도 나쁠 것은 없다. 이동의 기회가 늘어나니까.

---

131 · 초콜릿에는 설탕, 약한 흥분제인 테오브로민, 암페타민과 화학적으로 비슷한 페닐에틸아민, 그리고 대마초 성분과 관련이 있는 신경전달물질인 아난다마이드가 들어 있다. 『쾌감 본능』이란 책에 나온 내용이다.

먹고 사는 것의 생물학

그들이 우리를 조절할 수 있다면 우리도 그들을 조절할 수 있다고 생각하는 것은 나만의 의견이 아닐 것이다. 가령 특정 유산균이 들어 있는 요구르트를 먹게 되면 건강한 음식을 선호하는 경향을 촉진할 수도 있을 것이다. 이런 연구에 대해 언짢아하는 사람들도 있을 것 같지만 세균이 우리가 먹는 음식물에 어떤 영향을 미치는가에 관한 연구는 이미 장도에 올랐다.

3억 년 내내 천적?

세균 얘기를 하다가 갑자기 은행나무가 나오면 무슨 뜬금없는 소리냐고 반문할지 모르지만 사실 은행나무는 바퀴벌레와 천적이라고 한다. 현생 은행나무는 식물계, 은행나무문, 은행나무강, 은행나무목, 은행나무과 은행나무속의 유일한 종이다. 내가 어릴 적 초등학교와 담벼락을 마주하고 있던 곳은 향교였는데, 아! 아름드리 은행나무. 나는 칠판 대신 일 년 동안 그 은행나무만 보고 살았었다. 역사 시기 내내 사촌들이 맥을 못 추고 죽어가는 동안 홀로 은행나무만이 지금껏 살아남았다. 은행나무가 왜 그런 질긴 생명력을 갖고 있는지는 아직도 잘 알지 못한다.

은행나무의 열매와 잎은 한방이나 민간에서 약으로 쓴다. 은행 열매는 예로부터 고급 술안주나 신선로, 은행단자 등의 고급 요리에 쓰는 등 좋은 식품으로 대접을 받아왔다. 맛이 달고 성질이 찬 은행을 구우면 먹을 만하다. 가을에 노랗게 익은 예쁜 은행잎을 주어다 서류 봉투, 책갈피, 종이 쇼핑백 등 숨 쉴 수 있는 봉투에 한줌씩 넣어두거나 옷장 속, 신발장이나 싱크대 안, 선반 위에 올려놓으면 신기할 만큼 바퀴벌레를 포함하는 갖은 잡벌레들이 어디론가 사라져버린다. 은행잎은 벌레들이 썩

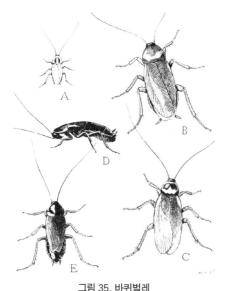

그림 35. 바퀴벌레

3억 년 전부터 지구상에 살아온 바퀴벌레. 현재 전
세계에 4,000종 이상이 분포한다. A. 이질바퀴(독
일) B. 잔이질바퀴(미국) C, D, E. 잔날개바퀴(호주)

좋아하는 것이 아닌 모양이다. 게다가 은행의 과육은 냄새도 심하게 난다. 박사과정 당시 식물세포 배양을 위해 은행 씨를 모을 때 나도 과육을 제거하는 투쟁 대열에 동참했었다. 장갑을 끼고 모래와 함께 비벼 과육을 제거했지만 한동안 친구들은 나를 멀리했었다. 어쨌든 과육은 오래전 함께 지구를 살았던 초식동물인 공룡에게 은행 열매를 빼앗기지 않으려는 자구책이었다고 한다. 은행나무는 2억 년 전으로 거슬러 올라가 중생대 쥐라기 시대부터 지금까지 질긴 생명력을 보이며 여전히 건재하는 식물 화석인 셈이다. 이 나무가 우리가 사는 지구에 처음 나타난 것은 대략 3억 년 전으로 고생대 석탄기다. 현존하는 생명체이면서 화석으로도 그 존재가치를 증명하는 은행나무에 필적할 만한 것이 있다면 그것은 바퀴벌레뿐이다.

바퀴벌레는 영생을 얻었다고 말한다. 몸피에 진화 과정에서 얻은 온갖 기예를 발판 삼아 바퀴벌레는 3억 5,000년을 살았다. 또 이들은 인간의 세상에도 완벽하게 적응을 마친 것으로 보인다. 노스캐롤라이나 주립대학의 연구진들은 고대의 박멸 불가능한 이 진귀한 생명체의 적응적 본성을 하나 더 밝혔다. 어떤 바퀴벌레 집단은 단맛을 풍기는 미끼에 대해 단순하지만 매우 효과적인 방어 기제를 발달시켰다. 이들은 단 포도당을 쓴맛이 나는 어떤 것으로 바꾸어버렸다. 무슨 일이 일어난 걸까? 어떤 사람들은 바퀴벌레가 내부의 화학기제를 동원했다고 말하

먹고 사는 것의 생물학

지만 실제는 신경계 신호전달 시스템을 약간 손본 것이다. 바퀴벌레의 감각기제가 바뀐 방식은 매우 빠르게 변하는 진화적 적응을 보여주는 예이다. 바퀴벌레를 박멸해야 하는 인간의 입장에서는 내심 반가운 소식이 아닐 수 없을 것이다. 그들의 적응 방식을 알면 인류의 대응책이 달라질 수 있기 때문이다.

바퀴벌레가 살충제를 잘 피해 다닌다는 사실이 알려진 것은 1990년대였지만 이들이 어떻게 그런 행동을 하는지는 지금까지 알려지지 않았다. 화학회사에서 살충제 성분을 바꾸어보아도 사정은 크게 달라지지 않았다. 그들은 벌레들이 살충제에 대해 내성을 획득했다고 보고 살충제를 화학적으로 변화시키는 데 초점을 맞추었다. 그러나 모두 실패로 끝났다. 결론적으로 말하면 바퀴벌레는 살충제를 먹고 죽지 않는 게 아니라 아예 살충제를 피할 수 있었다. 살충제를 효과적으로 전달할 수단으로 집어넣은 부형제인 포도당이 들어 있다는 것을[132] 바퀴벌레들이 알아챘기 때문이다. 그러기까지 그들은 많은 동료를 떠나보내야 했을 것이다.

노스캐롤라이나 주립대학 실버먼[Jules Silverman] 박사는 바퀴벌레의 이런 행동양식이 유전된다는 것을 보여주었다. 그들이 살고 있는 당대에 체득한 것이 아니라는 점이다. 인간과 달리 바퀴벌레는 미각돌기 대신 신체의 다양한 부위에 나 있는 털을 통해 맛을 감지한다. 연구진들은 특히 입 주변에 있는 두 가지 형태의 신경세포에 초점을 맞추었다. 이들은 맛을 감지하면 전기 신호를 뇌로 보낸다. 한 종류의 신경세포는 오직 당과 그와 유사한 종류의 단맛을 감지한다. 다른 신경세포는 오로

---

132 · 바퀴벌레의 수명은 환경에 따라 조금씩 다르지만 대략 6개월에서 2년이다. 나도 어렸을 적에 눈먼 참새를 잡아보려고 나락을 미끼로 망태기를 잡아당긴 적이 있었다.

지 쓴맛을 감지한다. 단맛이 감지되면 바퀴벌레의 뇌는 먹으라는 신호를 보낸다. 반대로 쓴맛을 감지하면 바퀴벌레는 그것이 무엇이든 회피할 것이다. 그런데 이제 바퀴벌레는 포도당을 맛보고서도 쓴맛을 감지하는 신경세포가 전기 신호를 보내도록 뭔가를 변화시켜버렸다. 단맛에 더 이상 속지 않는 것이다. 단 물질을 감지하는 어떤 신호전달 분자 수준에서 돌연변이가 일어나 쓴맛 신경세포에게로 신호를 전달했을 가능성이 있다. 혹은 다른 종류의 돌연변이가 일어나 쓴맛을 감지하는 신경세포에서 포도당 감지 단백질을 많이 만들었을 수도 있다. 어떤 변이든 바퀴벌레는 이제 달달한 포도당을 쓰다고 인식하게 된 것이다. 모기들도 살충제를 뿌리면 자신들의 행동반경을 바꾼다. 이들은 살충제가 처리된 벽에는 더 이상 발을 딛지 않는다. 그들은 천장에 있거나 살충제가 없는 벽으로 옮겨갈 수도 있다. 왜 그런지는 잘 모른다. 그러나 모기들도 바퀴벌레와 비슷한 전략을 구사할지도 모른다. 살충제를 교묘하게 피해 다니는 바퀴벌레도 은행나무에는 여전히 약해 도망치기 바쁘다. 3억 년 동안 진행되어온 이 악연의 억센 고리를 누군가 끊을 수 있을까?

바퀴벌레와 흰개미

일군의 개미 소화기관에 들어 있으면서 셀룰로오스를 소화할 수 있는 세균에 대해 알아보기 위해 나는 꽤나 먼 길을 에돌아왔다. 흰개미^{termite}는[133] 개미처럼 보이지만 사실은 사회생활을 하는 바퀴벌레라는 유전학 연구 결과가 나왔다. 바퀴벌레는 똥을 먹는 경향이 있다. 과학자들은 이

---

133 · 직접 대면한 적은 없지만 나도 이들 개미들을 잘 안다. 보스턴에 있던 우리 집 일층 나무를 갉아 먹은 친구들이기 때문이다. 겉으로 멀쩡해 보이는 나무 기둥 아랫부분이 그야말로 텅 비어 있었다. 물론 나는 그 구멍을 다른 나무로 채웠다.

　　먹고 사는 것의 생물학

를 분식^{coprophagy}행동[134]이라고 말한다. 또 이런 행동양식이 흰개미로 진화하는 데 좋은 조건이 되었을 것이라고 연구자들은 말한다. 사실 과학자들은 흰개미와 바퀴벌레 및 사마귀가 서로 유연관계에 있을 것이라고 생각해왔다. 그들 모두 자신들의 알을 보관하는 특별한 상자^{case}가 있고 머리의 안쪽에 구멍이 있다. 이런 형태적 유사성을 가지고 과학자들은 흰개미가 바퀴벌레에서 진화했느냐 아니냐 갑론을박해왔다. 흰개미의 장에 공생하는 장내 세균이 나무에 사는 바퀴벌레종의 그것과 비슷한 게 많아서 가능성은 더욱 커졌다. 게다가 그들은 유생 시기의 모습도 서로 닮아 보였다. 지구상에 살고 있는 흰개미, 바퀴벌레, 사마귀를 합쳐서 107종의 유전자 분석을 마친 런던 자연사 박물관의 폴 이글턴$^{Paul\ Eggleton}$과 그의 연구진은 흰개미가 정말로 바퀴벌레의 사촌이라고 밝혔다. 이 내용은 2009년《생물학 통신》이라는 저널에 실렸다.

이들 곤충들은 먹는 것도 다르고 생긴 것도 닮은 점이 없었기 때문에 결과를 믿으려 하지 않는 사람들도 물론 있었다. 바퀴벌레는 흰개미만큼은 아니겠지만 다소간 사회적인 행동을 한다. 흰개미 거대 집단은 수백만에 이르는 개체들로 구성되어 있어서 일개미, 병정개미, 왕개미, 여왕개미 등 역할이 분화되어 있다. 바퀴벌레는 잘 알다시피 똥을 먹는다. 연구자들은 바퀴벌레의 탐식성과 분식행동이 흰개미 진화의 기초가 되었을 것으로 본다. 다른 곤충이 흘린 것을 집어 먹다가 그들의 세균을 공유하게 되었고 그것이 궁극적으로 나무를 갉아 먹는 흰개미의 특성으로 전화되었을 것이라는 이야기다. 이야기라는 말을 쓰는 것은 진화의 역사가 복잡계라는 말을 하고 있는 것과 같다. 흰개미는 어두운

---

134 · 분식행동은 동물계에서는 보편적이다. 실험실에서 키우는 쥐, 토끼들도 자신들의 똥을 먹는다. 거기에 세균이 만들어놓은 비타민도 있고 미처 소화하지 못한 영양소가 남아 있을 수 있기 때문에 이런 행동은 소화 과정의 일부로 볼 수도 있다.

자신의 뱃속에서 나무를 소화할 수 있는 세균까지 자손에게 안전하게 물려주어야 했을 것이다. 이제 우리는 장내 세균을 연구함으로써 계통 분류학을 새로운 시각에서 볼 수 있게 되었다. 곤충이건 동물이건 장내 세균의 존재는 보편적이다. 그러나 보통 세균의 숫자가 훨씬 많다. 너는 진정 누구인가, 정체성에 관한 논란이 있을 것으로도 예측되지만 이들 세균 집단의 계통 분류가 진화의 영역으로 들어오는 것도 시간문제처럼 보인다.

통합유전체 진화이론: 동물과 세균의 키메라

동물의 유전체는 후손들에게 안정된 형태로 유전된 후 자연선택을 받는다고 생각한다.[135] 그런 조건에서 유전자의 변이에 의해 종이 어떻게 분화해 나가는지 파악하려고 과학자들은 애를 쓴다. 최근 들어 인간의 유전체를 이해하는 방식이 급변하고 있다. 앞서 설명했지만 종이 종자체의 유전체뿐만 아니라 그들의 신체에 세 들어 사는 세균에도 크게 의존하고 있다는 생각이 점차 확산되고 있기 때문이다. 장내 세균총 유전체microbiome가 바로 그런 것이다. 이들 세균의 유전체는 과거의 흔적을 간직하고 있으며 어떻게 동물의 종이 서로 관계가 있는지에 관한 정보를 제공할 수도 있다. 소위 공생계통수phylosymbiosis라고 하는 것이 이런 통합적 노력의 예이다. 어떤 동물종의 핵에 들어 있는 유전자의 관계를 파악하여 계통수를 파악하는 것과 동일한 방식으로 장내 세균총의 연관을 따진다. 이에 따라 종의 개념도 바뀌고 있다. 다시 말해 소화기관

---

135 · 이런 얘기가 나오면 집단이니 개체니 하는 말이 등장하게 되어 있지만 그런 교과서적인 내용은 도킨스의 『이기적 유전자』와 같은 책을 참고하면 된다.

　　　　　　　　　　　　　　먹고 사는 것의 생물학

에 있는 세균 집단이 다르면 서로 교배가 가능하지 않다는 보다 포괄적인 개념이 등장하기 시작한 것이다. 이에 따르면, 하나의 종이 탄생하기 위해 그 종의 핵에 있는 유전체가 중요한 것처럼 그 동물과 공생하는 세균의 유전체도 동등한 무게로 중요해진다. 이 개념이 보다 확장되면 소화기관 장내 세균총이 하나의 종을 서로 다른 종으로 진화시키도록 할 수 있다는 선언이 가능해진다.

전통적으로 종의 분리는 물리적 장벽에 의해 가능했다. 즉 교배가 가능했던 생물종이 거대한 산이나 깊은 강, 혹은 바다에 의해 더 이상의 접촉이 없어지고 시간이 지나면서 선조의 특성은 보존되지만 더 이상의 교배가 가능하게 되지 않게 되는 것이 새로운 종이 탄생하게 된 배경이라고 본다. 2013년 《사이언스》에 발표된 논문에 의하면 종 분화의 물리적 장벽에 버금가는 역할을 하는 것이 장내 세균총일 수 있다고 한다. 그 내용을 살펴보고 우리의 장내 세균 집단의 역할에 대해 좀 더 알아보자.

미국 테네시주 밴더빌트 대학의 로버트 브루커Robert Brucker와 세스 보덴스타인Seth Bordenstein은 말벌wasp을 사용해서 이종 간의 교배를 연구했다. 이 책에서 말벌은 두 번 등장한다. 첫 번째는 기생 말벌의 섬뜩한 행동, 두 번째는 말벌이 개미의 선조 격에 해당한다고 말했던 대목이다. 브루커와 보덴스타인은 실험에서 두 종의 말벌을 사용했다. 이들 두 종의 말벌은 약 100만 년 전에 분기해 나갔지만 한 애벌레에 같이 알을 낳아서 새끼를 키운다. 그러니까 사촌쯤 된다고 보면 된다. 문제는 이들 두 종을 교배시켰을 때 약 90퍼센트에 해당하는 수컷 유충들이 죽어나간 것이다. 연구진들은 죽어나간 자손들의 장내 세균총이 해로운 것들로 대체된 사실을 발견했다. 그렇다면 원래 부모가 갖고 있던 세균을 되돌리면 수컷 유충을 되살릴 수 있을까? 답은 '그렇다'이다. 반대로 죽은 자손들이 가진 세균을 정상 말벌 새끼에게 집어넣어주자 이들은 얼마 지나지 않아 죽어버렸다.

장내 세균총의 변화가 혹시 교배종의 유전적인 변화와 관계가 있을지 확인하는 차원에서 브루커와 보덴스타인은 실험을 계속했다. 이들은 약 40퍼센트에 달하는 면역 관련 유전자의 활성이 정상보다 죽은 말벌에서 2배 이상 활성화되어 있음을 확인할 수 있었다. 이들은 아마도 면역력의 과도한 활성화가 장내 세균총의 군집에 변화를 일으킨 것으로 파악했다. 교배종은 서로 다른 종의 유전자가 합쳐진 것이며 유전적으로 불안정할 것임은 짐작할 만한 일이지만 그 결과가 세균의 구성에도 영향을 미쳤다는 것이 실험적으로도 처음 확인된 것이다. 숙주의 DNA 구성이 변하면 그들의 소화기관 상주 세균 집단들도 변하면서 새로운 환경에 적응해 나간다. 실험에서 말벌 교배종은 면역학적으로 말하자면 마치 자가 면역 질환을 앓는 것과 같았다고 한다. 공통 선조에서 분화되어 나간 새로운 종은 서로 다른 장내 세균총을 구비하고 있으며 이들 장내 세균총은 지리적 격리가 그러는 것처럼 종의 분화와 정착을 촉진하는 것 같다는 것이 이번 실험의 전체적 논평이었다.

그렇다면 당나귀와 말의 교배로 태어난 노새는 어떻게 살아남았을까? 혹시 장내 세균총이 노새의 생식 능력에도 영향을 끼칠 수 있을까. 이런 종류의 질문이 아직 해답을 기다리고 있다.

장내 세균: 마트료시카[136] 세상

소화기관에 상주하는 세균에 관한 초기 연구는 식단을 포함한 생활

---

136 · 러시아의 민속인형. 동일한 모양과 비율을 갖는 여러 개의 인형이 한 인형 안에 차곡차곡 들어 있다. 인간 몸 안에 소화기관이 있고 그 안에 세균, 세균 안에 바이러스가 있다는 의미로 사용했다.

양식과 그에 따른 세균의 진화 역사에 의해 인간 집단을 세균 집단의 유형으로 구분할 수 있다는 것이었다. 아프리카에서 나와 지구 곳곳으로 스며들어간 인간 집단은 이들 세균 계통의 다양성에 의해 추적이 가능하다. 이와는 좀 다르지만 세균과 숙주의 공동 대사체를[137] 통해서 동아시아인과 유럽인들을 구분하기도 한다. 일본인은 자신들의 내장이 길다는 데 자부심이 있는 것처럼 보인다. 장이 긴 것은 팔뚝이 굵은 것이나 마찬가지로 군이 내세울 자랑거리가 못 되겠지만[138] 똥이 굵은 것은 충분히 곤대짓하며 의기양양할 만하다고 생각된다. 장내 세균의 건강함을 측정할 수 있기 때문이다.

조선시대에 왕의 똥을 맛보는 내관이 있었다고 할 정도로 똥은 인간의 건강 상태를 가장 직접적으로 드러내는 내적 상징물이다. 모양새와 물의 함량에 따라 7가지로 똥을 구분한 논문이 《스칸디나비아 소화기 저널》에 실린 적이 있었다. 소시지 모양의 것이 가장 이상적이고 양 극

---

137 · 이런 연구에 사용되는 대사체 화합물에는 하마 땀의 주성분인 히푸레이트hippurate, 페닐아세틸글루타민, 메틸아민 등이 있다.

138 · 〈네프와 이모토의 세계랭킹〉이라는 일본 TV 프로그램은 이혼율이나 아버지가 아이들과 보내는 시간 등을 조사해서 국가별 순위를 매기는 내용을 방영한다. 2013년 초반에 방영된 프로그램은 보통 때 같으면 침묵하거나 아무런 감흥을 보이지 않았던 일본인들을 그야말로 충격에 빠뜨렸다고 한다. 무슨 내용인고 하니 그것은 39개국 국민의 '장의 길이'에 관한 것이었다. 그중에서 일본은 15위를 했고 평균 장의 길이가 786센티미터였다. 기껏해야 평균 정도였던 것이다. 가뜩이나 심정이 났던 차에 불을 지핀 것은 한국인의 장이 791센티미터로 13위를 차지했다는 사실이었다. 무려 5센티미터나 더 길었다. 익명을 요구하는 정치인은 이렇게 논평했다. "일본인들이 다른 나라 사람들보다 장이 길다는 사실은 익히 알려진 사실이다. 100퍼센트 믿을 수 없다." 한국의 관리가 뇌물을 썼겠느냐는 질문에 그는 충분히 그럴 수 있다고 말했다고 한다. 다음번에 검증단을 꾸려서 다시 재조사해야 할 것이라고 덧붙이기도 했다. 더 재미있는 사실은 25세에서 45세에 이르는 일본 남녀 성인 1,000명을 대상으로 의견을 수렴한 결과 82.3퍼센트에 이르는 사람들이 다음 방영 때 이 '사건'을 다시 다루어야 한다고 말했다. 일본 원자력 발전소의 안전성을 조사해야 한다는 의견이 2위를 차지했는데 4.5퍼센트의 사람들이 표를 던졌다. 도호쿠 난민들의 영구적인 거주지 문제가 시급하다고 말한 사람은 3.7퍼센트로 3위를 차지했다. 문제는 어떻게 장의 길이를 측정했는가일 것이다. 의외로 이에 관한 자료는 많지 않다. 이해가 간다. 이 나라 저 나라 다니면서 죽은 사람의 장의 길이를 재기는 현실적으로 쉽지 않을 것이기 때문이다.

단으로 가면 한쪽은 검은 콩알 모양으로 물기가 적고 크기도 작다. 다른 한 극단은 물론 물찌똥이라고 하는 설사 비슷한 것이다. 자신의 몸에서 나온 것을 뒤돌아보는 습관을 들이는 것도 결코 나쁘지 않다. 물을 제외한 똥의 약 3분의 1 정도가 세균이다. 똥과 함께 쓸려 몸 밖으로 나가는 것이다. 물론 대장 표면에서 떨어진 '때'도 섞여 있다. 따라서 장내 세균의 분포를 조사할 때 사람들은 똥을 조사한다.

인간의 장내 세균총 및 그들의 유전체를 다른 영장류나 포유동물과 비교하고 그들이 공유하는 세균 유전자들을 찾아낼 수 있다면 이들 생명체 간의 계보를 추적하는 것도 이론적으로는 가능한 일이다. 인간의 유전체를 1이라고 하면 장내 세균의 유전체는 그 크기가 인간 유전체의 100배 정도라고 한다. 동물의 소화기관에 깃들어 사는 세균 유전체 비교를 통해 현재 인간 먹거리의 고유한 속성이 어떤 의미를 지니는 것인지 단서를 얻을 수도 있다. 가령 식단이 매우 다양하고 풍부한 데다 대부분 가공 단계를 거치는 현대적 먹거리가 우리 세균 동료들에게 어떤 영향을 미칠 수 있겠는가 하는 질문에 답을 줄 가능성도 있다.

아직까지 많은 사람들의 장내 세균총을 조사하지는 못했지만 지금까지 나온 결과들도 엄청난 반향을 일으키고 있다. 왜냐하면 이들은 마치 개개인의 얼굴 모습이 다른 것처럼 세균도 각 개체마다 다르다는 결과를 내놓았기 때문이다. 세인트루이스 워싱턴 대학의 제프리 고든[Jeffrey Gordon]은 인간의 세균총 유전체를 17종의 대형 유인원, 그리고 42종의 포유동물과 비교했다.[139] 똥을 뒤지는 것이니까 좀 냄새 나는 일이 될

---

139 · 장내에 살고 있는 세균은 린네의 '문phyla' 수준에서 다룬다. 이 말은 우리 소화기관에 살고 있는 개별 세균 종에 대해서는 아직 잘 모른다는 고백을 담고 있다. 어쨌거나 과학자들은 특정 그룹이 공유하고 있는 16S 리보좀 RNA를 기준으로 세균을 분류한다.

먹고 사는 것의 생물학

것이다. 인간 집단의 표본을 조사한 결과를 보면 다양한 27~94세 사이의 건강한 성인 남성과 여성의 세균총 편차도 제법 심했다. 한편 인류와 직접 간접적으로 연관된 포유동물의 장내 세균총은 다른 동물들보다 인간과 비슷한 점이 많았다. 무슨 뜻일까?

장내에는 약 1,000여 종의 세균이 살고 있다고 흔히 말한다. 그 개별 세균에 대한 정보를 잘 모르기 때문에 특정 세균 그룹에 공통적으로 발현되는 16S 리보좀 RNA의 염기 서열이 세균총 연구에 보편적으로 사용된다. 리보좀 RNA는 세균에서 인간에 이르는 생명체 전반에 걸쳐 아주 잘 보존된 세포의 필수 요소이다. 따라서 이들 RNA의 서열을 바탕으로 생명체의 계보를 추적하는 일은 비교 생물학 분야에서 매우 흔히 진행된다. 당연한 결과이겠지만 사람끼리는 서로 공유하는 세균들이 서로 비슷했다. 동일한 종의 개체들은 다른 집단보다 함께 공유하는 세균들이 비슷하다는 말이다. 인간을 제외한 대형 포유류는 침팬지, 보노보, 오랑우탄, 고릴라 네 종이었다. 인간이 가진 장내 세균은 대형 유인원이 아닌 다른 포유류들과는 많이 달랐지만 이들 네 종류의 유인원을 모두 합친 장내 세균총과는 비슷했다. 다른 말로 하면 개별적인 대형 포유류와는 유사성이 다소 떨어졌다.

이 세균총의 구성을 결정하는 데 가장 중요한 역할을 하는 것은 역시 그들이 소비하는 음식물과 관련이 있었다. 사실 침팬지나 고릴라는 과일과 열매도 먹고 여린 이파리, 곤충을 주로 먹지만 가끔 사냥도 하는 것으로 알려졌다. 따라서 잡식성이라고 여겨지지만 주식을 두고 굳이 따지자면 초식동물 쪽에 가깝다. 그렇지만 인간은 전체적으로 보아 잡식성 동물들과 한 덩어리로 무리 지을 수 있었다. 여기에는 일락꼬리여우원숭이, 검은여우원숭이, 몽구스, 보노보, 개미원숭이가 포함되었다. 하지만 예상했던 대로 주로 초식을 하는 유인원은 양과 그의 사촌격인 초식 포유동물과 잡식성 동물의 중간쯤에 분포하고 있었다. 대형 유인원만 비교하면 주로 과일을 주식으로 삼는 보노보가 인간과 가장 유사한 세균 분포를 보였다.

이런 식의 비교분석은 어쩔 수 없는 한계를 보인다. 우선 실험에 사용한 동물의 숫자가 너무 작다는 점이다. 그렇기 때문에 결과의 상당 부분은 문헌을 통해 예상할 수 있는 '상식'의 수준을 크게 넘지 못한다. 또 침팬지 및 보노보와 분기된 후 인간이 불을 사용해서 요리를 해 먹었다는 역사 및 항생제의 광범위한 사용과 현대적 버전의 음식물 가공과 같은 사건은 가뭇없이 시야에서 사라져버린다. 장내 세균의 분포는 얼마큼의 시간이 지나야만 눈에 띌 정도로 바뀌는 것일까? 아직은 잘 모른다.

어쨌든 인간은 별로 특별할 것이 없는 과일섭취 동물이었으며 기회가 되면 식물의 씨나 고기도 먹는 동물군에 속했다고 볼 수 있다. 인간과 가장 가까운 사촌들은 말할 것도 없이 네 종의 대형 유인원들이지만 이들은 가공하지 않은 음식을 먹는 집단이라고 말하는 것이 가장 적당할 것이다. 농업의 발전과 교통수단을 바탕으로 우리는 음식물을 쉽게 구할 수 있고 가공식품도 엄청나게 먹는다. 갈거나 정제한 것, 그리고 발효하였거나 요리를 한 것도 마찬가지로 구하기가 쉽다. 현대인의 식단이 과거와 비교하여 급격하게 변하기는 했지만 그에 비해 인간이 가진 장내 세균총은 아직 잡식성 대형 유인원에서 멀리 벗어나지 못했다. 그렇다고 해도 대형 유인원과 인간의 차이는 역시나 음식에서 오는 것 같다. 그것은 결국 우리의 생활양식이고 그것이 규정하는 인간 생물학이다.

먹고 사는 것의 생물학

왜 셀룰로오스를 잘 먹지 못하는가?

반추동물은 셀룰로오스가 함유된 거친 풀을 우적우적 먹을 수 있다. 그들의 소화기관에 공생하는 장내 세균 덕택이다. 이들은 음식을 두고 육식을 하거나 또는 과일이나 부드러운 채소를 먹는 동물들과 경쟁을 줄일 수 있다는 이점을 갖지만 먹는 시간을 늘려야 한다는 결점도 감수해야 한다.

음식을 먹는다는 것은 최소한 두 가지 의미가 있다. 하나는 탄소에 농축된 화학 에너지를 포획하는 것이고 다른 하나는 특정 생명체가 만들지 못하는 물질을 얻는 것이다. 앞에 '필수적'이라고 이름이 붙는 영양소라고 생각하면 된다. 셀룰로오스는 전자의 목적을 달성하지만 후자는 아니다. 비타민이나 무기 염류 혹은 체내에서 합성하지 못하는 아미노산(질소)의 안정적 섭취는 어떤 종의 동물이건 상관없이 진화의 강력한 선택압으로 작용했다. 이왕 질소 얘기가 나왔으니 인^{P}도 꼭 필수적인 영양 성분이라는 말을 하고 넘어가자.

질소와 인, 혹은 칼륨의 공통점이 있다면 그것이 비료의 종류라는 점이다. 식물도 자라는 데 꼭 보충해주어야 하는 물질이 있다. 생태학자들은 탄소와 질소, 혹은 탄소와 인의 비율을 제시하고 이들 성분비의 문턱 값^{threshold}을 넘지 못하면 성장이 지체된다고들 말한다. 그러나 이런 필수적인 물질들도 필요한 양보다 많으면 '배설'하는 데 에너지를 소비해야 하기 때문에 일종의 대사 스트레스를 부여하기도 한다. 한편 초식동물은 생명체를 유지하는 데 필요한 질소를 얻기 위해 필요한 것보다 많은 탄소를 섭취하게 되었다고 흔히들 얘기한다. 무슨 말이냐면 남아도는 탄소를 처치할 방도가 필요해졌다는 말이다. 가설이기는 하지만 그 방식은 두 가지다. 하나는 몸집을 키우는 것, 다른 하나는 열을 내는 것이다. 후자의 방식이 정온성의 진화를 이끌었다고 생각하는 사람들도 있다. 정온성이 동물과 곰팡이의 '무기 경쟁' 때문에 생겨났다고 보기도 한다. 온도가 높으면 곰팡이의 침입이 쉽지 않기 때문이다.

최근 중국 요녕성 화석 연구에 의하면 정온성이 진화한 것은 2억 5,000~2억 년 전이다. 남중국 지각판이 적도에서 북으로 이동하면서 동물들이 몸을 따뜻하게 하는 방식을 터득했다고 한다. 물론 조류와 포유류에서만 정온성이 진화되었다. 몸을 따뜻하게 하기 위해서는 열을 내야 하고 그 열이 함부로 빠져 나가지 않게 단열재를 구비해야 한다. 근육을 움직여 많이 먹어야 했고 털과 깃털을 마련했다는 진화적 사건들이 떠오른다. 이름을 가진 동물 150만 종 중 정온성을 획득한 종은 조류 9,000종, 포유동물 4,500종뿐이고 나머지 99.1퍼센트에 해당하는 동물들은 여전히 외부의 온기에 의존해서 살아간다. 정온성이 효율적이라는 논조가 무색해지는 순간이다. 하여튼 열을 내기 위해서 먹는 일이 업보가 되어버렸다. 인간도 예외는 아니어서 에너지의 충당과 필수 영양소의 획득이 시급한 문제로 대두되었다.

돌연변이 혹은 세균과의 우연한 공생에 의해 셀룰로오스를 소화할 수 있게 되었다면 후자의 영양소 문제가 인간 집단에서 더욱 심각해질 수 있다. 에너지와 영양소의 비율 때문에 인간은 셀룰로오스의 소화를 억제하는 쪽으로 선택압이 작동되었을지도 모른다. 영장류가 우연히 셀룰로오스를 소화시킬 수 있는 능력을 얻었다고 해도 그 형질이 생존에 도움이 되지 않았을 것이다. 왜냐하면 이것 말고도 필수적인 영양소는 별도로 필요하기 때문이다. 그렇다면 반추동물은 비타민과 같은 필수 영양소를 어디에서 얻을까? 아마도 그들은 많이 먹음으로써[140] 거친

---

140 · 많이 먹는다는 것은 몇 가지 중요한 생물학적 요소를 갖고 있다. 첫째 잠을 적게 자야 한다.

풀에 들어 있는 버리기 안타까운 영양소를 흡수할 것이다.

셀룰로오스는 소위 섬유로서 우리 인간의 소화관 내에서 장의 연동 운동을 돕는 다른 기능을 한다. 셀룰로오스가 듬뿍 함유된 낙타의 똥은 연료로도 쓰인다. 나무를 태우는 것이나 진배없는 것이다. 건조한 지역에 사는 동물들은 칼로리보다는 상대적으로 물의 흡수가 강력한 선택압이 될 것이다. 셀룰로오스가 똥의 형상을 빚고 습기를 일부 제공하면서 대변의 항문 통과를 쉽게 한다.

14세기의 똥에서 발견된 무기 경쟁의 흔적

세균끼리 싸울 때 쓰는 무기는 자신들이 만든 항생제이다. 과학자들이 벨기에 나무르Namur 지역 도시 개발 과정에서 발견된 14세기 인간의 배설물을 전자현미경으로 살펴보니 바이러스와 비슷한 구조를 갖는 형태가 다양하게 나타났다. 이들은 박테리오파지 혹은 간단히 줄여서 파지phages라고 불리는 것들이다. 파지의 공격 대상이 세균이라면 인간 소화기관에 숨어 사는 상주 세균이라도 면죄부를 부여받지는 못할 것 같다. 인간 배설물에는 세균이 많다. 따라서 똥에서 파지가 발견되었다고 해서 이상할 것은 전혀 없다.

파지의 유전체에는 항생제 내성을 갖는 유전자들이 많이 들어 있었다. 게다가 중세 시대의 똥에는 보다 많은 항생제 내성 유전자가 들어 있었다. 위생 상태의 개선과 먹는 물의 질이 올라감에 따라 환경도 변했고 식단도 변했지만 이들 유전자의 구성은 크게 변하지 않았다. 바이

둘째는 영양소의 균형과 관계되는 것이다. 식물에는 질소의 함량이 상대적으로 적다. 초식동물이 필요한 질소를 오직 식물에서만 얻으려면 많이 먹어야 한다. 그럼 남아도는 탄소는 어떻게 해야 할까? 과학자들은 이런 질문을 하다가 혹시 정온성이 여기에서 비롯된 게 아닌가 생각하게 되었다.

러스는 항생제와 무관할 것이기 때문에 항생제 내성 유전자 혹은 독소 내성 유전자는 이들이 침범하는 세균에 전달될 가능성이 크다. 이런 방식으로 소화관 내 존재하는 세균 못지않은 수의 바이러스는 장내 세균총의 균형을 유지하고 있다.

이런 연구 결과가 논문으로 처음 발표된 것은 2014년이므로 장내 바이러스에 관한 정보는 거의 전무하다고 보아야 한다. 바이러스가 세균을 죽이든 유전자를 전달해서 이들을 병원균으로부터 보호하든 그 반대든 앞으로 어떤 연구가 진행될지 좀 더 지켜보도록 하자. 그러나 앞에서 말한 모든 시나리오가 전부 작동될 가능성이 크다. 문제는 결국 세균 혹은 바이러스 간 균형이 인간의 질병 혹은 건강에 어떤 영향을 미칠 것인가이다.

인간의 몸에 거주하는 세균은 무게로만 쳐도 성인의 경우 1.5킬로그램에 육박한다. 대장균 하나의 무게가 2.6×10^{-12}그램이라는 것을 감안하면 엄청난 수의 세균이 그야말로 바글거리고 있다. 그러나 뛰는 놈 위에 나는 놈이 있고 범 잡는 담비가 있게 마련이다. 바로 세균을 잡아먹는 바이러스 얘기다. 사람마다 세균의 구성이 모두 같지 않기 때문에 이들의 천적인 바이러스도 사람마다 다를 것이라 예측할 수 있다. 펜실베이니아 대학의 프레더릭 부시먼Frederic D. Bushman은 이 점에 착안하여 성인 한 명을 2년 반 동안 추적하여 그가 가진 바이러스를 조사했다. 한 사람을 대상으로 이렇게 꾸준히 연구한 것은 바이러스 연구 사상 처음이라고 하는데 그보다 더 중요한 것은 이들 바이러스 군집이 어떻게 변화하고 진화하는지에 관한 단서를 얻은 것이다.

파지는 세균을 죽이기도 하지만 세균 집단을 변화시키기도 한다. 바이러스가 독소를 만드는 유전자를 전달해서 세균이 감염성을 띠게 할 수 있기 때문이다. 연구기간 총 884일 동안 16번에 걸쳐 부시먼 연구진은 피험자의 대변 안에 들어 있는 바이러스 입자를 추출해냈다. 그들이 알아낸 바에 의하면 약 80퍼센트의 바이러스는 시간이 지나도 변하지 않은 채 그대로 있었다. 그러나 나머지 20퍼센트에 해당하는 바이러스는 끊임없이 자신을 변화시키는 것이 마치 새로운 종으로 바뀌는 것처럼 보였다. 이런 현상은 특히 마이크로비리다에^{Microviridae}라는 바이러스에서 심하게 발견되었다. 이들은 역전사 효소를 사용한다거나 하는 방법으로 스스로 변하였고 세균의 유전체에 자신의 유전자를 끼워 넣기도 하였다. 방법이야 어찌되었든 바이러스는 매우 빠른 속도로 진화를 거듭해 나갔다. 사람이 제각각인 것은 이제 자신의 유전체 때문만이라고 결코 우길 수 없는 세상이 되었다. 세균도, 바이러스도 자신의 명함을 들이밀고 있기 때문이다.

세균이 없는 태반에서[141] 나와 태아가 세균을 얻게 될 때 바이러스도 함께 인류의 소화관으로 들어왔다. 먹는 음식과 환경도 이들 세균과 바이러스 구성에 영향을 분명히 끼쳤다. 이들 바이러스가 매우 빠른 속도로 진화하고 있기 때문에 그 속도나 생태계가 질병에 대한 인간의 취약성이나 내성, 심지어 약물의 효과에도 영향을 끼칠 것이라고 보아야 할 것이다. 그 부분은 더 연구가 진행되어야 할 것이지만 건강하게 살기 위해 이제 우리는 보이지 않는 것까지 보아야 하는 세상에 살게 되었다.

---

141 · 신시틴syncytin이라고 하는 바이러스 유래 단백질이 태반의 형성에 절대적이다. 태반은 산모의 혈관과 융합해야만 한다. 인간이 가진 세포 중 융합fusion을 할 수 있는 세포는 그리 많지 않다. 하나는 근육세포, 뼈를 분해하는 파골세포osteoclasts, 그리고 태반의 영양세포이다. 자세한 내용은 『산소와 그 경쟁자들』에 소개되어 있다. 인간은 바이러스가 없었으면 태반을 만들지 못했다.

입 속의 거주자들

구강 생물학자들이 발견한 바에 의하면 입 속에도 만만치 않은 수의 세균이 산다. 그들의 구성과 활동성 그리고 병원성에 관한 데이터들이 쌓여가고 있다. 입은 소화기관으로 들어가는 관문이다.[142] 음식만 들어 가는 게 아니라 간혹 공기도 들어간다. 소화기관이 먼저 생기고 나중에 호흡기관이 그 근처에 부속된 것은 진화적으로 증명된 사실이다.

한 세기 전만 해도 치과에서 쓸 수 있는 치료법은 그리 많지 않았다. 위스키나 펜치 등이 잇몸 염증이나 치통을 다스리는 도구이거나 약이 었다. 요새는 레이저 드릴을 쓰고 진통제도 많이 구비하고 있다. 그렇 지만 그 통증의 근원에 대해서는 아직 속속들이 잘 모른다. 가까운 미 래에 치과의사들이 사용할 방법들은 덜 두려울지도 모르겠다. DNA검 사를 한 뒤 세균 이식 요법이 사용될 수도 있으니 말이다.

입 속이나 이빨 혹은 잇몸, 혀에 살고 있는 세균에 대해 알기 시작한 지는 40년이 넘었다. 자신이 살고 있는 장소를 벗어난 세균이 병원성을 갖게 되는 것은 매우 보편적이고 또 상당히 잘 알려져 있다. 가령, 지금 은 거의 사라졌지만 소아마비 바이러스가 그러한 경우에 속한다.[143]

입에 사는 세균이 심장병과 관련이 있을지 모른다는 얘기는 예전부 터 잘 알려졌다. 2000년대 중반에는 쥐를 이용하여 질병과 구강 세균 의 연관성을 파악하려는 실험이 행해졌다. 입 속에 상주하는 세균이 어

---

142 · 대형 유인원이나 무게가 비슷한 포유동물에 비해 인간의 입은 매우 작은 편이다. 물론 그 안 에 들어 있는 이나 뼈도 작고 약하다.

143 · 소아마비 바이러스는 장 상피세포를 감염시키고 대변을 통해 다른 사람에게 전염된다. 보 통 이 감염은 큰 문제를 야기하지 않지만 때로 이 바이러스가 장에서 빠져 나와 운동신경을 감염시 킨다. 원래 있어야 할 장소를 벗어나면 소아마비 바이러스는 숙주의 마비와 죽음을 초래할 수 있다. 『진화와 의학』, 지식을만드는지식, 2015.

찌해서 임신한 암컷의 혈관 속으로 들어가고 자궁과 태반을 오염시키면서 결국 미숙아가 생겨난다는 것이 그것이었다. 구강 내 사는 상주 세균이 혈관으로 들어가면 심각한 질병이 초래될 수도 있다. 그러나 세균이 한두 종류가 아니니까 여러 가지 질병과 관련이 될 수도 있을 것이다. 최근 《국제 계통systemic 진화 미생물학》저널에 실린 논문을 보면 질병과 관련이 있는 특정 세균에 대한 언급이 있어서 흥미롭다.

취리히 대학 의학 미생물학과 연구진이 밝힌 세균은 연쇄상구균에 속하는 스트렙토코쿠스 티구리누스Streptococcus tigurinus라는 이름이 붙어 있다. 티구리누스는 연구소가 속한 취리히 지역의 어느 동네 이름인가 보다. 이 세균은 심근내막염, 뇌수막염, 척추 디스크에 염증이 있는 환자의 혈액에서 각기 분리되었다. 이들의 계통을 조사해보니 구강에 존재하는 연쇄상구균과 흡사했다. 따라서 아마도 잇몸에 상처가 났을 때 이들 세균이 혈액으로 무임승차했을 것으로 보고 있다. 이들 세균이 앞에서 열거한 질병을 초래했을지는 아직까지 확실히 모르지만 상관관계는 충분히 입증된 듯하다. 그것이 인과 관계를 증명하는 것은 아니지만 이 세균을 목표로 하는 약물도 개발될 소지가 있을 것 같다.

구강의 건강이 좋지 않으면 누구라도 직접적으로 손해를 볼 수 있다. 경험적으로 누구나 잘 알 것이다. 나도 잘 안다. 잇몸이 약해 흔들거리는 사랑니를 손으로 밀어 뺀 경험이 있기 때문이고 치석 제거도 정기적으로 받는다. 65세가 넘는 사람 열 명 중 세 명은 그들의 치아를 일부 잃어버린다. 미국에서만 봐도 성인의 반 정도는 잇몸병이 있으며 이는 나이를 먹어가면서 지속적으로 퇴화한다. 거기에 들어가는 비용도 만만치 않아서 미국에 국한해서 말해도 연간 600조 원이 들어간다고 한다.[144] 엄청난 액수다.

어린이들이 만성적으로 가진 질병 중 가장 흔한 것이 충치이다. 어린이들에게 흔한 천식보다 다섯 배나 많은 수치이다. 또 입에서 냄새가 심하게 나는 구취halitosis는 인간 집단 구성원의 3분의 1이 가지고 있다. 이것 말고도 입과 관련된 질병은 더 있겠지만 이런 모든 것들이 그 안에 살고 있는 세균과 관련이 있을 것이라고 구강 생물학자들은 보고 있다. 건강한 사람의 입에 살고 있는 좋은 세균은 입으로 침입하는 나쁜 세균과 경쟁하고 있으며 끊임없이 이들을 견제하고 있다. 상황이 변해서 나쁜 세균이 입안을 점령하면 이들은 이로운 세균들을 몰아내고 구강 내부의 표면을 잠식해 든다. 잇몸에서 피가 나거나 충치가 생기고 향기롭지 않은 냄새도 풍긴다.

건강한 구강 상태인 사람과 그렇지 않은 사람을 비교한 실험을 통해 문제의 소지가 있는 구강 세균들이 알려지기 시작했다. 그런데 세균만 그런 것도 아니었다. 입안에는 곰팡이도 있고 바이러스, 심지어 고세균도 있다. 고세균은 극한의 조건에서 사는 미생물로 잘 알려져 있지만 입안에서도 산다. 이들은 옐로스톤의 펄펄 끓는 물에서도 살고 소금물 바다(사해)에서도 산다. 전체 유전체에 대해서는 잘 알지 못해도 리보좀 RNA 유전자 정보를 통해 상당히 많은 구강의 침입자들에 대한 정보가 축적되었다. 결과를 보면 입도 여간 복잡한 생태계가 아니다.

1960년대에 이르러 보스턴 포사이스Forsyth 연구소에서 일하고 있던 지그문트 소크란스키Sigmund Socransky는 치아가 박혀 있는 잇몸에서 세균이 숨어 살고 있다는 사실을 알게 되었다. 얼마 지나지 않아 같은 연구소의 안네 하파지Anne Haffajee는 이들 세균 집단이 이를 덮고 있던 치석과 관련이 있고 질병이 심각해지면서 이들 군집도 변해간다는 사실을 알

144 · 2011년 기준 한국의 외래 치과 의료비는 7조 1402억 원이다. 이 중 보험이 적용되지 않는 비용이 5조 5527억 원이다. 이 액수는 점점 늘고 있다.

았다. 확실히 한 세균에 의한 문제는 아니라는 것이다. 또 한 가지 알 수 있었던 것은 그 세균 집단이 변할 수 있다는 것이다. 그것도 질병과 관련해서 말이다. 이들 세균은 입안의 표면에 있는 얇은 생체막^{biofilm}에서 자라고 있었다. 면봉으로 입안이나 이를 긁어서 실험실에서 이들 세균을 배양할 수도 있었다. 그렇지만 약 반 정도의 세균 종은 배양할 수 없었다. 그러나 그 정도만으로도 구강 세균에 관한 지식을 얻기에는 충분했다.

1990년대 이르러 앞에서 언급한 소크란스키는 이들 세균을 탐색할 수 있는 새로운 방법을 찾아냈다. 그 덕에 세균 집단에 대한 분석이 가속화되었다. 이제는 유전체 분석이 가능해져서 구강 세균에 대한 정보가 한층 더 많아졌다. 포사이스 연구소의 노력 덕택에 지금 우리는 인간의 구강 내에 약 700여 종의 세균이 있다는 사실을 알게 되었다. 엄청난 크기의 집단이다. 아주 정확한 수치는 못 되겠지만 입안에서 상주하는 세균은 10^{10}개 정도이다. 100억 마리다. 입안 말고도 우리 몸의 열린 공간에는 세균이 아주 많다. 입의 정 반대편에 있는 항문, 생식기관, 귀, 코에도 많다. 피부에도 있지만 접힌 부분에 특히 더 많다. 우리 피부에는 약 10^{12}개 정도의 세균이 산다고 한다. 심지어 머리카락에는 광합성을 하는 시안세균도 있다. 공기를 타고 떠돌다가 머리카락에 낙하한 것들이다. 그러나 세균의 숫자가 가장 많은 곳은 역시 소화기관이다. 여기에 있는 세균은 10^{15}개 정도라니까 다른 어떤 곳보다 훨씬 많다. 0이 붙어 있는 정도가 다르기 때문에 그냥 우리는 우리 몸 상주 세균이 10^{15}개[145] 정도라고 말한다. 그 무게를 계산하면 1.5~2킬로그램이다. 그러니까 이들이 우리의 건강과 질병에 끼치는 영향을 무시 못 할 것이라

---

145 · 10^{14}~10^{15}개 정도 되는 것 같다. 어쨌든 세균의 숫자는 인간의 세포 숫자보다 훨씬 많다.

생각하는 것이고 실제 결과들도 그렇게 나온다. 최근의 연구 동향이 이쪽으로 쏠리고 있지만 그 성과를 보려면 좀 더 시간이 걸릴 것이다. 개인마다 편차가 큰 것도 연구를 늦추는 요인이다. 그러나 한 개인을 두고 계절별로 조사하면 그 편차는 그리 크지 않다. 조직별로 보면 피부 쪽이 우리 몸의 관을 구성하는 입이나 소화기관보다 세균의 다양성이 커서 더 많은 세균 종이 기거하고 있다.

입으로 다시 돌아가보자. 세균의 입장에서 보면 입은 매우 다양한 거주 공간을 제공한다고 볼 수 있다. 산봉우리가 있고 계곡도 있고 평원도 있다. 그렇지만 전체적으로 다 습하고 온도도 높다. 끊임없이 거대한 크기의 음식물이 들어오고 그때마다 끈적끈적한 액체도 마주쳐야 한다.[146] 그렇지만 이들 세균도 선호하는 장소가 있다. 이빨을 좋아하는 것들이 있는 반면 혀를 선호하는 친구들도 있다. 그러니까 구강 생물학자들도 특정 장소에서 서식하는 세균이 어떤 질병을 일으킬 수 있는지 관심이 가는 게 당연할 것이다. 어떤 연구자들은 이빨을 침입해 들어가는 세균에 대해서 연구한다. 구강 세균 중 가장 많이 연구가 된 것을 들라면 아마도 충치균인 연쇄상구균, 스트렙토코쿠스 무탄스*Streptococcus mutans*일 것이다. 이들 세균은 거의 모든 아이들의 치아 속에 자리 잡고 있으면서 입 속의 설탕을 먹어 치운다. 그 부산물로 젖산을 만들어서 치아를 둘러싸고 있는 법랑질*enamel*을 부식시킨다. 바로 충치다. 이와 잇몸이 만나는 부분에 생긴 틈새도 관심이 집중되는 부위이다. 이 부분이

---

146 · 침이다. 침은 아밀라아제라는 효소를 포함하고 있어서 탄수화물을 초벌 분해한다. 침이 하는 일은 많다. 산성의 음식물이 들어오면 중화하고 음식물에 섞여 들어온 세균을 죽이기도 한다. 그러나 음식물을 촉촉이 적셔서 식도를 무사하게 통과시키는 일도 중요한 일이다. 법랑질을 둘러싸 치아의 부식을 막는 일도 마찬가지다.

먹고 사는 것의 생물학

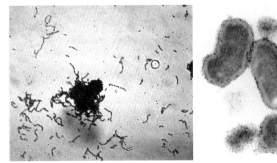
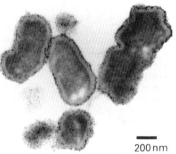

200 nm

그림 36. 구강 세균

충치와 관련 있는 스트렙토코쿠스 무탄스(*Streptococcus mutans*, 왼쪽), 잇몸질환을 일으키는 포르피로모나스 긴기발리스(*Porphyromonas gingivalis*, 오른쪽). 인간의 구강 내에는 약 100억 마리의 세균이 산다. 구강 세균은 그 종류만 700종이 넘는다.

감염되면 틈새가 커지고 깊어지면서 잇몸이 붓고 피가 나면서 이가 흔들리기 때문이다.

2004년 스탠퍼드 대학의 데이비드 럴먼^{David Relman} 박사 연구팀은 잇몸 틈새에서 말썽을 일으키는 것들이 세균이 아니라고 밝혔다. 재미있게도 그것은 주로 극한의 지역에서 사는 고세균이었다. 건강한 사람에서는 발견되지 않았지만 치아와 잇몸 사이의 틈새가 약한 환자의 약 3분의 1에서 이들 고세균이 발견되었다. 또 잇몸병의 심각성이 커질수록 고세균의 숫자도 늘어난다. 이들은 예전에는 생각조차 못 했던 미생물이다. 그러므로 기실 우리가 생각할 수 있는 모든 생명체가 입안에 살 수 있는 것이다.

이를 닦을 때는 혀도 닦아야 한다. 혀에도 많은 세균들이 살아가고 있기 때문이다. 포사이스 연구소의 패스터^{B. J. Paster}는 혀에 살고 있는 92종의 미생물을 찾아냈고 그것이 구취와 관련이 있다고《임상 미생물학저널》에 보고했다. 동료들과 함께 패스터가 한 일은 정상인과 입 냄새가 나는 사람을 비교하는 것이었다. 그 결과 정상인의 이에만 사는 세 종의 미생물이 밝혀졌다. 또 냄새가 나는 환자의 혀에만 사는 대여섯 종의 세균도 밝혀졌다. 한편 그들은 구취가 있는 서른세 명의 환자의 혀를 매일매일 닦고 구강 청결제를 쓰는 동시에 아연이 함유된 치약을 써서 이를 닦은 다음 구취가 줄어드는 것을 확인했다. 물론 그들의 관심사는 세균이었다. 예상했던 대로 세균의 조성이 정상인에 가깝게 변하기 시작했다.

입안에서 이미 자리 잡은 세균이 다른 장소에 세균이 군집을 이루는 데 영향을 끼치기도 한다. 예를 들면 연쇄상구균 고르도니^{Streptococcus} ^{gordonii}가 그런 것이다. 그람 양성균인 이들은 침 속에 들어 있는 어떤 단백질을 인식해서 그것을 영양소로 사용한다. 그러니까 이들은 막을 이룬 침이 감싸고 있는 치아 부위에 정착한다. 다음에 이들 세균의 막 단백질이 치주병의 원인균인 포르피로모나스 긴기발리스$^{Porphyromonas\ gingivalis}$와 같은 종류의 세균을 부른다. 이들은 연쇄상구균에 붙어서 이와 잇몸 사이로 이동한다. 거기에 도착하자마자 그들은 바로 잇몸의 상피세포로 침입해 든다. 이런 일이 어떻게 가능한지 알아보기 위한 실험에서 라몬트^{Lamont} 연구진은 세균이 새로 만들어내는 단백질이 약 220여 종에 이른다는 것을 밝혔다. 이들이 하는 역할은 주로 두 가지이다. 하나는 숙주로부터 영양분을 포획하는 일, 그리고 다른 하나는 숙주의 면역 반응으로부터 자신을 보호하는 일이다. 로마 병사들이 진지를 구축하는 일과 하등 다를 바가 없는 일이다. 이 내용은《단백체학^{Proteomics}》이라는 저널에 실렸다.

입 속에 살고 있는 세균 수십 종류의 유전체가 알려지기는 했지만 구강 미생물 연구는 이제 막 시작 단계라고 볼 수 있다. 구강 세균 유전체

먹고 사는 것의 생물학

연구에 참여하고 있는 미국의 과학자들은 주로 일곱 군데에서 세균의 DNA를 채취한다. 이, 잇몸, 혀, 구개, 뺨 안쪽, 혀 아래 등이다. 정상인, 환자 가릴 것 없이 시료를 모은다. 그 결과 약 4만 개의 유전자가 새로 밝혀질 것으로 추정되었다. 구강 세균의 취약한 부분이 무엇인지 혹은 구강의 면역 반응을 촉발시킬 수 있는 방법이 있는지 밝혀낸다면 우리를 귀찮게 하는 이 관련 질병은 상당 부분 개선될 것이다.

개인적으로 나는 치석의 물리화학적 연구가 더 필요하다는 생각이 든다. 잇몸을 흐르는 혈관의 적혈구를 먹고 사는 세균도 있을 것이기 때문이다. 말라리아 열원충처럼 글로빈을 먹고 남은 헴을 벽돌처럼 쌓아 불용성 물질로 만들고 여기에 세균의 시체 등이 포개지면서 치석이 생기기도 한다. 구강에서는 알려지지 않았지만 말라리아 열원충이 쌓은 헴 벽돌은 면역 반응을 유도하기도 한다. 이라고 해서 다른 조직에서와 생화학적 반응이 다를 리 있겠는가? 추론에 불과한 것이기는 하지만 구강 면역학은 이제 막 연구가 시작된 분야이다.

발 빠르게 이 구강 생태계 정보를 이용하여 건강한 이를 향한, 박테리아와의 전쟁을 선포한 회사도 생겼다. 오라제닉스^Oragenics라는 작은 회사이다. 이들이 하고자 하는 일을 쉽게 말하면 구강 내 세균을 대체하는 것이다. 물론 건강한 것으로 말이다. 이들은 연쇄상구균 무탄스를 유전적으로 변화시켜 무기로 삼았다. 젖산을 만들지 못하도록 돌연변이를 유도한 균주이다. 미국 식약청은 이들의 임상 시험 요구를 한 번 반려했지만 2004년에 이르러 마침내 허가했다. 아직 시작 단계니까 미주알고주알 뭐라 말하기는 힘들겠지만 만약 구강 세균도 개인마다 다르다면 사정은 더욱 복잡해질 것이다. 그렇다면 혹시 키스할 때 세균의 궁합도[147] 맞춰봐야 하는 것은 아닐까?

147 · 구강 세균의 궁합은 아직 상상 속에서의 일이지만 후각 생리학 분야에서 재미있는 연구 결과가 보고되었다. 바로 주조직적합성 복합체major histocompatibility complex, MHC가 그것이다. 이 단백질은 면역 기능을 담당한다. 자세한 얘기는 하지 않겠지만 인간은 매우 다양한 종류의 MHC를 가지고 있다. 부모로부터 한 벌씩 물려받은 이 유전자 두 개 모두 자신의 기능을 할 수 있다. 두 벌의 MHC가 서로 다른 미생물에 대해 적절한 반응을 할 수 있다면 자손의 적응도는 높아질 것이다. 즉, 부모로 물려받은 MHC는 서로 다를수록 좋다(이형접합자 이득heterozygote benefit 혹은 빈도-의존적 선택frequency-dependent selection이라고 부르기도 한다). 그렇다면 우리는 배우자의 MHC가 다르다는 것을 어떻게 알아챌 수 있을까? 이때 등장하는 것이 페로몬이다. 땀에 젖은 셔츠 냄새를 맡는 실험을 통해 우리는 그 땀 냄새에 포함된 특정 페로몬에 끌리는 성향이 사람마다 서로 다르다는 사실을 알게 되었다. 특정 체취에 내가 끌렸다면 그 냄새의 주인이 나와 다른 MHC를 가졌다는 의미를 띤다고 한다. 2004년 《사이언스》에 실린 논문을 보면 MHC와 결합하는 펩티드가 개체마다 다르고 세포 밖으로 방출될 수 있다. 연인을 식별하는 데 그 펩티드가 후각 신호로 작용할 수 있다는 점이다. 파리로 귀환하는 나폴레옹이 연인 조세핀에게 '내일 파리로 돌아가오. 씻지 마시오.' 했다고 한다. 이와 관련해서는 옷과 향수 산업이 즉각 연상되지만 긴말은 하지 않겠다. 그러나 2015년 10월 《네이처 커뮤니케이션즈》에 발표된 논문에서 유타 대학의 라운드June L. Round는 MHC 변이체가 개인의 장내 세균을 결정하는 요소라고 말했다. 상황이 이렇다면 구강 세균도 숙주의 면역 단백질과 관련이 있지 않을까? 물론 아직은 추론에 불과한 것이지만 구강 세균도 후각, 숙주 면역계의 궁합에 영향을 끼칠 가능성이 없지는 않을 것이다.

먹고 사는 것의 생물학

09

소화기관 물리학

한참 자라고 있는 배아가 내부의 장기를 가지게 될 때쯤이면 가구 배치를 어떻게 해야 하는가 하는 문제에 직면한다. 가령 몸통 길이의 다섯 배가 넘는 소화기관이 자라는 동안 배아는 어떻게 이들 기관을 무리 없이 몸 안에 또아리 틀어넣을 수 있을까?

《네이처》에 2011년 소개된 논문에 의하면 척추동물의 소화기관이 꼬인 채로 내강 안에 정돈되어 들어가는 데 단순한 물리법칙이 존재하고 그것은 소화기관 말고도 다른 기관의 발생에 적용할 수 있다고 한다. 비밀은 장간막에 숨어 있다. 장간막은 혈관이 가득 들어차 있는 조직으로 소화기관을 붙들어 매고 있다. 물리적 지지체로서 장간막을 거론하는 것은 늘상 있는 일이지만 코넬 대학의 발생생물학자인 나타샤 쿠피오스Natasza Kurpios는 그것의 또 다른 기능에 대해 의문을 품었다. 발생 과정에서 장간막은 소화기관을 끌어당겨 구조물을 완결하는 것이었다. 비밀은 서로 붙어 있는 소화기관과 장간막이 자라는 속도가 차이

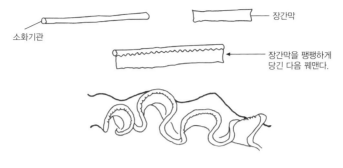

그림 37. 구부러진 소장 모델

소화기관이 상대적으로 더 자라나면 짧은 길이를 가진 장간막이 주는 물리적 제약 때문에 소화기관이 구부러지게 된다. 위 그림에서 장간막을 팽팽하게 당긴 다음 꿰맸다가 그냥 놔두면 맨 아래 그림처럼 소화기관은 구부러질 것이다.

가 나는 데에 있다. 쿠피오스와 공동연구를 진행한 하버드 대학의 티에리 사빈^{Thierry Savin}은 탄력성이 있는 라텍스를 가지고 간단한 물리적 모델을 구축했다. 라텍스 평면은 장간막에 해당하고 이것을 탄력이 적은 고무관에다 꿰매버린 것이 모델의 핵심이다. 그러고서 이들을 가만히 놔두자 고무관은 소화기관이 고리를 만든 모양으로 변해버렸다(그림 37). 쿠피오스와 사빈은 컴퓨터를 이용해 라텍스 평면의 탄력성과 소화관 고무관의 반지름과의 관계를 조사했다.

쿠피오스는 이 모델을 여러 동물들에 적용하고 난 뒤 닭이나 메추라기, 핀치새나 마우스에서도 이 기제가 잘 작동함을 증명했다. 연구자들은 이제 이 모델을 가지고 인간 소화기관에서 발견되는 선천성 기형을 설명하려 든다. 미국에서 태어나는 신생아 중 500명당 한 명은 이런 기형 때문에 죽는다고 한다. 사실 우리는 세포 집단에서 어떻게 우리가 눈으로 관찰하는 실제 기관이 형성되는지 잘 모른다. 물론 유전자도 중요할 것이지만 이런 단순한 물리법칙도 무시할 수 없다는 점은 놀랍기

먹고 사는 것의 생물학

만 하다. 나중에 살펴볼 자기 조직화 개념이 여기서도 유효할지 모르겠다. 그러나 어쨌든 이들 사이의 연관성은 여전히 주목할 만하다.

융모는 어떻게 생겼나?

융모의 성장을 유도하는 원리는 뱀이나 쥐, 개구리, 닭이나 인간이 서로 똑같다는 사실이 밝혀졌다. 어찌 생각해보면 아주 당연한 말처럼 들린다. 소화기관이 접히고 구부러지는 것과 유사하게 융모도 단순한 물리적 법칙에 의해 설명할 수 있을 것 같다. 2013년 《사이언스》에 발표된 바에 따르면 소화기관의 내벽에 형성된 손가락 모양의 융모는 소화기관 내부의 표면적을 약 30배나 늘린다. 전자 현미경 아래에서 보면 닭 배아의 소화기관도 수축하는 겔이 그러하듯이 지그재그 모양을 하고 있다.

소화기관 내부의 연구는 지금까지 발생 후기 단계에만 초점이 맞추어져왔다. 과학자들은 장차 융모가 될 부위의 아래쪽, 즉 기저 부분에서 줄기세포가 자라 나와서 융모가 생긴다고 여겼다. 그러나 줄기세포가 아니라 소화기 근육층에서 기원하는 물리적인 힘에 의해 융모가 생겨난다. 다시 말하면 소화기관 내벽의 상피층 세포와 근육층 세포가 자라는 속도의 차이에 의해 손가락 모양의 독특한 융모 모양이 형성된다.

좀 쉽게 설명해보자. 두 장의 종이를 가지고 한 장은 적시고 나머지는 그렇지 않는다고 해보자. 적신 종이는 팽창하고 그렇지 않은 종이는 그대로 있다. 이와 비슷한 원리로 두 층이 맞닿은 관을 가정하고 이들 중 바깥쪽의 한 층이 안쪽 층에 비해 상대적으로 빠르게 자란다고 해보자. 이런 상황에서는 내벽의 안쪽 층이 압축되고 구부러진다. 소화기관 안쪽이 주름이 지는 것은 내인적으로 근육세포의 분화와 밀접하게 관련되어 있다. 이에 따라 이들은 각각 다른 물리적인 스트레스(자극)를 만들어낸다. 이 근육층의 분화는 소화기관 내부의 접힘 유형과 짝을 이루고 있었다.

이런 방식으로 융모가 생겨났지만 살아가면서 이들 구조를 유지하기 위해서는 줄기세포에 의존해야 한다. 융모를 수놓는 세포의 수명이 길어야 일주일을 넘지 못하기 때문이다. 물리적인 접근 방식에 의해 생물학적 현상을 설명하려는 시도는 지속적으로 이루어졌다. 예를 들어 나뭇잎이 접히는 것, 덩굴손이 만들어지는 것, 그리고 장의 내부에 융모가 접히는 것은 물리적으로 동일한 현상이다. 서로 맞닿은 두 층이 다른 속도로 성장하는 것이다. 그것이 형태의 변화를 주도한다. 발생생물학에 머리가 젖은 사람들은 물리적인 힘에 대해 생각하기 힘들다. 물론 물리적인 힘을 가능하게 하는 유전자의 역할을 생각할 수도 있을 것이다. 그러나 새로운 접근 방식에 의해 기존의 경계는 언제든 허물어질 수 있다. 융모의 형성을 통해 소화기관의 표면적을 극대화하는 것은 영양소의 최대 흡수를 가능하게 하는 생물학의 근간이지만 그 이면에 존재하는 물리학이 엄존하는 것이다. 학문 간의 경계는 실상 무의미한 것이다.

침 안의 효소: 음식의 물리학

예전에 책상 위 선풍기 바람을 한쪽으로만 쐬어서 그쪽 안면이 마비된 학생을 본 적이 있었다. 반쪽의 입을 다물지 못하니까 얼굴은 전체적으로 대칭이 아닌 우스꽝스런 모습을 하고 있었다. 더구나 마비된 쪽으로 침이 질질 흘러내리는 것이었다. 잘 느끼지는 못하지만 평소 우리는 끊임없이 침을 만들고 있다. 그러나 잠 잘 때는 거의 침을 만들지 않

먹고 사는 것의 생물학

는다. 그렇다면 침은 어디서 만들어질까? 소화하는 데 침이 사용되기 때문에 입 근처에서 침이 만들어질 것이라 예상할 수 있고 실제로도 그렇다. 침을 만드는 분비샘은 위치에 따라 귀밑샘, 턱밑샘, 혀밑샘이 있다. 그 외에도 작은 침샘이 더 있다. 입맛을 다실 때처럼 음식을 앞에 두면 침의 양이 늘어난다. 그냥 만들어지는 침, 자극했을 때 만들어지는 침 합하면 보통 성인은 하루 0.8에서 1.5리터 정도의 침을 만든다.

침이 왜 중요한가 알아보려면 입이 마를 때를 생각해보면 된다. 발표하는 도중 긴장감에 휩싸여 있으면 입이 바짝 타들어간다. 물을 마시면 다소 해소가 되겠지만 병적으로 입이 마르면 아예 식도로 음식물을 집어넣지 못한다. 이런 증세는 여성에서 훨씬 높은 빈도로 나타나기 때문에 호르몬이 관여할 것으로 생각하기도 한다. 그러나 질병을 치료하기 위해 구강 주변에 방사선을 쬐었거나 약물의 부작용 때문에 입이 마르기도 한다. 침이 만들어지지 않으면 혀의 표면이 가문 논바닥처럼 갈라지기도 한다. 구강 표면을 덧칠하는 윤활유인 침은 가장 강력한 물리적 방어벽 중 하나이다. 또한 침으로 적셔주지 않으면 음식을 삼킬 수도 없다. 이를 사용해서 음식을 잘게 부술 때도 침이 필요하다. 그러나 입 안에서 이들 음식물의 물리적 질감을[148] 감지하는 것도 중요하다. 그 질감이 사람들의 음식에 대한 선호도에 영향을 끼칠 수 있기 때문이다.

예를 들면 전분의 질감을 어떻게 느끼느냐의 차이는 사람들의 영양 상태에 영향을 줄 수 있고 그것이 탄수화물에 대한 선호도를 결정할 수도 있다. 최근 모넬화학감각센터[Monell chemical senses center] 과학자들은 전분

---

148 · 『꿀꺽, 한 입의 과학』을 보면 바삭한 음식의 심리학이라는 말이 나온다. 눅눅한 과자보다는 씹히는 느낌이 좋은 바삭함을 왜 인간이 선호하게 되었는가에 대한 답변은 씹는 통쾌함도 물론 있겠지만 음식물의 바삭함이 신선함의 척도라는 것이다. 사과를 베어 먹을 때의 아삭함도 비슷한 것이다. 참고로 사람들은 90~100데시벨 정도의 소리에 가장 흡족해 한다고 한다. 한번 시험해보라.

의 질감을 감지하는 개인의 능력이 침 안에 있는 효소인 아밀라아제의 다양성에 근거하고 있다는 논문을 발표했다. 흥미로운 결과이다. 어떤 이유든 촉각이나 후각 같은 감각을 소실해도 음식의 질감을 느끼지 못한다. 따라서 입안에서 일어나는 음식의 물리학은 감각기관과 침과 씹는 일이 교향악을 이루는 협업 과정이다.

전분은 밀, 감자, 옥수수 혹은 쌀과 같은 주요 작물의 탄수화물 주성분이다. 지역에 따라 조금 편차가 있지만 전분은 인간이 섭취하는 칼로리의 약 40~60퍼센트를 차지한다. 침에서 분비되는 아밀라아제가 첫 번째로 이들의 소화를 담당한다. 궁극적으로 이들은 단당류로 분해되어 혈류로 흡수되어 들어가며 혈중 포도당 농도에 영향을 미친다.

과학자들은 입안에서 전분의 균일성^{consistency}과 침 안의 아밀라아제 활성과의 상관성을 조사하면서 73명 지원자의 침에서 전분의 분해 정도와 함께 효소의 활성도 파악했다. 또 이들은 60초 동안 전분이 분해되는 속도를 조사했다. 그 결과 사람들은 전분의 농도가 다르면 음식물을 다르게 느꼈다. 그 감각의 차이는 아밀라아제 효소의 활성과 관련이 있었다. 어떤 사람에게는 두툼하고 소화하기 어렵다고 느낄 만한 음식이 다른 사람들에게는 아무런 문제도 일으키지 않는다. 개인적으로 나는 떡이나, 미국 부시 대통령이 먹다 죽을 뻔했다는 프레첼 과자, 또 가루가 농밀한 베이글 빵을 먹지 못한다. 내 안의 아밀라아제 복사본 수가 모자란 걸까?

감각유전학자$^{sensory\ geneticist}$인 모넬화학감각센터의 폴 브레슬린$^{Paul\ Breslin}$은 전분의 소화 및 대사와 관련해서 왜 어떤 사람은 대사 질환을 나타내지만 다른 사람은 그렇지 아니한가를 질문했다. 침 속에 아밀라아제 농도가 높은, 즉 활성도가 높은 사람은 딱딱한 음식을 빨리 분쇄할 수 있기 때문에 같은 음식을 먹어도 혈중 포도당의 농도가 급하게 올라갈

먹고 사는 것의 생물학

수 있다. 오늘날처럼 음식물이 넘쳐나고 미세하게 가공된 전분 음식이 판을 치게 되면서 상대적으로 침의 아밀라아제 활성이 좋은 사람들이 인슐린 저항성에 노출될 위험성이 커졌다.

이전에 이루어진 연구에 따르면 사람들은 약 2개에서 15개에 이르는 아밀라아제 1 유전자^{AMY1}의 복사본을 가지고 있다. 62명의 유전자를 조사했더니 복사본이 많을수록 이들 효소의 활성이 높았다. 이들 결과를 종합해보면 결국 유전자의 개인차가 각 개인의 양양소의 감각에까지 영향을 끼친다는 것이다. 더 나아가 이 효소의 활성은 탄수화물의 소화 및 흡수에 지대한 영향을 끼칠 수 있다. 농경이 본격화되면서 아밀라아제 유전자의 복제본 수가 늘어나는 형질이 선호되었지만 가루 음식이 늘어나면서 이제는 아밀라아제를 많이 갖고 있는 것이 불리할 가능성이 늘어났다는 말이다. 너무 빠른 변화는 우리 유전체를 당혹스럽게 만든다.

자연은 어떻게 움직이는가?: 복잡계 생물학

먹는 것의 물리학은 생명체의 대사율에서도 찾아볼 수 있다. 이 부분을 살펴보기 전에 좀 더 개괄적인 내용을 훑고 넘어가자. 영어 단어를 번역한 것이라 의미가 다소 생소하기는 하지만 소산 구조$^{dissipative\ structure}$라는 용어가 있다. 지속적인 에너지의 공급이 없으면 붕괴되고 마는 어떤 구조를 지칭하는 말이다. 목구멍이 포도청이라는 얘기 같지 않은가? 그러므로 소산 구조는 영구불변의 구조라기보다는 준안정적인^{metastable} 유형이라고 볼 수 있다. 가령 날씨의 유형이 그렇다. 구름이나 허리케인이[149] 바로 소산 구조에 속하는 현상이다. 인간도 예외는 아니다. 그렇다면 사실 우리는 복잡하고 순전히 물리적인 자기 조직화 유형

속에 둘러싸여 살고 있는 셈이다.

자기 조직화는 물질계$^{physical\ system}$ 안에서 복잡하고 기능적인 구조가 출현하는 것을 말하며 특정 환경에서 그런 구조가 나타나게끔 하는 형태의 변환으로 정의된다. 자연선택에 의한 진화는 생물학에서 몇 안 되는 보편적인 법칙 중 하나이다. 자연선택은 구조적이고 기능적인 유기체가 어떻게 형성되었는가를 두 가지 방법으로 설명한다. 하나는 유기체가 대사 용량을 극대화하는 경향이 있다는 것이다. 대사는 생명을 유지하고 재생산하는 데 필요한 물질과 에너지를 제공하기 때문이다. 따라서 생명체는 환경과 자원을 교환하기 위해 표면적을 넓히는 전략을 취해왔다. 또 다른 하나는 생명체 내부의 효율성을 극대화하는 방향으로 진화되었다는 것이다. 이를 통해 체내의 물질이 움직이는 거리를 줄일 수 있고 따라서 시간도 절약할 수 있다. 또 오랜 진화의 결과 매우 다양한 크기를 가진 생명체들이 공존하고 있다. 세균은 10^{-12}그램이고 고래는 10^8그램이다. 엄청난 차이다. 따라서 표면을 통한 물질 교환과 그것의 이동 거리가 몸의 크기에 따라 변화해야 한다는 것은 짐작할 수 있다. 이 두 방법의 배후에 자기 조직화라는 개념이 끼어 들어온다.

자기 조직화가 자연선택에 의해 진화된 것인가 아니면 단순히 물질계에 내재된 물리 화학적 성질인가? 자기 조직화가 물질의 내재적 본성이라면 진화 과정에서 자기 조직화의 중요성은 급격하게 줄어들 것이다. 그렇지만 생물계에서 자기 조직화 기제는 자연선택에 의해 진화

---

149 · 일반적으로 태풍이나 허리케인의 힘은 중심부와 주변부의 기압차에 비례하여 더욱 강력해진다. 기압은 공기의 무게를 의미한다. 일반적으로 바람은 기압이 높은 곳에서 낮은 곳으로 분다. 마치 자연은 진공을 싫어한다는 말로 들린다. 이런 기압의 차이는 결국 태양에서 오는 에너지의 지역적 편차에 기인한다.

먹고 사는 것의 생물학

된 적응이라고 보는 과학자들의 수가 늘어나는 추세다.

닉 레인의 『산소』에도 나와 있듯이 대사율은 체중에 비례하여 증가한다. 수식으로 표현하면 대사율은 체중의 3/4승으로 나타난다. 여러 가지 특징적인 생물학적 크기의 척도는 이렇게 멱함수 형태로 표현된다. $Y=Y_0M^b$. 여기서 b는 멱함수 지수이고 M은 체중, Y_0는 어떤 종의 특징을 나타내는 상수이다. 만약 기하학적인 제약을 고려한다면 b는 1/3의 배수가 되어야 맞을 것 같다. 왜냐하면 길이와 면적, 그리고 부피 혹은 질량은 제곱, 세제곱으로 나타나기 때문이다. 뿐만 아니라 물리적인 법칙이 실제 그렇기 때문이다. 그렇다면 생물학에서 크기는 왜 이런 물리 법칙을 위배하는 것처럼 보일까? 왜 생물학적 변수들은 1/4의 배수 형태로 표현되는가?

예를 들어보자. 나무의 둘레(직경)와 대동맥의 크기는 체중의 3/8승이다. 세포 대사율과 심장 박동수는 그것의 -1/4승이다. 혈액의 순환 속도와 수명은 체중의 1/4승, 생명체의 대사율은 방금 말했지만 체중의 3/4승이다. 이것이 왜 그런지를 수학적으로 계산한 논문이 《사이언스》에 발표된 것은 1999년이다. 그들은 이 수치를 프랙털 골격과 연관시켜 설명하려 한다. 프랙털 이론은 우리의 혈관, 혹은 하늘에서 바라본 아마존의 강줄기, 나뭇잎 맥의 모양을 수학적으로 설명하려는 것이다.

자기 조직화와 복잡계 연구의 본산인 산타페 연구소 연구진들은 대사 용량을 극대화함으로써 유기체가 자신의 적응도를 극대화할 것이라고 가정했다. 이 말은 생명체가 자신의 생존과 번식을 위해 환경으로부터 자원과 에너지를 최대한 흡수한다는 것이다. 이것이 생명체의 대사 속도를 결정한다. 대사 속도는 표면적의 크기에 영향을 받는다. 바로 그 표면을 통해 내부와 외부 환경 사이에서 물질과 에너지의 교환이 일어나는 까닭이다. 나뭇잎의 전체 면적, 소화기관의 흡수 표면, 동물의 모세혈관의 표면적, 세포 내 미토콘드리아 내막의 전체 면적 등이 그러한 표면의 대표적인 예가 될 것이다. 일반적으로 말하면 대사율은 표면적에 비례한다. 이런 표면이 단순히 밋밋한 것은 아니다. 따라서 연구자들은 자연선택이 표면적을 극대화하도록 작동했다고 가정했다. 사실 생명체 내에서 이들 표면적은 주어진 공간에 최대한 밀집해야 한다는 제약이 따르지만 자원을 움직이는 데 필요한 거리와 시간을 극소화해야 할 필요도 분명히 존재하는 것이다. 그러므로 길이는 무작정 길어질 수 없다. 소화관의 길이가 8미터 정도인 것도 바로 이런 것과 관련 있다.

단세포 생명체와 포유동물에서 산타페 연구진들은 세 가지 변수를 이용하여 계산을 해냈다. 바로 길이와 표면적 그리고 부피이다. 계산 과정은 복잡하지만 그리 어려워 보이지는 않는다. 또 이런 유의 공식이 모든 생명체에 적용되는 것도 아닐 것이다. 여기에는 환경이라는 변수가 고려되지 않았기 때문이다. 가령 편형동물이나 환형동물은 1차원 혹은 2차원적으로 기능하기 때문에 약간의 수정이 필요할 것이다. 또 곰팡이나 띠 모양의 조류에도 적용하기 쉽지 않아 보인다. 왜냐하면 이들은 직선 방향으로 체형을 극대화하면서 조직은 성기지만 부피를 극대화하는 방향으로 선택되었기 때문이다. 그런 예외를 논외로 한다면 다양한 생명체들이 이런 수학적 동질성을 보이는 것은 이해가 간다. 바로 이들이 가진 연결망이 표면적을 보존하는 방향으로 가지 쳐 나왔기 때문이다.

산타페 연구진들은 또 유전자는 한 번 진화했지만 프랙털은 여러 차례에 걸쳐 진화했다고 보고 있다. 생명체에서 볼 수 있는 이런 프랙털의 예는 잎, 아가미, 폐, 소화관, 신장, 엽록체, 미토콘드리아, 나무의 줄기, 해면, 호흡기 및 순환기 등이다. 어떤 생명체든 예외 없이 계층적인

먹고 사는 것의 생물학

가지가 연결된 네트워크로 구성되어 있다. 말은 그리 쉽지 않아 보이지만 심장에서 모세혈관에 이르는 길을 상상하거나[150] 나무줄기에서 이파리 끝까지 눈으로 따라가보면 이 말이 무슨 뜻인지 직관적으로 알 수 있을 것 같다. 물론 세포에 들어 있는 미토콘드리아의 크기는 모든 진핵세포에서 거의 같을 수밖에 없을 것이다. 그러나 그 숫자는 세포마다 제각각이다. 따라서 미토콘드리아 숫자가 특정 세포의 대사율을 결정한다. 그 안에 놓여 있는 단백질인 시토크롬 산화효소도 나노 크기를 유지한 채 수십억 년을 살아왔을 것이다.

생각해보면 프랙털 이론은 소위 자기 조직화의 가장 생물학적인 예가 될 것 같다. 따라서 여기서는 자기 조직화를 통하지 않고서는 생명체가 결코 탄생할 수 없었을 것이라는 점을 강조한다. 세포에서 가장 신비로운 사실은 가끔씩 문제가 생긴다는 것이 아니라 대체로 수십 년 동안 모든 것이 너무나 잘 관리된다는 점이다. 그러기 위해서 세포들은 몸 전체를 상대로 끊임없이 신호를 보내고 받는다. 해면을 체로 걸러서 세포를 해체시킨 후 다시 물속에 던져 넣으면 그들은 다시 모여 들어서 스스로 해면의 구조를 회복한다. 완벽한 자기 조립, 자기 조직화이다. 생명은 그 자체로 복잡계이다. 이것이 자연선택과 어떤 방식으로 관계를 맺으면서 이후 생물학을 수놓을지 무척 궁금하다.

자기 조직화와 질서의 기원

발생 과정에서의 패턴 형성은 다음과 같은 두 가지 측면에서도 추론

---

[150] · 심장은 한 시간에 284리터, 하루에 6,816리터, 일 년에 284만 8,000리터의 혈액을 펌프질한다. 올림픽 경기장 규모의 수영장을 채울 수 있는 양이다.

이 가능하다. 첫째, 수정란이 어떻게 공간적으로 배치된 서로 다른 종류의 세포로 분화될 수 있는가? 둘째, 하나 혹은 여러 가지 세포의 집단이 어떻게 형태를 구성하는가?

외배엽은 장차 중추신경계와 피부가 될 부분이다.[151] 중배엽에서는 척추와 근절myotome, 체강, 신장이 만들어진다. 내배엽에서는 주로 소화관, 소화관의 내부 그리고 그와 관련된 분비선이 만들어진다. 조직이 만들어질 때는 창자배 형성gastrulation 다음에 신경관 형성 단계가 뒤따른다. 그 단계에서 전뇌, 중뇌, 후뇌 그리고 척수가 만들어진다. 외배엽 전구세포가 중배엽의 인도를 받아 신경외배엽 세포로 분화한다. 일차적인 유도[152]의 예이다. 앞쪽에 있는 중배엽은 신경외배엽 세포가 전뇌로 분화하는 데 중요한 역할을 한다. 몸통의 중간 부분, 그리고 뒷부분의 중배엽은 각기 다른 유도 효과를 가지고 있어서 중간의 경우는 일차신경계, 맨 뒤쪽은 함몰되어 중배엽 세포로 운명이 바뀐다. 발생의 거의 모든 단계에서 중배엽 세포와 그들과 인접하는 외배엽, 내배엽 사이의 유도 효과가 잘 발견된다. 눈의 발달 혹은 소화기에서 발원하는 분비선들도 예외는 아니다. 한편 이 유도 효과는 조직 특이적이다. 또 특이성이 중복되는 부분도 발견된다. 예를 들어 타액선을 분화시키는 중배엽 조직을 유선이 발달하는 중배엽 세포 자리에 바꿔치기 하면 이들 (유선)싹의 형태는 타액선과 닮았지만 적당한 호르몬 신호가 오면 젖 단백질을 분비한다.

---

151 · 이빨, 가슴, 깃털, 머리카락은 변형된 피부이다. 외배엽에서 기원했고 피부 아래층을 이루는 중배엽과의 상호작용에 의해 다양한 형태로 변형된다.

152 · 영어로 induction이라고 한다. 이 용어가 가장 자주 쓰이는 곳은 해독 효소인 시토크롬을 서술할 때이다. 가령 어떤 약물이 들어오면 그 전에는 없던 해독 단백질의 양이 갑자기 늘어나는 것이다. 이를 우리말로 유도 효과라고 한다. 여기서는 중배엽에서 어떤 물질(주로 펩티드겠지만)이 분비되면 외배엽의 특정 부분이 신경세포로 분화해 나갈 수 있다는 의미이다.

먹고 사는 것의 생물학

배엽 사이에 이루어지는 유도 효과는 화합물질을 이용해서 흉내 낼 수도 있다. 가령 메틸렌 블루를 첨가하거나 혹은 pH를 조금만 변화시켜도 외배엽은 신경외배엽으로 분화된다. 이 결과는 최소한 두 가지 의미를 갖는다. 첫째, 다양한 자극에 대해 배아가 동일한 반응을 보인다는 면에서 이 결과는 반응하는 조직이 우선적이라는 점이다. 또 다른 하나는 자극의 범위가 매우 다양하기 때문에 이것이 하나의 유전자에 의한 효과는 아닐 것이라는 점이다. 바이소락스^{bithorax} 유전자 돌연변이가 일어나면 흉부의 두 번째 체절로 분화할 것이 세 번째 체절로 분화가 일어난다. 그러나 똑같은 변화가 에틸에테르^{ethylether}에 노출된 초파리에서도 발견된다.

더 재미있는 사실은 표현형 복제라고 말할 수 있는 현상이 나타난다는 점이다. 앞에서처럼 에틸에테르를 처리하여 표현형에 변화가 생긴 개체를 모아 여러 세대에 걸쳐 같은 실험을 반복하면 이제는 따로 에테르를 처리하지 않아도 다음 세대에 표현형 변화가 나타난다. 물론 유전형은 정상이다. 초파리에서 관측되는 이런 현상이 의미하는 바는 발생 중인 개체에서 외부 자극(여기서는 에테르 혹은 열 충격)은 쉽사리 동일한 표현형의 변화를 초래할 수 있다는 것이다. 변화된 유전자의 동화 혹은 조합에 의해 이제 특별히 외부 자극이 없어도 발생 과정이 달라질 수 있다.

애기가 복잡해졌지만 요점은 세포나 조직은 자기 조직화의 산물이라는 것이다. 생명체를 자기 조직화 개념으로 이해하고 그것을 수학적 모델을 써서 다양한 생물학적 현상을 포괄적으로 설명하려고 한 과학자 중 대표적인 사람은 스튜어트 카우프만일 것이다. 그의 책『질서의 기원^{The Origins of Order}』은 읽기 매우 어렵다. 내용도 방대하고 상당한 깊이를 요하는 책이기 때문이다. 그러나 생물학을 공부하는 사람이라면 한

번쯤 읽어봄직한 책이라고 생각된다. 한 가지만 살펴보자. 매 세 번째 세포의 특정 유전자가 활성이 있도록 조작을 가한, 일차원적으로 줄지어 있는 세포 집단을 모델로 한 실험에서 그는 반복된 패턴이 나타남을 확인했다. 이런 식의 패턴은 초파리의 억센 털을 가진 세포가 주기적으로 배열된 모양에서도 실험적으로 재현되었다. 경도와 위도가 한 지역의 위치를 결정하듯, 세포가 처한 공간적 위치와 그 위치에 집중되는 변수의―이들은 세포 간 접촉일 수도 있고 이웃하는 세포가 만들어내는 대사산물이거나 수용체를 통해 신호를 전달할 수 있는 리간드일 수도 있다. 섬모가 발생 과정에서 중요한 역할을 한다고 했던 점을 기억해보자―상호작용 네트워크가 세포의 운명을 결정한다. 한 세포에 모여드는 여러 가지 신호를 통합하여 세포의 운명을 결정하는 것은 결국 그들의 위치이다. 새로운 세포 유형을 유도하는 것, 공간적으로 세포의 이질성을 구축하는 것, 공간적인 질서를 구축하는 것은 실질적으로 유전체의 내인적 속성이라고 볼 수 있다고 카우프만은 말한다. 좋은 세포로 구성된 좋은 패턴에 대한 적응적 선택은 그다음에 생각할 별개의 문제다.

크기와 계량화scaling

크기 및 몸통 설계의 구조에 관여하는 물리적 한계가 있다는 점은 잘 알려진 사실이다. 예컨대 작은 크기의 생명체를 두 배로 키운다고 생각해보자. 가로, 세로, 높이 세 방향에서 같은 비율로 증가해야 할 것이다. 표면적과 부피의 비율은 열을 얻거나 방출할 때, 밖으로부터 가스를 받아들일 때 영향을 준다. 단순화하기 위해 구체인 동물이 있다고 해보자. 부피는 $(4/3pi)r^3$이고 표면적은 $(4pi)r^2$으로 계산할 수 있기 때문에

먹고 사는 것의 생물학

표면적 대 부피의 비율은 3/r이다. 동물이 커지면 표면적 대 부피의 비율은 줄어든다.

많은 생리적 현상들이 표면적과 전체 부피의 크기에 의존한다. 예를 들어 동물이 장이 없고 영양분을 오로지 바깥의 체벽을 통해서만 얻는다고 해보자. 이제 구형 동물의 직경이 두 배로 늘어났다고 가정하자. 그러면 표면적은 네 배 늘어나고 흡수하는 영양분의 양도 그만큼 늘어난다. 그러나 부피는 여덟 배 늘어나기 때문에 문제가 생긴다. 늘어난 세포는 이제 보다 적은 영양분을 나누어 써야 한다. 그러므로 생명체의 크기가 커지면 몸통의 설계가 달라져야 하는 것은 당연한 일이다. 영양분의 문제를 해결하기 위해 동물은 긴 소화기관을 갖게 되었으며 구부러지고 접힌 구조를 취하게 되었다. 이런 모든 변형은 늘어난 부피를 보상하기 위한 표면적의 증가라는 일반적 원칙을 지향한다. 조직의 부피를 늘리면서도 우리는 이전과 같은 외부의 표면적을 유지할 수 있다. 몸통 안에 체강을 만들어내었기 때문이다. 소화기관의 주위에 근육을 배치함으로써 단순 확산에 의한 것보다 음식물을 보다 빠르고 정확하게 흘러가게 할 수 있었다. 흡수의 효율이 혁신적으로 늘어난 것이다. 이런 식의 몸통 설계가 동물 진화의 초기에 일어났을 것이다. 다시 말하면 동물은 커지면서 복잡해지는 것이다. 이와 동일한 원리가 산소를 흡수하거나 이산화탄소 혹은 질소 대사 폐기물인 요소나 요산을 제거할 때도 적용된다. 아주 작은 동물은 부피에 비해 상대적으로 표면적이 넓은 편이다. 따라서 피부를 통한 열손실이 클 것이고 체온 조절의 중요성이 커질 수밖에 없다. 따라서 아주 작은 정온동물이 몸집이 큰 정온동물보다 대사율과 체온이 더 높다.

곤충은 배의 표면에 열린 작은 부위인 숨구멍을 통해 공기를 끌어들인다. 이 공기는 기도로 옮겨 간 뒤 거기서 혈액에 산소를 공급한다. 거미와 같은 절지동물은 책 모양의 폐를 가지고 있다. 이 기관도 접힘 구조를 취하고 있지만 정교함은 떨어진다. 흉곽을 둘러싼 근육이 움직여 폐를 압축하고 이완시키면서 공기를 호흡한다.

표면적과 부피의 비율은 우리 몸을 떠받치는 다리에도 적용할 수 있다. 어떤 곤충을 100배로 늘린다고 하자. 다리의 직경이 100배 늘면 단면적은 $100 \times 100 = 10,000$배 늘어난다. 그렇지만 부피는 100^3배 즉 100만 배 늘어난다. 조직과 외부 골격의 구성과 밀도가 동일하다면 이 곤충의 무게는 처음보다 100만 배 늘어난 것이다. 이만큼 늘어난 체중을 1만 배 늘어난 다리로 버텨야 한다. 단면적당 지탱해야 하는 체중이 100배 늘어난 셈이다. 힘을 그것이 적용되는 표면적으로 나눈 것을 압력이라고 한다. 그러니까 다리의 단면적이 받는 압력이 100배 커졌다는 말이 된다. 상황이 이렇게 되면 거대한 곤충의 다리는 그야말로 순식간에 붕괴되어버릴 것이다.

어떻게 이런 공학적 문제를 해결할 것인가? 소화기관에서처럼 설계를 변경하고 재질의 변화를 통해 가능할까? 곤충은 딱딱한 단백질 외피를 갖는 외부 골격을 가지고 있다. 대신 척추동물은 광물질의 뼈로 구성된 내부 골격을 갖는다. 문제 해결을 위해 곤충은 신체 설계의 비율을 변화시킬 수 있다. 몸체의 크기에 비해 다리를 두껍게 만드는 것이다. 다키 톰슨D'Arcy Thompson의 『크기와 형태』라는 이 분야의 고전적인 책을 보면 다양한 동물의 무게와 상대적인 뼈의 무게를 다루고 있는 부분이 있다. 마우스나 유럽산 굴뚝새의 뼈는 체중의 8퍼센트 정도이고, 거위나 개는 13퍼센트 그리고 우리 인간은 약 17~18퍼센트이다. 동물의 크기가 커지면서 뼈의 직경이 비례하여 늘어나기 때문에 뼈가 전체 체중에서 차지하는 비율이 증가한다. 톰슨이 포유류와 조류의 쌍을 비교한 것을 보면 다른 종류의 동물군에서도 동일한 원리가 적용된다는 점을 알 수 있다. 그러나 그의 책에서는 거대 조류인 타조나 코끼리의 수치는 밝히지 않았다. 이들은 상대적으로 직경이 큰 다리를 가지고 있기는 하다.

모든 동물은 거의 같은 높이로 점프할 수 있다. 이런 말이 있다. "메뚜기는 자신의 키보다 100배 더 높이 뛸 수 있지만 인간은 결코 그럴 수 없다." 동물의 크기가 커지면 부피는 길이의 세제곱 비율로 늘어난다. 체중도 그만큼 늘어난다. 근육의 비율이 일정하게 유지된다면 이들의 무게도 길이의 세제곱만큼 증가한다. 근육이 만들어내는 에너지는 근육의 무게에 직접적으로 비례하여 커진다. 근육의 무게가 두 배 늘면 에너지 출력이 그만큼 늘어난다. 그러므로 증가의 규칙이 동일하게 적용되는 경우라면 동물의 무게가 두 배로 증가할 경우 점프하는 데 사용되는 근육의 무게, 즉 에너지 산출량도 동일하다고 해야만 할 것이다. 물리학에서는 어떤 물체를 어느 높이만큼 올리는 데 필요한 에너지는 그 물체에 가해진 에너지에 비례한다고 한다($E=mgh$). 구형 동물의 직경이 두 배로 늘어나면 체중은 여덟 배, 그리고 근육이 낼 수 있는 에너지도 여덟 배 증가한다. 따라서 큰 동물도 작은 동물과 같은 높이를 뛸 수 있는 것이다. 왜냐하면 E/mg값이 일정하기 때문이다. 메뚜기나 마우스, 인간, 코끼리 모두 같은 높이를 뛰어야 옳다. 그러나 물론 이는 우리가 평소 알고 있는 것과 일치하지 않는다. 근육의 비율이 다르기 때문이다. 또 골격 구조에 근육이 다른 형태로 결합하는 경우도 있다. 따라서 운동의 유형에 따라 근육의 효율이 달라질 수 있을 것이다. 또 근육 단백질과 ATP를 만들어내는 대사 효소의 생화학이 다를 수도 있다. 그렇다고 해도 메뚜기나 코끼리가 같은 높이를 뛸 수 있다는 결론이 달라지는 것은 아니다.

걷거나 달리는 속도는 진자의 물리적 특성에 의해 결정된다. 걷는 것은 매우 복잡한 과정이다. 다리를 엉덩이 근처에서 주기적으로 회전하는 고체성 물질이라고 해보자. 그렇다면 다리는 마치 시계추가 움직이는 것과 같은 진자 운동을 하고 있는 것이다. 물리적으로 진자의 진동 속도는 길이의 제곱근에 반비례한다. 짧은 진자가 더 빠르게 왔다 갔다 한다는 뜻이다. 이런 원리를 이용해서 시계추와 메트로놈이 제작된다. 다리는 힘을 받는[forced] 진동자라고 볼 수 있다. 마찰에 의해 잃어버린 에너지는 근육의 움직임에 의해 힘을 받는다. 진자가 자연 상태의 속도로 왔다 갔다 하는 것이 가장 효과적으로 에너지를 전달한다는 연구 결과가 나왔다. 추를 잡아 당겼다 놓았을 때의 속도가 진자의 자연 속도이다. 사정이 그렇다면 이 말은 자연 속도보다 빠르거나 느리게 움직이는 데는 에너지가 더 소모된다는 뜻이다. 대부분 인간의 보행 속도는 다리를 진자라고 여겼을 때의 자연적인 속도와 매우 가깝다는 연구 결과도 있다. 그렇지만 우리 인간의 다리는 단순한 진자는 아니다. 그것은 엉덩이와 무릎에서 구성 요소가 결합된 조립 진자이다. 걷는 속도가 무릎 이음매[joint]가 일직선이어서 다리가 단순한 진자처럼 움직인다고 계산했을 때의 속도와 비슷하다. 보폭을 바꾸거나 뛸 때 우리는 무릎을 구부린다. 그러면 이제 다리는 두 개의 짧은 진자로 변한다. 진자의 길이가 짧아질 때 움직임의 속도가 빨라지는 것처럼 이제 가각의 짧은 진사는 높은 속도로 왔다 갔다 할 수 있다.

다소 생소할 수도 있는, 생물학의 물리적 특성에 대해 살펴보았다. 앞에서 우리는 다양한 소화기관의 형태를 주로 생리적인 측면에서 해석하고 이해했다. 그렇지만 발생 과정 중 위의 이동, 소장의 접힘, 자리 채우기 등도 물리적으로 설명하지 못하란 법은 없다. 장차 컴퓨터 모델링 기법이 생물학의 근저로 깊이 들어올 것이다. 그 대표적 사례인 프랙털을 좀 더 훑어보자.

프랙털 생물학?

프랙털이란 전체를 부분 부분으로 나누었을 때 부분 안에 전체의 모습을 갖는 기하적인 도형이다. 이들은 자기닮음과 축소에 대한 불변의 성질인 프랙털 차원으로 표현된다. 프랙털 그림은 예측하기 어렵고 특이하며, 부분을 확대하더라도 원형이 보존된다는 변치 않는 성질이 있지만 유클리드 기하는 그림을 확대하면 단순해 보인다. 예를 들어 원을 확대해서 일부분을 보면 직선이 된다. 프랙털 도형 특성인 자기닮음은 구름, 나무, 산 등의 자연현상에서 나타나며, 그 자체를 복사하여 축소한 모양이 계속해서 나타난다. 프랙털은 부분과 전체가 똑같은 모양을 하고 있다는 '자기 유사성' 개념을 기하학적으로 푼 것이다. 그러므로 프랙털은 단순한 구조가 끊임없이 반복되면서 복잡하고 묘한 전체 구조를 만드는 것이다. 프랙털은 '자기 유사성self-similarity'과 '반복성recursiveness'이라는 성질을 갖는다. 자연계의 리아스식 해안선, 동물 혈관 분포 형태, 나뭇가지 모양, 창문에 성에가 자라는 모습, 산맥의 모습도 모두 프랙털이라고 한다. 프랙털은 프랑스 수학자 망델브로Benoit B. Mandelbrot 박사가 1975년 '쪼개다'라는 뜻을 가진 그리스어 프랙투스fractus에서 따와 처음 만들었다. 망델브로 박사는 '영국의 해안선 길이가 얼마일까'라는[153] 물음을 던지고 그 답을 얻는 과정에서 프랙털 개념을 생각해냈다.

우리에게 익숙한 위상차원이란 공간 내의 점을 지정하는 데 필요한

---

153 · 실제로 해안선의 길이를 사람의 걸음으로 잰 것과 개미의 걸음으로 잰 것은 분명히 다를 것이다. 측정 단위를 작게 할수록 해안선은 세밀하게 나타나고 그 길이는 더욱 늘어난다. 그러나 해안선의 길이는 직선인 1차원이 아니고 면적인 2차원도 아니다. 그 중간(1~2) 어딘가에 그 차원이 존재한다. 이를 프랙털 차원이라고 한다.

독립 좌표의 수이다. 직선상의 점의 위치를 나타내는 데는 한 개의 수가 있으면 되므로 직선은 1차원, 가로와 세로가 있는 평면 위에서 점의 위치를 나타내기 위해서는 두 개의 좌표가 필요하므로 평면은 2차원, 그리고 입체 공간의 점을 나타내는 데는 3개의 좌표가 필요하기 때문에 공간을 3차원이라고 부른다.

프랙털 차원의 예를 하나 들어보자. 프랙털 차원은 어떤 물체의 거칠거칠한 정도 혹은 불규칙한 정도를 측정하는 방법이며, 공간을 채우는 능력에 대한 척도라고 볼 수 있다. 프랙털 차원은 도형의 한 큰 부분을 구성하는 데 몇 개의 작은 부분이 필요한가를 살펴보는 데서 출발한다. 즉 크기가 P인 한 도형이 크기가 p인 작은 도형 N개로 구성된다고 하고, N을 크기의 비(P/p, 즉 닮음비, 축소율이라고도 함)의 거듭제곱으로 나타내었을 때 지수 d를 프랙털 차원이라 한다.

$$N=(P/p)^d$$

이 식을 로그로 전환하면 $d=\log N/\log(P/p)$이다.

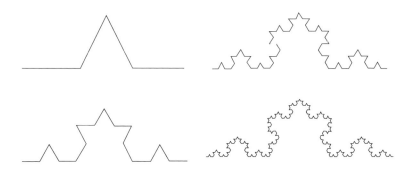

그림 38. 코흐 곡선

프랙털 도형 중 하나인 코흐 곡선. 자연계에는 아마존의 강줄기나 나무줄기처럼, 자기닮음을 반복하는 프랙털 사례가 많다. 폐, 모세혈관, 소장의 융모 등 우리 몸에서도 프랙털 구조를 볼 수 있다.

먹고 사는 것의 생물학

주어진 직선을 3등분한 다음 중간 부분에 처음 주어진 길이의 1/3을 한 변으로 하는 정삼각형을 그리고 그 정삼각형의 밑변을 없앤다. 그러면 길이가 똑같은 4개의 선분이 생성되는데 이 4개의 선분 각각을 다시 3등분하여 중간 부분에 처음 주어진 길이의 1/9을 한 변으로 하는 정삼각형을 그리고 그 정삼각형의 밑변을 없애면 길이가 똑같은 16개의 선분이 생성된다. 이 16개의 선분에 다시 위와 같은 방법을 무한히 반복 적용하면 코흐 곡선이 생성된다(그림 38). 코흐 곡선에서는 단위조각의 수가 4배로 늘어나지만 길이는 1/3만큼 축소된다. 즉,

$3\left(=\dfrac{1}{1/3}\right)d=4$이고 여기에 로그를 취하면 d=log4/log3=1.26(N=4, P/p=3이다). 눈송이 곡선으로 알려진 코흐 곡선의 프랙털 차원은 1도 아니고 2도 아닌 1.26 차원인 셈이다.

카오스?

카오스chaos는 혼돈이라고 풀이되는 물리적 개념이다. 자연계는 복잡한 혼돈의 세계라고도 한다. 정의라고 말하기는 뭐하지만 혼돈은 초기 조건에 대해 매우 민감한 계, 다시 말하면 초기 조건이 조금만 달라져도 결과에 엄청난 차이가 생기는 시스템이다. 우리 지구에서 카오스 현상이 일어난다는 사실을 발견한 사람은 MIT의 기상학 교수인 에드워드 로렌즈Edward Lorenz이다. 1961년 그는 기후의 변화를 연구하기 위한 모델로 방정식을 작성하고 그 방정식을 컴퓨터에 입력하여 검토하고 있던 과정에서 한 번 집행한 계산을 검토하기 위해 재차 입력한 자료를 집어넣었다. 결과를 기다리는 사이에 커피를 한 잔 하고 돌아와보니 그 결과가 처음의 것과 엄청나게 다르다는 것을 확인했다. 뭔가 이상하다고 느낀 그는 모든 이유를 찾아보려 했지만 허사였다. 남은 것은 오직

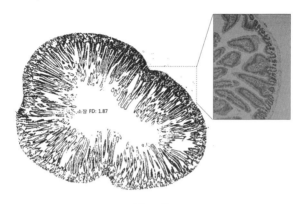

그림 39. 융모

인간의 소장 점막에는 주름이 많고 미세 융모가 빼곡하다. 그만큼 흡수 표면적이 크다. 소프트웨어를 써서 계산하면 소장 융모는 프랙털 차원이다.

하나, 두 입력값 사이의 편차가 5,000분의 1이 났다는 것뿐이었다. 로렌즈는 컴퓨터에 입력하는 숫자들이 조금 바뀌었다고 해도 결과는 큰 차이가 나지 않을 것이라 예상했지만 그 예상은 여지없이 빗나갔다. 초기값의 자그마한 오차가 엄청난 결과를 야기한 것이다. 이와 같이 초기값에 매우 민감한 반응을 나비효과라고도 일컫는다. 아프리카 한 구석에 있는 나비 한 마리의 날갯짓이 지중해 상의 대류 변화를 일으켜 북반구 해양성 기류와 만나면서 유럽 대륙에 커다란 폭풍을 일으킬 수 있다는 것이다.

그렇다면 혼돈과 프랙털은 무슨 관계일까? 연구가 축적되면서 카오스 운동을 하는 여러 현상의 기하학적 형태는 부분을 확대하면, 전체와 같은 구조가 나타나는 자기닮음 구조를 갖는 무한 단계의 도형으로 나타났다. 어디선가 들어본 말 같지 않은가? 바로 프랙털이다. 카오스 현상을 그래프로 나타내면 프랙털이 나타난다. 지진계의 그래프, 주가의 등락 그래프 모두 카오스 형태이고 또 프랙털 차원으로 나타낼 수 있다.

소장의 융모도 특징적인 프랙털 구조를 취한다. 인터넷에서 공짜로

먹고 사는 것의 생물학

내려받을 수 있는 프로그램을 이용해서 나도 소장 내부 구조의 프랙털 차원을 계산해본 적이 있다. 얼추 1.87 정도이다. 심지어 임상의사들도 프랙털 차원의 변화를 통해 소화기관의 물리적 특성의 변화가 임상 영역에도 곧 들어올 것 같다.

먹는 것도 복잡계?

앞에서 정온성의 진화가 근육의 성능을 대폭 향상시켰다는 투의 얘기를 했다. 에너지 소비 측면에서 인간을 포함하는 정온동물은 그야말로 '사치재'이다. 그 '사치스러움'의 핵심이 소화기관에 있다. 당연한 얘기지만 소화기관은 생명체의 성장과 유지, 그리고 번식에 필요한 에너지와 영양소를 공급한다. 에너지의 필요성은 결국 대사율로부터 결정된다. 종마다 다르고 또 정온동물이냐 아니냐에 따라 다르다. 또한 생리적인 상태, 환경, 서식처에 따라서도 다르다. 물고기와 양서류, 파충류[154]는 변온동물이다. 따라서 이들의 활동성은 외부의 온도에 영향을 받는다. 그렇지만 조류와 포유류는 정온동물이다. 이들은 주거지의 폭을 확대할 수 있지만 많이 먹어야 한다. 동물마다 에너지 소비량은 천차만별이지만 그들의 대사율은 다음과 같이 표현될 수 있다.

$$R=aM^b$$

여기서 R은 기초대사율이고 a는 상수, 그리고 M은 동물의 체중이다. b는 대사율 변화를 표현하는 지수이다. 기초대사율은 정온동물이 음식물의 흡수가 완료되고 온도가 일정하게 유지되는 휴식 상태에서 물리

---

154 · 파충류인 공룡이 정온·변온동물 중 어디에 속하느냐는 지금도 논란거리다.

적 혹은 정신적 스트레스가 없을 때의 대사율을 의미한다. 표준대사율
은 동물이 주어진 체온에서 나타낼 수 있는 대사율을 뜻한다(표 7).

표 7. 동물의 대사율

	체온(℃)	기초 혹은 표준대사율[155]	
		정상 체온	표준 체온 (38℃)
도마뱀	30.0	23	61
단공류	30.0	143	259
유대류	35.5	201	252
태반포유류	38.0	290	290
비연작조류	39.5	313	272
연작조류	40.5	515	411

표를 보면 작은 참새인 연작류의 대사율이 가장 높다. 다음은 이들을
제외한 조류, 태반동물^eutherian, 유대류^marsupial, 오리너구리를 포함하는 단
공류^monotreme 순이다. 그러나 같은 부류에 속하더라도 편차가 매우 심하
다. 나무늘보^sloth, 바위너구리^hyraxes, 날지 못하는 새들은 태반류의 평균
대사율보다 낮다. 유대류인 웜뱃은 다른 유대류에 비해 대사율이 훨씬
낮다. 이런 대사율의 차이는 체온이 상수 a에 미치는 효과 때문이다. 대
부분의 화학반응이나 생물학적 활성은 체온이 10도 올라가면 2~3배
증가한다. 이를 Q10 효과라고 한다. 태반동물과 연작류가 아닌 조류에
서 이 값은 2.5이다. 그렇지만 온도를 보정하더라도 연작 조류의 대사
율은 매우 높은 편이다. 반면 도마뱀의 표준대사율은 매우 낮다.

155 · 단위는 kJ/Kg/day이다. 산소 소비량으로 나타내기도 한다.

먹고 사는 것의 생물학

대사율과 체온은 소화 과정에 매우 중요한 영향을 끼친다. 음식물 섭취량, 소화액인 유미즙의 이동, 소화, 그리고 영양소 흡수가 그것이다. 같은 체중인 포유동물과 파충류 동물이 같은 양의 음식물을 먹었다면 음식물의 섭취는 포유동물이 10배 이상 빠르다. 반면 소화유미즙이 머무르는 시간은 파충류가 여덟 배나 더 길다. 외부의 온도가 떨어진다고 해도 초식성 도마뱀이 섭취해야 하는 에너지 총량은 크게 변하지 않는다. 이를 보충하기 위해 음식물이 소화기관에 머무르는 시간을 늘림으로써 파충류는 적은 음식물 섭취와 낮은 소화 효율을 극복할 수 있다.

단위체중당 대사율은 체중이 증가할수록 감소한다. 다시 말하면 체구가 왜소한 육식성 땃쥐는 대형 육식동물보다 음식물을 보다 빨리 처리해야 하고 그에 따라 소화기관의 용량과 음식물이 소화기관에 머무르는 시간이 제약을 받을 것이라는 의미이다. 크기가 작은 척추동물, 특히 초식동물은 많은 양의 식물로부터 영양소를 뽑아내야 한다.

척추동물의 대사율은 체중의 약 0.7~0.8승에[156] 비례한다. 그렇지만 소화기관의 용량은 초식동물의 경우 체중의 1.04승이다. 이런 증가는 소화기관 내부에 발효를 담당하는 부위가 확장된 것이 주된 이유이며 초식성 도마뱀에도 적용이 가능하다. 따라서 초식동물의 대사요구량과 소화기의 용량의 비율은 체중이 증가할수록 줄어들 것이다. 이 비율은 정온동물보다 변온동물이 낮을 것이라고 예상할 수 있다. 이런 식으로 육상 대형조류나 초식 포유류, 초식 파충류인 공룡의 대사율을 설명할 수 있을 것이다. 장내 세균에 의한 발효 과정을 거치면서 초식동물의 체온은 체중이 늘어날수록 올라간다.[157] 1987년에 파로[James O. Farlow]는

---

156 · 태반동물은 $63.0M^{0.76}$, 유대류는 $48.0M^{0.75}$, 도마뱀은 38℃에서 $6.8M^{0.80}$, 20℃에서 $1.5M^{0.80}$이다.
157 · 『산소와 그 경쟁자들』에서도 잠깐 언급했지만 초식동물은 생명 유지에 필수적인 질소를 섭취하기 위해 필요한 것보다 훨씬 많은 탄소를 섭취한다. 풀에 들어 있는 질소의 양이 상대적으로 적

발효에 의해 거대 초식동물인 공룡이 대사율을 올리고 체온을 일정하게 유지할 수 있었을 것이라고 말했다.

동물원에 사는 사육동물은 야생의 동물에 비해 거의 두 배 이상 대사율이 높다. 일부 정온동물은 음식을 구하기가 여하하지 않을 때 동면이나[158] 하면을[159] 통해 전체적인 에너지를 유지한다. 정온동물의 에너지 소모량은 같은 크기 파충류의 17배나 된다. 이는 주로 체온을 일정하게 유지하는 데 사용된다. 밤이 되어 바깥 기온이 내려가면 파충류의 체온과 대사율은 바닥까지 떨어진다. 반면 이를 보충하기 위해 정온동물은 변온동물에 비해 휴식 상태의 대사율을 200배까지 올려야 한다. 따라서 변온동물은 음식물이 없는 경우라도 정온동물에 비해 오래 버틸 수 있다. 내온성 혹은 정온성은 에너지 측면에서 매우 사치스런 생리학이다. 한편 변온동물은 사는 장소의 제약을 받는다. 북위 45도가 넘는 곳에서는 살기가 힘들고 주로 적도에서 20도 근처 열대 지방에 분포한다.

진핵세포와 원핵세포의 대사율

마지막으로 진핵세포와 세균계 원핵세포의 대사율을 알아보자. 그리고 그 수치가 의미하는 바가 무엇인지, 왜 세균은 그 정도의 크기와 유전체를 지닌 채 수십억 년을 살아왔는지 추정해보자. 결론부터 말하

기 때문이다. 남아도는 탄소는 어떤 식으로든 소모를 해야 하는데 그중 하나가 몸집을 키우는 것이고 다른 하나는 열로 발산시켜 체온을 높이는 것이다. 또 몸집을 키우면 단위체중당 대사율을 낮출 수 있기 때문에 조금 덜 먹어도 된다.

158 · 동물원에 있는 흑곰은 동면하지 않는다. 야생에서는 찾아볼 수 없는 현상이다. 비교적 일정한 온도가 유지되기 때문에 대사율은 야생에서보다 높아야 한다.

159 · 기온이 떨어지는 것 말고도 다른 요인, 예컨대 물을 얻을 수 없는 사막의 두꺼비도 덥고 건조한 날이 지속되는 동안 땅속 깊숙이 굴을 파고 잠을 잔다. 짧은 우기가 찾아오면 이들은 밖으로 나와 교미를 하고 잠자는 동안 사용할 에너지를 비축해야 한다. 사는 것은 결코 녹록한 것이 아니다.

면, 여분의 에너지를 갖게 된 진핵세포가 기능의 다양화를 거쳐 다세포성을 획득하는 궁극적 원인이 바로 이들 '수학'에 살아 있다. 이 수학은 닉 레인과 빌 마틴Bill Martin의 논문을 참고한 것이다. 때로 어림 계산은 생물학을 다른 시각에서 바라보게 돕는다.

세균이 유전자 개수를 늘려 유지하려면 어디선가 에너지를 충당해야 한다. 진핵세포는 원핵세포보다 평균적으로 500배(3,000Mb/6Mb) 많은 유전체를 먹여 살릴 수 있다.[160] 그러나 단백질로 해독되는 유전자의 숫자는 고작 네 배에 불과하다. 이 말은 중요한 의미를 함축하고 있다. 많지는 않다고 하더라도 단백질을 암호화하지 않는 유전체를 유지하는 데 여전히 에너지가 소모되기 때문이다. 그렇지만 유전자의 조절 부위가 많아진다. 다시 말하면 유전자를 발현하는 데 있어서 시간적·공간적 조절이 용이해지고 정교해질 가능성이 커진다. 한편 유전체의

160 ·

	원핵세포	진핵세포	비율
그램당 호흡속도	$0.19 \pm 0.5 \, W \, g^{-1}$	$0.06 \pm 0.1 \, W \, g^{-1}$	
중량	$2.6 \times 10^{-12} g/cell$	$40,100 \times 10^{-12} g/cell$	15,000
세포당 평균 대사율	0.49 pW/cell	2,286 pW/cell	5,000
유전체의 크기	6 Mb (1.5~10 Mb)	원생생물: ~100,000 Mb 곰팡이 혹은 작은 원생생물: 10~40 Mb 곰팡이: ~1,000 Mb 미토콘드리아를 가진 대식성 세포: ~700 Mb 조류algae: 3,000 Mb (~10,000~100,000 Mb)	
유전체당 대사율	0.08 pW/Mb (0.3~0.05 pW/Mb)	평균 3,000 Mb를 취하면 0.76 pW/Mb	
유전자 개수	5,000 (대장균)	20,000 (유글레나) 40,000 (짚신벌레)	4~8
유전자당 대사율	0.1 fW/ gene 만약 2,500 유전자라면 0.2 fW/ gene, 큰 세균이라면 (10,000 유전자) 0.05 fW/ gene	115 fW/ gene	

원생생물의 미토콘드리아 유전체: 30 Kb (6~77 Kb)/ mitochondria, 200,000 copies = 6,000 Mb.
이를 감안한 원생생물 전체 유전체 크기 9,000 Mb: 0.25 pW/ Mb.

크기가 커지면 복제하는 데 시간이 더 든다. 진핵세포가 분열하는 데 걸리는 에너지와 시간은 대장균과 비교할 바가 못 된다.

일반적으로 말해서 한 벌의 유전자를 복제하는 데 세균은 그들 에너지의 약 2퍼센트를 사용한다. 만약 유전체의 크기가 10배로 커진다면 세균은 20퍼센트의 에너지를 소모해야 한다. 좀 궁해지긴 하겠지만 감당할 수 있을 것이다. 그러나 500배 더 커진다면 사정은 완전히 달라진다. 모든 에너지를 다 써도 세균은 늘어난 유전체를 도저히 감당할 수 없기 때문이다. 이런 점을 모두 감안하면 세균의 유전체가 단백질을 암호화하지 않는 부위를 적게 가지리라는 점은 명백해 보인다. 실제 세균은 100만 개의 염기당 500~1,000개의 유전자를 지니고 있는 반면 진핵세포는 그 숫자가 평균 12개 정도이다. 그러므로 세균은 인트론이[161] 거의 없거나 있어도 흔적과 같은 정도일 것이다. 유전자 발현의 조절 요소를 편입시키기도 힘들고 조직의 분화, 즉 진핵세포의 다세포 만들기에 관여하는 마이크로 RNA도 세균에서는 진화되지 못했다.

그러나 곧이곧대로 말하면 단백질을 합성하는 데 훨씬 더 많은 에너지가 소모된다. 예컨대 막 자라고 있는 세균은 자신이 보유한 총 에너지의 75퍼센트 정도를 단백질의 합성에 사용한다. 이 말은 결국 유전체의 크기보다는 단백질로 번역되는 유전자의 숫자가 에너지의 한계치를 결정한다는 의미이다. 따라서 유전자의 숫자는 에너지 소모량과 정비례한다. 같은 말이겠지만 리보좀의 숫자와도 정비례한다. 대장균을 예로 들면 이들 생명체는 약 1만 3,000개의 리보좀이 있다. 반면 간세포는 그 수치가 1300만 개에 이른다. 이런 식으로 계산하면 진핵세포에는 약 1,000~10,000배가량 리보좀이 더 있다. 진핵세포는 이 유전자

---

161 · 단백질을 암호화하는 부위는 엑손, 그 사이에 끼어 있는 염기를 인트론이라고 한다.

먹고 사는 것의 생물학

뿐만 아니라 조절 부위까지를 포함하는 유전체의 크기를 평균 5,000배 가량 늘릴 수 있는 에너지를 충당할 수 있게 된 것이다.

인간사도 마찬가지지만 전체적으로 살림의 규모가 커지면서 진핵세포는 매우 다양한 일을 할 수 있게 되었다. 그중 하나가 포식^{phagocytosis}작용이다(그림 11). 세포 밖에 있는 뭔가를 잡아먹기 위해서는 세포막의 구조가 포구처럼 둥그렇게 변한 다음 다시 합쳐서 포구로 들어온 음식물을 세포 안으로 집어넣어야 한다. 매우 역동적으로 세포막의 구조가 바뀌어야 한다는 말인데 이는 골격 단백질의 조화로운 움직임을 필요로 하고 여기에는 그 단백질뿐만 아니라 에너지도 많이 소모된다. 이런 에너지는 결국 한때 자유롭게 살았던 세균 공생체인 미토콘드리아로부터 나온다.

모든 진핵세포는 미토콘드리아를 가지고 시작했다. 그러나 특정한 환경에 적응하면서 미토콘드리아를 잃어버린 종들이 약 1,000종에 이른다. 생명의 가지에서 이들의 지위는 한때 뜨거운 논란의 대상이었지만 지금은 이들 모두가 미토콘드리아를 잃어버린 진핵세포라고 결론이 나 있다. 그렇지만 발전소를 잃어버린 상태에서도 이들은 포식작용을 거뜬히 해낸다. 예를 들어 이질 아메바$^{Entamoeba\ histolytica}$는 미토콘드리아가 없지만 포식작용을 통해 먹이를 얻는다. 대신 이들은 숙주에 기생하면서 진핵세포다운 활동을 거의 포기해버렸다. 이질 아메바는 큰 세균이 가진 정도인 약 1만 개의 유전자를 가지고 유전자의 재료가 되는 퓨린, 피리미딘도 합성하지 않고 마찬가지로 지방도 합성하지 않는다. 구연산 회로도 돌리지 않는다. 환경에서 에너지를 손쉽게 섭취할 수 없다면 결코 취할 수 없는 생존 전략이다. 이질 아메바는 동물의 대장에 서식하며 감염을 일으키기도 하지만 만성적으로 아예 눌러 살기도 한다.

미토콘드리아와 세포 거대 자본의 탄생

워낙 미토콘드리아는 세포의 발전소로 알려져 있지만 처음 이 세균이 들어왔을 때 무슨 일이 일어났던가에 대해서는 잘 알지 못한다. 그렇지만 분명한 것은 이들이 지니고 있었던 유전자 대부분이 진핵세포로 편입되었다는 사실이다. 진핵세포가 다세포 생명체로 전환되는 시기에도 여전히 유전자 수평이동이 있었다는 점을 상기하면 너무 당연하다는 생각도 든다.[162] 다세포화 과정에서 세균이 기여한 바는 이런 점에서도 결코 적지 않다.

그와 동시에 늘어난 유전자(혹은 유전체)를 감당할 만큼의 에너지도 동시에 생산했을 것이다. 진핵세포의 핵 유전자에 편입된 유전자들은 지금 우리가 알고 있는 다양하고 모험적인 유전적 행위를 시도해볼 수 있었을 것이다. 세세한 시나리오는 여전히 알지 못하지만 그 결과가 새로운 단백질, 단백질의 접힘, 동족 유전자, 혹은 유전자 조절 부위의 탄생으로 귀결되었음에 틀림이 없다. 이는 잉여 자본을 투자해서 새로운 사업을 벌이는 것과 크게 다를 바 없는 것이다. 그렇다면 세균은 단 한 번을 제외하고는 수십억 년째 여전히 과거의 에너지 생산 체계를 고수하고 있다고 봐야 할 것이다. 유전자 하나당 소모하는 에너지양은 큰 차이가 없지만 반대로 진핵세포는 보다 많은 유전자를 거느릴 수 있게

---

162 · 동정편모충류인 모노시가 브레비콜리스*Monosiga brevicollis* 유전체의 약 4.4퍼센트는 유전자 수평이동에 의한 것이라고 중국 연구진들은 밝혔다. 2013년에 수행된 연구에서 이들 연구진들은 모노시가의 인산과당 인산화효소가 스피로헤타에서, 아미노산 생합성 과정은 세균에서 받아들였다고 보고했다. 흥미로운 점은 모노시가가 조류algae에서 기원한 것 같은 유전자를 많이 지니고 있다는 사실이었다. 특히 석영을 생체로 편입하여 조직을 견고하게 하는 유전자도 들어왔다. 풀 길을 걷다가 맨 살을 베는 식물의 날 선 줄기도 석영을 함유하고 있다. 아마도 그 기원은 동정편모충류나 식물에서 같을 것으로 생각된다. 이런 것들 말고도 세포의 결합에 관여하는 테네우린teneurin이라는 단백질도 세균에서 유래했다. 이들은 동족 세포들 간의 결합을 촉진한다.

먹고 사는 것의 생물학

되었다. 살림 규모는 앞에서도 말했지만 진핵세포가 약 1,000~5,000배 더 크다. 이런 일은 어떻게 가능하게 되었을까? 다시 규모의 문제로 돌아가보자.

집의 평수가 늘어나면 그 공간을 채울 세간도 늘어야 한다. 세포가 커지면 세포 안을 채울 단백질의 생산도 늘어야 할 것이다. 여기에는 에너지 생산을 담당하는 전자 전달계 기본 단위의 숫자도 포함된다. 이런 요구를 수용하기 위해서 유전자의 크기도 커져야 한다. 크기가 커진 다는 것은 단지 표면적과 부피의 문제만이 아니다. 또 세포의 크기가 커지면 분열할 때도 문제가 생긴다. 세균의 분열을 담당하는 Z-고리의 최대 크기가 1마이크로미터이기 때문이다. 따라서 이 문제를 해결하지 않은 채 세균의 크기를 늘리려면 그들은 다른 수단을 강구해야 한다. 세균은 크기를 줄인 다음 분열을 하든지 아니면 포자를 만들든지 둘 중의 하나이다. 진핵세포는 세포 내부에서 에너지를 생산할 수 있는 내막 inner membrane을 설계함으로써 이 문제를 피해갈 수 있었다.

진핵세포는 세균과 고세균의 합작품이라고 말한다. 복잡한 얘기지만 비유적으로 서술해보자. 항해의 시대가 진행되면서 대서양을 건너던 배의 동력은 아프리카의 노예들이 가진 근육에서 나왔다. 노예가 수백 명이라고 가정하면 대략 진핵세포 안에 들어 있는 미토콘드리아의 숫자와 비슷하다. 앞에서 세균과 고세균의 합작이란 말을 했다. 그때 세균에 해당하는 생명체가 궁극적으로 미토콘드리아가 되었다. 노예가 끌었던 배는 동인도와 서인도제도를 돌면서 금과 향신료를 거의 공짜나 다름없이 가져왔다. 그것이 서구 자본주의의 중요한 토대가 된 것도 사실이다. 미토콘드리아는 원래 자신이 가지고 있던 유전자 99퍼센트를 핵 유전자로 돌려보냈다. 자신의 유전자 및 단백질을 만들고 유지하는 데 필요한 에너지를 숙주 세포에게 고스란히 양도한 셈이다. 미토콘드리아가 가진 유전자가 대부분이 숙주의 핵으로 갔지만 진핵세포가 가진 유전자의 수는 산술적으로 보았을 때 세균 유전자의 약 5배인 2~3만 개이다. 진핵세포 내 미토콘드리아 숫자에 해당하는 수백 배가 아니라는 말이다. 그러나 만들어내는 에너지의 양은 미토콘드리아나 그 전신인 세균에서 별 차이가 없었다. 그 남는 잉여 자본이 진핵세포를 꾸미는 데 사용되었다. 이런 에너지학^{energetics}이 다세포성의 확립과 그에 따른 소화기관 진화의 근저에 있는 것이다.

먹고 사는 것의 생물학

10

옥수수 수염과 신석기 혁명

인간 진화 역사의 비교적 최근에 등장한 유전체의 변화 양상은 젖당 분해효소, 아밀라아제, 알코올 분해효소에서 찾아볼 수 있다. 이들 모두를 일컫는 공통된 이름은 아직 없지만 아마도 우리는 이 유전자군을 '신석기 유전자' 돌연변이라고 부를 수 있을 것 같다. 농경의 시작과 동물의 가축화 이후에 등장한 '특정'한 형질이기 때문이다.

루시로 대표되는 오스트랄로피테쿠스가 대형 유인원에서 분기되어 나온 것은 대략 440만 년 전이다. 그들은 기원전 250만 년까지 살았다. 이들 호미닌은 주로 나무의 씨와 부드러운 열매를 먹었다. 화석에서 나온 오스트랄로피테쿠스와 유인원의 뼈 모양을 비교한 결과 약 200만 년경 직립보행을 하는 호모종이 등장했다는 결론에 도달했다. 호모 에렉투스, 혹은 직립원인은 그 후로도 100만 년을 더 살았다. 이들은 신체가 크고 두 발로 걸어 다녔으며 두개골의 크기는 침팬지와 현생 인류의 중간 정도였다. 지구의 날씨가 변했다. 빙하기의 건조하고 날씨 변덕이 심한 지역에서 C_4 화본식물(벼과 식물)이 등장했다. 흔히 '풀'이라 부르는 것들이다.

호모 하빌리스와 직립원인이 석기를 이용하게 되면서 대형 동물의 사냥이 시작되었다. 아마 가장 중요한 변화는 석기를 나무에 매달아 던지기가 가능해진 일일 것이다. 《네이처》에 소개된 논문을 보면 직립보행이 시작된 후 자유로워진 팔은 던지기에 최적의 골격과 근육 상태를 갖게 되었다고 한다. 백병전에서 투창이나 돌 던지기가 시작되고 사냥에 집단으로 참여하게 되면서 인간 공동체가 소비하는 육식 고기의 양이 늘어났다. 그런 세월은 한동안 지속되었다.

옥수수 수염

옥수수는 인류의 중요한 식량 자원이며 전 세계적으로 보았을 때 밀 다음으로 그 생산량이 많은 식물이다. 변산의 외딴 곳에 떨어져 있던 우리 외가집 처마에 대롱대롱 매달려 말라가던 옥수수 다발이 생각난다. 여름 더운 날, 옥수수를 가져오면 껍질을 벗기고 수염을 다 떼어낸 다음 소금을 약하게 간한 물에 삶아서 고구마랑 먹고는 했었다. 낫으로 줄기 밑동까지 베어낸 옥수숫대는 앞니로 껍질을 물어 벗기고 속살을 씹어서 단물만 빼내 먹었다. 그때 옥수수는 지금 주전부리 대신이었겠지만 흉작이 찾아왔을 때는 애달픈 식량이었을 것이다. 물론 쌀이 부족한 지역이라면 기꺼이 주식이 되었을 법도 하다. 그 외가에서 옥수수를 먹고 자란 나는 커서 '옥수수 수염이란 도대체 왜 존재하는 것일까?'라고 한참 뒤늦게 질문을 던진다. 지금은 칠십 줄에 접어든 농부 출신 우리 삼촌도 그 답을 모르고 있을 가능성이 크다. 아마 지금 옥수수를 재배하는 농부들도 그 답을 잘 알지 못할 것이다. 그 대신 옥수수 수염을

먹고 사는 것의 생물학

삶은 물이 잇몸을 튼튼하게 하는 용도로 사용된다는 것을 아는 사람들이 훨씬 많을 것이다. 또 옥수수 알갱이를 다 털어내고 남은 몸뚱어리를 쓰레기로 버리는 대신 거기서 에너지를 뽑아내려고 안간힘을 쓰고 있는 사람들도 있다. 그러나 지금부터 나는 옥수수가 C_4 식물이라는 얘기를 하려고 한다.

옥수수$^{corn, maize}$는 화본과에 속하는 식물이다. 한자로 화본禾本은 벼와 비슷한 잡초들을 지칭한다. 그러나 화본과에 걸맞은 적당한 우리말은 없어 보인다. 잡초 하면 베어 없애버려야 할 잡풀 정도로 여겨지지만 매우 인위적인 말이라는 느낌이 든다. 미국의 시인인 랠프 월도 에머슨은 잡초를 '아직 그 가치가 발견되지 않은 식물들'이라고 정의했다. 또 가치가 좀 모자란 식물이라고 평가하는 사람들도 있다. 많은 종류의 잡초가 있지만 우리가 들녘을 걷다가 볼 수 있는 것으로만 몇 가지 거론해보면 강아지풀, 피, 갈대, 억새, 냉이, 쑥, 토끼풀 등을 들 수 있다.

우리 주변에서 흔히 볼 수 있는 바랭이, 밀, 쌀, 호밀, 대나무, 사탕수수 등도 화본과 식물이다. 사실 우리가 먹는 대부분의 식량 자원은 화본과에 속한다. 그러나 뒤에서 살펴볼 C_4 식물에는 쌀과 밀이 포함되지 않는다. 대신 옥수수나 몇 잡곡류는 C_4 식물에 속한다. 왜 C_4 식물인지, 그것이 어떤 의미를 갖는지 잠시 생각해보자.

C_4 식물인 옥수수의 원래 기원식물은 그 흔적을 찾기 힘들 정도이다.[163] 우리가 식단으로 재배하는 대부분의 식물종이 다 그렇다. 바로

---

163 · 인공 선택에 의한 형질의 변화는 그 속도가 매우 빠르다. 다윈이 살던 시절 육종학자들은 6~7세대가 지나면 조상과는 완전히 다른 모양의 비둘기를 만들 수 있다고 장담했다고 한다. 우리가 먹는 다양한 종류의 배추도 하나의 조상에서 비롯된 것이 꽤 많다. 파슬리, 양상추, 포기배추 등등 이름조차 생소한 많은 소채가 하나의 조상에서 유래되었다.

인공 교배 때문이다. 옥수수 수염을 이해하려면 식물의 구조에 대해, 특히 생식기관의 구조에 대해 좀 알아야 한다. 쉽게 말하면 암술과 수술이다. 수술은 정자를 만들고 암술은 정자를 받아서 씨방에서 씨를 키운다. 정자는 암술대를 따라 씨방으로 내려가는데, 결론적으로 말하면 옥수수 수염은 바로 이 암술대를 말한다. 정자가 난자와 만나기 위해서는 오작교처럼 반드시 옥수수 수염이 있어야 한다는 말이다.

바로 이 순간 나는 수염이라는 용어가 잘못되었다고 느낀다. 수염은 남자의 전유물로 여겨지는 것을. 허나 어쩌랴. 옥수수 수염의 모양은 '수염이 좋구랴' 하고 주먹을 약하게 쥐어 쓸어내릴 때 그 수염과 하등 다를 바가 없어 보인다. 어쨌거나 암술대는 나중에 옥수수가 될 알갱이 하나하나에 배당된다. 이론적으로 옥수수 알갱이의 숫자는 옥수수 수염의 숫자와 같아야 한다. 누가 나서서 일일이 세어보지는 않겠지만.

옥수수는 한 그루에 수꽃과 암꽃이 모두 있다. 수꽃이삭은 줄기 끝에서 소박하고 가냘프게 자란다. 각각의 수꽃이삭에는 약 6,000개의 꽃가루주머니, 즉 꽃밥이 있다. 따라서 옥수수 한 그루에 있는 꽃밥들이 퍼뜨리는 꽃가루 알갱이의 수는 수백만 개에 이른다. 꽃가루는 바람을 매개로 해서 근처에 있는 옥수수로 이동하여 미성숙한 암꽃이삭 속에 있는 난자를 만나 수정이 된다. 그 꽃가루가 자신의 암꽃이삭 속으로 떨어지면 별로 좋지 않다. 자가 수정이 일어나기 때문이다. 그래서 식물은 한 그루에서 기원한 자신의 정자를 배척할 수 있는 기제가 마련되어 있다. 우리가 소위 면역이라고 하는 것과 반대의 일이 일어나는 것이다. 자기 자신이 아닌[non-self] 것에 대한 면역세포의 반응과는 달리 식물에서는 자신[self]에 대한 면역 반응이 일어나고 있는 판국이다. 어쨌거나 정자는 옥수수 수염이라는 실크로드를 따라 난자를 만나고 그것이 우리가 먹는 옥수수 알갱이 한 개를 만든다. 그렇다면 옥수수와 같은 C_4

먹고 사는 것의 생물학

식물이 나타난 것은 언제일까? 왜 나타났을까? 잠시 지구로 돌아가자.

밀란코비치 주기와 고대 기후변화, 그리고 인류의 진화

초기 지구는 미궁 속에서나마 생명을 탄생시켰고 그 생명체는 오랜 세월을 감내해왔다. 캄브리아기 대폭발이 일어나고도 5억 년 정도가 더 지나서야 포유류 일각에서 대형 유인원이 나타났다. 일부 대형 유인원은 일어나 두 발로 걷기 시작했다. 그 당시 지구의 기후는 어땠을까? 여전히 이해하기 쉽지는 않지만 밀란코비치 주기는 그 설명에 도전한다.

밀란코비치$^{Meilutin\ Milankovitch}$는 지구 궤도의 변화가 수천 년의 기후 변화를 추동한다고 본다. 기후는 인간 진화와 행동 발달을 결정하는 가장 중요한 요소 중 하나이다. 이에 관한 수많은 이론과 가설이 명멸했지만 환경 결정론과 인간 진화는 여전히 관심을 끌고 있다. 국지적 수준에서의 환경 변화가 개별 집단에 영향을 미치고 그것이 진화적 변화를 이끌어내겠지만 이런 환경의 변화라는 것도 전 지구적 기후 변화의 패턴이 특화된 것으로 볼 수 있다.

온도나 강수량과 같은 기후의 요소를 직접적으로 측정하기 시작한 지는 두 세기가 되지 않는다. 시간의 긴 척도에서 날씨를 재구성하는 것은 이런 요소를 간접적으로 유추하는 방법밖에는 없다. 지질학적 기록에 남아 있는 기후나 환경의 변화에 민감한 단서 혹은 지표를 추적하는 것이다. 바다 속 퇴적물이나 두껍게 쌓인 얼음 층에 기록된 희미한 단서를 찾아서 과거의 기후를 예상할 수 있는 것이다. 예를 들자면, 빙하기 얼음에서 산소와 수소 동위원소의 비율을 측정하고 유공충이나 방산충과 같은 해양생명체 껍데기에서 산소 동위원소의 비율을 측정하는 것들이 대표적이다. 이런 분석을 통해 과거 바다의 수위가 어떠했는지, 얼음의 부피와 바닷물의 온도, 지구 대기의 온도 등을 기록할 수 있는 것이다. 얼음 층에 끼어든 공기 방울을 분석하면 대기 중의 화학 성분, 특히 이산화탄소에 관한 직접적인 단서를 포착할 수 있다. 바다 생명체의 껍질 속에서 탄소 동위원소의 비율을 측정하는 것도 물의 순환과 대기 중 이산화탄소의 농도를 추적하는 데 중요한 지표가 된다.

해양퇴적층이나 얼음에 흔적을 남긴 (바람에 의해 퇴적된) 먼지를 분석하면 당시 얼마나 건조했는지 습했는지에 관한 정보를 얻을 수 있다. 그린란드에 계속해서 쌓인 얼음 층은 10만 년이 넘는 기록을 제공해주지만 극지방에서는 과거 80만 년의 기록을 추적할 수 있게 해준다. 비교적 최근에 진화한 인류종이 살았던 시대이다. 호모 에렉투스, 하이델베르크인, 네안데르탈인, 그리고 현생 인류인 호모 사피엔스들이 그 시기를 거쳐왔다. 과학자들은 지구를 샅샅이 뒤지면서 해양퇴적물이나 얼음에서 기록을 조각조각 모아 신생대의 기후를 기록할 수 있었다. 이런 방식으로 불완전하게나마 인류 진화의 궤적을 따라갈 수 있다. 중국의 황토에서 발견된 곡식의 크기와 두께 변화를 알게 되면서 과거 700만 년 전에 아시아 지역이 춥고 건조했다고 단정하는 것도 그런 노력의 일환이다. 동굴에서 발견되는 탄산칼슘은 날씨에 관해 지역적인 정보를 제공하기도 한다.

이들 분석을 통해 특정 지역의 온도, 강수량, 건조 정도, 식물 서식에 관해 알 수 있다. 예컨대 인류의 조상이 살았던 남아프리카, 유럽이나 아시아 지역의 C_3, C_4 식물 서식에 관한 정보가 부수적으로 얻어진다. 방사성 동위원소인 우라늄이 토륨으로 얼마나 전환되었느냐도 지난 50만 년 지구의 기후에 관한 매우 정확한 정보를 준다. 이런저런 방법을 동원해서 인류가 살았던 흔적이 남아 있는 지역에서의 기후 변화에 대한 정보는 비교적 상세하게 구축할 수 있게 되었다. 그렇다면 장기적

먹고 사는 것의 생물학

으로 지구의 기후나 환경 변화에 영향을 미치는 다른 요소는 없을까?

지구에 도달한 태양에서 유래하는 방사선의 유형을 분석하면 어떤 정보를 얻을 수 있을까? 지구과학자들은 이 정보를 고기후학과 연결시켜 이들 사이에 직접적인 관련성이 있음을 밝혀냈다. 특히 제4^{quaternary} 빙하기에 관한 것이다. 지구 일사량의 변화는 지축의 요동에 의존적이며 이에 관한 이론을 정립한 연구자의 이름을 따서 밀란코비치 주기라고 부른다.

이심률, 경사도, 세차운동을 고려하여 밀란코비치는 천문학과 기후학의 다리를 놓았다. 이심률은 태양을 중심으로 하는 지구 공전 궤도가원이 아니라 타원형을 따라 움직인다는 말이다. 이 때문에 10만 년, 그리고 41만 3,000년의 주기를 가진 지구의 두 물리적 특성이 유래한다. 경사도는 궤도 평면에서 지축이 약간 기울어져 있다는 것을 의미한다. 기울기는 22.1~24.5도 사이에 있으며 약 4만 1,000년을 주기로 오락가락한다. 세차운동은 지축이 회전하면서 움직이는 현상을 말한다. 지축은 한 방향을 따라 움직이지 않는다. 회전축은 시계 방향으로 움직이는데 약 1만 9,000~2만 3,000년을 주기로 흔들거린다. 태양을 중심으로 지구가 공전하고 자전하면서 움직이는 것이 일정한 주기를 따라 변화를 계속하고 있다는 말이다.

이 때문에 지구에 도달하는 태양에너지의 양이 주기적으로 변하고이것이 장기간에 걸쳐 지구의 환경을 조성한다. 저위도의 일사량은 주로 이심률과 세차운동의 종합적인 효과에 따라 변한다. 반면 고위도 지역은 경사도에 더 의존적이다. 지구가 술 취한 것처럼은 아니겠지만 비틀비틀 돌면서 궤도를 따라가기 때문에 언제나 같은 양의 에너지를 받지 못한다. 극지방보다 적도에 그 양이 더 많다. 극지방의 좁은 각으로 태양에너지가 도착한다는 말은 상대적으로 더 먼 거리를 움직인다는 말과 같다. 이는 우주 공간으로 다소간 에너지를 잃어버린다는 뜻이다. 지축이 더 기울어지면 계절 변화가 더 커진다. 현재 계절성은 북반구에서 줄어드는 중이다. 그러나 남쪽 반구에서는 커지고 있다. 이 주기가 1만 1,000년을 주기로 반복된다. 북반구의 겨울이 예전만큼 춥지 않고 여름은 더 덥지 않다.

기후에 따른 환경 변화와 인류의 진화가 서로 긴밀한 관련이 있다는 가설의 가장 대표적인 예는 사바나 가설에서 찾아볼 수 있다. 사바나의 특징은 열린 공간이 있다는 것이다. 숲이 없다는 말이기도 하다. 숲에서 초원으로 변한 환경 때문에 유인원에서 인간으로 진화가 가속화되었다는 것이 이 가설의 핵심이다. 인류의 해부학적·행동적 변화를 일으켰을 단 하나의 핵심 동인이 없다는 것은 거의 확실하지만 인류가 이런 초원에서 진화했다는 생각은 여전히 확고하게 자리 잡고 있다. 해양 퇴적물에서 얻은 고기후학을 바탕으로 과학자들은 인간 진화 과정을 연구하고 있다. 특히 지구 북반부에서 빙하기가 언제 시작되었느냐에 관한 것이 쟁점이다. 270만 년 전 일어난 호미닌의 등장과 아프리카 반추동물[164] 종의 생성 및 멸종을 하나의 동일한 사건으로 봐야 한다고 강조한다. 이들 사건을 추동한 동인은 온화하고 습한 조건에서 춥고 건조한 환경으로 변하면서[165] 숲이 줄어들며 생긴 열린 공간, 즉 초지라는 것이다. 바로 이 시기에 해양 산소 동위원소의 비율이 급격하게 변화했고

---

164 · 반추동물이 먹는 것은 풀이다. 바로 이 풀이 잡초이고 C_4 식물이다. 참고로 초기 인류가 아프리카를 처음 떠난 것은 180만 년~160만 년 전이다.

165 · 건조한 기후에서 동물들은 물을 찾아 호수로 나온다. 동부 아프리카 호수에 몰려든 동물들은 집단적으로 체체파리의 공격을 받았다고 한다. 인류가 아프리카를 떠난 원인이 그 파리 때문이었다고 말하는 과학자도 있다. 독일 과학자가 쓴 『자연은 왜 이런 선택을 했을까』에 그런 얘기가 나온다.

북반구에 빙하기 찾아들었다.

아프리카 해변을 따라 축적된 토양의 먼지를 추적하는 고생물학자인 피터 디메노컬$^{Peter\ DeMenocal}$은 지구 공전축이 변하면서 아프리카의 습한 아열대 지역이 건조하게 변했다고 말했다. 그가 지적한 시기는 각각 280만 년 전, 170만 년 전, 그리고 100만 년 전이다. 이 시기는 밀란코비치 주기에 따른 지구 움직임이 예견한 바로 그때와 일치한다. 아프리카에서 발견된 화석과 지질학적 기록에 따르면 호미닌의 다양한 분기가 시작되었던 시기와 거의 일치한다. 바로 290만 년~240만 년 전 일이다.

디메노컬은 1만 년이나 10만 년 정도의 짧은 주기로 반복되는 지구 움직임의 변화와 그에 따른 환경의 변화도 마찬가지로 중요하다고 본다. 이렇게 주기가 반복되면서 안정적인 환경이 불안정한 상태로 변한다. 이것이 자연선택에 의해 인류의 유전적 변화를 가져왔을 것이다. 새로운 기후 변화에 보다 적응적 형질을 가진 개체가 궁극적으로 선택되었으며 또 새로운 환경이 닥치면 다양하게 적응할 수 있는 가능성이 커지게 된다. 적응성이 진화된 것이다. 아프리카 동부의 호수를 연구하는 마틴 트라우스$^{Martin\ Trauth}$도 디메노컬과 마찬가지로 밀란코비치 주기에 해당하는 260만 년 전, 180만 년 전, 100만 년 전에 이 지역의 기후가 매 80만 년 주기로 변동하였다고 보고하였다. 아프리카 몬순이 찾아오는 시기는 지구의 세차운동에 따른 일사량의 변동과 관련이 있다.

C_4

광합성은 오직 한 번 진화했다고 말한다. 이 사실은 자가 영양 광합성 식물이 C_3 경로를 취한다는 사실에서 알 수 있다. 보다 정확히 말한다면 광합성을 담당하는 유전자가 장구한 지질학적 시간에 따른 돌연변이를 간직하고 있을망정 하나의 뚜렷한 계보를 갖고 있다는 것이다. 즉 이들 모두는 단 하나의 공통 조상을 가지고 있을 뿐이다. 생물학에서는 C 옆에 번호를 붙이는 경우가 많은데, 거의 예외 없이 이 번호는 탄소의 숫자를 말한다. 그러니까 C_3는 탄소 세 분자를 말한다. 광합성의 재료로 사용되는 이산화탄소는 C_1이다. 이 기체 여섯 분자를 합치면 포도당이 된다. 그러므로 포도당은 C_6이다. 탄소가 중요하다는 의미도 있겠지만 복잡한 곁다리는 다 쳐내고 요컨대 알맹이만 갖고 얘기해보자, 이런 말이다.

공기 중의 이산화탄소 한 분자를 잡는 효소는 루비스코 단백질이다. 루비스코라는 효소는 단일 단백질로서는 지구상에서 가장 풍부한 것이다. 앞에서 얘기한 것처럼 광합성이 한 번 진화했다고 말할 때는 이 효소도 염두에 두고 있음은 물론이다. 이 효소가 일하는 방식은 한 번 만들어지고 지금껏 한결같이 변함이 없다. 엄청난 평범함이다. 루비스코가 이산화탄소를 잡기 위해서는 일종의 끈끈이주걱 같은 것이 필요한데 이것도 탄소다. 바로 탄소 다섯 개짜리다. C_5에다 C_1을 더하면 두말할 것 없이 C_6다. 이제 포도당을 만들면 간단하고 좋겠지만 줄을 서서 기다리고 있는 다음 이산화탄소를 잡을 끈끈이가 사라지게 되기 때문에 다섯 개의 탄소를 모두 허비해버릴 수는 없다. 그래서 이들 여섯 개의 탄소는 정확히 반으로 나뉘어(C_3) 다시 탄소 다섯 개를 재생하는 데 사용된다. 계산이 잘 맞지 않지만 지금 얘기한 일이 동시다발적으로 일어난다면 가능한 일이다. 계산을 맞추려면 C_3짜리가 12개 있으면 된다. 이 중 두 개는 포도당을 만드는 데 사용하고 나머지 열 개의 C_3는 여섯 분자의($C_3 \times 10 = C_{30} = C_5 \times 6$) 끈끈이를 만드는 데 사용된다. 여기에 사용되는 에너지와 전자는 무시하도록 하자. 빛도 무시하자. 어쨌든 이런

먹고 사는 것의 생물학

의미를 담아 보편적인 광합성 경로를 C_3이라고 한다.

이산화탄소는 기공을 통해서 식물세포 내로 들어온다. 엽육$^{leaf \, mesophyll}$ 세포라고 불리는 세포에는 엽록체가 있어서 바로 이 가스를 요리하기 시작한다. 루비스코 효소가 필요한 순간이다. 루비스코는 지금껏 한 번 도 대타를 사용해본 적이 없이 모든 경기에 출장한 대단한 선수라고 생 각되지만 한 가지 결정적인 약점이 있다. 산소도 요리할 수 있기 때문 이다. 볼이 높든 낮든 무조건 방망이가 나가고 게다가 실수 없이 맞추 기까지 한다. 그러나 산소를 요리하면[166] 포도당이 적게 만들어진다.

그러나 이들 산소가 어디서 오는지 생각해보면 왜 이런 비생산성이 선택되었는지 짐작할 수 있다. 이산화탄소를 요리할 재료 중에는 전자 와 에너지가 있다고 앞에서 말한 것을 기억해보자. 식물세포의 경우 이 들 전자는 물에서 유래한다. 두 분자의 물에 있는 전자를 (양성자와 같 이) 네 개 빼내면 남는 것이라곤 산소밖에 없다. 이런 시나리오를 생각 해보면 루비스코가 일하는 바로 그곳이 산소라는 독성물질이 계속해 서 만들어지는 최악의 작업현장이다. 따라서 루비스코는 포도당 생산 성을 희생하면서 산소에 대한 방어도 겸하고 있다고 말할 수 있는 것이 다. 이 과정은 산소를 다시 이산화탄소로 전환시키는 과정이 포함되기 때문에 광호흡이라고 말한다.

그런데 만약 대기 중에 식물이 조리할 이산화탄소의 양이 줄어든다 면 어떤 상황이 벌어질까? 고기후학의 결과를 보면 원시 지구 대기에 존재하던 많은 양의 이산화탄소는 계속해서 줄고 있다. 물론 요새는 아

---

166 · 광호흡이라고 한다. 이산화탄소의 농도가 낮고 햇볕이 강한 조건에서 상대적으로 산소의 양 이 많을 때 잘 일어난다. 건조한 낮에 식물이 기공을 닫을 때 광호흡이 일어날 수 있는 조건이 갖추 어진다.

주 조금 더 늘었다.[167] 루비스코가 처음 진화하던 시기에 대기 중 산소는 아주 적거나 없었다는 것은 잘 알려져 있다. 산소는 오직 생명체에 의해서만 만들어졌다고 하기 때문이다. 정확히 말하자면 그건 사실이 아니겠지만 대기 중 자유 산소가 대기에 쌓일 정도의 양은 식물이나 광합성 세균 덕택임은 거의 확실하다. 지구 대기에 이산화탄소의 양이 줄어들면 기온이 내려간다. 기온이 내려간다고 해도 적도지방은 여전히 식물이 살 만할 여건이 마련되었을 것이다. 그렇다면 식물체가 취할 수 있는 전략은 이산화탄소를 농축하고 허비하지 않는 일이다. 이런 일이 실제로 지구상의 생명체에서 일어났다. 약 3000만 년 전경 신생대 초기 지구의 이산화탄소가 곤두박질치던 시기에 일부 식물에서 이산화탄소 농축 기전이 마련되었다. C_4 식물체가 탄생한 것이다. 이는 최초로 이산화탄소를 고정시키는 물질이 탄소를 네 개 갖고 있다는 의미를 갖는다. 그러나 내가 보기에 보다 더 중요한 요점은 탄소를 받아들이는 장소와 포도당을 만드는 장소를 분리시켰다는 것이다. 이런 과정을 수행하는 데는 기존의 체계보다 더 많은 유전자와 단백질이 필요하다.[168] 그러나 언제나 그렇듯이 약간의 수정이 필요했을 뿐이다. 기존의 것들을 조금씩 변화시켰거나 존재 위치를 바꾸었기 때문이다. 또 루비스코가 산소를 직접 만날 일이 줄어들었다.

서로 다른 세포에서 이산화탄소를 받아들이고 포도당을 만드는 복잡성은 많은 식물종이 채택한 전략은 아니다. 대다수의 식물은 여전히

---

167 · 영남대학교 정태천 박사는 내게 이렇게 말했다. "우리가 배울 때는 이산화탄소의 (대기 중) 함량이 0.03퍼센트였잖아요. 지금은 0.04퍼센트래요." 그러나 화성이나 금성의 대기는 지금도 대부분이 이산화탄소이다.

168 · 자세히 말하면 C_4 식물에서는 엽육세포가 이산화탄소를 잡아서 포도당을 만드는 유관속초세포에 전달한다. 그러나 C_3 식물에서는 이 두 가지 일이 엽육세포에서 일어난다.

먹고 사는 것의 생물학

C_3 경로를 이용하여 포도당을 만들고 C_4 식물과 나란히 지구를 푸르게 덧칠하고 있다. 어떤 과의 식물군은 C_3, C_4 경로가 뒤섞여 있는 것들도 존재한다. 그렇다면 C_4 생명체가 진화할 수밖에 없었던 선택압은 어떤 것들이 있었을까? 식물과학자들은 대기 중의 이산화탄소가 줄어들고 빛이 강하게 내리쬐는 더운 지역에서 C_4 식물이 C_3 식물보다 광합성의 속도와 효율이 높다는 것을 밝혔다. 바로 그런 환경적 요인이 일종의 선택압이 되었을 거라는 얘기가 되는 셈이다. 그중에서도 이산화탄소의 양이 줄어든 것이 가장 강력한 선택압이었을 것으로 생각한다. 이산화탄소의 양이 줄면 자신이 만들어낸 산소 말고도 대기 중 산소에 상대적으로 더 노출될 것이기 때문에 루비스코 효소의 효율성은 더 떨어진다. 특히 주위 온도가 높으면 이 현상은 더욱 심해진다. 물의 증산을 막기 위해서는 기공을 닫아야 한다.

기공을 닫게 되면 우선 급하게 두 가지 문제가 불거진다. 첫째 이산화탄소를 들여올 수 없기 때문에 공장을 가동할 수 없다. 둘째 식물세포 내부의 온도가 올라간다. 그러니까 이산화탄소를 들여올 수 있을 때 들여와서 다른 세포에 은닉해놓고 공장을 돌리면 될 것이다. 그러나 이런 이중 장치를 갖추기 위해서는 에너지가 많이 소모된다. 그러므로 C_4 식물은 광호흡이 활발해지는 조건에서만 C_3 식물보다 유리한 고지를 선점할 수 있게 된다.

또 숲으로 우거진 환경에서는 빛의 제약이 있기 때문에 광합성의 속도가 좀 느려도 괜찮을 것이다. 그러나 열린 공간이라면 쏟아지는 빛을 피할 방법이 없다. 사바나는 화본과 일년생 식물들이 선호하는 장소이다. 앞에서 얘기한 80만 년을 주기로 찾아왔던 시기에 이들 C_4 식물이 자신의 생체량을 급속히 늘렸을 것이고 그 풀숲에서 인간이 두 발로 걸어 나오는 시나리오는 아주 그럴싸하게 보인다. C_4 식물이 진화하던 시기는 또한 건조한 시기였다. 덥고 볕이 강하고 열린 공간에서 아마존의 습습함은 기대하기 힘들 것이다. 따라서 이들 식물은 물을 보관하고 효과적으로 운송하는 수로를 잘 간수하는 기제를 갖추었을 것이라고 볼 수 있다. 아직 이 부분에 대해서는 많은 연구가 진행된 것처럼 보이지 않지만 몇몇 결과를 보면 C_4 식물이 건기를 훨씬 잘 견뎌낸다. 기공을 통해 식물체의 수분증발을 줄이면서도 광합성 효율을 높일 수 있기 때문이다. 따라서 물관 체계가 덜 손상을 입을 것이고 그 덕택에 필요한 경우 기공을 열어 광합성을 계속할 수 있어서 마른 기후와 토양 조건의 제약을 덜 받을 수 있다.[169]

이산화탄소의 양이 낮아지는 것은 필요조건이지만 그것만으로 C_4 광합성의 진화를 이끌어내기는 부족하다. 덥고 열린 공간, 즉 건조하거나 소금기가 많은 조건, 다시 말해 광호흡이 특별히 C_3 식물에게 불리한 조건이 확보되어야만 이들이 진화할 수 있고 동일한 환경에서 최대 적응도를 얻을 수 있다. 소금기가 많으면 천금 같은 물을 보관하기 위해 기공을 자주 닫아야 한다.

대기 중 이산화탄소 수준의 지속적인 증가는 전 세계적으로 식물 잎의 기공 발달을 억제하는 것으로 알려져 있다.[170] 이런 현상은 농업에서 물 부족과 연계되면서 식물의 탄소 동화, 열 스트레스, 그리고 물의 이

---

169 · 선인장은 밤에만 기공을 열어 이산화탄소를 말산 형태로 잡아두었다가 낮에 말산에서 이산화탄소를 꺼내서 포도당을 만들면서 살아간다. 따라서 C_4 식물이다. C_4 광합성이 이산화탄소의 고정, 포도당 합성 과정을 서로 다른 장소(엽육세포, 유관속초세포)에서 수행하는 데 반해, 선인장의 광합성은 이 과정을 시간적(밤, 낮)으로 조절하는 셈이다. 따라서 낮에 선인장은 기공을 꽁꽁 닫아건 상태로 수분의 증발을 최대한 억제한다. 또 물을 효과적으로 보관하기 위해 두터운 큐티클층을 가지고 있다. 건조한 시기에 잎을 떨구어내는 식물들도 있지만 선인장의 잎은 가시로 변했고 대신 줄기에 물을 간수하는 전략을 취한다. 어쨌든 건조한 극한의 환경까지 서식처를 넓힌 이들 식물을 건생 식물xerophyte이라고 한다.

170 · 매년 2ppm의 이산화탄소가 증가하면서 은행나무 이파리의 기공의 숫자는 1924년 이래 1제곱 밀리터당 137개에서 97개로 약 30퍼센트 정도 감소했다고 한다. 『탄소의 시대』 설명이다.

그림 40. C$_4$ 식물

C$_3$ 식물보다 광호흡이 적은 C$_4$ 식물은 이산화탄소(CO$_2$) 농도가 낮은 상태에서도 광합성을 잘한다. 고온 건조한 지역에서 잘 자라는 사탕수수(왼쪽)와 옥수수(오른쪽)도 C$_4$ 식물이다. 지구 온난화가 심해질수록 쌀과 밀 같은 C$_3$ 식물보다 C$_4$ 식물이 살기에 유리한 조건이 될 것이다.

용 효율에 상당한 영향을 줄 수 있다. 산디에고 캘리포니아 대학의 줄리언 슈로더$^{Julian\ Schroeder}$와 그의 연구진들은 가스 교환 조절에 필요한 식물 잎의 기공 발달에 미치는 이산화탄소의 역할 및 그와 관련된 유전자를 연구하였다. 그들은 이산화탄소 상승과 그에 따른 신호전달 과정이 CRSP라는 새로운 종류의 단백질 분해효소 및 프로-펩티드 EPF2를 조절하며 그 결과 기공 발달이 억제된다는 사실을 밝혔다. 2014년《네이처》에 실린 내용이다.

쌀은 C$_3$ 식물이다. 만약 쌀이 광호흡을 통해 허비하는 약 25퍼센트가량의 탄소를 식량으로 전환시킬 수만 있다면 누군들 그리하려 하지 않겠는가? 광합성 효율이 높다고는 하지만 실제 지구상에 거주하는 C$_4$ 식물의 수는 광합성 식물의 4분의 1이 채 안 되는 21퍼센트 정도이다.[171] 오래된 인간의 주식인 옥수수는 C$_4$ 식물이다. 아주 더운 날씨에는 C$_3$ 식물이 이산화탄소를 잡아채는 능력이 줄어든다. 반면에 날이 아

---

171 · 그러나 총 생물량으로 치면 C$_3$ 식물이 95퍼센트를 넘게 차지한다.

주 추우면 C_4 식물이 꼼짝을 못 한다.[172]

지구 온난화가 가시화된다면 C_4 식물에게 유리한 조건이 형성될 가능성을 배제할 수 없다. 햇볕이 강하게 내리쬐는 데다가 온도마저 높으면 C_4 식물이 C_3 식물보다 빨리 자랄 것이다. 이런 조건에서 옥수수나 사탕수수의 수확량은 밀이나 쌀과 같은 C_3 식물에 비해 더 많고 또 가뭄에 대한 저항성도 더 크다. 인류의 식량이 되는 86종의 식물종 가운데 C_4 식물이 차지하는 비율은 그리 높지 않다. 하지만 이들은 적도에 가까운 지역 농업의 주종을 이루고 있다. 짐작이 가능하겠지만 옥수수, 사탕수수, 기장, 수수이다.

그런데 놀랍게도 C_4 식물은 빙하기가 반복되던 시기에 출현했다. 처음 출현한 지는 수천만 년 되었지만 그 규모가 확대된 것은 대략 250만 년 전 경인 것 같다. 매트 리들리Matt Ridley는[173] 약 400만 년 전경이라고 한다. 루시가 아프리카 대륙을 활보하던 때이다. 빙하기 때 적도는 매우 건조했고 이산화탄소 농도도 현재 대기 농도의 절반이 채 되지 않았다. C_4 식물은 부족한 이산화탄소를 보다 효율적으로 취할 수 있도록 진화되었다. 이와 동시에 이들은 물의 증산을 억제할 수 있었다. 간빙기에 숲은 초지에 자리를 내어줄 수밖에 없었다. 식물의 4퍼센트가 C_4 전략을 택한 반면 초지를 선호하는 화본과 식물은 거의 반 정도가 이런 전략을 취한다. 그러므로 주변에서 지금 흔히 볼 수 있는 잡초는 지구 역사에서 신참에 속하는 것이다.

---

172 · 다른 요인이 더 있을 수 있겠지만 C_4 식물이 추위에 약한 것은 이산화탄소를 잡아서 전달하는 단백질이 저온에 쉽게 활성을 잃기 때문이다. 그렇다면 C_4 식물은 일년생 식물이 많을 것이라고 예상할 수 있다. 미국의 잔디는 한국과 달리 겨울에도 퍼렇다. 아마도 이들 C_4 식물은 추위에 내성을 키운 것 같다.

173 · 저술가이다. 진화적 군비경쟁을 다룬 『붉은 여왕』, 스물세 개의 염색체 이야기인 『생명 설계도, 게놈』 등의 책을 썼다.

먹고 사는 것의 생물학

C_4 식물 입장에서 보면 지구 온도가 상승하는 것은 반가울 수 있겠지만 이산화탄소의 농도가 올라가는 것은 탐탁지 않을 것이다. C_3 식물에게 유리한 조건이기 때문이다. 수백 번의 실험을 통해 알게 된 사실 중 하나는 이산화탄소의 양이 증가하면 쌀이나 밀의 생산량은 36퍼센트, 33퍼센트가 증가하지만 옥수수의 수확량은 24퍼센트 증가에 그친다고 한다. 문제가 또 있다. C_4 식물은 생명력이 강한 잡초가 많다. 농사꾼을 가장 괴롭히는 잡초 18종 중에서 14종이 C_4 식물이다. 그렇다면 특히 더운 지방에서 이산화탄소의 농도가 올라가는 것이 C_3 식물에게 더 유리할까?

중국 남경 토양 연구소 젱 칭$^{Qing\ Zeng}$과 연구진은 이런 예상을 현장에서 증명해보기로 했다. 이산화탄소의 양을 두 배로 늘리고 쌀과 잡초의 성장 속도를 비교하였다. 쌀의 성장이 37.6퍼센트가 증가한 반면 잡초의 성장은 47.9퍼센트가 줄어든 것으로 드러났다. 쌀이 잡초가 사용할 자원을 잠식한 까닭이다. 이런 점만 고려한다면 대기 중 이산화탄소의 양이 늘어나는 것이 반드시 나쁜 것만은 아니다. 그러나 쌀의 주요 생산국이 더운 지방에 분포하고 있기 때문에 온도의 영향도 고려하여야 한다. 플로리다 대학의 T. J. 베이커는 이산화탄소보다는 온도가 수확에 더 큰 영향을 끼친다고 말했다. 온도가 올라가면 C_4 식물이 유리하다. 앞에서도 얘기했지만 C_3 식물이 광호흡을 통해 허비하는 탄소를 다시 그러모으는 일이 더 중요해질 것이다. 그래서 과학자들은 쌀을 C_4 식물로 탈바꿈할 방법을 찾고 있다. 그렇게 되면 쌀의 생산량은 50퍼센트 이상 늘어날 것이고 질소 의존도도 떨어질 것을 기대한다.[174] 이런

---

174 · C_4 식물에서 광합성의 효율이 증가했다는 말은 상대적으로 C_3 식물에 비해 루비스코의 양이 적어도 된다는 말이다. 단백질 합성에 많은 양의 질소가 필요하기 때문에 C_3 식물에 비해 C_4 식물의 질소 의존도가 낮다.

노력은 C_4 벼 증산계획이라고 불리며 필리핀에 있는 국제 쌀 연구소가 기획하고 있다. 인류 역사 1만 년에 걸쳐 꾸준히 시험해온 선택적 재배와 육종의 역사가 자연선택과 충돌하는 현장에 들어와 있는 것이다.

농업혁명

시간이 흐르는 동안 인간의 식단이 변했고 그와 동시에 우리의 유전체도 변화를 거듭했다. 인간 특이적인 형질, 예를 들어 집단 유전학 연구의 결과를 보면 타액에 포함된 아밀라아제 유전자는 전분의 소비와 관련이 깊다. 아밀라아제가 전분 가수분해효소이기 때문이다.

초기 인류가 침팬지에서 분기되어 나오면서 원시 아밀라아제 유전자가 복제되었다. 거칠게 말해도 호미닌은 침팬지에 비해 세 배 정도

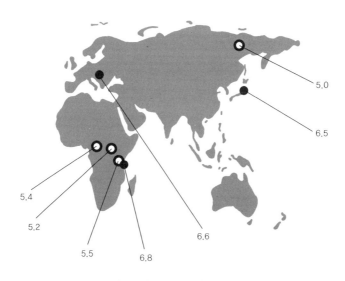

그림 41. 아밀라아제 유전자 복제수

지역에 따라 아밀라아제 유전자의 복제수가 다르다. 농경의 역사를 짐작할 수 있게 해주는 데이터이다. 수치는 평균이며 유전자 수는 2~15개에 이른다고 한다.

　　　　　　　　　　　　　　먹고 사는 것의 생물학

복사본이 더 많다. 효소 단백질의 양이 더 많음은 물론이다. 일찍이 농경을 받아들인 인류, 즉 전분의 소비가 많은 집단과 최근까지도 수렵과 채집을 일삼았던 집단 간의 아밀라아제 유전자의 평균 복사본 차이가 크다는 점은 매우 시사적이다(그림 41).

우유는 젖당의 분해효소와 관련이 있지만 좀 더 최근에 인간 유전체의 중요한 변수가 되었다. 이것도 농경이 시작되고 동물의 가축화가 진행된 이후의 사건이다.[175] 간단히 말하면 낙농을 주업으로 하게 된 민족에서 젖당 분해효소의 활성이 성인이 되어도 지속되는 현상이 유전적으로 정착되었다. 이를 바탕으로 북유럽이나 몽골 지역 인류 집단이 젖당 분해효소의 활성 돌연변이 형질이 높게 선택되었음을 알 수 있다.[176]

여전히 인간은 진화 중인가?

갓 태어난 아이는 모유에 포함된 당과 지방, 그리고 단백질을 소화할 수 있다. 그렇지만 전분은 전혀 소화하지 못한다. 아이들이 처음으로 접하는 고형 음식물이라고 해봤자 으깬 감자나 호박이다. 물론 우리는 밥알을 몇 개씩 떠 넘겨주기도 한다. 1984년에 발표된 논문에 의하면 신생아들의 침에서는 아밀라아제가 거의 발견되지 않는다. 음식을 씹는 과정에서 전분을 초벌 분해하는 효소가 아밀라아제이다. 신생아와

---

175 · 이에 관해서는 『진화와 의학』에 한 장이 할애되어 있다. 어른이 되어도 젖당 분해효소의 활성이 지속되는 인간들이 종종 있다. 그러나 유제품이 광범위하게 이용되면서 젖당 분해효소가 없어도 우유에서 에너지를 얻을 수 있는 방법이 점차 늘어났다. 왜 동물의 젖을 소비해야만 했을까? 차마고도에 사는 사람들을 보고 있으면 동물을 대동하고 다니는 것은 '물'을 지니고 다니는 행동처럼 보인다.

176 · 알코올 대사 효소의 활성 돌연변이도 농업혁명 이후에 인간의 유전자 집단에 광범위하게 편입되었다.

5개월이 지난 아이들의 침을 조사한 결과 이들은 아주 적은 양의 전분도 소화할 만한 효소를 만들지 못했다. 이때 밥을 억지로 먹이면 설사를 하거나 소화기계의 문제를 일으킬 수 있다. 그래서 우리는 젖을 만들지 못하는 엄마를 둔 신생아에게 암죽이라고 하는 것을 만들어 먹이기도 했다. 물론 지금은 이유식이라는 것이 광범위하게 상업화되었다.

어른들 사이에서도 음식물 속의 탄수화물과 아밀라제 함량 사이의 관계는 다소 모호한 면이 있었다. 그러나 최근의 연구 결과들은 탄수화물의 섭취가 높은 사람들 집단에서 이들 효소의 활성이 높다고 한다. 2007년 《네이처 유전학》에 실린 논문에서 도미니Nathaniel J. Dominy와 그의 동료들은 인간 진화 역사에서 아밀라제 유전자의 복사본 수를 조사했다. 그들은 돌연변이가 일어나 아밀라제 유전자의 복사본 수가 최소한 12만 년 전까지는 늘어나지 않았다고 보았다. 이들 효소의 복제수가 늘어난 것은 결국 인류가 전분의 소비에 적응하기 시작했다는 말이 될 것이다. 그러니까 인간 진화에서 전분이 뭔가 역할을 하기 시작한 것은 최근의 사건이라는 말이다. 이에 덧붙여서 2010년에 발표된 논문에서 앤절라 핸콕Angela M. Hancock은 인간의 유전체에서 엿보이는 적응적인 변화가 전분, 당, 저염산[177] 그리고 식물 배당체의 무독화와 관련이 깊다고 말했다. 인간 집단에서 이런 유전적 변화는 결국 전분이 고농도로 농축된 음식물에 대해 인류가 적응해 나가는 과정이었다는 점

---

177 · 스페인의 라브라나-아린테로 동굴에서 발견된 7,000년 전 유럽인 해골의 유전체 분석 결과가 2014년 《네이처》에 실렸다. 당시 스페인에 살던 사람들의 피부가 거무스레하다는 것이다. 또 이들은 우유도 녹말도 소화시킬 수 없었다고 한다. 일조량이 제한된 곳에서 검은 피부색은 자외선을 차단하기 때문에 비타민 D의 합성을 저해할 수 있다. 그래서 점차 유럽인들의 피부색이 하얗게 되었다고 보고 있는데 바로 이 점에서 엽산의 문제가 등장한다. 채소를 통해 흡수된 엽산이 자외선에 의해 파괴되기 때문이다. 그래서 피부색은 필수적인 이들 두 비타민의 함량을 조절하는 선에서 이루어진 타협의 결과에 다름 아니다. 농경을 시작한 신석기 시대 인류는 전 세계로 뻗어 나갔고 일조량이 적은 지역에도 상당히 많은 사람들이 포진해 있었다.

먹고 사는 것의 생물학

을 암시한다. 여기서 문제는 농경을 시작하기 전에 이미 인간이 전분을 소화하는 능력을 가졌다는 사실이다. 이런 논지가 중요한 이유는 최근에 붐처럼 일고 있는 구석기 식단 때문이다. 구석기 식단을 옹호하는 사람들은 탄수화물에 대해 인간이 아직 적응하지 못했기 때문에 그것을 섭취하는 것이 위험하다고 주장한다. 과연 그럴까?

침팬지는 자신이 섭취한 과일을 소화하기 위해 아밀라아제를 만들어낸다. 그와 비슷하게 육식동물도 고깃덩어리에 남아 있는 글리코겐을 분해하기 위해 아밀라아제를 가지고 있기는 하다. 우리가 아직 유인원이었을 때도 원시 아밀라아제를 가지고 있었다. 특정 지역의 인간 집단에서 아밀라아제 두 번째 복사본이 등장한 때는 대략 10만~20만 년 전이다. 그러나 단일 염기 다형성이나 유전자 복사본이 늘어나는 돌연변이가 2,000년 전에 나타난 지역도 있다. 야생 작물의 씨를 얻어서 경작을 시작하기 전이다. 인간이 침팬지로부터 분기한 것이 대략 700만 년 전이라고 볼 때 우리가 고농도의 전분을 섭취하기 시작한 지는 정말 얼마 되지 않는다. 그렇지만 우리가 농경을 본격적으로 시작하기 전에 아밀라아제 복사본을 최소한 두 벌은 가지고 있었다는 것은 여러 연구 결과를 볼 때 틀림없는 사실로 보인다. 전분의 섭취가 적었던 선조를 둔 일부 현대인들은 지금도 오직 복사본을 두 개밖에 가지고 있지 않다. 그러므로 전분의 소화에 관한 한 우리 인간은 아직도 진화 중이다.

유전자 복사본의 수

지금껏 과학자들은 점 돌연변이나 단일 염기 다형성[178] 같은 염기 수

---

178 · 인간 유전체 30억 개 중 특정 부위의 염기 서열 변화가 전체 집단의 1퍼센트 이상인 것을 말

준의 변이에 초점을 맞추어왔지만 표현형의 발현에 중요한 역할을 하는 큰 범위에서의 다형성도 흔하다는 사실을 알게 되었다. 이들 다형성 중 대표적인 것은 유전자의 복사본 수이다. 복사본 수의 변이라는 말은 특정 유전자가 복사되거나 혹은 DNA의 특정 부위가 사라지는 것 모두를 일컫는 말이다. 따라서 이들 유전자의 복사본 수가 변하면 당연히 표현형이 변할 것이기 때문에 개체의 적응도에 미치는 영향도 결코 적지 않을 것이다.

인간 유전체에서 지금까지 복사본 수의 변이에 대한 연구는 단순히 그 부위가 어디이고 어떤 염색체상에 위치하느냐 하는 것이었다. 또 선조들과 다른 지역으로 이주한 개체들을 비교하기 위한 수단으로 주로 사용되었다. 그러나 과학자들은 유전자 복사본의 수가 진화적으로 의미 있는 표현형의 변화를 이끌 수 있는가 하는 문제에 일부 답을 할 수 있을 것으로 본다.

인간과 침팬지의 비교를 통해 또 인간 종의 진화와 관련해서 신석기 혁명 이후 인류가 직면한 문제에 적응하는 데 복사본 수의 변이가 어떤 역할을 했는지를 언급할 때 아밀라아제가 중요성을 띠게 된다. 농경과 함께 음식물의 유형이 급격하게 변하고 새로운 병원균의 부담이 커진 상황에 처했음은 누구나 짐작한다. 인구 밀도가 높아진 것은 농업이 노동 집약적인 성격이 강하기 때문이다. 인간 유전체 프로젝트가 완료되기 전에도 복사본 수의 변이가 존재할 것이라는 점은 일부에서 예견되었지만 매우 드물 것이란 의견이 지배적이었다. 중요성이 그리 크지 않았을 것이라는 의미였다. 그러나 최근의 연구에 따르면 복제수의 변화

___

한다. 사실 인류의 유전자는 모두 다르기 때문에 표준이라고 할 유전체는 없다. 바로 이 점 때문에 집단 유전학이 의미가 있는 것이다.

먹고 사는 것의 생물학

와 관련된 유전자는 전체 유전체의 약 12~30퍼센트에 이르는 것으로 나타났다. 간과할 수 없는 수치이다.

무골호인과 잃어버린 유전자?

음경의 뼈는 동어반복이겠지만 음경골os penis이라 부른다(그림 42). 인간은 그림 42와 같은 뼈가 없는 대신 음경으로 흐르는 혈류의 압력을 높여서 발기를 한다. 누구나 아는 사실이다. 뼈가 없어도 기능에 무리가 없다면 음경골이 있는 동물에서 이들 뼈의 역할은 무엇일까? 사실 뼈가 있다 해도 혈압은 중요한 역할을 한다. 압력을 이용해 뼈를 밀어서 발기를 하고 귀두구멍을 열어서 정자가 빠져 나가도록 하기 때문이다.

뼈가 있어서 음경의 길이가 길어진다고 해도 정자가 잘 빠져 나가지 못한다면 그런 형질은 도태될 수밖에 없을 것이다. 자손에게 전달되지 않을 수도 있으니 말이다. 음경골은 또 다른 장점이 있다. 성교하는 동안 발기 시간을 연장할 수 있고 성교의 횟수를 늘릴 수도 있기 때문이다. 예컨대 암사자는 하루에도 100번이나 교미를 할 수 있다고 한다. 어떤 때는 4분 간격으로 상대를 바꿀 수도 있다. 이들의 수태율은 약 38퍼센트 정도이다. 그러므로 아비가 되려는 수사자는 발기 시간을 늘려서 경쟁 수사자와 교미할 기회를 두고 다투어야 할 것이다. 인간, 양털원숭이, 거미원숭이에게는 음경골이 없다. 튼튼한 구조, 강도, 지속시간, 회복력 면에서 음경골이 월등하다면 그

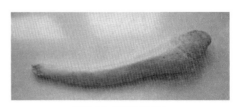

그림 42. 해마의 음경골

인터넷을 찾아보니까 커피 젓는 용도로 해마의 음경의 뼈를 쓰라는 광고가 있었다. 크기가 커지면 가격이 올라가겠지만 이 정도 크기의 음경골은 그리 비싸지 않다. 해마의 음경골 길이는 약 15센티미터 정도 된다.

것이 사라진 이유는 무엇일까? 인간의 음경골은 어디로 간 것일까?

음경골은 태반 포유류 동물들에게서 흔히 발견된다. 이는 수컷의 요도 위에 위치하고 있다. 우리 인간과 가까운 친척이라고 하는 고릴라와 침팬지에게도 음경골이 있다. 이들 종의 암컷은 클리토리스에도 뼈가 들어 있다. 그러나 대형 유인원으로 오면서 이들 뼈의 길이는 점차 짧아진다. 그러므로 이런 추세는 인간이나 몇 원숭이에서 이미 완결되었다고 볼 수 있을 텐데 그런 해부학적 전이를 가능하게 한 진화적 압력은 무엇이었을까?

음경골이 사라진 것은 진화생물학자들의 관심을 끌었지만 최근 들어 신학자들도 여기에 가세하기 시작했다. 재미있는 것은 한 신학자의 논문이 《미국 의학유전학》 잡지에 실렸다는 사실이다. 신이 아담의 음경골을 빼내 이브를 만들고 에덴의 동산을 세웠다는 것이 요지이다. 창세기 2장에 실린 내용은 아담의 늑골이 이브의 재료이다. '인간음경골은 어디로 갔는가?: 창세기의 뼈'라는 제하의 논문 일부이다.

> 생산성 면에서 늑골은 본질적으로 어떤 능력도 가지지 못했다. 신이 이브를 만들 때 우리는 아담의 음경골을 사용했을 가능성이 훨씬 높다고 생각한다. 아마도 이것 때문에 인간은 다른 유인원이나 대부분의 동물이 갖고 있는 음경골을 잃었다.

엄청나게 창의적인 해석이다. 그러나 최근 인간과 개, 쥐의 음경을 잘라서 현미경으로 자세히 들여다본 결과는 사뭇 놀라운 것이었다.

비교적 크기가 큰 음경을 가진 인간은 진화적 이점을 가진 것으로 간주되었다. 그러나 뼈도 없는 것이 어떻게 강직도를 유지할 수 있었을까? 콜라겐 염색을 하고 자세히 들여다본 뒤 과학자들은 인간 음경의 중심에 탄력성이 매우 좋은 섬유^elastic가 뼈 못지않은 강도를 유지할 수 있게 해준다고 결론을 내렸다. 이른바 음경골의 인대라고 불리는 것이 그것이다. 이 인대가 손상되면 부러진 뼈가 치유되는 만큼의 시간이 걸린다. 뼈와 동일한 정도의 구조적 강직성을 부여하는 다른 재질로 대치하면서 뼈를 버린 이유는 또 무엇일까?

이럴 때 장마다 꼴뚜기 격으로 등장하는 것이 성선택 이론이다. 음경의 탄력성이 수컷 유전자의 품질을 증명할 수 있는 솔직하고도 확실한 징표가 될 수 있다는 해석이다. 혈압을 지속적으로 유지하는 데는 에너지가 필요하고 이는 남성의 건강함의 지표가 될 수 있기 때문이다. 수사슴이 거대한 뿔을 지니고 있는 것이나 공작이 화려한 깃털을 갖고 있는 것과 같은 맥락이다. 그러나 조금 억지스러운 면이 없지 않고 가십적인 요소가 있는 것도 사실이다.

우리는 침팬지를 인간과 가장 가까운 사촌으로 꼽는다. 유전체의 97퍼센트가 같기 때문이다. 스탠퍼드 대학 연구진들은 인간과 침팬지의 유전체를 조사하면서 침팬지에게는 있지만 인간에게 없는 유전자 서열을 조사했다. 보통은 그 반대 방향의 접근을 하기 때문에 그들의 시도는 독창적인 데가 있었다. 그러나 그들이 발견한 사실은 더욱 놀랍고 또 인간 진화에 관한 매우 재미있는 암시를 던져준다. 2011년 《네이처》에 발표된 이 논문에 따르면 인간은 침팬지에서 발견되는 약 510개에 달하는 유전자 부위가 없다. 대부분의 위치가 단백질을 발현하는 유전자 밖에 있는 서열들이다. 그중에서 연구자들이 관심을 쏟은 부위는 안드로겐 수용체와 암 억제 유전자인 *GADD45G* 염기서열의 비암호화 자리였다. 이들 조절 부위의 기능을 알아보기 위해 연구자들은 침팬지 염기 서열을 마우스에 집어넣고 무슨 일이 생기는지 알아보았다. 안드로겐 수용체 조절 부위를 집어넣은 마우스는 놀랍게도 음경에 뼈가 생겼다. 한편 개나 고양이의 촉각을 담당하는 콧수염도 나타났다. 후자인 침팬지의 *GADD45G* 비암호화 부위를 집어넣은 마우스는 뇌의 크기가 줄어들었다. 다시 말하면 인간에게 없는 이 유전자 부위는 뇌의 크기를 키우고 음경에서 뼈를 제거하는 등 인간이라는 종의 분화를 이끈 사건이 된 것이다. 물론 이런 표현형 변화의 분자적 근거를 알아차리는 것이 왜 그런 변화를 초래되었는가를 설명하지는 못한다. 그러나 최소한 음경골을 잃어버린 것은 인간 수컷 사이에서의 정자 경쟁 감소에서 비롯한다는 가설이 대세이기는 하다. 다시 말하면 일부일처제가 보편화되면서 경쟁 상대의 정자를 파내 밖으로 내보낸다든지 혹은 교미 시간을 길게 늘려 물리적으로 경쟁자와 암컷의 교미 기회를 박탈하고자 하는 전략이 중요성을 상실했기 때문이라는 것이다. 인간의 교미 시간이 평균 5분이고 아무리 길어야 45분을 결코 넘지 않는다.

여기서 눈여겨보아야 할 것은 크게 두 가지이다. 하나는 새로운 형질이나 진화적 참신성은 유전자의 복제 및 획득을 통해서만 이루어지지는 않는다는 사실이다.[179] 때로는 유전자의 특정 부위를 잃어버리는 것이 새로운 형질의 출현을 이끌기도 한다. 또 한편으로 유전자 조절 부위가 중요한 역할을 한다는 점이다. 이 조절 부위는 전사인자와 같은 단백질이 결합하여 유전자의 발현을 조절할 수 있는 장소이다. 따라서 이런 조절 부위의 상실은 특정 유전자 기능의 변화를 초래한다.

---

179 · 유전자 돌연변이 혹은 복제본의 수 말고도 진화를 추동할 수 있는 것 중에는 유전자부동이라고 하는 현상도 있다. 유전자부동을 가장 알기 쉽게 설명한 책은 내가 보기에 『구석기 환상 *Paleofantasy*』이다. 이 책에서 언급하고 있는 예를 잠깐 들어보자. 구성원이 열 마리인 다람쥐 집단이 있다고 치자. 이들이 산보를 가는 중에 갑자기 바위가 굴러 떨어져서 앞에 가던 다람쥐 다섯이 비명횡사했다면 남은 다람쥐는 다섯이 된다. 살아남은 다람쥐들이 우연히 비슷한 형질을 가지고 있었다면 그 형질은 장차 집단 내에서 득세하게 될 것이다. 그것이 아밀라아제 유전자라 해도 결과는 마찬가지다.

앞에서 예로 든 두 유전자 말고도 후기 신석기 혁명 이후 인간 유전체에 끼어든 단일 염기 다형성의 숫자, 더 나아가 유전체의 돌연변이가 발견된 것은 수백 개에 이른다. 분명한 것은 이들이 자연선택의 '폭압' 아래 있다는 것이다. 이런 식의 전이가 다음 장에서 살펴볼 '인간이 만든 질병', 즉 현대병에 저항성을 가지게 할 수 있는지 아니면 그 반대인지 우리는 그 증거를 전혀 갖고 있지 않다. 그러나 인간이라고 별 수 있겠는가. 소화기관을 갖고 있는 한 우리는 먹어야 하고 대사 효소와 관계된 돌연변이와 그 형질에 철퇴를 가하는 자연선택의 힘을 피할 수 없다.

인간의 최적 식단:
지상 최대의 인간 실험

호주 시드니 비행장에서 잠시 기다리던 중 서점에서 『빅 팻 서프라이즈*The Big Fat Surprise*』라는 책을 샀다. 며칠에 걸쳐 책을 다 읽고 나는 잠시 혼란에 빠졌다. 이 책은 다양한 종류의 현대병, 소위 심장 질환이나 비만, 암과 같은 질병이 결국 높은 농도의 탄수화물 섭취 때문일 거라고 결론을 내리고 있었기 때문이다. 사실 요즘 서점가에 가면 매우 극단적인 시각을 표현하는 책들을 발견하게 된다. 밀가루 먹지 마라, 고기 먹지 마라, 트랜스 지방 먹지 마라. 심지어 고릴라처럼 먹으라고 권하는 책도 있다. 어느 장단에 춤을 출 것인가?

『빅 팻 서프라이즈』는 북극의 이누이트족 사람들이 주로 고기와 지방질로만 살아가면서도 고혈압과 같은 심장병에 걸리지 않는다는 역학조사로부터 얘기를 시작한다. 아프리카의 어떤 부족 얘기도 나온다. 미국 심장재단에서 제시하는 표준 식단, 지중해 식단과 같은 개념이 어떻게 탄생하였는지 그 역사적 사실을 다루면서 내린 최종 결론은 탄수화물이 현대인의 식단에 주된 영양소로 자리 잡으면서 소위 현대병이라는 것이 팽배하게 되었다는 것이다. 로버트 펄맨의 『진화와 의학』을 보면 그는 현대병을 '인간이 만든man-made 질병'으로 새롭게 명명한다. 좀 더 정확히 말하자면 현대를 살아가는 인간이 만든 것이지만 과거 수렵 채집인들 사이에서는 발견되지 않던 질병들이다.

『빅 팻 서프라이즈』를 읽으면서 내내 마음이 편치 않았던 것은 우리 민족의 주식이 쌀이라는 것이었다. 그리고 나는 지금도 '밥은 하늘'이라는 글귀를 기억하고 있다. 나는 『임꺽정』에 나오는 구절, "사람 목숨을 파리처럼 여기면서도 수채 구멍으로 들어가는 쌀 한 톨을 아까워하는"이라는 말의 뜻을 정확히 이해하는 거의 마지막 세대에 속한다. 지금 어린아이들은 '소증素症'이라는 말을 모를 것이다. 여기서 소素는 희다는 의미이다. 색을 표현하는 한자에 실 사糸 변이 자주 들어가는 것은 옷감에 물을 들였던 인류의 역사가 숨어 있는 것이겠지만 나는 채소라고 할 때의 '소'처럼 생각되기도 한다. 긴 겨울이 끝날 무렵은 김치와 밥으로 진력이 날 때쯤이다. 이때는 정말 몸이 기름기를 원한다.

어느 겨울 새벽, 문득 나는 앞에서 말한 '인간이 만든'이라는 것은 우리가 입으로 집어넣는 음식물을 가공하는 것과 관련이 깊을 것이라는 생각을 했다. 그것은 결국 우리 소화기관이 담당해왔던 '씹고 부수고 물기를 섞어 식도를 따라 삼키고 소화하는' 역할을 산업화된 공장에서 대신하고 있다는 것에 다름 아니었다. 지금까지 이 책은 세포 내 소화에서 세포 밖 소화로 변화해간 것이 다세포 동물 진화의 족적을 따른다고 얘기했다. 외부에서 섭취한 음식물로부터 최대한의 에너지를 뽑아내는 방법의 다양화가 동물의 다양성을 이끌었지만 인간에 이르러 이런 세포 밖 소화가 마침내 산업화, 자동화된 것이다.

이번 장에서는 우리의 최적화된 식단이 어때야 하는지를 바로 '부드러

먹고 사는 것의 생물학

운' 음식물과 '고농축' 영양분의 일상적 섭취라는 관점에서 살펴보려고
한다.

더 달고 더 부드러운

『요리 본능』의 저자 리처드 랭엄에 따르면 인류의 해부학적 특징은
약 200만 년 전 직립원인이 출현한 이후 거의 변하지 않았다고 한다.
호모 하빌리스를 거쳐 호모 에렉투스가 아프리카를 걷기 시작한 것이
다. 두 발로 걷기 시작했다고 해서 직립원인의 소화기관이 지금 현생
인류와 똑같았다는 말은 아닐 것이다. 소화기관과 먹을거리 입장에서
본다면 현생 인류의 위와 창자가 화식에 적응한 사건 이후에야 본격적
으로 현생 인류의 탄생에 관해 애기할 수 있을 것 같다.

우리가 어떤 식단에 적응했는지는 우리의 해부학을 잘 살펴보면 감
을 잡을 수 있다. 여기에 진화적인 역사까지 합쳐진다면 보다 정확한
정보를 얻을 수도 있다. 왜 가장 좋은 단 하나의 식품은 존재하지 않는
것일까?

요리의 시작은 우리가 생각했던 것보다 빠를 수도 있지만 지난 200
만 년 동안 인류는 단 한 번도 일정한 하나의 식단을 가져본 적이 없다.
굳이 말한다면 우리는 완벽한 식단에 적응하지 못한 것이 아니라 적응
성에 적응한 셈이다. 그러나 분명히 좋은 식단이 있기는 할 것이다. 과
거를 살펴보면 인간의 원시 조상들은 벌레도 먹었고(지금도 먹는다), 이
파리와 과일을 먹은 적도 있다(물론 지금도 먹는다). 사냥을 하고 요리를
하게 되면서 우리의 소화계는 얼마나 변했을까? 어떤 음식물이 단순히
생존의 차원을 넘어서 인류를 번성하게 했을까?

사실 거시적으로 본다면 대형 유인원이나 인간이나 소화기관의 형

태와 구성 자체는 차이가 없다. 위, 소장, 맹장, 충수, 그리고 대장. 매우 간단해 보인다. 그러내 속내를 보면 재미있는 점이 나타나기 시작한다. 앞에서 살펴본 것처럼 이들 대형 유인원과 인간의 가장 큰 차이를 들자면 바로 소장과 대장의 부피 비율이다(표 1).

대장은 영양소로서 질이 떨어지는 식단을 처리하도록 만들어졌다. 거친 잎, 줄기, 섬유질이 많은 과일 같은 것들이다. 뭔가 의미 있는 영양소를 추출해내기 위해 일을 많이 해야 한다는 말이다.[180] 고릴라와 같은 대형 유인원의 대장에는 셀룰로오스를 소화할 수 있는 세균들이 가득 들어 차 있어서 그들이 먹는 거친 음식물을 소화시킨다. 우리는 이런 형태의 소화를 뒤창자 발효라는 말을 써서 표현한다. 인간도 섬유를 먹기는 하지만 상당 부분이 에너지로 전환되지 못한 채 몸을 빠져 나간다. 대장의 소화 능력이 유인원에 비해 떨어지기 때문이다. 반대로 소장의 비중이 크다는 말은 인류가 언젠가부터 대형 유인원과 다른 삶의 족적을 밟아왔음을 뜻한다. 이 말은 곧 부피가 작아서 소화시키기 쉽지만 영양소가 농축된 음식물을 취하게 되었다는 것으로 생각할 수 있다. 그것이 소장의 역할과 맞아떨어지기 때문이다. 부드러운 과일, 동물의 고기, 요리한 음식, 부드러운 이파리들이 여기에 속한다. 아마도 이들은 어느 정도는 소화하기에 편하도록 손질을 거쳤을 것이다.

결국 요리는 세포 밖 소화를 돕는 생물학적 역할을 담당했다고 생각할 수 있다. 세포 밖 소화는 결국 입안으로 들어와서 소화효소의 담금질을 받는 것뿐만 아니라 그 전에 이루어지는 모든 가공 과정을 다 포괄한다고 볼 수 있다. 우리 입으로 들어가는 공장 가공 음식물을 생각해보면 그 말이 실감이 난다. 이 말을 뒤집어 생각하면 생명체의 입안

---

180 · 인간의 경우에도 음식물이 머무르는 시간은 대장에서가 가장 길다. 142쪽 참고.

그림 43. 산업화된 '세포 밖 소화'

동물 진화의 역사를 '세포 내 소화에서 세포 밖 소화로의 변화 과정'이라고도 설명할 수 있다. 인간은 양양분이 될 물질을 입과 위, 소장과 같은 '세포 밖'에서 잘게 쪼개서 '세포 안'으로 들여보내는 과정을 매일같이 반복한다. 이제 우리의 소화기관이 담당하는 이 일을 산업화된 식품 공장에서도 대신해주고 있다. 세포 밖 소화가 공장에서도 이루어지고 있는 것이다.

에서 항문에 이르는 부담감을 덜 수 있겠다는 것, 더 나아가 그것은 소화기관의 진화를 추동하는 선택압이 될 수 있을 것이라는 점이다.

인간 진화의 긴 시간 동안 인류는 좀 더 부드럽고 영양이 고밀도로 농축된 음식물로 식단을 꾸준히 변화시켜왔다. 섬유질이 풍부한 음식물 대신 소화기관의 부담을 줄이는 것으로의 변화이다. 해부학적 결과들도 인류의 진화적 흐름을 추적할 수 있게 한다. 음식물의 연대기가 종갓집 명문가 며느리들의 전유물은 아니겠지만 인류의 그것에 이르러서는 논란이 분분하다. 예컨대 불의 사용도 리처드 랭엄은 200만 년 전으로 보는 반면 최근에 《네이처》에 발표된 논문에 따르면 약 30만~40만 년 전이다. 그러나 대체로 인류가 육식이나 어패류, 그리고 농밀한 에너지가 포함된 음식물을 얻을 수 있었다는 점은 서로가 동의하는 것 같다.

대장의 크기가 줄어든 것은 인류의 신체가 에너지가 농축된 음식물, 요리된 음식이나 육식에 적응하였다는 해부학적인 증거가 된다. 이는 거꾸로 섬유가 많은 식물성 음식물에 의존도가 줄었다는 의미이다. 거주지가 확장되면서 인류가 섭취하는 음식물도 더욱 다양해졌다. 그러나 그 다양성의 경향은 역시 에너지 함유량이 높은 식단이라는 공통점을 향한다고 해야 할 것이다.

인위 교배가 일상화되고 농경 및 가축의 사육 과정에 자본이 깊이 침투했다. 우리는 우리 입으로 들어가는 음식물이 누구의 손길을 거쳐왔는지 대부분 알지 못한다. 또 공장형 축사에서 공급되는 식단은 200만 년 전의 그것과 결코 같지 않다. 곡물을 사료로 먹여 키운 가축, 가금류는 야생에서 자란 그들의 사촌들보다 특히 오메가-3 지방산의 양이 적고 오메가-6 지방산의 양이 상대적으로 높다.[181] 영양, 사슴, 엘크처럼 가축화되지 않은 동물의 지방산에서 오메가-3/오메가-6의 비율은 얼추 30퍼센트 내외이다. 이런 동물의 고기를 먹을 가능성은 내 인생에서는 없을 듯하니 현실적인 동물을 예로 들어보자. 곡물을 먹은 소는 100그램당 오메가 지방산의 양(밀리그램)이 285이고 소 치는 아해가 풀 먹여 키운 소는 200 정도이다. 오메가-3/오메가-6의 비율은 더욱 차이가 많이 난다. 곡물 소는 7.5퍼센트인 반면 초지에서 자유롭게 자란 소는 48.2퍼센트이다. 총 지방량도 곡물을 먹인 소가 더 많다. 여기에는 운

---

181 · 구석기 식단 부분(356쪽)에 등장하는 코너 교수와 이턴 박사의 자료에 나온 것이다. 현대인들의 식단에 (구석기 식단과 달리) 오메가-3에 비해 오메가-6 지방산의 섭취량이 늘어났다고 한다. 여기서 오메가-3 지방산이 몸에 더 좋다는 것은 논점이 아니다. 문제는 인간의 유전자가 오메가-6보다 오메가-3의 섭취량이 많은 조건에 적응해 있다는 말이다. 소위 미스매치mismatch라는 것의 핵심인데, 환경과 유전자의 불일치를 일컫는 말이다. '인간이 만든 질병'이 바로 미스매치에서 비롯되었다는 것이 이턴을 위시한 진화학자들의 주장이다.

먹고 사는 것의 생물학

동이라는 다른 요소가 끼어들 테니 곡물이 직접 지방의 함량과 직결되지 않을 것이다. 야생의 동물은 지방이 약 2~3퍼센트 정도이다. 초지에서 풀을 뜯어 먹은 소의 지방 함량은 약 2.7퍼센트 정도인 반면 축사에서 기른 소는 약 5.6퍼센트로 두 배 이상 많다. 항생제와 호르몬이 듬뿍 들어 있는 고기는 우리 주변에 흔한 정도를 넘어서서 그 예외를 찾기가 힘들어졌다.

부티르산의 비밀

짐작하겠지만 인간의 소화기관은 모든 면에서 왜소하다. 턱이 약하고 입과 치아, 위장과 결장을 포함한 소화기관 전체가 다른 대형 유인원에 비해 초라할 정도로 작다. 입이 소화관 입구라는 점을 생각할 때 인간의 입은 체구에 비해 놀라울 정도로 작다. 어금니도 영장류 중에서 가장 작다. 인간의 위 표면적은 비슷한 체중의 다른 포유류들의 3분의 1에 불과하다. 반대로 대형 유인원의 체중당 음식물 섭취량은 인간의 2배 이상이고 섬유질도 풍부하게 포함되어 있다. 인간의 식단에 포함된 섬유질은 5~10퍼센트 정도이지만 유인원의 그것은 30퍼센트가 넘는다. 대장은 식물 섬유를 발효시켜 짧은 사슬 지방산을 얻는 장소이며 거기서 만들어진 지방산은 신체에 흡수되어 에너지로 사용된다. 따라서 대장이 작다는 사실은 섬유질을 적게 먹는다는 말이고 그것을 효과적인 식량으로 사용할 수 없다는 의미이다.

대장에서 만들어지는 지방산의 부족이 소위 현대병의 배후에 있다는 가설도 있다. 탄소가 네 개이며 부티르산butyrate으로 불리는 짧은 사슬 지방산은 이 가설을 뒷받침하는 결과를 보여준다. 이 지방산은 장 상피세포가 선호하는 영양소이다. 따라서 이들 세포의 분열과 분화에 영향을 끼친다. 문제는 이들의 함량이 질병과 상관성을 보인다는 점이다. 대장염이나 염증성 대장 질환에서 이들 부티르산의 수치가 낮아졌다는 보고가 있다. 이 말이 의미를 지니려면 대장 질환에 부티르산을 넣어주면 증상이 호전되어야 한다. 세균 이식법에[182] 의해서도 대장 질환 질병이 사라졌다. 흥미로운 사실은 사육하는 대형 유인원에서 야생에 거주하는 친척들보다 훨씬 흔하게 대장 질환이 관찰된다는 것이다. 대장암의 빈도는 섬유질의 함량이 높은 것에 더해 전분의 양이 많은 식단의 섭취량과 반비례 관계에 있다.

세균은 부티르산의 합성에 영향을 끼치지만 동물이 무엇을 먹느냐도 역시 중요하다. 유인원 그룹에서 이들 부티르산의 합성을 조사해보는 것은 의미 있는 일이 될 것이다. 어떤 식이섬유는 다른 섬유질 음식보다 부티르산을 더 많이 만든다. 부티르산이 많이 만들어지는 식단을 꼽으라면 단연 씹기 힘든 전분이다. 섬유질이 많이 포함된 전분은 세균이 좋아하는 먹이다. 특정한 전분은 소화가 잘 안 되고 대장 세균총에 의해서만 발효된다. 여기에 속하는 것들의 목록을 뽑아보면 녹색바나나,[183] 거칠고 가공하지 않은 곡물이나 씨앗, 카사바, 타로, 얌 등이다. 우리는 가공하지 않은 씨앗이나 곡식을 사실상 거의 섭취하지 않는다.

부티르산이 많이 함유된 또 다른 음식은 방목하여 풀을 자유롭게 뜯어 먹은 동물의 유지방이다. 이 짧은 사슬 지방산은 유제품인 버터에 가장 풍부해서 약 3퍼센트 정도이다. 낙농업을 하는 문화권에서는 부티르산을 외부에서 직접 섭취할 가능성이 매우 높았을 것이다. 인간 집단에서 음식을 통해 섭취하는 부티르산에 대한 연구는 거의 없다. 동물

---

182 · 건강한 사람의 대변에서 채취한 장내 세균을 환자의 직장을 통해 이식하는 것이다. 미국의 일부 병원에서 이런 시술을 실제로 행한다.

183 · '플랜틴'이라는 바나나 종으로 탄수화물이 많아서 고구마처럼 굽거나 쪄서 먹는다.

실험 결과는 좋다 아니다 들쭉날쭉해서 이렇다 할 결론을 내리지 못하고 있다. 또 음식물로 먹었을 때 부티르산이 위를 무사히 통과해서 소장에 도달하는지에 대해서도 논란이 있다. 크론씨 병에 좋다는 결과도 있다.

발효식품에도 부티르산은 많다. 서아프리카에서 전분 발효식품인 요플레 비슷한 것도 역사가 오래되었다. 발효는 음식물의 생체 이용률을 높인다. 의도하지는 않았겠지만 발효는 전분을 깨고 독소를 줄이는 효과가 있으며 거의 모든 문화권에서 발효식품을 발견할 수 있다. 인간이 먹는 식단 중 약 30퍼센트가 발효를 이용한 것이다. 발효는 어떤 의미에서 소화기관의 역할을 대체하는 것이다. 즉 일종의 세포 밖 소화 과정이다.

어떤 사람들은 다른 사람들보다 발효를 더 잘할 수도 있다. 인간 소화기관의 변이를 다룬 최근의 연구에 따르면 유전적 요인뿐만 아니라 환경이나 생활 습관도 장의 모양과 기능에 영향을 끼칠 수 있다고 한다. 남아프리카에서 수행된 연구에서는 590구의 시체를 열고 대장의 형태를 조사했다. 놀랍게도 대장의 모양은 천차만별이었다. 이들은 해부학적 형태에 따라 대장의 형태를 세 그룹으로 나누었다. 해부학 교과서에 등장하는 정상적인 형태가 한 그룹 있고, 또 다른 형태인 길고 좁은 형은 하행결장과 직장 사이의 굴절 결장이 길고 풍성하다. 길고 넓은 형도 역시 굴절 결장이 길지만 장간막이 넓고 고리 부분의 가장자리가 멀리 떨어져 있다.

상당수의 아프리카인이 길고 좁은 형이고 정상적인 형태의 대장을 가진 그룹의 수가 가장 적었다. 인디아인과 백인에서는 정상적인 유형이 가장 많고 길고 좁은 형은 아주 적었다. 이런 차이는 유전적인 것인가 혹은 환경적인 것인가? 현재로서는 알기 힘들다. 장의 크기는 식단에 의해 결정된다고 하지만 사람에서 얻은 결과는 없다. 부검 실험을 진행한 연구자는 이런 차이가 어린이에서도 발견된다고 한다. 또 다른 동물, 가령 대형 유인원과는 달리 인간의 대장은 나이가 들어서도 커지거나 확대되지 않는다. 아프리카인들은 지구상에서 유전적으로 가장 다양한 집단으로 구성되어 있다. 1970년대 우간다에서 실시된 연구는 종족마다 장의 크기가 달랐다고 한다. 특히 바간다 족이 다른 족보다 대장의 크기가 더 컸다. 소화기관 중에서는 대장의 크기가 식단에의 적응성과 관련이 있을 가능성이 가장 크다고 한다. 대장은 여전히 진화 중에 있으며 계속해서 크기가 줄고 있다. 이 장소에서 발효의 의존도가 꾸준히 감소하기 때문이다.

조지 워싱턴 대학 인류학과의 피터 루커스[Peter W. Lucas]는 2009년 치아와 소화기관은 음식을 처리하는 체계의 구성 요소로 동등하게 취급할 필요가 있다고 말했다. 다시 말하면 식단에 따라 소화기계의 일부인 치아가 매우 민감하게 반응했을 것이라는 말이다. "하루 3,000번 이상 사용하는 신체의 일부가 진화의 선택압을 벗어나기는 힘들다."고 그는 말했다. 충분히 공감이 가는 말이다. 인류의 대장 진화와 마찬가지 이유로 어금니의 변화도 매우 중요한 단서를 제공한다. 캘리포니아 대학 데이비스 캠퍼스의 인류학자 헨리 맥헨리[Henry M. McHenry]는 신체의 크기에 대한 어금니의 비율을 지수로 나타내었다. 그 수치를 보면 호모 하빌리스가 1.9, 직립보행 인류인 호모 에렉투스 1.0, 현생 인류는 0.9, 그리고 네안데르탈인은 0.7이다. 만약 호모 하빌리스가 섬유가 많은 음식을 섭취했다면 네안데르탈인은[184] 그렇지 않았을 것이라고 생각할 수 있다.

---

184 · 4만~2만 년 전 유럽에서 현생 인류와 같이 살았다고 알려진 호미닌 분파이다. 이들은 건장

먹고 사는 것의 생물학

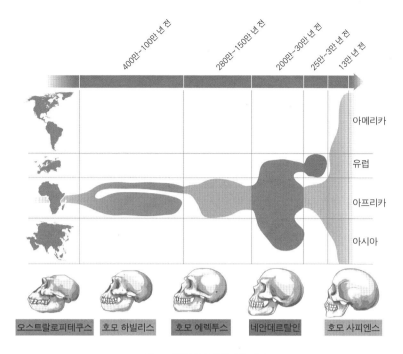

그림 44. 인류의 두개골 진화 과정

전인류 오스트랄로피테쿠스에서 현생 인류 호모 사피엔스에 이르기까지, 인류는 진화 단계를 거치면서 턱과 치아는 작아지고 뇌는 점점 커지는 경향을 보인다.

어금니의 비율만 본다면 직립보행 인간이나 현생 인간은 많은 양의 식이섬유를 섭취하지 않았을 것이라고 보는 것이 타당할 것이다.

치아의 형태도 눈여겨보아야 한다. 인간의 어금니는 법랑질이 얇아졌다. 또 가파르게 경사져 있어서 뾰족한 끝을 가진다. 교합이 느슨하게 되어 있다든지 해서 그 구조가 식물성 식단을 처리하는 효율이 떨어진다. 직립원인에서 발견되는 이런 형태학적 변화는 식물 섬유를 갈기보다는 고기를 찢는 데 적합하도록 이가 적응한 것임을 가리킨다. 대형

했고 주로 육식을 한 것으로 알려졌지만 후손을 남기지는 못했다. 호모 사피엔스에게 모두 죽음을 당한 것인지 논란이 한창이다.

유인원인 침팬지와 결별하면서 인류의 식단이 육식의 의존도를 높여 왔다는 가설을 뒷받침하는 결과이다.

치아뿐 아니라 인류는 진화 과정에서 턱의 근육을 성장시키는 유전 자의 기능도 잃어버렸다. 바로 *MYH16*이라는 유전자이다. 분자 유전 학 연구에 의하면 약 240만 년 전부터 호모족의 *MYH16*의 기능 소실 이 시작되었다. 호모 하빌리스가 아프리카를 배회하던 시절이다. 제대 로 기능을 하는 *MYH16* 유전자라면 턱의 근육을 키울 수 있고 그 근육 은 두개골에 깊이 박혀 있어야 한다.[185] 이런 구조는 섬유질이 많은 식 단에 적합한 것이다. 따라서 호모 하빌리스 집단에서 식단의 변화가 시 작된 것은 분명해 보인다. 아마도 그것은 육식이 광범위하게 이들 호미 닌 사회에 들어왔다는 의미일 것이다.

그러나 한편으로 *MYH16*의 기능 소실이 없이 두개골의 탄력성이 적 은 물리적인 제약이 지속되었다면 인간 조상의 뇌가 이렇게까지 크지 못했을 것이다. 인간의 두뇌는 이런 제약을 벗어나 약 30세가 될 때까 지도 자랄 수 있다. 그러나 대형 유인원의 뇌는 약 3세가 되면 성장을 멈춘다. 따라서 칼로리뿐만 아니라 역학적인 이유 때문에도 우리의 뇌 가 커질 수 있었던 것이다. 식단의 변화가 시작되면서 뇌가 커지고 장 이 줄었던 사건은 동시다발적으로 진행된 것 같다.

구석기 식단

신석기 혁명은 본격적인 농경의 시작을 의미한다. 농사를 시작하면

---

185 · 동면에서 깨어난 뒤 바로 물고기를 휘어 채는 곰의 힘도 이 유전자에서 기인한다. 병상에서 한 달을 누워 있던 인간은 바로 서서 걷지 못한다.

서 인구가 밀집되기 시작하고 노동의 분화가 진행되면서 인간 집단에서 계급이 나타나게 되었다. 노동의 분화가 의미하는 것 중 하나는 노동하는 자와 그렇지 않은 자가 한 사회에서 섞여 산다는 것이다. 인간 집단의 크기가 50~200명 정도이던 시절에는 상상도 할 수 없는 현상이었다. 한편 미생물 입장에서는 인간 집단을 감염시키면서 자신의 위세를 뽐내기 수월해진 측면을 생각해볼 수 있다. 이에 따라 인간 소화기관은 그 전 시기에 비해 육류 섭취의 기회가 큰 폭으로 줄어들었다.

서점에 가보면 구석기 식단이라는 말을 쉽게 볼 수 있다. 양복을 입은 석기인이라는 말도 심심치 않게 등장한다. '구석기 영양'이라는 말은 1985년 에모리 대학 인류학 교수인 멜빈 코너$^{Melvin\ Konner}$와 의학 박사인 보이드 이턴$^{Boyd\ Eaton}$이 처음 만들었다. 코너 교수와 이턴 박사가《뉴잉글랜드 의학저널》에 발표한 논문 내용을 잠시 따라가보자.

구석기 시대는 호모 에렉투스, 즉 직립원인에서부터 초기 호모 사피엔스가 나타난 약 160만 년 전부터 시작되어 약 1만 년 전까지의 시기를 지칭한다. 인간이 대형 유인원으로 분기한 것은 대략 750만 년 전이다. 오스트랄로피테쿠스가 살던 시기이다. 이들 식단에는 이미 육식이 들어와 있었다. 사냥을 했던 것인지 아니면 신선한 시체를 쫓아다니는 독수리의 날갯짓을 따라 초식동물의 사체를 먹었는지 아니면 둘 다였는지 알 수는 없지만 말이다. 그 뒤를 잇는 호모 하빌리스는 석기를 사용했다. 약 200만 년 전이다. 그 뒤를 이은 직립원인도 석기를 사용했음은 분명하다. 그들의 식단에 초식동물의 고기가 더 많이 편입되었다. 석기와 함께 발견되는 동물의 뼈가 그 증거가 된다. 이때도 식물에서 기원한 음식물, 가령 과일이라거나 씨를 먹었을 것이지만 그것을 가공하는 데 사용했을 도구 화석은 거의 발견되지 않는다. 조개껍질이나 생선의 뼈는 13만 년 전 화석까지는 거의 발견되지 않았다. 그 뒤로 2만 년 전까지는 드문드문 발견된다. 그러니까 어패류를 먹기 시작한 것은 최근의 일이다.

고인류학자들은 직립원인이 50퍼센트 이상의 음식물을 식물에서 얻었을 것으로 추정한다. 그러나 크로마뇽인이나 보다 최근의 현생 인류의 조상은 대형 동물 사냥에 집중했던 흔적이 남아 있다. 사냥 도구와 기술이 발달하기는 했지만 여전히 인간 집단은 동물에 비해 아직 적었다. 그러나 특정 지역에서는 사냥을 통한 육식의 의존도를 높여 50퍼센트 이상을 고기로 배를 채우기도 했다.

사냥하고 채집하고 움직여 다니던 생활을 청산하고 농업이 시작된 것은 인류학적 사실이지만 농경을 추동한 원인이 무엇인지는 아직도 잘 모른다. 하지만 가설은 여러 가지가 있다. 농경사회가 정착되기까지 과도기가 존재했고 쌀이나 밀이 채집 단계를 넘어 완전히 경작되기까지는 3,000년이라는 시간이 걸렸다. 국지적인 기후 변화가 농경으로의 전환을 추동했을 것이라고 얘기하지만 농업이 최소한 세 지역에서 독립적으로 시작된 것을 보면 지역적인 편차도 분명히 존재했을 것이다.

1만 년 전에 마지막 빙하기가 끝나고 전 지구적으로 건조한 시기가 찾아왔다. 한해살이 풀들이 죽어 나가고 씨앗과 뿌리를 남겨놓았다. 이런 상황에서 농경 및 가축화가 진행되었을 것이다. 그에 대한 설명은 오아시스 가설과 그 외에 다양한 가설들이 있지만 전체를 아우르는 그럴듯한 설명은 없어 보인다. 그도 그럴 것이 농업이 국지적으로 시작되었고 그 인류학적 증거가 제각각일 것이기 때문이다. 그러나 한 가지 공통점이 있다면 농경이 시작된 지역의 위도가 북반구의 일정한 부분에 걸쳐 있다는 사실이다. 날씨와 토지의 비옥도가 매우 중요한 변수였을 것이란 의미이다.[186]

어쨌거나 우리의 관심사는 신석기로의 전환이 우리의 유전자나 그

먹고 사는 것의 생물학

것이 빚은 우리 인류의 형질에 커다란 영향을 끼치지 않았다는 사실이다. 시간이 짧았기 때문이다. 바로 그 점이 구석기 식단의 핵심이다. 농경이 시작되고 육류의 섭취가 현격하게 줄어들면서 식물에서 유래한 식단이 전체의 90퍼센트를 넘어갔다. 3만 년 전의 호모 사피엔스의 키는 농경을 하던 인류보다 6인치나 더 컸다고 한다. 약 1만 년 전 수렵에 종사하던 북미대륙의 구석기 인디언들은 그 후손들보다 훨씬 더 컸다. 산업혁명이 시작되고 현대에 이르러서야 인류는 과거 구석기 조상의 키를 회복했다. 그러나 그것은 빛 좋은 개살구 격이고 화려한 영양결핍이라는 수식과 궤를 같이한다. 환경 변화의 빠른 속도를 유전자가 따라잡지 못한다.

코너 교수와 이턴 박사가 전 세계를 돌며 수집한 약 50개 수렵인 부족의 데이터를 보면 이들의 식단은 편차가 심했다. 수렵을 통해 육식을 취한 비율이 지역에 따라 20~80퍼센트에 이른다. 그러나 그런 차이에도 불구하고 이들의 식단이 사냥한 초식동물과 경작하지 않은 식물로 구성되어 있다는 점은 공통적이다. 여기에 현대 식단은 크게 두 종류의 식단이 더 첨가되었다.[187] 우유와 유제품 그리고 빵과 가공 곡류이다.

구석기인들이 먹었던 음식물이 주로 사냥한 동물과 채집한 야생식물이고 그것은 각각 그램당 평균 1.41kcal, 1.29kcal의 열량을 낼 수 있었다. 그들이 하루 3,000kcal의 열량을 필요로 했고 평균적으로 육류에서 35퍼센트, 식물에서 65퍼센트의 영양을 취했다면 구석기인들이 섭취한 음식물의 무게는 하루 2,252그램이다. 그중 고기는 788.2그램이고 채소가 1463.8그램이다. 이런 전제를 바탕으로 코너와 이턴은 이들

---

186 · 이 부분에 관해서는 『총, 균, 쇠』에 잘 기록되어 있다.
187 · 엄밀하게 말하면 공장화된 사육동물과 재배된 식물이 맞을 것이다. 주변을 둘러보면 쉽게 알 수 있는 것이다.

표 8. 구석기인과 현재 미국인의 식단 비교

	구석기인	현 미국식단	미 상원 권장량
총 에너지(%)			
단백질	34	12	12
탄수화물	45	46	58
지방	21	42	30
P:S 비율	1.41	0.44	1.00
콜레스테롤(mg)	591	600	300
식이섬유(g)	45.7	19.7	30~60
나트륨(mg)	690	2,300~6,900	1,100~3,300
칼슘(mg)	1,580	740	800~1,200
비타민 C(mg)	392.3	87.7	45

P;S 비율, 불포화지방산:포화화지방산 비율. 이턴과 코너가 《뉴잉글랜드 의학저널》에 1985년 게재한 논문이다. 312권 5호 283~289쪽

음식물에 포함된 영양소를 성분별로 계산했다(표 8).

　이런 데이터를 보고 현대 인류가 의당 먹어야 할 식단을 추천하는 사람들이 있다. 그렇지만 우리가 여기서 주의를 기울여야 할 것이 한 가지 있다. 인간 집단이 사는 환경이 천차만별이라는 점이다. 다시 말하면 앞에서 제시한 음식물 성분의 조성이 평균값이라는 말이다. 가령 인간의 수명이 평균 40세라는 말이 40년 정도를 살다가 대다수의 인간이 사라진다는 말을 의미하지 않는 것처럼 음식물도 마찬가지다. 이누이트족이 먹는 식단이 한국인의 식단과 결코 같아질 수 없다. 산업화된 사회에서 공장제 음식물이 횡행한다고 말하기는 하지만 그것은 냉장고에 음식물을 집어넣을 수 있는 25퍼센트의 인류에 한정된 것일지도

　　　　　　　　　　　　　　　먹고 사는 것의 생물학

모른다. 재미있는 사실은 구석기 식단을 제시하고 있는 이턴과 『총, 균, 쇠』의 재레드 다이아몬드를 비판하는 사람들이 있다는 점이다.

『구석기 환상』이란 책을 보면 다이아몬드가 인류 "역사의 가장 큰 패착이 농경이었다."고 말하는 대목이 나온다. 그러므로 이들 구석기 식단의 주창자들은 농경 이전의 사회로 인류가 돌아가야 한다는 말을 되뇌곤 한다. 물론 주로 먹고 마시고 움직이는 것과 관련해서다. 그렇지만 그들의 희망처럼 세상이 그렇게 돌아가지는 않을 것이다. 진화라는 것은 언제나 현재 상황이 부여하는 압력에 대항해서 작동하는 것이기 때문이다. 그러므로 율도국은 없다. 지금 우리가 생각해야 하는 것은 속도의 문제다. 환경이 너무 급격하게 빠른 속도로 변하고 있는 상황에서 우리의 유전자, 혹은 자연선택이 어떤 방식으로 우리를 변화시킬지를 연구해야 한다는 점이다.

햄버거와 피자, 콜라가 대사 질환의 주범이라면 어떤 식이든 그것들이 인간 집단의 유전자에 영향을 끼칠 것이다. 인간 행동의 결과를 생물학적으로 해석해야 하는 문제가 우리 앞에 놓여 있지만 햄버거를 제거하지는 못할 것이다. 다시 말해 73억 인구를 먹여 살리는 것은 결국 농축된 에너지의 분배 문제라는 것이다. 에너지가 고도로 농축된 음식물을 생산하는 것은 어쩔 수 없는 현재 숙명처럼 보인다. 지금은 인구의 '숫자' 문제를 해결해야 하는 시점에 도달했다.

내일의 소화기관

인류가 소비하는 식단의 종류는 그리 많지 않지만 그 숫자도 점점 줄고 있다.[187] 대신 가공식품의 비중은 점점 늘어나고 있다, 과도하게 정제된 설탕, 고과당 시럽,[188] 영양가 없는 감미료, 인공조미료, 화학조미료, 보존제, 인공 향신료, 염료, 마가린 등 일일이 열거할 것도 없이 과하게 많다. 물기를 머금은 진녹색 채소도 농약과 비료를 듬뿍 받고 자란 것들이다. 동물의 부속기관은 찾아보기 힘들다.[189] 가공을 거치지 않은 통곡식을 먹어본 적이 있는가? 지구의 생태지위에 따라 구석기 인류의 식단에서 육식이 차지하는 비중은 20~80퍼센트였다. 농경이 인간 사회에 깊숙이 침투함에 따라 식물에서 유래한 식단이 늘고 고기의 비중은 급격히 떨어졌지만 지금처럼 공업화한 가공식품이 범람한 적은 단 한 번도 없었다. 불과 최근 70년 사이에 일어난 일이다. 그렇기 때문에 미국 심장학회에서 뭐라고 식단을 제시하든 혹은 지중해 식단이 영양 면에서 얼마나 훌륭하건 우리는 먼저 가공식품 섭취의 생물학적 결과를 연구해야 할 것으로 생각된다.

거듭 말하지만 공장화된 가공식품의 첫 번째 모토는 '달고 부드럽게'이다. 인간 식단의 진화가 부드러움을 지향해온 것과 결코 무관해 보이지 않는다. 우리의 소화기관이 해왔던 일의 대부분을 이제는 공장에서 수행한다. 공장형 가공식품은 세포 밖 소화의 가장 현대적인 형태이다.

이런 추세가 정착되었지만 정작 우리의 소화기관에 상주하고 있는 세균의 역할이나 이 작은 생태계의 파괴는 이제야 막 연구가 시작되었다. 우리 인간은 '달고 부드러움'의 기치 아래에서 인간 장내 세균의 다양성을 잃어가고 있다. 나는 장내 세균이 식단에 적응하여왔다는 점을 잘 인식하고 있다. 그래서 『빅 팻 서프라이즈』라는 책에서 고기를 많이

---

188 · 학교 급식에 들어가는 식재료를 전부 살펴보고 정리하면 한국인이 먹는 식재료는 아무리 많이 잡아도 150종이 되지 못한다. 물론 가공하지 않은 것들만 골랐다. 곡류, 어패류, 채소, 과일, 향신료, 육류(건어물 포함) 등이 여기에 포함되었다.

189 · 과당의 대사에 관해서는 220쪽 참고.

190 · 영양소 측면에서 동물의 내장과 부속기관(간, 폐)은 더할 나위 없이 훌륭하다. 사자들도 급하면 동물의 내장만 후다닥 먹고 '맛없는' 고기는 하이에나에게 양보한다.

먹고 사는 것의 생물학

먹으라고 하건 탄수화물의 양을 줄이라고 하건 상관없이, 가공식품을 덜 먹고 트럭으로 먼 거리를 달려온 음식물을 줄이고 장내 세균의 레퍼토리를 회복하는 것이야말로 진정한 건강을 향한 길이라는 생각이 점점 더 강하게 든다. 우리는 공장형 가공식품이 자행하는 거대한 인간 실험 현장을 지켜보며 살아가고 있다.

논문 및 과학저널

들어가며

· Alegado, R. A., King, N. 2014. Bacterial Influences on Animal Origins. *Cold Spring Harb Perspectives Biology* 6(11). (니콜 킹 박사의 연구 방향)
· Roach, N. T., et al. 2013. Elastic energy storage in the shoulder and the evolution of high-speed throwing in *Homo. Nature* 498(7455): 483-486. (던지기 생리학)

1장. 멀고 먼

· Wrangham, R., Conklin-Brittain, N. 2003. Cooking as a biological trait. *Comparative Biochemistry and Physiology Part A: Molecular&Integrative Physiology* 136(1): 35-46.

2장. 굶기와 폭식 사이에서: 소화기관의 역동성

· Bloom, S., et al. 2013. Developmental origins of a novel gut morphology in frogs. *Evolution&Development* 15(3): 213-223.
· Hejnol, A., Martindale, M. Q. 2008. Acoel development indicates the independent evolution of the bilaterian mouth and anus. *Nature* 456(7220): 382-386.
· Herrera, C. M. 1986. On the scaling of the intestine length to body size in interspecific comparisons. *Ornis Fennica* 63: 50.
· Lolas, M., et al. 2014. Charting brachyury-mediated developmental pathways during early mouse embryogenesis. *PNAS* 111: 4478-4483.
· Organ, C., et al. 2011. Phylogenetic rate shifts in feeding time during the evolution of *Homo. PNAS*(Proceedings of the National Academy Sciences of the United States of

America) 108(35): 14555-14559.

· Pennisi, E. 2005. The dynamic gut. *Science* 307(5717): 1896-1899.

· Potten, C. S. 1998. Stem cells in gastrointestinal epithelium: numbers, characteristics and death. *Philosophical Transactions of The Royal Society B Biological Sciences* 353(1370): 821-830.

· Muñoz-Chápuli, R., et al. 2015. The origin of the endothelial cells: an evo-devo approach for the invertebrate/vertebrate transition of the circulatory system. *Evolution&Development* 7(4): 351-358.

· Sirri, R., et al. 2014. Proliferation, apoptosis, and fractal dimension analysis for the quantification of intestinal trophism in sole (Solea solea) fed mussel meal diets. *BMC Veterinary Research* 10: 148.

· Stainier, D. Y. 2005. No organ left behind: tales of gut development and evolution. *Science* 307(5717): 1902-1904.

· Wagner, C. E., et al. 2009. Diet predicts intestine length in Lake Tanganyika's: cichlid fishes. *Functional Ecology* 23: 1122.

· Williams, T. M., et al. 2001. A killer appetite: metabolic consequences of carnivory in marine mammals. *Comparative Biochemistry and Physiology Part A: Molecular&Integrative Physiology* 129(4): 785-796.

3장. 다세포 생물의 진화

· Alegado, R. A., King, N. 2014. Bacterial influences on animal origins. *Cold Spring Harb Perspectives in Biology* 6(11): a016162.

· Baker, M. E. 2005. Xenobiotics and the evolution of multicellular animals: emergence and diversification of ligand-activated transcription factors. *Integrative and Comparative Biology* 45(1): 172-178.

· Campo-Paysaa, F., et al. 2011. microRNA complements in deuterostomes: origin and evolution of microRNAs. *Evolution&Development* 13(1): 15-27.

· Chawla, A., et al. 2011. Nuclear receptors and lipid physiology: opening the X-files. *Science* 294(5548): 1866-1870.

· Markov, G. V., et al. 2009. Independent elaboration of steroid hormone signaling pathways in metazoans. *PNAS* 106(29): 11913-11918.

· Niklas, K. J., 2014. The evolutionary-developmental origins of multicellularity. *American Journal of Botany* 101(1): 6-25.

· Persengiev, S., et al. 2013. Insights on the functional interactions between miRNAs and copy number variations in the aging brain. *Frontiers in Molecular Neuroscience* 6: 32.

· Peterson, K. J., et al. 2009. MicroRNAs and metazoan macroevolution: insights into canalization, complexity, and the Cambrian explosion. *BioEssays* 31(7): 736-747.

· Ratcliff, W. C., et al. 2012. Experimental evolution of multicellularity. *PNAS* 109(5): 1595-1600.

· Schirrmeister, B. E., et al. 2013. Evolution of multicellularity coincided with increased diversification of cyanobacteria and the Great Oxidation Event. *PNAS* 110(5): 1791-1796.

· Thomas, J. H. 2007. Rapid birth-death evolution specific to xenobiotic cytochrome P450 genes in vertebrates. *PLoS Genet* 3(5): e67.

· Turner, J. J., et al. 2012. Cell size control in yeast. *Current Biology* 22(9): R350-359.

4장. 해면은 동물이다

· Chirag, S., et al. 2010. Widespread Presence of Human BOULE Homologs among Animals and Conservation of Their Ancient Reproductive Function. *PLoS Genetics* 6(7). DOI: 10.1371/journal.pgen.1001022.

· Geng, S., et al. 2014. Evolution of sexes from an ancestral mating-type specification pathway. *PLoS Biology* 12(7): e1001904.

· Holló, G., Novák, M., 2012. The manoeuvrability hypothesis to explain the maintenance of bilateral symmetry in animal evolution. *Biology Direct* 7: 22.

· Laron, Z. 2015. Lessons from 50 years of study of Laron syndrome. *Endocrine Practice* 21: 1395-1402.

· Martín-Durán, J. M., Romero, R. 2011. evolutionary implications of morphogenesis and molecular patterning of the blind gut in the planarian Schmidtea polychroa. *Deveopmental Biology* 352(1): 164-176.

· Nielsen, C. 2008. Six major steps in animal evolution: are we derived sponge larvae? *Evolution&Development* 10(2): 241-257.

· Shpakov, A. O., et al. 2004. Regulation of the adenylate cyclase signaling system in cultured Dileptus anser and Tetrahymena pyriformis by insulin peptide superfamily. *Zh Evol Biokhim Fiziol* 40: 290-297.

· Srivastava, M., et al. 2010. The amphimedon queenslandica genome and the evolution of animal complexity. *Nature* 466: 720-726.

· Xu, E. Y., et al. 2003. Human BOULE gene rescues meiotic defects in infertile flies. *Human Mol Genet* 12: 169-175.

5장. 통관은 멀리 흐른다

· Bishopric, N., 2005. Evolution of the Heart from Bacteria to Man. *Annal of the New York Academy of Sciences* 1047: 13-29.

· Green, D. M., et al. 1995. Determination of total tissue sodium concentrations by use of radiosodium. *Circulation Research* 3(4): 330-334.

· Maderspacher, F. 2009. Breakthroughs and blind ends. *Current Biology* 19(7): R272-274.

· NcNeil, N. 1984. The contribution of large intestine to energy supplies in man. *American Journal of Clinical Nutrition* 39: 338.

· Sandoval, H., et al. 2008. Essential role for Nix in autophagic maturation of erythroid cells. *Nature* 454: 232-235.

· Sansom, R. S., et al. 2010. Non-random decay of chordate characters causes bias in fossil interpretation. *Nature* 463: 797-800.

· Sansom, R. S., et al. 2011. Decay of vertebrate characters in hagfish and lamprey (Cyclostomata) and the implications for the vertebrate fossil record. *Proceedings of the Royal Society B: Biological Sciences*(Proc Biol Sci) 278(1709): 1150-1157.

· Shoji, J. Y., et al. 2010. Macroautophagy-mediated degradation of whole nuclei in the filamentous fungus Aspergillus oryzae. *PLoS One* 5: e12712.

· Smith, D. M., et al. 2000. Evolutionary relationships between the amphibian, avian, and mammalian stomachs. *Evolution&Development* 2(6): 348-359.

· Takeuchi, K., et al. 2009. Changes in temperature preferences and energy homeostasis in dystroglycan mutants. *Science* 323(5922): 1740-1743.

· www.math.utah.edu/~davis/REUwriteup.pdf (적혈구 진화)

· Zhang, L., et al. 2012. Exogenous plant MIR 168a specifically targets mammalian LDLRAP1: evidence of cross-kingdom regulation by microRNA. *Cell Research* 22: 107-126.

· Annunziata, R., Arnone M. I. 2014. A dynamic regulatory network explains paraHox gene control of gut in the sea urchin. *Development* 141: 2462-2472.

· http://bionumbers.hms.harvard.edu/bionumber.aspx?id=109708&ver=6 (조직 내 세포의 숫자)

· Lam, H. C., et al. 2013. Histone deacetylase 6-mediated selective autophagy regulates COPD-associated cilia dysfunction. *The Journal of Clinical Investigation* 123: 5212-5230.

· Shyer, A. E., et al. 2013. Villification: how the gut gets its villi. *Science* 342: 212-218.

· Takeuchi, K., et al. 2009. Changes in temperature preferences and energy homeostatisn in dystroglycan mutants. *Science* 323: 1740-1743.

· Yin, C., et al. 2013. Hepatic stellate cells in liver development, regeneration, and cancer. *The Journal of Clinical Investigation* 123(5): 1902-1910.

· Zorn, A. M., and Wells J. M. 2009. Vertebrate endoderm development and organ formation. *Annual Review Cell and Deveolpment Biology* 25: 221-251.

7장. 뭐가 필수적이라고?

· Baker, M. E. 2006. Evolution of metamorphosis: role of environment on expression of mutant nuclear receptors and other signal-transduction proteins. *Integrative and Comparative Biology* 46(6): 808-814.

· Ball, S., et al. 2011. The evolution of glycogen and starch metabolism in eukaryotes gives molecular clues to understand the establishment of plastid endosymbiosis. *Journal of Experimental Botany* 62(6): 1775-1801.

· Bohrig, B. 2008. The chemistry of marathon running. *ChemMatters*.

· Bondy, S. C., Harrington, M. E. 1979. L Amino acids and D-glucose bind stereospecifically to a colloidal clay. *Science* 203(4386): 1243-1244. (점토와 탄수화물과 아미노산)

· Bunn, H. F., Higgins, P. J. 1981. Reaction of monosaccharides with proteins: possible evolutionary significance. *Science* 213(4504): 222-224.

· Dahlqvist, A., Borgstrom, B. 1961. Digestion and absorption of disaccharides in man. *Biochemical Journal* 81: 411-418.

· Dona, A. C., et al. 2010. Digestion of starch: In vivo and in vitro kinetic models used to characterise oligosaccharide or glucose release. *Carbohydrate Polymers* 80: 599.

· https://www.tamu.edu/faculty/bmiles/lectures/integration.pdf (마라톤과 물질 대사)

· Janecek, S. 1997. alpha-amylase family: Molecular biology and evolution. *Progress Biophysics&Molecular Biology* 67(1): 67-97.

· Larralde, R., et al. 1995. Rates of decomposition of ribose and other sugars: implications for chemical evolution. *PNAS* 92(18): 8158-8160. (밀러의 리보오스 분해 실험)

· Love, A. C., et al. 2008. Co-option and dissociation in larval origins and evolution: the sea urchin larval gut. *Evolution&Development* 10(1): 74-88.

· McEdward, L. R. 2000. Adaptive evolution of larvae and life cycles. *Seminars in Cell Deveopmental Biology* 11(6): 403-409.

· Page, K. A., et al. 2013. Different effects of fructose and glucose on cerebral blood flow. *JAMA* 309: 1769.

· Urashima, T., et al. 2012. Evolution of milk oligosaccharides and lactose: a hypothesis. *Animal* 6(3): 369-874.

· Ventura, E. E., et al. 2011. Sugar content of popular sweetened beverages based on objective laboratory analysis: focus on fructose content. *Obesity* (Silver Spring) 19(4): 868-874.

· Whelan, W. J. 2005. Essential What? *IUBMB Life* 57(10): 709.

8장. 나는 진정 누구인가?

· Arumugam, M., et al. 2011. Enterotypes of the human gut microbiome. *Nature* 473(7346): 174-180.

· Halton, D. W. 1997. Nutritional adaptations to parasitism within the platyhelminthes. *International Journal for Parasitology* 27(6): 693-704.

· Harris, K., et al. 2012. Is the gut microbiota a new factor contributing to obesity and its metabolic disorders? *Journal of Obesity* 2012: 879151.

· Ley, R. E., et al. 2006. Ecological and evolutionary forces shaping microbial diversity in the human intestine. *Cell* 124(4): 837-848.

· Ley, R. E., et al. 2008. Evolution of mammals and their gut microbes. *Science* 320(5883): 1647-1651.

· Ley, R. E., et al. 2008. Worlds within worlds: evolution of the vertebrate gut microbiota. *Nature Reviews Microbiology* 6(10): 776-788.

· Ochman, H., et al. 2010. Evolutionary relationships of wild hominids recapitulated by

먹고 사는 것의 생물학

gut microbial communities. *PLoS Biology* 8(11): e1000546.

· Pacheco, A. R., et al. 2012. Fucose sensing regulates bacterial intestinal colonization. *Nature* 492(7427): 113-117.

· Robbe, C., et al. 2003. Evidence of regio-specific glycosylation in human intestinal mucins: presence of an acidic gradient along the intestinal tract. *The Journal of Biological Chemistry* 278(47): 46337-46348.

· Tlaskalová-Hogenová, H., et al. 2011. The role of gut microbiota (commensal bacteria) and the mucosal barrier in the pathogenesis of inflammatory and autoimmune diseases and cancer: contribution of germ-free and gnotobiotic animal models of human diseases. *Cellular&Molecular Immunology* 8(2): 110-120.

9장. 소화기관 물리학

· Coffey, D. S., 1998. Self-organization, complexity and chaos: the new biology for medicine. *Nature Medicine* 4(8): 882-885.

· Crosnier, C., et al. 2006. Organizing cell renewal in the intestine: stem cells, signals and combinatorial control. *Nature Review Genetics* 7(5):349-59.

· Herschy, B., et al. 2014. An origin-of-life reactor to simulate alkaline hydrothermal vents. *Journal of Molecular Evolution* 79(5-6): 213-227. (세포의 기원)

· Johnson, B. R., Lam, S. K. 2010. Self-organization, natural-selection and evolution: cellular hardware and genetic software. *BioScience* 60: 879-885.

· Lane, N. 2014. Bioenergetic constraints on the evolution of complex life. *Cold Spring Harbor Perspectives in Biology* 6(5): a015982.

· Lane, N. 2014. Energetics and genetics across the prokaryote-eukaryote divide. *Biology Direct* 6: 35.

· Lane, N., Martin, W. 2010. The energetics of genome complexity. *Nature* 467(7318): 929-934.

· Martin, W. F., et al. 2014. Evolution. Energy at life's origin. *Science* 344(6188): 1092-1093.

· McLean, C. Y., et al. 2011. Human-specific loss of regulatory DNA and the evolution of human-specific traits. *Nature* 471(7337): 216-219. (음경골과 유전자)

· Nikitkova, A. E., et al. 2013. Taking the starch out of oral biofilm formation: molecular basis and functional significance of salivary a-amylase binding to oral streptococci. *Applied and Environmental Microbiology* 79(2): 416-423.

· Pin, C., et al. 2012. Modelling the spatio-temporal cell dynamics reveals novel insights on cell differentiation and proliferation in the small intestinal crypt. *PLoS One* 7(5): e37115.

· Santos, J. L., et al. 2012. Copy number polymorphism of the salivary amylase gene: implications in human nutrition research. *Journal of Nutrigenetics and Nutrigenomics* 5(3): 117-131.

· Sasai, Y. 2013. Cytosystems dynamics in self-organization of tissue architecture. *Nature* 493(7432): 318-326.

· Savin, T., et al. 2011. On the growth and form of the gut. *Nature* 476(7358): 57-62.

· Simons, B. D. 2013. Development. Getting your gut into shape. *Science* 342(6155): 203-204.

· Venturi, S., Venturi, M. 2009. Iodine in evolution of salivary glands and in oral health. *Nutrition and Health* 20(2): 119-134.

· West, G. B., et al. 1997. A general model for the origin of allometric scaling laws in biology. *Science* 276(5309): 122-126.

· West, G. B., et al. 1999. The fourth dimension of life: fractal geometry and allometric scaling of organisms. *Science* 284(5420): 1677-1679.

10장. 옥수수 수염과 신석기 혁명

· Engineer, C. B., et al. 2014. Carbonin anhydrase, EPF2 and a novel protease mediate CO_2 control of stomatal development. *Nature* 513: 246-250.

· Hancock, A. M., et al. 2010. Human adaptations to diet, subsistence, and ecoregion are due to subtle shifts in alle frequency. *PNAS* 107: 8924-8930.

· Huybers, P., Curry, W. 2006. Links between annual, Milankovitch and continuum terperture variability. *Nature* 441: 329-332.

· McLean, C. Y., et al. 2011. Human-specific loss of regulatory DNA and the evolution of human-specific traits. *Nature* 471: 216-219.

· Perry, G. H., et al. 2007. Diet and the evolution of human amylase gene copy number variation. *Nature Genetics* 39: 1256-1260.

· Stewart, K. M. 2014. Environmental change and hominin exploitation of C_4-based resources in wetland/savana mosaics. *Journal of Human Evolution* 77: 1-16.

· Zeng Q., et al. 2002. Effect of FACE on competetion between a C_3 crop (rice, Oryza sativa) and a C_4 weed (barnyardgrass, Echinochloa crusgalli). *Ying Yong Sheng Tai Xue*

Bao 13: 1231-1234.

11장. 인간의 최적 식단: 지상 최대의 인간 실험

· Aiello, L. C., and Wheeler, P. 1995. The Expensive-Tissue Hypothesis: The Brain and the Digestive System in Human and Primate Evolution. *Current Anthropology* 36: 199-221.

· Belcheva, A., et al. 2014. Gut microbial metabolism drives transformation of MSH2-deficient colon epithelial cells. *Cell* 158: 288-299.

· Bui, T. P., et al. 2015. Production of butyrate from lysine and the Amadori product fructoselysine by a human gut commensal. *Nature Communications* 6: 10062.

· Defelipe, J. 2011. The evolution of the brain, the human nature of cortical circuits, and intellectual creativity. *Frontiers in Neuroanatomy* 5: 29.

· Eaton, S. B., Konner, M. 1985. Paleolithic nutrition. A consideration of its nature and current implications. *The New England Journal Medicine* 312(5): 283-289.

· Hancock, A. M., et al. 2010. Adaptations to new environments in humans: the role of subtle allele frequency shifts. *Philosophical Transactions of the Royal Society B Biological Sciences* 365(1552): 2459-2468.

· Laland, K. N., et al. 2010. How culture shaped the human genome: bringing genetics and the human sciences together. *Nature Reviews Genetics* 11(2): 137-148.

· Milton, K. 1999. A hypothesis to explain the role of meat eating in human evolution. *Evolutionary Anthropology* 8: 11-20.

· Popovich, D. G., et al. 1997. The western lowland gorilla diet has implications for the health of humans and other hominoids. *Journal of Nutrition* 127(10): 2000-2005.

· Roebroeks, W., Villa, P. 2011. On the earliest evidence for habitual use of fire in Europe. *PNAS* 108(13): 5209-5214.

· Salsano, F., et al. 1990. The circadian rhythm of intra-acinar profiles of alcohol dehydrogenase activity in rat liver: a microquantitative study. *Histochemical Journal* 22(8): 395-400.

· Stedman, H. H., et al. 2004. Myosin gene mutation correlates with anatomical changes in the human lineage. *Nature* 428(6981): 415-418.

단행본

· 기울리아 엔더스, 『매력적인 장 여행』, 배명자 옮김, 와이즈베리, 2014.

· 김홍표, 『산소와 그 경쟁자들』, 지식을만드는지식, 2013.

· 니나 타이숄스, 『지방의 역설』, 양준상·유현진 옮김, 시대의창, 2016. 원제는 *The Big Fat Surprise*.

· 닉 레인, 『바이털 퀘스천』, 김정은 옮김, 까치, 2016.

· 닉 레인, 『산소』, 양은주 옮김, 뿌리와이파리, 2016.

· 닉 레인, 『생명의 도약: 진화의 10대 발명』, 김정은 옮김, 글항아리, 2011.

· 닐 슈빈, 『내 안의 물고기』, 김명남 옮김, 김영사, 2009.

· 다니엘 에버렛, 『잠들면 안 돼, 거기 뱀이 있어』, 윤영삼 옮김, 꾸리에, 2009.

· 다키 톰슨, 『크기와 형태*On Growth and Form*』, D'Arcy Wentworth Thompson, Cambridge University Press, 1942. 국내 미출간.

· 데즈먼드 모리스, 『벌거벗은 여자』, 이경식·서지원 옮김, 휴먼앤북스, 2004.

· 로버트 마틴, 『우리는 어떻게 태어나는가』, 김홍표 옮김, 궁리, 2015.

· 로버트 트리버스, 『우리는 왜 자신을 속이도록 진화했을까?』, 이한음 옮김, 살림, 2013.

· 로버트 펄먼, 『진화와 의학』, 김홍표 옮김, 지식을만드는지식, 2015.

· 로버트 M. 헤이즌, 『지구 이야기』, 김미선 옮김, 뿌리와이파리, 2014.

· 리처드 도킨스, 『이기적 유전자』, 홍영남·이상임 옮김, 을유문화사, 2010.

· 리처드 랭엄, 『요리 본능』, 조현욱 옮김, 사이언스북스, 2011.

· 말린 주크, 『구석기 환상*Paleofantasy*』, Marlene Zuk, W. W. Norton and Company, 2013. 위즈덤하우스(김홍표 옮김)에서 출간 예정.

· 마이클 D. 거숀, 『제2의 뇌』, 김홍표 옮김, 지식을만드는지식, 2013.

· 매트 리들리, 『붉은 여왕』, 김윤택 옮김, 김영사, 2006.

· 매트 리들리, 『생명 설계도, 게놈』, 하영미·전성수·이동희 옮김, 반니, 2016.

· 메리 로치, 『꿀꺽, 한 입의 과학』, 최가영 옮김, 을유문화사, 2014.

· 션 B. 캐럴, 『이보디보, 생명의 블랙박스를 열다』, 김명남 옮김, 지호, 2007.

· 스튜어트 카우프만, 『질서의 기원*The Origins of Order*』, Stuart A. Kauffman, Oxford University Press, 1993. 국내 미출간.

· 앤드루 파커, 『눈의 탄생』, 오숙은 옮김, 뿌리와이파리, 2007.

· 에르빈 슈뢰딩거, 『생명이란 무엇인가·정신과 물질』, 전대호 옮김, 궁리, 2007.

· 에릭 로스턴, 『탄소의 시대』, 문미정·오윤성 옮김, 21세기북스, 2011.

· 요제프 H. 라이히홀프, 『자연은 왜 이런 선택을 했을까』, 박병화 옮김, 이랑, 2012.

· 재레드 다이아몬드, 『총, 균, 쇠』, 김진준 옮김, 문학사상사, 2005.

먹고 사는 것의 생물학

· 조너선 크레리,『24/7 잠의 종말』, 김성호 옮김, 문학동네, 2014.

· 진 월렌스타인,『쾌감 본능』, 김한영 옮김, 은행나무, 2009.

· 찰스 다윈,『비글호 항해기』, 권혜련 외 옮김, 샘터, 2006.

· 프랭클린 해럴드,『세포의 기원을 찾아서 *In Search of Cell History*』, Franklin M. Harold,
    University of Chicago Press, 2014. 국내 미출간.

· 프리드리히 엥겔스,『자연의 변증법』, 황태호 옮김, 전진, 1989.

· 플로렌스 윌리엄스,『가슴 이야기』, 강석기 옮김, MID, 2014.

· 피터 워드,『진화의 키, 산소 농도』, 김미선 옮김, 뿌리와이파리, 2012.

\
그림 출처

본문

33쪽   ⓒ Joop Kleuskens | Dreamstime.com
40쪽   Donna Flynn, Wikimedia Commons
43쪽   ⓒ Rinus Baak | Dreamstime.com
63쪽   (왼쪽) Clark Anderson/Aquaimages, Wikimedia Commons
         (오른쪽) Jan Derk, Wikimedia Commons
89쪽   Snežana Trifunović, Wikimedia Commons
92쪽   Miklos, Wikimedia Commons
106쪽   Nick Hobgood, Wikimedia Commons
115쪽   Robinson R, *PLoS Biology*
224쪽   ⓒ Petr Kirillov | Dreamstime.com
227쪽   Andrew c, Wikimedia Commons
228쪽   ⓒ Csiger | Dreamstime.com
233쪽   ⓒ Aprescindere | Dreamstime.com
242쪽   ⓒ Jens Stolt | Dreamstime.com
260쪽   public domain
281쪽   (왼쪽) Center for Disease Control and Prevention
         (오른쪽) *Clinical and Vaccine Immunol*, January 1998
331쪽   (왼쪽) ⓒ Margouillat | Dreamstime.com
         (오른쪽) ⓒ Leonid Yastremskiy | Dreamstime.com
339쪽   André-Philippe D. Picard, Wikimedia Commons
349쪽   ⓒ Picsfive | Dreamstime.com
355쪽   ⓒ Lukaves | Dreamstime.com

표지

Amoeba On Black Background Photo ⓒ Frenta | Dreamstime.com

Cancer Cell Photo ⓒ Skypixel | Dreamstime.com

Cartoon Internal Organ Set Photo ⓒ Tigatelu | Dreamstime.com

Human Organs Photo ⓒ Rudall30 | Dreamstime.com

Structure Of The Human Cell Photo ⓒ Somersault1824 | Dreamstime.com

먹고 사는 것의 생물학

먹고 사는 것의 생물학

먹고 사는 것의 생물학

먹고 사는 것의 생물학